普通高等教育精品规划教材

大学计算机基础教程
（第二版）

主　编　范　强

副主编　林　海　黄月英　陈其嶙

U0310368

中国铁道出版社
CHINA RAILWAY PUBLISHING HOUSE

内 容 简 介

本书从计算机基础知识和概念入手，详细介绍了 Windows 7 操作系统的功能、特点和基本操作方法，详细介绍了 Office 2010 套装软件中的 Word 2010、Excel 2010、PowerPoint 2010 等办公软件的典型功能和操作技术。每章均安排有案例，并根据操作的先后顺序，介绍案例的操作过程。同时介绍了计算机网络与信息安全的基本知识和概念，多媒体技术基础知识和 Access 2010 数据库基础知识，为读者初步掌握和应用计算机技术奠定基础。

本书适合作为高等院校计算机及相关专业的教学用书，也可作为各类计算机初学者的教材。本书还配有《大学计算机基础实训指导（第二版）》，适合作为全国计算机等级考试一级 Windows 7 考试（NERC）和全国高新技术考试（OSTA）的参考资料。

图书在版编目（CIP）数据

大学计算机基础教程/范强主编. —2 版. —北京：
中国铁道出版社，2018.1（2018.7重印）
普通高等教育精品规划教材
ISBN 978-7-113-24186-5

Ⅰ.①大…Ⅱ.①范…Ⅲ.①电子计算机-高等学校-
教材Ⅳ.①TP3

中国版本图书馆 CIP 数据核字（2017）第 330993 号

书　　名：**大学计算机基础教程（第二版）**
作　　者：范　强　主编

策　　划：唐　旭　周海燕　　　　　　　　　读者热线：（010）63550836
责任编辑：周海燕　包　宁
封面设计：刘　颖
责任校对：张玉华
责任印制：郭向伟

出版发行：中国铁道出版社（100054，北京市西城区右安门西街 8 号）
网　　址：http://www.tdpress.com/51eds/
印　　刷：三河市兴达印务有限公司
版　　次：2014 年 8 月第 1 版　　2018 年 1 月第 2 版　　2018 年 7 月第 2 次印刷
开　　本：787mm×1092mm　1/16　印张：21.5　字数：529 千
书　　号：ISBN 978-7-113-24186-5
定　　价：49.00 元

前言（第二版）

计算机技术是当今世界发展最快、应用最广泛的技术，其应用已渗透人们生活、工作的各个方面，并发挥着越来越重要的作用。对计算机基本技术的掌握和应用能力已经成为从事各种职业的人们不可或缺的基本知识和能力。操作和使用计算机已经成为社会各行业劳动者必备的工作技能。

"大学计算机基础"课程是初学者学习计算机基础知识和理论、掌握计算机基本操作的入门课程。本书重点介绍了当前计算机应用中经常使用的各种软件及其使用方法，同时也介绍了相关的基本理论知识。本书按照由理论到操作再到技能的思路组织各章节的编写，由浅入深地引导读者了解计算机的基本概念、掌握操作技能。编写过程中注重计算机主流技术及最新知识的介绍及学生实践操作能力的培养。

本书第一版自 2014 年出版以来，被多所高校选作教材使用。第二版增加了大数据、云计算机、物联网、人工智能等新技术内容。本书作者根据课程的培养要求精心设计了每章的内容，图文并茂，编排层次清晰，结构严谨。读者可以按照书中的指导，上机练习和操作。每章后面还配有一定数量的习题，可以帮助学生思考和巩固所学内容。

全书共分 11 章，由湛江幼儿师范专科学校信息科学系 4 位教学经验丰富的教师共同编写完成，由范强任主编，林海、黄月英、陈其嶙任副主编，其中，陈其嶙编写第 1、2、3 章；黄月英编写第 4、5、6 章；林海编写第 7、8、9、10 章，范强编写第 11 章并负责统稿定稿。

在本书编写过程中听取了许多一线教师的意见，在此向他们表示感谢。由于时间仓促，书中难免有疏漏和不足之处，敬请广大读者在使用过程中提出宝贵意见和建议，以便我们及时更正。

编　者
2017 年 9 月

目 录

第1章 \ 计算机基础

本章讲解

计算机（Computer，俗称电脑）是一种能接收和存储信息，并按照存储在其内部的程序对输入的信息进行加工、处理，然后把处理结果输出的高度自动化的电子设备。其主要特点有处理速度快、计算精度高、存储容量大、逻辑判断能力强、可靠性高和通用性强。计算机发展到今天已有 60 多年的历史，随着计算机应用技术的飞速发展，计算机已成为人们工作、学习和生活中不可缺少的工具。它给人类所带来的不仅仅是一种行为方式的变化，更大程度上是人类思维方式的革命，并且计算机对人类社会产生的革命性影响还在继续之中。本章将简要介绍计算机的产生和发展、特点和分类，计算机新技术的概念，以及计算机的应用领域和数据表示等内容。

学习目标

- 了解计算机的发展历史、发展趋势。
- 理解计算机的类型、特点和应用。
- 掌握计算机新技术的应用。
- 掌握数制基础与信息表示。

1.1 计算机的发展和应用

在人类文明发展的历史长河中，计算工具经历了从简单到复杂、从低级到高级的发展过程，例如，绳结、算筹、算盘、计算尺、手摇机械计算机、电动机械计算机等。它们在不同的历史时期发挥了各自的作用，同时也孕育了电子计算机的雏形。

1.1.1 计算机的产生

1946 年 2 月 15 日，第一台电子计算机 ENIAC（Electronic Numerical Integrator And Calculator，电子数字积分计算机，简称"埃尼亚克"）在美国宾夕法尼亚大学诞生了。它的出现标志着计算机时代的到来，如图 1-1 所示。ENIAC 用了 18 000 多个电子管，1 500 个继电器，功率为 150 kW，质量超过 30 t，占地面积约 170 m²，加法运算速度为 5 000 次/秒，专门用于火炮和弹道计算。

ENIAC 是第一台正式投入运行的电子计算机，虽然它的出现具有划时代的意义，但它还不具备现代计算机"存储程序"的主要特征。ENIAC

图 1-1 ENIAC

每次计算时，都要先按计算步骤写出……然后逐条按指令的要求接通或断开分布在外部线路中的接线开关，使用非常不便。1946 年 6 月，美籍匈牙利科学家约翰·冯·诺依曼（John von Neumann）提出了全新的"存储程序"的通用计算机设计方案。存储程序的设计思想是：将计算机要执行的指令和要处理的数据采用二进制进行运算，将指令和数据存储在计算机中，由程序控制计算机自动执行。"存储程序"式计算机结构为后人普遍接受，此结构又称为冯·诺依曼体系结构，此后的计算机系统基本上都采用了冯·诺依曼体系结构。冯·诺依曼还依据该原理设计出"存储程序"式计算机 EDVAC，并于 1950 年研制成功。1952 年，EDVAC 正式投入运行，它使用水银延迟线作为存储器，运算速度也比 ENIAC 有较大提高。EDVAC 确立了构成计算机的基本组成部分：处理器（运算器、控制器）、存储器、输入设备和输出设备。因此，冯·诺依曼被人们称为"电子计算机之父"。

1.1.2　计算机的发展历史

1．计算机的发展阶段

从第一台电子计算机诞生至今，计算机技术以前所未有的速度迅猛发展，计算机行业成为最具有活力的行业，极大地带动了世界经济的发展。依据计算机所采用的电子元件不同而将其划分为电子管、晶体管、集成电路及大规模和超大规模集成电路 4 个阶段，如表 1-1 所示。

表 1-1　计算机的发展阶段

阶段 特征	第一阶段 （1946—1958 年）	第二阶段 （1959—1964 年）	第三阶段 （1965—1970 年）	第四阶段 （1971 年至今）
所用元器件	真空电子管	晶体管	中小规模集成电路，开始采用半导体存储器	大规模和超大规模集成电路
计算机特点	体积较庞大，造价高昂，可靠性低，存储设备为水银延迟线、磁鼓、磁芯	体积小、质量轻、可靠性大大提高，主存采用磁芯，外存为磁带、磁盘	体积大大缩小，质量更轻，成本更低，可靠性更高	出现了影响深远的微处理器，计算机向巨型机和微型机两极发展，运算速度极大提高
运算速度	每秒几千至几万次，运算速度慢	每秒几万至几十万次	每秒几十万至几百万次	微型机每秒几百万至几千万次，巨型机每秒上亿至千万亿次
软件系统	没有系统软件，使用机器语言编程	汇编语言、高级语言开始出现，如 FORTRAN、ALGOL 等	高级语言进一步发展，开始使用操作系统	多种高级语言深入发展，操作系统多样化，软件配置更加丰富和完善，软件系统工程化、理论化，程序设计部分自动化
应用领域	科学计算	科学计算、数据处理、事务管理、工业工程控制	广泛应用于各个领域并走向系列化、通用化和标准化	社会、生产、军事和生活的各个方面，计算机网络化
典型代表	ENIAC、EDVAC、UNIVAC-I、IBM 650/701/702/704/705	IBM 7040/7070/7090、UNIVAC-LARC、CDC 6600	IBM 360、PDP-II、NOVA 1200	VAX-II、IBM PC、Apple、ILLIAC-IV

2．我国计算机的发展历史

1956 年，我国制定 12 年科学规划时，把发展计算机、半导体等技术学科作为重点，相继筹建了中国科学院计算机研究所、中国科学院半导体研究所等机构。虽然我国计算机的发展起步比较晚，但是我国的计算机发展速度迅速。我国计算机的发展也经历了 4 个阶段。

（1）第一代计算机（1958—1964 年）

我国 1958 年组装调试出第一台电子管计算机（103 机），1959 年研制成大型通用电子管计算机（104 机），1960 年研制成第一台通用电子管计算机（107 机）。1964 年研制成功我国第一台自行设计的大型通用数字电子管计算机，其平均浮点运算速度为每秒 5 万次，用于我国第一颗氢弹研制的计算任务。

（2）第二代计算机（1965—1972 年）

1964 年我国开始推出第一批晶体管计算机，如 108 机、109 机及 320 机等，其运算速度为每秒 10 万次～20 万次。在我国"两弹"试验中发挥了重要作用。

（3）第三代计算机（1973 年至 20 世纪 80 年代初）

我国到 1970 年初期才研制成第三代集成电路计算机，如 150 机。然后陆续推出采用集成电路的大、中、小型计算机。1973 年，北京大学与北京有线电厂等单位合作研制成功运算速度为每秒100 万次的大型通用计算机。1974 年后，DJS-130 晶体管计算机形成了小批量生产。进入 20 世纪80 年代，我国采用大、中规模集成电路研制成 16 位的 DJS-150 机。这个时期，我国高速计算机，特别是向量计算机有了新的发展。1983 年长沙国防科技大学推出向量运算速度达 1 亿次的银河-Ⅰ巨型计算机。1992 年向量运算达到 10 亿次的银河-Ⅱ投入运行。1997 年向量运算达到 130 亿次的银河-Ⅲ投入运行，内存容量为 9.15 GB。

（4）第四代计算机（20 世纪 80 年代中期至今）

和国外一样，我国第四代计算机的研制也是从微机开始的。20 世纪 90 年代以来，我国微型计算机形成大批量、高性能的生产局面，并且发展迅速。1997—1999 年先后推出具有机群结构的曙光 1000A、曙光 2000-Ⅰ、曙光 2000-Ⅱ超级服务器。2000 年推出每秒浮点运算速度 3 000 亿次的曙光 3000 超级服务器。2004 年上半年推出每秒浮点运算速度 1 万亿次的曙光 4000 超级服务器。2010 年 11 月 14 日，国际组织 TOP500 在其官方网站上公布了当年全球超级计算机 500 强排行榜，目前，我国最快的计算机是"天河二号"，如图 1-2 所示，它的双精度浮点运算峰值速度和持续速度分别为每秒 5.49 亿亿次和每秒 3.39 亿亿次。这组数字意味着，天河二号运算 1 小时，相当于13 亿人同时用计算器计算 1000 年。从 2013 年 6 月 17 日登上世界超算之巅，至今一直处于全球超级计算机 TOP 500 强排行榜榜单。这段时间，我国产生了许多自己的知名微型计算机品牌，如联想、方正、金长城、Acer、实达、浪潮、海信、同创以及神州等，这些微型计算机厂家无论在生产规模上，还是在质量水平上都已经与国际 PC 厂商 IBM、Compaq、Dell 等相当。

纵观近 60 年来我国高性能通用计算机的研制历程，从103 机到天河二号，走过了一段不平凡的历程。

图 1-2　"天河二号"高效能计算机

1.1.3　计算机的特点和类型

1. 计算机的特点

计算机是一种能存储程序，能自动连续地对各种数字化信息进行算术、逻辑运算的电子设备。

由于计算机在处理对象、规模、性能和用途等方面有所不同，所以这样的计算机具有许多突出的特点。概括起来它们都具有以下几个主要特点：

（1）具有自动化控制能力

由于采用存储程序的工作方法，一旦输入编制好的程序，只要给定运行程序的条件，计算机从开始工作，直到得到处理结果，整个过程计算机可以自动地逐条执行这些程序指令，一般在运算处理过程中无须人直接干预，工作过程完全自动化。对工作过程中出现的故障，计算机还可以自动进行"诊断""隔离"等处理。这是计算机的一个基本特点，也是它和其他计算工具最本质的区别。

（2）高速、精确的运算能力

计算机的运算速度通常是指每秒所执行的指令条数。一般计算机的运算速度可以达到上百万次，目前世界上已经有超过每秒亿亿次运算速度的巨型计算机。计算机的高速运算能力，为完成那些计算量大、时间性要求强的工作提供了保证，特别是能在地质、能源、气象、航空航天以及各种大型工程中发挥作用。

（3）强大的存储能力

计算机能存储数字、文字、图像、声音等各种信息，计算机的数据不但可以长期保留，还能根据需要随时存取、删除和修改其中的数据，而且它的"记忆力"惊人，它可以轻易"记住"一个大型图书馆的所有资料。计算机强大的存储能力不但表现在容量大，还表现在"长久"，对于需要长期保存的数据或资料，无论以文字形式还是以图像的形式，计算机都可以实现存储。计算机的大容量存储使得情报检索、事务处理、卫星图像处理等需要进行大量数据处理的工作可以通过计算机来实现。

（4）逻辑处理能力

计算机能够进行逻辑处理，也就是说它能够"思考"和"判断"，这是计算机科学一直为之努力实现的，虽然它现在的"思考"还局限在某一个专门的方面，还不具备人类思考的能力，但在信息查询等方面，它能够根据要求进行匹配检索，这已经是计算机的一个常规应用。

（5）具有网络与通信能力

计算机技术发展到今天，已可将几十台、几百台甚至更多的计算机连成一个网络，可将一个个城市、一个国家或地区的计算机连在一个计算机网络上。目前最大、应用范围最广的 Internet，连接了全世界 150 多个国家和地区数亿台的各种计算机。网络中的所有计算机用户可共享网上资料、交流信息、互相学习，整个世界都可以互通信息。

2．计算机的类型

计算机的种类很多，可以从不同的角度对计算机进行分类。常用的计算机分类方法有 3 种，即按用途分类、按综合性能指标分类和按外形分类。

按规模和综合性能指标分类，可将计算机分为以下几种：

（1）巨型机（Supercomputer）

巨型机是一种超级计算机，其运算速度达每秒数千万亿次浮点小数运算，甚至可以达到每秒万万亿次以上。巨型机存储容量很大，结构复杂，功能完善，价格昂贵。巨型机主要运用于战略武器（如核武器和反导弹武器）的设计、空间设计、石油勘探、长期天气预报以及社会模拟等领域。在计算机系列中，巨型机运算速度最高、系统规模最大，具有最高一级的处理能力。截至 2012

年 11 月，全球超级计算机排行榜 TOP500 中，排名第一的是美国泰坦（Titan），它是一款克雷 XK7 超级计算机，使用 560 640 个 AMD 皓龙处理器核心和 261 632 个英伟达 K20x 加速器，性能达到了每秒 1 759 千万亿次浮点运算。泰坦实物图如图 1-3 所示。目前，世界上只有少数几个国家能生产巨型机。

（2）大/中型机（Mainframe）

大/中型机是指通用性能好、外围设备负载能力强、处理速度快的一类机器。它有完善的指令系统，丰富的外围设备和功能齐全的软件系统。并允许多个用户同时使用。但这类计算机价格也比较昂贵，所以这类计算机主要用于科学计算机、数据处理或做网络服务器。以前的 IBM 公司一直在大/中型机市场处于霸主地位。IBM 大型机实物图如图 1-4 所示。

图 1-3　超级计算机泰坦　　　　　图 1-4　IBM zEnterprise 196 大型机

（3）小型机（Minicomputer）

小型机具有规模较小、结构简单、成本较低、操作简单、易于维护，与外围设备连接容易等特点，适合作为联机系统的主机或者工业生产过程的自动化控制。早期的小型机也支持多用户，不过随着计算机规模与性价比的变化，多用户小型机慢慢淡出市场。现在的小型机主要被企业用作工程设计，或被政府机构和大学用作网络服务器，也被研究机构用来进行科学研究等。例如，许多高等院校的计算机中心都以一台小型机为主机，配以几十台甚至上百台终端机，以满足大量学生学习程序设计课程的需要。

（4）工作站（Workstation）

工作站是介于 PC 和小型机之间的一种高档微型机，是为了某种特殊用途而将高性能的计算机系统、输入/输出设备与专用软件结合在一起的系统。它的独到之处是有大容量主存、大屏幕显示器，特别适合于计算机辅助工程。主要面向专业应用领域，具备强大的数据运算与图形图像处理能力，为满足工程设计、动画制作、科学研究、软件开发、金融管理、信息服务、模拟仿真等专业领域而设计开发的高性能计算机。工作站的处理器性能和图像处理能力通常都非常高，但从外形上很难把它和一般微机区别开来，有时也把它称为"高档微机"。2010 年视觉效果（Weta Digital）公司利用惠普 Z800 工作站为大片《阿凡达》制作了大量的 CGI（计算机视觉成像）和特效。图 1-5 所示为惠普 Z820 图形工作站。

图 1-5　惠普 Z820 图形工作站

（5）嵌入式计算机

嵌入式计算机是把处理器和存储器以及接口电路直接嵌入设备中并执行专用功能的计算

机，其特点是功耗低、体积小、集成度高等，能够把通用 CPU 中许多由板卡完成的任务集成在芯片内，从而有利于嵌入式系统设计趋于小型化，移动能力大大增强。其运行的是固化的软件，即固件（Firmware），终端用户很难修改固件。嵌入式计算机系统是对功能、可靠性、成本、体积、功耗等有严格要求的专用计算机系统，其在应用数量上远远超过了通用计算机，在家电、制造业、过程控制、通信、仪器、仪表、汽车、船舶、航空、航天、军事装备、消费类产品等领域都有极其广泛的应用。

（6）微型计算机（Microcomputer）

微型计算机简称微机，个人计算机（Personal Computer，PC）是其最具代表性的一种，以运算器和控制器为核心，加上由大规模集成电路制作的存储器、输入/输出接口和系统总线构成，体积小、结构紧凑、价格低。一般用作桌面系统，因此又称台式机，特别适合个人事务处理、网络终端等应用。大多数用户使用的都是这种类型的机器，它已经进入了家庭。微机也被应用在控制、工程、网络等领域。微机发展最显著的特征就是易于使用并且价格低廉。有关微机的组成及部件在后面章节中有进一步的介绍。

1.1.4　计算机的应用和发展趋势

1. 计算机的应用领域

计算机能在许多领域和场合广泛使用。可以说在现代社会中，有信息的地方就需要使用计算机。把计算机的用途归纳为科学计算、数据处理、实时系统、人工智能、计算机辅助、娱乐游戏等方面，本书中将有更多的章节围绕这些应用主题展开讨论。

（1）科学计算

计算机是为科学计算的需要而发明的，科学计算是计算机应用最早也是最基本的应用领域。科学计算主要是使用计算机进行数学方法的实现和应用，所解决的是科学研究和工程技术中提出的一些复杂的数学问题。如 2002 年完成的著名的人类基因序列分析计划。现在，科学家们经常使用计算机测算人造卫星的轨道、进行气象预报等。例如，国家气象中心通过使用计算机，不但能够快速、及时地把气象卫星云图数据进行处理，而且可以根据大量的历史气象数据的计算进行天气预测报告。在没有使用计算机之前，这是根本不可能实现的。

（2）数据处理

数据处理的另一个说法叫"信息处理"。数据处理是目前计算应用最广泛的领域之一。数据处理是指用计算机对各种形式的信息（如文字、数据、图像和声音等）进行收集、存储、加工、展示、分析和传送的过程。例如，计算机在文字处理方面已经改变了纸和笔的传统应用，它所产生的数据不但可以被存储、打印，而且可以使用计算机进行编辑、复制等。在信息处理方面一个最重要的技术就是计算机数据库技术，它在信息管理、决策支持等方面提高了管理和决策的科学性。

（3）实时系统

实时系统是指能够及时收集、检测数据，进行快速处理并自动控制被处理的对象操作的计算机系统。这个系统的核心是计算机控制整个处理过程，包括从数据输入到输出控制的整个过程。现代工业生产的过程控制基本上都以计算机控制为主，传统过程控制的一些方法（如比例控制、微分控制、积分控制等）都可以通过计算机的运算实现。计算机实时控制不但是一个控制手段的改变，更重要的是它的适应性大大提高，它可以通过参数设定、改变处理流程实现不同过程的控制，有助于提高生产质量和生产效率。

（4）计算机辅助

计算机辅助是指使用计算机的计算、逻辑判断等功能，帮助人们进行产品和工程设计；帮助人们进行产品制作；帮助人们辅助教学等。它能辅助人们的工作，使之工作更加的自动化，合理化、科学化、标准化。计算机辅助又称计算机辅助工程，主要有计算机辅助设计（Computer Aided Design，CAD）、计算机辅助制造（Computer Aided Manufacturing，CAM）、计算机辅助教育（Computer Based Education，CBE）、计算机辅助教学（Computer Aided Instruction，CAI）、计算机辅助技术（Computer Aided Technologies，CAT）、计算机模拟（Computer Simulation）等许多方面。所以计算机辅助是计算机应用中一个非常广泛的领域。

（5）网络和通信

把计算机的超级处理能力与通信技术结合起来就形成了计算机网络。网络达到资源共享、相互交流促进的目的。计算机网络的应用所涉及的主要技术是网络互连技术、路由技术、数据通信技术、信息浏览技术及网络安全等。

计算机通信几乎就是现代通信的代名词。例如，目前发展势头已经超过传统固定电话的移动通信就是基于计算机技术的通信方式。

（6）游戏娱乐

运用计算机和网络进行游戏娱乐活动，对许多计算机用户来说是习以为常的事情。网络上有各种丰富的电影、电视资源，也有通过网络和计算机进行的游戏，甚至还有国际性的网络游戏组织和赛事。游戏娱乐的另一个重要方向是计算机和电视的结合，"数字电视"开始走入家庭，改变了传统电视的单向播放而进入交互模式。

（7）嵌入式系统

并不是所有计算机都是通用的。有许多特殊的计算机用于不同的设备中，包括大量的消费电子产品和工业制造系统，把处理器芯片嵌入其中，完成处理任务。例如，数码照相机、数码摄像机以及高档电动玩具都使用了不同功能的处理器。

2．计算机的发展趋势

随着技术的更新和应用的推动，计算机有了飞速的发展。从发展上看，计算机将向着巨型化和微型化发展；从应用上看，今天的计算机集处理文字、图形、图像、声音为一体的多媒体计算机方兴未艾。

1.2　计算机新技术简介

1.2.1　大数据

1．大数据产生背景

大数据（Big Data）产生的背景主要包括如下四方面：

① 数据来源和承载方式的变革。由于物联网、云计算、移动互联网等新技术的发展，用户

在线的每一次单击、每一次评论、每一个视频点播就是大数据的典型来源；而遍布全球各个角落的手机、PC、平板电脑及传感器成为数据来源和承载方式。可见，只有大连接与大交互，才有大数据。

② 全球数据量出现爆炸式增长。由于视频监控、智能终端、网络商店等快速普及，使得全球数据量出现爆炸式增长，未来数年数据量会呈现指数增长。根据麦肯锡全球研究院（MGI）估计，全球企业 2010 年在硬盘上存储了超过 7 EB（1EB=10^{30} GB）的新数据，而消费者在 PC 和便携式计算机等设备上存储了超过 6 EB 新数据。据互联网数据中心（Internet Data Center，IDC）预测，至 2020 年全球以电子形式存储的数据量将达 32 ZB。

③ 大数据已经成为一种自然资源。许多研究者认为：大数据是"未来的新石油"，已成为一种新的经济资产类别。一个国家拥有数据的规模、活力及解释运用的能力，将成为综合国力的重要组成部分。

④ 大数据日益重要，不被利用就是成本。大数据作为一种数据资产当仁不让地成为现代商业社会的核心竞争力，不被利用就是企业的成本。因为数据资产可以帮助和指导企业对全业务流程进行有效运营和优化，帮助企业做出明智的决策。

2．大数据的特征

大数据是指无法用现有的软件工具提取、存储、搜索、共享、分析和处理的海量的、复杂的数据集合。业界通常用"4V"来概括大数据的特征。

① 大量化（Volume）指数据体量巨大。随着 IT 技术的迅猛发展，数据量级已从 TB 发展至 PB 乃至 ZB，可称海量、巨量乃至超量。当前，个人计算机硬盘的容量为 TB 量级，而一些大企业的数据量已经接近 EB 量级。

② 多样化（Variety）指数据类型繁多。相对于以往便于存储的以文本为主的结构化数据，非结构化数据越来越多，包括网络日志、音频、视频、图片、地理位置信息等多类型数据，对数据的处理能力提出了更高要求。

③ 价值密度低（Value）指大量的不相关信息导致价值密度的高低与数据总量的大小成反比。以视频为例，一部一小时的视频，在连续不间断的监控中，有用数据可能仅有一两秒。因此，如何通过强大的机器算法更迅速地完成数据的价值"提纯"，如何对未来趋势与模式的可预测分析、深度复杂分析（机器学习、人工智能 VS 传统商务智能咨询、报告等），成为目前大数据背景下亟待解决的难题。

④ 快速化（Velocity）指处理速度快。大数据时代对其时效性要求很高，这是大数据区分于传统数据挖掘的最显著特征。因为大数据环境下，数据流通常为高速实时数据流，而且需要快速、持续地实时处理；处理工具亦在快速演进，软件工程及人工智能等均可能介入。

3．理解大数据

大数据不仅仅是指海量的信息，更强调的是人类对信息的筛选、处理，保留有价值的信息，即让大数据更有意义，挖掘其潜在的"大价值"，这才是对大数据的正确理解。为此有许多问题需要研究与解决。

提高并发数据存取的性能要求及数据存储的横向扩展问题。目前，多从架构和并行等方面考虑解决。

　　实现大数据资源化、知识化、普适化的问题。解决这些问题的关键是对非结构化数据的内容理解。

　　非结构化海量信息的智能化处理问题。主要解决自然语言理解、多媒体内容理解、机器学习等问题。

　　大数据时代主要面临三大挑战：软件和数据处理能力、资源和共享管理及数据处理的可信力。软件和数据处理能力是指应用大数据技术，提升服务能力和运作效率，以及个性化的服务，如医疗、卫生、教育等。资源和共享管理是指应用大数据技术，提高应急处置能力和安全防范能力。数据处理的可信力是指需要投资建立大数据的处理分析平台，实现综合治理、业务开拓等目标。

4. 大数据产生的安全风险

　　2012 年瑞士达沃斯论坛上发布的《大数据大影响》报告称："数据已成为一种新的经济资产类别，就像货币或黄金一样。"因此，大数据也带来了更多的安全风险。

　　大数据成为网络攻击的显著目标。在互联网环境下，大数据是更容易被"发现"的大目标。这些数据会吸引更多的潜在攻击者，如数据的大量汇集，使得黑客成功攻击一次就能获得更多数据，无形中降低了黑客的攻击成本，增加了"收益率"。

　　大数据加大了隐私泄露风险。大量数据的汇集不可避免地加大了用户隐私泄露的风险。因为数据集中存储增加了泄露风险，另外，一些敏感数据的所有权和使用权并没有明确界定，很多基于大数据的分析都未考虑到其中涉及的个体隐私问题。

　　大数据威胁现有的存储和安防措施。大数据存储带来新的安全问题，数据大集中的后果是复杂多样的数据存储在一起，很可能会出现将某些生产数据放在经营数据存储位置的情况，致使企业安全管理不合规。大数据的大小也影响到安全控制措施能否正确运行。安全防护手段的更新升级速度无法跟上数据量非线性增长的步伐，就会暴露大数据安全防护的漏洞。

　　大数据技术成为黑客的攻击手段。在企业用数据挖掘和数据分析等大数据技术获取商业价值的同时，黑客也在利用这些大数据技术向企业发起攻击。黑客会最大限度地收集更多有用信息，如社交网络、邮件、微博、电子商务、电话和家庭住址等信息，大数据分析使黑客的攻击更加精准。

　　大数据成为高级可持续攻击的载体。传统的检测是基于单个时间点进行的基于威胁特征的实时匹配检测，而高级可持续攻击（APT）是一个实施过程，无法被实时检测。此外，大数据的价值低密度性，使得安全分析工具很难聚焦在价值点上，黑客可以将攻击隐藏在大数据中，给安全服务提供商的分析制造很大困难。黑客设置的任何一个会误导安全厂商目标信息提取和检索的攻击，都会导致安全监测偏离应有方向。

　　大数据技术为信息安全提供新支撑。当然，大数据也为信息安全的发展提供了新机遇。大数据正在为安全分析提供新的可能性，对于海量数据的分析有助于信息安全服务提供商更好地刻画网络异常行为，从而找出数据中的风险点。对实时安全和商务数据结合在一起的数据进行预防性分析，可识别钓鱼攻击，防止诈骗和阻止黑客入侵。网络攻击行为总会留下蛛丝马迹，这些痕迹都以数据的形式隐藏在大数据中，利用大数据技术整合计算和处理资源，有助于更有针对性地应对信息安全威胁，有助于找到攻击的源头。

1.2.2　云计算

1．云计算的应用

什么是云计算？为什么要使用云计算？先来看几个应用案例。

（1）洛杉矶市政府的云应用

洛杉矶市政府目前使用的是传统邮件系统，由于提供的邮箱容量小，不支持移动设备且系统维护成本高等原因，使用用户对旧邮件系统产生不满，从而促使其将系统切换到 Google Apps 提供的云计算服务，与之签订价值七百多万美元的合同，由 Google 为其 3.4 万雇员提供 5 年邮件服务。

此项基于云计算技术的服务，能够为洛杉矶市政府提供针对即时邮件和视频会议的强化协同功能，使得其雇员不必在同一地点就能够开展高效工作；文档共享功能使文档在联合编写和编辑方面效率更高，任何计算机或移动设备均可轻松访问邮件系统，提升可用性，大幅扩充存储空间，雇员邮箱容量是旧邮件系统提供容量的 25 倍。

使用新的邮件系统服务，预计洛杉矶市政府可节省 550 万美元直接投资的费用，节省了近 100 台服务器，以及其 5 年时间需要花费的 75 万美元电费。

（2）怡安集团（AON Corporation）借"云"降低运营风险

怡安集团（AON Corporation）为美国上市公司，全球 500 强企业，2010 年收入 85.12 亿美元。保险经纪业务和人力资源咨询及外包业务为其两大支柱产业，其中下属保险经纪公司是全球最大的保险经纪公司和再保险经纪公司，并提供风险管理服务；下属怡安翰威特是一家全球领先的人力资源咨询及人力资源外包服务的公司。

该公司的两大支柱产业都涉及海量的客户资料、业务数据和统计分析。在过去的 20 年中，该公司总共完成了 450 多个收购兼并项目，每个被兼并公司都使用其自有的客户关系管理系统。随着该公司的快速增长和多个兼并项目的完成，AON 公司迫切需要寻求横跨整个集团公司的、标准化的客户关系管理解决方案对其客户信息和业务数据进行管理。亟待解决的问题包括：实现与该公司现有系统整合、能够方便地部署和去除现有的相对独立的客户关系管理系统数据库、满足更大范围的协同性需求、允许 IT 部门更加关注业务活动而非花费大量时间对支持多功能的 IT 基础设施进行管理。

为协同全球 120 多个国家的分公司和近 6 万名员工，整合横跨保险经纪代理、风险资产管理、人力资源咨询和外包等行业领域的业务，怡安集团对多家云计算产品、服务提供商（包括 PeopleSoft）进行评估后选用了 Salesforce 公司的云计算服务，由该公司提供快速的 IT 系统资源部署能力和使用云计算方式提供满足怡安集团系统标准化的要求。目前怡安集团已经替换、淘汰了 30 多个旧的不同版本的收入系统，形成了全球统一的标准化的平台，让分布在全球 80 多个国家的分公司、超过 7 000 名公司员工每天使用。该平台与资产定价系统和账单系统连接，能够实时提供业务发展数据、重点监控指标的报告，随时了解掌握整个集团公司的业务发展状况。

进行风险管理和保险经纪代理业务对风险都要做量化模型并有相应的风险管理规程。怡安集团用云计算来做客户关系管理，是经过对传统计算和云计算的风险做过深入的分析和对比后才选择了云计算。传统计算方式造成的信息竖井、孤立架构所导致的管理困难、信息不一致、低信息实效性等问题给企业带来了巨大的操作风险；另一方面，传统方式下信息与数据分布式存储和保存，复杂度高、可用性低，对于信息和数据安全性缺乏统一的可执行的电子数据安全等级管理体系、电子数据与信息存在潜在外泄风险，内部的安全管理漏洞更加难以防范，导致客户信息与数据更易泄露或不当使用。而现在选用云计算方式，通过保密协议与服务等级协议规范云计算服务提供商达到特定的数据信息安全等级要求，实现数据云端存储，以及尽量减少人为参与、干预环节，达到对数据特别是敏感数据的安全级别要求。同时信息的云端集中式存储还有利于隐私保护、遵从反洗钱法和 KYC（充分了解你的客户）等法律法规的要求，提高信息、数据的合规性。随着安全认证、授权、加密、数据漂泊、审计等安全技术的发展和其在云计算服务特别是在网络传输、云数据处理、云存储的应用，提升了客户信息和业务数据的安全性与合规性。综上所述，和目前人们接受的理念恰恰相反，云计算要比传统计算在总体上更安全、更可靠、风险更低，更有利于降低企业的运营风险。这也是为什么一家以控制风险为主业的公司，选择云服务模式而不是传统 CRM 软件包的模式来管理全公司客户关系的原因。

2．云计算的概念

云计算是通过使计算分布在大量的分布式计算机上，而非本地计算机或远程服务器中，企业数据中心的运行将与互联网更相似。这使得企业能够将资源切换到需要的应用上，根据需求访问计算机和存储系统。

好比是从古老的单台发电机模式转向了电厂集中供电的模式。它意味着计算能力也可以作为一种商品进行流通，就像煤气、水电一样，取用方便、费用低廉。最大的不同在于，它是通过互联网进行传输的。

3．云计算的基本特点

（1）超大规模

"云"具有相当的规模，Google 云计算已经拥有 100 多万台服务器，Amazon、IBM、微软、Yahoo 等公司的"云"均拥有几十万台服务器。企业私有云一般拥有数百上千台服务器。"云"能赋予用户前所未有的计算能力。

（2）虚拟化

云计算支持用户在任意位置、使用各种终端获取应用服务。所请求的资源来自"云"，而不是固定的有形的实体。应用在"云"中某处运行，但实际上用户无须了解，也不用担心应用运行的具体位置。只需要一台笔记本式计算机或者一个手机，就可以通过网络服务来实现大家需要的一切，甚至包括超级计算这样的任务。

（3）高可靠性

"云"使用了数据多副本容错、计算结点同构可互换等措施来保障服务的高可靠性，使用云计算比使用本地计算机可靠。

（4）通用性

云计算不针对特定的应用，在"云"的支撑下可以构造出千变万化的应用，同一个"云"可以同时支撑不同的应用运行。

（5）高可扩展性

"云"的规模可以动态伸缩，满足应用和用户规模增长的需要。

（6）按需服务

"云"是一个庞大的资源池，按需购买；云可以像自来水、电、煤气那样计费。

（7）极其廉价

由于"云"的特殊容错措施可以采用极其廉价的节点来构成云，"云"的自动化集中式管理使大量企业无须负担日益高昂的数据中心管理成本，"云"的通用性使资源的利用率较之传统系统大幅提升，因此用户可以充分享受"云"的低成本优势，通常只要花费几百美元、几天时间就能完成以前需要数万美元、数月时间才能完成的任务。

云计算可以彻底改变人们未来的生活，但同时也要重视环境问题，这样才能真正为人类进步作贡献，而不是简单的技术提升。

4. 云计算的影响

云技术要求大量用户参与，也不可避免地出现了隐私问题。用户参与就要收集某些用户数据，从而引发了用户对数据安全的担心。很多用户担心自己的隐私会被云技术收集。正因如此，在加入云计划时很多厂商都承诺尽量避免收集到用户隐私，即使收集到也不会泄露或使用。但不少人还是怀疑厂商的承诺，他们的怀疑也不是没有道理。不少知名厂商都被指责有可能泄露用户隐私，并且泄露事件也确实发生过。

事实上，国家在大力提倡建设云计算中心的同时，对云技术与互联网的安全性也高度重视。发改委、工信部等七部联合发布《关于下一代互联网"十二五"发展建设的意见》中强调：互联网是与国民经济和社会发展高度相关的重大信息基础，加强网络与信息安全保障工作，全面提升下一代互联网安全性和可信性。加强域名服务器、数字证书服务器、关键应用服务器等网络核心基础设施的部署及管理；加强网络地址及域名系统的规划和管理；推进安全等级保护、个人信息保护、风险评估、灾难备份及恢复等工作，在网络规划、建设、运营、管理、维护、废弃等环节切实落实各项安全要求；加快发展信息安全产业，培育龙头骨干企业，加大人才培养和引进力度，提高信息安全技术保障和支撑能力。

1.2.3 物联网

物联网是新一代信息技术的重要组成部分，也是"信息化"时代的重要发展阶段，其英文名称是 Internet of things（IoT）。顾名思义，物联网就是物物相连的互联网。这有两层意思：其一，物联网的核心和基础仍然是互联网，是在互联网基础上延伸和扩展的网络；其二，其用户端延伸和扩展到了任何物品与物品之间，进行信息交换和通信，也就是物物相息。物联网通过智能感知、识别技术与普适计算等通信感知技术，广泛应用于网络的融合中，也因此被称为继计算机、互联网之后世界信息产业发展的第三次浪潮。物联网是互联网的应用拓展，与其说物联网是网络，不如说物联网是业务和应用。因此，应用创新是物联网发展的核心，以用户体验为核心的创新 2.0 是物联网发展的灵魂。

物联网用途广泛，遍及智能交通、环境保护、政府工作、公共安全、平安家居、智能消防、工业监测、环境监测、路灯照明管控、景观照明管控、楼宇照明管控、广场照明管控、老人护理、个人健康、花卉栽培、水系监测、食品溯源、敌情侦查和情报搜集等多个领域。

国际电信联盟 2005 年的报告曾描绘"物联网"时代的图景：当司机出现操作失误时汽车会自动报警；公文包会提醒主人忘带了什么东西；衣服会"告诉"洗衣机对颜色和水温的要求；等等。物联网在物流领域内的应用则如：一家物流公司应用了物联网系统的货车，当装载超重时，汽车会自动告诉你超载了，并且超载多少，但空间还有剩余，告诉你轻重货怎样搭配；当搬运人员卸货时，一只货物包装可能会大叫"你扔疼我了"，或者说"亲爱的，请你不要太野蛮，可以吗？"当司机在和别人扯闲话，货车会装作老板的声音怒吼"该发车了！"

物联网把新一代 IT 技术充分运用在各行各业之中，具体地说，就是把感应器嵌入和装备到电网、铁路、桥梁、隧道、公路、建筑、供水系统、大坝、油气管道等各种物体中，然后将"物联网"与现有的互联网整合起来，实现人类社会与物理系统的整合，在这个整合的网络当中，存在能力超级强大的中心计算机群，能够整合网络内的人员、机器、设备和基础设施，实施实时的管理和控制，在此基础上，人类可以以更加精细和动态的方式管理生产和生活，达到"智慧"状态，提高资源利用率和生产力水平，改善人与自然之间的关系。

目前的应用案例：

① 物联网传感器产品已率先在上海浦东国际机场防入侵系统中得到应用。系统铺设了 3 万多个传感结点，覆盖了地面、栅栏和低空探测，可以防止人员的翻越、偷渡、恐怖袭击等攻击性入侵。上海世博会也与中科院无锡高新微纳传感网工程技术研发中心签下订单，购买防入侵微纳传感网 1 500 万元产品。

② ZigBee 路灯控制系统点亮济南园博园。ZigBee 无线路灯照明节能环保技术的应用是此次园博园中的一大亮点。园区所有的功能性照明都采用了 ZigBee 无线技术，达成了无线路灯控制。

③ 移动终端与电子商务相结合的模式让消费者可以与商家进行便捷的互动交流，随时随地体验品牌品质，传播分享信息，实现互联网向物联网的从容过渡，缔造出一种全新的零接触、高透明、无风险的市场模式。手机物联网购物其实就是闪购。广州闪购通过手机扫描条形码、二维码等方式，可以进行购物、比价、鉴别产品等。

④ 一个完整的门禁系统由读卡器、控制器、电锁、出门开关、门磁、电源、处理中心这七个模块组成，无线物联网门禁将门点的设备简化到了极致：一把电池供电的锁具。除了门上面要开孔装锁外，门的四周不需要任何辅助设备。整个系统简洁明了，大幅缩短施工工期，也能降低后期维护的成本。无线物联网门禁系统的安全与可靠体现在以下两个方面：无线数据通信的安全性包管和传输数据的安稳性。

⑤ 物联网的应用与移动互联相结合后发挥了巨大的作用。智能家居使得物联网的应用更加生活化，具有网络远程控制、遥控器控制、触摸开关控制、自动报警和自动定时等功能，普通电工即可安装，变更扩展和维护非常容易，开关面板的颜色多样，图案个性化，给每个家庭带来不一样的生活体验。

物联网将是下一个推动世界高速发展的"重要生产力"，是继通信网之后的另一个万亿级市场。业内专家认为，物联网一方面可以提高经济效益，大大节约成本；另一方面可以为全球经济的复苏提供技术动力。美国、欧盟等都在投入巨资深入研究和探索物联网。我国也正在高度关注、重视物联网的研究，工业和信息化部会同有关部门在新一代信息技术方面正在开展研究，以形成支持新一代信息技术发展的政策措施。

此外，物联网普及以后，用于动物、植物和机器、物品的传感器与电子标签及配套的接口装置的数量将大大超过手机的数量。物联网的推广将会成为推进经济发展的又一个驱动器，为产业开拓了又一个潜力无穷的发展机会。按照对物联网的需求，需要有按亿计的传感器和电子标签，这将大大推进信息技术元件的生产，同时增加大量的就业机会。

物联网拥有业界最完整的专业的产品系列，覆盖从传感器、控制器到云计算的各种应用，产品服务智能家居、交通物流、环境保护、公共安全、智能消防、工业监测、个人健康等各种领域，构建了"质量好、技术优、专业性强，成本低，满足客户需求"的综合优势，持续为客户提供有竞争力的产品和服务。物联网产业是当今世界经济和科技发展的战略制高点之一。据了解，2011 年全国物联网产业规模超过了 2 500 亿元，预计 2015 年将超过 5 000 亿元。

2014 年 2 月 18 日，全国物联网工作电视电话会议在北京召开。国务院副总理马凯出席会议并讲话。他强调，要抢抓机遇，应对挑战，以更大决心、更有效措施，扎实推进物联网有序健康发展，努力打造具有国际竞争力的物联网产业体系，为促进经济社会发展作出积极贡献。

马凯指出，物联网是新一代信息网络技术的高度集成和综合运用，是新一轮产业革命的重要方向和推动力量，对于培育新的经济增长点、推动产业结构转型升级、提升社会管理和公共服务的效率和水平具有重要意义。发展物联网必须遵循产业发展规律，正确处理好市场与政府、全局与局部、创新与合作、发展与安全的关系。要按照"需求牵引、重点跨越、支撑发展、引领未来"的原则，着力突破核心芯片、智能传感器等一批核心关键技术；着力在工业、农业、节能环保、商贸流通、能源交通、社会事业、城市管理、安全生产等领域，开展物联网应用示范和规模化应用；着力统筹推动物联网整个产业链协调发展，形成上下游联动、共同促进的良好格局；着力加强物联网安全保障技术、产品研发和法律法规制度建设，提升信息安全保障能力；着力建立健全多层次多类型的人才培养体系，加强物联网人才队伍建设。

根据韩臻聪 2016 年 9 月的主题演讲《服务能力重构推进物联网产业快速发展》：截至 2016年，76%的企业已经启动了物联网相关的布局，36%的企业已经开展相关的产品化和商业化的进程。投资从另外一方面反应了这样一个风口的选择，国际 36 家大型企业已经有 84 次投资行为，集中在投资在基础能力、垂直行业和智能家居这三个领域，从这方面可以看到，物联网正在推动社会经济和科技发展，成为一个重要的推动力量。

1.2.4　人工智能

2017 年，AlphaGo 战胜世界围棋冠军之后，人工智能再次成为人们所关注的热点。

人工智能是计算机科学的一个分支，它企图了解智能的实质，并生产出一种新的能以人类智能相似的方式做出反应的智能机器。美国麻省理工学院的尼尔逊教授对人工智能下了这样一个定义："人工智能是关于知识的学科——怎样表示知识以及怎样获得知识并使用知识的科学。"而另一位美国麻省理工学院的温斯顿教授认为："人工智能就是研究如何使计算机去做过去只有人才能做的智能工作。"这些说法反映了人工智能学科的基本思想和基本内容，即人工智能是研究人类智能活动的规律，构造具有一定智能的人工系统，研究如何让计算机去完成以往需要人的智力才能胜任的工作，也就是研究如何应用计算机的软硬件来模拟人类某些智能行为的基本理论、方法和技术。

人工智能的技术应用主要包括自然语言处理（包括语音和语义识别、自动翻译）、计算机视觉（图像识别）、知识表示、自动推理（包括规划和决策）、机器学习和机器人学等。

人工智能的发展需要一定的先决条件：

（1）物联网

物联网提供了计算机感知和控制物理世界的接口和手段，它们负责采集数据、记忆、分析、传送数据、交互、控制等。摄像头和相机记录了关于世界的大量的图像和视频，麦克风记录语音和声音，各种传感器将它们感受到的世界数字化，等等。这些传感器，就如同人类的五官，是智能系统的数据输入，感知世界的方式。而大量智能设备的出现则进一步加速了传感器领域的繁荣，这些延伸向真实世界各个领域的触角是机器感知世界的基础，而感知则是智能实现的前提之一。

（2）大规模并行计算

人脑中有数百甚至上千亿个神经元，每个神经元都通过成千上万个突触与其他神经元相连，形成了非常复杂和庞大的神经网络，以分布和并发的方式传递信号。这种超大规模的并行计算结构使得人脑远超计算机，成为世界上最强大的信息处理系统。近年来，基于 GPU（图形处理器）的大规模并行计算异军突起，拥有远超 CPU 的并行计算能力。

从处理器的计算方式来看，CPU 计算使用基于 X86 指令集的串行架构，适合尽可能快地完成一个计算任务。GPU 诞生之初是为了处理 3D 图像中的上百万个像素图像，拥有更多的内核去处理更多的计算任务。因此，GPU 天生具备了执行大规模并行计算的能力。云计算的出现、GPU 的大规模应用使得集中化的数据计算处理能力变得前所未有的强大。

（3）大数据

根据统计，2015 年全球产生的数据总量达到了十年前的 20 多倍，海量的数据为人工智能的学习和发展提供了非常好的基础。机器学习是人工智能的基础，而数据和以往的经验就是人工智能学习的书本，以此优化计算机的处理性能。

（4）深度学习算法

这是人工智能进步最重要的条件，也是当前人工智能最先进、应用最广泛的核心技术，又称深度神经网络（深度学习算法）。2006 年，Geoffrey Hinton 教授发表的论文《A Fast Learning Algorithm For Deep Belief Nets》。他在此文中提出的深层神经网络逐层训练的高效算法，让当时计算条件下的神经网络模型训练成为了可能，同时通过深度神经网络模型得到的优异的实验结果让人们开始重新关注人工智能。之后，深度神经网络模型成为了人工智能领域的重要前沿阵地，深度学习算法模型也经历了一个快速迭代的周期，Deep Belief Network、Sparse Coding、Recursive Neural Network、Convolutional Neural Network 等各种新的算法模型被不断提出，而其中的卷积神经网络（Convolutional Neural Network，CNN）更是成为图像识别最炙手可热的算法模型。

从 2013 年开始，科技巨头加大了对人工智能的自主研发，同时通过不断开源，试图建立自己的人工智能生态系统，开源力度不断增加。例如，Google 开源 TensorFlow 后，Facebook、百度和微软等都加快了开源脚步。最早走向人工智能工具开源的是社交巨头 Facebook，于 2016 年 1 月宣布开源多款深度学习人工智能工具。而谷歌、IBM 和微软几乎同时于 2016 年 11 月宣布开源。谷歌发布了新的机器学习平台 TensorFlow，所有用户都能够利用这一强大的机器学习平台进行研究，被称为人工智能界的 Android。IBM 则宣布通过 Apache 软件基金会免费为外部程序员提供 System ML 人工智能工具的源代码。微软则开源了分布式机器学习工具包 DMTK，能够在较小的集群上以较高的效率完成大规模数据模型的训练，微软在 2017 年 7 月又推出了开源的 Project Malmo 项目，用于人工智能的训练。

人工智能已经逐渐建立起自己的生态格局，由于科技巨头的一系列布局和各种平台的开源，人工智能的准入门槛逐渐降低。未来几年之内，专业领域的智能化应用将是人工智能主要的发展方向。无论是在专业领域还是通用领域，人工智能的企业布局都将围绕着基础层、技术层和应用层三个层次的基本架构。

基础层就如同大树的根基，提供基础资源支持，由运算平台和数据工厂组成。中间层为技术层，通过不同类型的算法建立模型，形成有效的可供应用的技术，如同树干连接底层的数据层和顶层的应用层。应用层利用输出的人工智能技术为用户提供具体的服务和产品。

位于基础层的企业一般是典型的 IT 巨头，拥有芯片级的计算能力，通过部署大规模 GPU 和 CPU 并行计算构成云计算平台，解决人工智能所需要的超强运算能力和存储需求，初创公司无法进入。技术层的算法可以拉开人工智能公司和非人工智能公司的差距，但是巨头的逐步开源使算法的重要程度不断降低。应用层是人工智能初创企业最好的机遇，可以选择合理的商业模式，避开巨头的航路，更容易实现成功。

1.3　数制基础与信息表示

计算机的最基本功能是对数据进行加工处理，现代计算机是一个数字系统，它的物理基础是数字电路。在本节中，将着重讨论计算机中数的表示方法及其相关的基本知识，包括计算机所使用的数制和编码、定点数和浮点数等，它们是计算机实现"计算"的基础。

1.3.1　数制

1. 数制的概念

将数字符号按序排列成数位，并遵照某种由低位到高位进位的方法进行计数表示数值的方式称作进位计数制，简称数制。它有 3 个基本术语：

① 数符：用不同的数字符号表示一种数制的数值，这些数字符号称为"数符"。

② 基数：数制所允许使用的数符个数称为"基数"。

③ 权值：某数制中每一位所对应的单位值称为"权值"，或称"位权值"，简称"权"。

在进位计数制中，使用数符的组合形成多位数，按基数来进位、借位，用权值来计数。一个多位数可以表示为

$$N = \sum_{i=-m}^{n} A_i \times R^i \qquad (1\text{-}1)$$

式中：i 为某一位的位序号；A_i 为 i 位上的一个数符，$0 \leqslant A_i \leqslant R\text{-}1$，如十进制有 0、1、2、……、8、9 共 10 个数符；R 为基数，将基数为 R 的数称为 R 进制数，如十进制的 R 为 10；m 为小数部分最低位序号；n 为整数部分最高位序号（整数部分的实际位序号是从 0 开始，因此整数部分为 $n+1$ 位）。

式（1-1）将一个数表示为多项式，又称数的多项式表示。例如，十进制数 975，它可以根据式（1-1）表示为 $975 = 9 \times 10^2 + 7 \times 10^1 + 5 \times 10^0$，等式的左边为顺序计数，右边则为按式（1-1）的多项式表示。实际上把任何进制的数按式（1-1）展开求和就得到了它对应的十进制数，所以式（1-1）也是不同进制数之间相互转换的基础。

由此，可以将进位计数制的基本特点归纳为：

① 一个 R 进制的数有 R 个数符。

② 最小的数符为 0，最大的数符为 $R\text{-}1$。

③ 计数规则为"逢 R 进 1，借 1 当 R"。

2. 常用数制

在日常生活中，十进制数是人们十分熟悉的计数制。它用 0、1、2、3、4、5、6、7、8、9 共 10 个数字符号，按照一定规律排列起来表示数值的大小。但实际上存在着多种进位计数制，如二进制、八进制、十二进制、十六进制、二十四进制、六十进制等。在计算机内部，一切信息的存储、处理与传输均采用二进制的形式，这是因为二进制数具有在电路上容易实现，可靠性高，运算规则简单，可直接用作逻辑运算等优点。但由于二进制数的阅读和书写很不方便，因此在阅读和书写时又通常采用八进制数和十六进制数来表示。表 1-2 列出了常用的进位计数制。

表 1-2　常用进位计数制

进位计数制	数　符	基　数	权　值	计 数 规 则
十进制	0、1、2、3、4、5、6、7、8、9	10	10^i	逢 10 进 1，借 1 当 10
二进制	0、1	2	2^i	逢 2 进 1，借 1 当 2
八进制	0、1、2、3、4、5、6、7	8	8^i	逢 8 进 1，借 1 当 8
十六进制	0、1、2、3、4、5、6、7、8、9、A、B、C、D、E、F	16	16^i	逢 16 进 1，借 1 当 16

（1）十进制

十进制（Decimal System）有 0～9 共 10 个数符，基数为 10，权系数为 10^i（i 为整数），计数规则为"逢 10 进 1，借 1 当 10"。对十进制的特点我们非常熟悉，因此不再详细介绍。

（2）二进制

二进制（Binary System）与十进制类似，即二进制中只有两个数字符号（0 和 1）。二进制的基本运算规则是"逢 2 进 1，借 1 当 2"，各位的权为 2 的幂。一个二进制数可以使用式（1-1）展开，例如：

$$(10011011)_2 = 1\times2^7+0\times2^6+0\times2^5+1\times2^4+1\times2^3+0\times2^2+1\times2^1+1\times2^0$$

（3）八进制

八进制（Octal System）有 8 个数字符号（0、1、2、3、4、5、6、7），基数为 8，权系数为 8^i（i 为整数），计数规则是"逢 8 进 1，借 1 当 8"。由于 $8 = 2^3$。一个八进制数可以使用式（1-1）展开，例如：

$$(574.36)_8=5\times8^2+7\times8^1+4\times8^0+3\times8^{-1}+6\times8^{-2}$$

（4）十六进制

十六进制（Hexadecimal System）有 16 个数字符号（0、1、2、3、4、5、6、7、8、9、A、B、C、D、E、F，其中 A、B、C、D、E、F 分别对应十进制的 10、11、12、13、14、15）。十六进制的基数为 16，权系数为 16^i（i 为整数），计数规则是"逢 16 进 1，借 1 当 16"。一个十六进制数可以使用式（1-1）展开，例如：

$$(9AE.C8)_{16}=9\times16^2+10\times16^1+14\times16^0+12\times16^{-1}+8\times16^{-2}$$

总结以上 4 种进位计数制，可以将它们的特点概括为每一种计数制都有一个固定的基数，每一个数位可取基数中的不同数值：每一种计数制都有自己的位权，并且遵循"逢 r 进 1"的原则。

注意：为了区分不同进制的数，在数字（外加括号）的右下角加脚注 10、2、8、16 分别表示十进制、二进制、八进制和十六进制。或将 D、B、O、H 4 个字母放在数的末尾以区分上述 4 种进制。例如，548D 或 510 表示十进制数，10011101B 表示二进制数，463O 表示八进制数，3F5H 表示十六进制数。

3．计算机内部采用二进制的原因

人们日常使用的是十进制，计算机内部之所以采用二进制，其主要原因是二进制具有以下优点：

① 技术上容易实现。用双稳态电路表示二进制数字 0 和 1 是很容易的事情。计算机使用二进制进行编码，而不是人们熟悉的十进制，最重要的原因是二进制物理上更容易实现。因为电子器件大多具有两种稳定状态（on/off），可以用二进制两个数字符号 0 和 1 表示。比如晶体管的导通和截止、电压的高和低、磁性的有和无等。

② 可靠性高。二进制中只使用 0 和 1 两个数字，传输和处理时不易出错，因而可以保障计算机具有很高的可靠性。

③ 运算规则简单。与十进制数相比，二进制数的运算规则要简单得多，这不仅可以使运算器的结构得到简化，而且有利于提高运算速度。

④ 与逻辑量相吻合。二进制数 0 和 1 正好与逻辑量"真"和"假"相对应，因此用二进制数表示二值逻辑显得十分自然。

⑤ 二进制数与十进制数之间的转换相当容易。人们使用计算机时可以仍然使用自己所习惯的十进制数，而计算机将其自动转换成二进制数存储和处理，输出处理结果时又将二进制数自动转换成十进制数，这给工作带来极大的方便。

4．二进制的运算规则

二进制运算有算术运算、逻辑运算和移位运算等，这里主要介绍加法、乘法和逻辑运算。

（1）加法运算规则

$$0+0=0, \quad 0+1=1, \quad 1+1=10$$

注意： $1+1=10$，等号右边 10 中的 1 是进位。

（2）乘法运算规则

$$0\times0=0, \quad 0\times1=0, \quad 1\times1=1$$

【例 1-1】计算 11011001+10011011 的值。

```
        1 1 0 1 1 0 0 1
      + 1 0 0 1 1 0 1 1
进位←1 0 1 1 1 0 1 0 0
```

【例 1-2】计算 1100×1011 的值。

```
            1 1 0 0
      ×     1 0 1 1
            1 1 0 0
          1 1 0 0
        0 0 0 0
    +   1 1 0 0
    1 0 0 0 0 1 0 0
```

（3）逻辑运算规则

二进制数 1 和 0 在逻辑上可以代表"真"与"假"、"是"与"否"、"有"与"无"。这种具有逻辑属性的变量称为逻辑变量。计算机的逻辑运算和算术运算的主要区别是：逻辑运算是按位进行的，位与位之间不像加减运算那样有进位或借位的联系。 逻辑运算主要包括 3 种基本运算：逻辑加法（又称"或"运算）、逻辑乘法（又称"与"运算）和逻辑否定（又称"非"运算）。此外，"异或"运算也很有用。

① 逻辑加法（"或"运算）。逻辑加法通常用符号"+"或"∨"表示。逻辑加法运算规则如下：

$$0+0=0, \quad 0 \lor 0=0; \quad 0+1=1, \quad 0 \lor 1=1; \quad 1+0=1, \quad 1 \lor 0=1; \quad 1+1=1, \quad 1 \lor 1=1$$

可以看出，逻辑加法有"或"的意义。也就是说，在给定的逻辑变量中，A 或 B 只要有一个为 1，其逻辑加的结果为 1；两者都为 1 则逻辑加的结果为 1。

② 逻辑乘法（"与"运算）。逻辑乘法通常用符号"×"或"∧"或"·"表示。逻辑乘法运算规则如下：

$$0 \times 0=0, \quad 0 \land 0=0, \quad 0 \cdot 0=0; \quad 0 \times 1=0, \quad 0 \land 1=0, \quad 0 \cdot 1=0;$$

$$1 \times 0=0, \quad 1 \land 0=0, \quad 1 \cdot 0=0; \quad 1 \times 1=1, \quad 1 \land 1=1, \quad 1 \cdot 1=1$$

不难看出，逻辑乘法有"与"的意义。它表示当参与运算的逻辑变量都同时取值为 1 时，其逻辑乘积才等于 1。

③ 逻辑否定（非运算）。逻辑非运算又称逻辑否运算。其运算规则为：

$$\overline{0}=1 \text{ 即非 0 等于 1}; \qquad \overline{1}=0 \text{ 即非 1 等于 0}$$

④ 异或逻辑运算（半加运算）。异或运算通常用符号"⊕"表示，其运算规则为：

$$0 \oplus 0=0 \quad \text{0 同 0 异或，结果为 0}; \qquad 0 \oplus 1=1 \quad \text{0 同 1 异或，结果为 1};$$

$$1 \oplus 0=1 \quad \text{1 同 0 异或，结果为 1}; \qquad 1 \oplus 1=0 \quad \text{1 同 1 异或，结果为 0}$$

即两个逻辑变量相异，输出才为 1。

1.3.2 各种数制的转换

将数由一种数制转换成另一种数制称为数制间的转换。由于计算机采用二进制，但用计算机解决实际问题时对数值的输入/输出通常使用十进制，这就是一个十进制向二进制转换或由二进制向十进制转换的过程。也就是说，在使用计算机进行数据处理时，首先必须把输入的十进制数转换成计算机所能接受的二进制数；计算机在运行结束后，再把二进制数转换成人们所习惯的十进制数输出。这两个转换过程完全由计算机系统自动完成。有时候，为了方便，人们常用八进制或十六进制作为中间结果进行数制转换。下面介绍各种数制之间如何完成转换。

1. 二进制数转换为十进制数

二进制数转换为十进制数的方法就是将二进制数的每一位数按权系数展开，然后相加。即将二进制数按式（1-1）展开，然后进行相加，所得结果就是等值的十进制数。

【例 1-3】把二进制数 1011.01 转换为十进制数。

$$(1011.01)_2 = 1 \times 2^3 + 0 \times 2^2 + 1 \times 2^1 + 1 \times 2^0 + 0 \times 2^{-1} + 1 \times 2^{-2}$$

$$= 8 + 0 + 2 + 1 + 0 + 0.25$$

$$= (11.25)_{10}$$

2．十进制数转换为二进制数

将十进制数转换为二进制数是进制转换间比较复杂的一种，也是与其他进制转换的基础。这里把整数和小数转换分开讨论。

（1）整数的转换

十进制整数转换为二进制整数的方法为除基取余法，即将被转换的十进制数用2连续整除，直至最后的余数为0或1，然后将每次所得到的商按相除过程反向排列，结果就是对应的二进制数。

【例1-4】将十进制数356转换为二进制数。

将356用2进行连续整除：

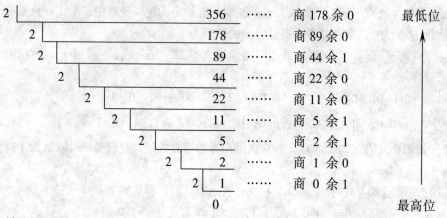

所以，$(356)_{10} = (101100100)_2$。

（2）小数的转换

十进制小数转换为二进制小数的方法为乘基取整法，即将十进制数连续乘2得到进位，按先后顺序排列进位就得到转换后的小数。

【例1-5】将十进制小数0.625转换为相应的二进制数。

$$0.625 \times 2 = 1.250 \quad \cdots\cdots \quad 取出整数 \quad 1$$
$$0.250 \times 2 = 0.500 \quad \cdots\cdots \quad 取出整数 \quad 0$$
$$0.500 \times 2 = 1.000 \quad \cdots\cdots \quad 取出整数 \quad 1$$

余数为0，转换结束。所以，$(0.625)_{10} = (0.101)_2$。

3．二进制数与八进制数的转换

（1）二进制数转换为八进制数

因为二进制数和八进制数之间的关系正好是$2^3=8$，所以二进制数与八进制数之间的转换只要按位展开就可以了。

【例1-6】将二进制数101100111.011001转换为八进制数。

以小数点为界，分别将3位二进制对应1位八进制如下：

101	100	111	.	011	001	二进制
↓	↓	↓		↓	↓	
5	4	7	.	3	1	八进制

所以，$(101100111.011001)_2 = (547.31)_8$。

注意： 从小数点开始，往左为整数，最高位不足 3 位的，可以在前面补零；往右为小数，最低位不足 3 位的，必须在最低位后面补 0。

（2）八进制数转换为二进制数

先将需要转换的八进制数从小数点开始，分别向左和向右按每 1 位八进制对应 3 位二进制展开即得到对应的二进制数。

【例 1-7】 将八进制数 674.531 转换为二进制数。

$(674.531)_8 = (110\ 111\ 100\ .\ 101\ 011\ 001)_2$

转换后的二进制最高位和最低位无效的 0 可以省略。

4．二进制数和十六进制数之间的转换

（1）二进制数转换为十六进制数

转换方法与前面所介绍的二进制数转换为八进制数类似，唯一的区别是 4 位二进制对应 1 位十六进制，而且十六进制除了 0～9 这 10 个数符外，还用 A～F 表示它另外的 6 个数符。

【例 1-8】 将二进制数 110110101000 . 0111111 转换为十六进制数。

1101	1010	1000	.	0111	1110	二进制
↓	↓	↓		↓	↓	
D	A	8	.	7	E	十六进制

从小数点开始，往左为整数，最高位不足 4 位的，可以在前面补零；往右为小数，最低位不足 4 位的，必须在最低位后面补 0。所以，$(110110101000 . 0111111)_2 = (0DA8.7E)_{16}$。

注意： 在给出十六进制数的前面加上 "0" 是因为这个十六进制数的最高位为字符 D，用 0 作为前缀以示与字母区别。

（2）十六进制数转换为二进制数

先将需要转换的十六进制数从小数点开始，分别向左和向右按每 1 位十六进制对应 4 位二进制展开即得到对应的二进制数。

【例 1-9】 将十六进制数 5DF.6A 转换为二进制数。

$$(5DF.6A)_{16} = (0101\ 1101\ 1111\ .\ 0110\ 1010)_2$$

转换后的二进制最高位和最低位无效的 0 可以省略。

5．十进制数与八进制数、十六进制数之间的相互转换

表 1-3 列出了常用进制之间的转换。只要按式（1-1）所给出的表达关系，就可以用数学方法证明并得到相应的转换方法。通常，十进制和八进制及十六进制之间的转换不需要直接进行，可用二进制作为中间量进行相互转换。如要将一个十进制数转换为相应的十六进制数，可以先将十进制数转换为二进制数，然后直接根据二进制数写出对应的十六进制数，反之亦然。

表 1-3　十进制、二进制、八进制、十六进制转换表

十进制	二进制	八进制	十六进制	十进制	二进制	八进制	十六进制
0	0	0	0	8	1000	10	8

十进制	二进制	八进制	十六进制	十进制	二进制	八进制	十六进制
1	1	1	1	9	1001	11	9
2	10	2	2	10	1010	12	A
3	11	3	3	11	1011	13	B
4	100	4	4	12	1100	14	C
5	101	5	5	13	1101	15	D
6	110	6	6	14	1110	16	E
7	111	7	7	15	1111	17	F

1.3.3 计算机中数值的表示

通过前面的学习已经知道，计算机内部采用二进制表示数据。对于数值型数据，数据有正负和小数之分，因此必须解决有符号数、小数在计算机内部的表示。

1. 有符号数与无符号数

由于计算机中只能存储 0 和 1，所以数的符号也必须用 0 和 1 来表示。

现在假设一个数据用 8 位二进制表示，在表示无符号数据时，8 位都用于表示数据，因此可表示的数据范围是 0～255（00000000～11111111）。

当表示有符号数时，需要占用一个二进制位来表示符号。约定二进制数的最高位（左边第一位）作为符号位，用"0"表示正数，"1"表示负数，这样，数的正负号就被数值化了。假设一个数据用 8 位二进制表示，此时可表示的数据范围是 –128～127（10000000～01111111）。
例如：

0	1	0	1	0	1	0	0

表示数据+84。再如：

1	1	0	1	0	1	0	0

表示数据–84。

2. 真值与机器数

在计算机中，数据可以分为无符号数和有符号数两种，其符号和数字都用二进制表示，两者一起构成数的机内表示形式，称为机器数，而它真正表示的带有符号的数称为这个机器数的真值。例如，假设一个数据用 8 位二进制表示，则对于十进制数+115，由于其对应的二进制数是 1111101，因此+105 对应的机器数为 01111101，而十进制数–115 对应的机器数为 11111101。

机器数有如下两个特点：

① 机器数的位数固定，能表示的数值范围受到位数限制。例如，字长为 8 位的计算机，能表示的无符号数的范围是 0～255，有符号数的范围是–128～127。由于机器数受字长的限制，因此当计算机运算结果超过机器数所能表示的范围时，就会产生"溢出"。

② 用"0"表示正数，"1"表示负数，因此，机器数是连同数据符号一起数字化了的数据。

3. 小数

在计算机中小数的表示有两种形式：定点表示法和浮点表示法，其中定点表示法如图 1–6 所示。

定点表示法是将小数点的位置固定在一个二进制数的某一位置。通常是将其固定在数的最前面，将数据表示为一个纯小数；或固定在数的最后面，将数据表示为一个纯整数。但在存储器中并不存储小数点，只是隐含规定它就在此位置。

符号	数值部分	符号	数值部分

小数点位置　　　　　　　小数点位置

（a）定点纯小数　　　　（b）定点纯整数

图 1-6　定点表示法

例如，将小数点固定在最前面：表示数据+0.6875。

0.	1	0	1	1	0	0	0

上述的定点小数表示法简单直观，只能表示纯小数或纯整数，数值表示的范围太小，运算时容易产生溢出。而且实际使用的数大部分是混小数，即小数点前面和后面都有数据，因此用浮点数来表示这样的小数。

4．定点数和浮点数

数据表示方法有定点数和浮点数两种。通常，使用定点数表示整数，而用浮点数表示实数。

（1）整数

认为整数没有小数部分，小数点固定在数的最右边。整数可以分为无符号整数和有符号整数两类。无符号整数的所有二进制位全部用来表示数值的大小；有符号整数用最高位表示数的正负号，而其他位表示数值的大小。例如，假设数据用 8 位二进制表示，则十进制整数−59 的计算机内部表示形式是 10111011。

（2）浮点数

浮点数是小数点可以变动的数。由于机器字长有限，所表示的数值的范围也有限，为增大数值表示范围，防止溢出，通常采用浮点数表示法。浮点数的表示类似于十进制中的科学计数法。

浮点数由两部分组成，即尾数和阶码。如 689.45 可以写成 $0.689\,45 \times 10^3$，而且可以通过改变指数，使小数点的位置发生移动，如写成 $68\,945 \times 10^{-2}$。十进制中的科学计数法的一般形式为：$N = D \times 10^n$，其中 D 为纯小数，n 为整数。在二进制中，一个数也可以写成这种形式：$P = S \times 2^E$，其中 S 称为尾数，E 称为阶码。

① 阶码：用于表示小数点在该数中的位置，它是一个带符号的整数。

② 尾数：用于表示数的有效数值，可以采用整数或纯小数两种形式。

一般 PC 选择 32 位（单精度）或 64 位（双精度）二进制表示一个浮点数。32 位浮点数格式如下：

符号	阶码	尾数
1 位	8 位	23 位

例如，一个十进制数 −34500，在机器中，它的二进制数为−1000011011000100，如果使用浮点数表示，则为

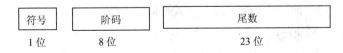

符号	阶码	尾数
1	00010000	10000110110001000000000

5. 原码、反码和补码

计算机中数的符号被数值化后，为了便于对机器数进行算术运算，提高运算速度，又设计了符号数的各种编码方案，主要有原码、反码和补码 3 种。

（1）原码

原码是一种计算机中对数字的二进制定点表示方法。原码表示法在数值前面增加了一位符号位（即最高位为符号位），该位为 0 表示正数，该位为 1 表示负数，其余位表示数值的大小。假设计算机中用 8 位二进制表示一个数据，最高位被设置为符号位，后面的 7 位表示真值。数 X 的原码记为$[X]_原$。0 的原码有两种表示形式：

$$[+0]_原 = 0\ 000\ 0000$$
$$[-0]_原 = 1\ 000\ 0000$$

例如，求十进制数+75 和-75 的原码。

因为 $\qquad\qquad (75)_{10} = (1001011)_2$

所以 $\qquad\qquad [+75]_原 = 01001011$

$\qquad\qquad\qquad [-75]_原 = 11001011$

原码表示的数的范围与二进制数的位数（即机器字长）有关。如果用 8 位二进制数表示时，最高位为符号位，整数原码表示的范围为-128～+127，即最大数是 01111111，最小数是 11111111。同理，用 16 位二进制数表示整数原码的范围是-32 768～+32 767。

原码的优点是简单、直观，用原码进行乘法运算比较方便：尾数相乘，符号位单独运算（不考虑符号位产生的进位，只要将两个参加运算的数做简单的加法就得到它们乘积的符号）。显然，如果用原码进行加法运算就会遇到符号运算需要进行多次判断的麻烦：先要判断符号位是否同号，决定是进行加法或减法；对不同号的情况，还要判断哪个数的尾数大，才能决定最后运算结果的符号。为了简化原码加减法运算的复杂性，计算机中引入了反码和补码。

（2）反码

一个正数的反码等于它的原码；一个负数的反码，最高位（符号位）为 1，其余各位按位求反。数 X 的反码记为$[X]_反$。

例如，假设用 8 位二进制表示一个数据，则+1001101 的反码为 11001101，-1001101 的反码为 10110010。

零的反码有两种表示，即

$$[+0]_反 = 00000000$$
$$[-0]_反 = 11111111$$

一个数如果不考虑它的符号，按照取"反"的原则求它的反码，并与这个数的原数相加，其结果为所有位都是 1。例如，1001101 的反码为 0110010，将它们相加：

$$1001101 + 0110010 = 1111111$$

这是反码的一个重要特性，称为"互补"。通常反码作为求补码过程的中间形式。

（3）补码

一个正数的补码等于它的原码；一个负数的补码，最高位（符号位）为 1，其余各位按位求反，最末位加 1，即"求反加 1"。数 X 的补码记为$[X]_补$。

例如，+1001101 的补码为 01001101；−1001101 的反码为 10110011，它的补码为反码加 1，即 10110011+1=10110100。

零的补码表示是唯一的，即

$$[+0]_{补}=00000000$$

$$[-0]_{补}=00000000$$

补码表示的数的范围也与二进制数的位数（即机器字长）有关。如果用 8 位二进制数表示时，最高位为符号位，整数补码表示的范围为−128～+127。用 16 位二进制数表示整数补码的范围是−32 768～+32 767。

又如，假设用 8 位二进制表示一个数据，求十进制数+75 和−75 的补码。

因为　　　　　　　　　　　　$(75)_{10}=(1001011)_2$

所以　　　　　　　　　　　　$[+75]_{补}=01001011$

　　　　　　　　　　　　　　$[-75]_{补}=10110101$

6．数据存储单位

（1）位

"位"（bit）是电子计算机中最小的数据单位。每一位的状态只能是 0 或 1。

（2）字节

8 个二进制位构成 1 个"字节"（Byte，单位符号为 B），它是存储空间的基本计量单位。1 B 可以存储 1 个英文字母或者半个汉字，换句话说，1 个汉字占据 2 B 的存储空间。

（3）字（Word）

"字"由若干个字节构成，字的位数称为字长，不同档次的计算机有不同的字长。例如，一台 8 位机，它的 1 个字就等于 1 B，字长为 8 位。如果是一台 16 位机，那么，它的 1 个字就由 2 B 构成，字长为 16 位。字是计算机进行数据处理和运算的单位，是衡量计算机性能的一个重要指标，字长越长，性能越强。

（4）KB（千字节）

在一般的计量单位中，小写 k 表示 1 000。例如，1 千米=1 000 米，即 1 km；1 千克=1 000 克，即 1 kg。同样，大写 K 在二进制中也有类似的含义，只是这时 K 表示 2^{10}=1 024，即 1 KB 表示 1 024 B。

（5）MB（兆字节）

计量单位中的 M（兆）是 10^6，见到 M 自然想起要在该数值的后边续上 6 个 0，即扩大 100 万倍。在二进制中，MB 也表示百万级的数量级，但 1 MB 不是正好等于 1 000 000 B，而是 1 048 576 B 即 1 MB = 2^{20} B = 1 048 576 B。

计算机系统在数据存储容量计算中，有如下数据计量单位：

　　　　　　　　　　1 B = 8 bit

　　　　　　　　　　1 KB=2^{10} B=1 024 B

　　　　　　　　　　1 MB=2^{20} B=1 048 576 B

　　　　　　　　　　1 GB=2^{30} B=1 073 741 824 B

　　　　　　　　　　1 TB=2^{40} B=1 099 511 627 776 B

1.3.4 计算机中信息的编码

在计算机中，各种信息都是以二进制编码的形式存在的；也就是说，不管是文字、图形、声音、动画，还是电影等各种信息，在计算机中都是以 0 和 1 组成的二进制代码表示的；计算机之所以能区别这些信息的不同，是因为它们采用的编码规则不同。

"数"不仅仅用来表示"量"，它还能作为"码"（Code）来使用。例如，每一个学生入学后都会有一个学号，这就是一种编码，编码的目的之一是便于标记每一个学生。又如，在键盘上输入英文字母 B，存入计算机的是 B 的编码 01000010，它已不再代表数量值，而是一个字符信息。这里介绍最常用的几种计算机编码。

1. BCD 码

BCD 码亦称二进码十进数或二–十进制代码。用 4 位二进制数来表示 1 位十进制数中的 0～9 这 10 个数码。是一种二进制的数字编码形式，用二进制编码的十进制代码。BCD 码利用 4 位储存一个十进制的数码，使二进制和十进制之间的转换得以快捷进行。这种编码技巧最常用于会计系统的设计里，因为会计制度经常需要对很长的数字串作准确的计算。相对于一般的浮点式记数法，采用 BCD 码，既可保存数值的精确度，又可避免计算机进行浮点运算时所耗费的时间。此外，对于其他需要高精确度的计算，BCD 码亦很常用。

BCD 编码的形式有很多种，通常所采用的是 8421 编码。这种编码方法是用 4 位二进制数表示 1 位十进制数，自左向右每一位所对应的权分别是 8、4、2、1。4 位二进制数有 0000～1111 共 16 种组合形式，但只取前面 0000～1001 的 10 种组合形式，分别对应十进制数的 0～9，其余 6 种组合形式在这种编码中没有意义。

BCD 编码方法较为简单、自然、容易理解，且书写方便、直观、易于识别，如十进制数 2469，其 BCD 编码为

$$
\begin{array}{cccc}
2 & 4 & 6 & 9 \\
(0010) & (0100) & (0110) & (1001)
\end{array}
$$

2. ASCII 码

在计算机中，所有的数据在存储和运算时都要使用二进制数表示。美国标准信息交换代码是由美国国家标准学会（American National Standard Institute，ANSI）制定的，标准的单字节字符编码方案，用于基于文本的数据。起始于 20 世纪 50 年代后期，在 1976 年定案。它最初是美国国家标准，供不同计算机在相互通信时作用共同遵守的西文字符编码标准，它已被国际标准化组织（International Organization for Standardization, ISO）定为国际标准。称为 ISO 646 标准。适用于所有拉丁文字字母。

ASCII 码有两个版本，即标准 ASCII 码和扩展的 ASCII 码。

标准 ASCII 码是 7 位码（b_6～b_0），即用 7 位二进制数来编码，用一个字节存储或表示，其最高位（b_7）总是 0。7 位二进制数总共可编出 $2^7 = 128$ 个码，表示 128 个字符。标准 ASCII 码具有如下特点：

① 码值 000～031（0000000～0011111）对应的字符共 32 个，通常为控制符，用于计算机通信中的控制或设备的功能控制，有些字符可显示在屏幕上，有些则无法显示在屏幕上，但能看到其效果（如换行字符、响铃字符），如表 1-4 所示。

表 1-4　常用字符与 ASCII 代码对照表（000～031）

ASCII 码		字　符	控制字符	含　义	ASCII 码		字符	控制字符	含　义
十进制	十六进制				十进制	十六进制			
000	00	(null)	NUL	空字符	016	10	►	DLE	数据链路转义
001	01	☺	SOH	标题开始	017	11	◄	DC1	设备控制 1
002	02	☻	STX	正文开始	018	12	↕	DC2	设备控制 2
003	03	♥	ETX	正文结束	019	13	‼	DC3	设备控制 3
004	04	♦	EOT	传输结束	020	14	¶	DC4	设备控制 4
005	05	♣	ENQ	请求	021	15	§	NAK	拒绝接收
006	06	♠	ACK	收到通知	022	16	▬	SYN	同步空转
007	07	(beep)	BEL	响铃	023	17	↨	ETB	传输块结束
008	08	(backspace)	BS	退格	024	18	↑	CAN	取消
009	09	(tab)	HT	水平制表符	025	19	↓	EM	介质中断
010	0A	(line feed)	LF	换行	026	1A	→	SUB	替补
011	0B	(home)	VT	垂直制表符	027	1B	←	ESC	溢出
012	0C	(form feed)	FF	换页	028	1C	∟	FS	文件分隔符
013	0D	(carriage return)	CR	回车	029	1D	↔	GS	分组符
014	0E	♫	SO	不用切换	030	1E	▲	RS	记录分隔符
015	0F	☼	SI	启用切换	031	1F	▼	US	单元分隔符

② 码值为 032（0100000）是空格字符，码值为 127（1111111）是删除控制符。码值 033～126（0100001～1111110）为 94 个可打印字符，如表 1-5 所示。

表 1-5　常用字符与 ASCII 代码对照表（032～127）

ASCII 码		字符	ASCII 码		字符	ASCII 码		字符	ASCII 码		字符
十进制	十六进制		十进制	十六进制		十进制	十六进制		十进制	十六进制	
032	20	SP	056	38	8	080	50	P	104	68	h
033	21	!	057	39	9	081	51	Q	105	69	i
034	22	"	058	3A	:	082	52	R	106	6A	j
035	23	#	059	3B	;	083	53	S	107	6B	k
036	24	$	060	3C	<	084	54	T	108	6C	l
037	25	%	061	3D	=	085	55	U	109	6D	m
038	26	&	062	3E	>	086	56	V	110	6E	n
039	27	'	063	3F	?	087	57	W	111	6F	o
040	28	(	064	40	@	088	58	X	112	70	p
041	29	)	065	41	A	089	59	Y	113	71	q
042	2A	*	066	42	B	090	5A	Z	114	72	r
043	2B	+	067	43	C	091	5B	[	115	73	s
044	2C	,	068	44	D	092	5C	\	116	74	t
045	2D	-	069	45	E	093	5D	]	117	75	u
046	2E	.	070	46	F	094	5E	^	118	76	v

续表

ASCII 码		字符	ASCII 码		字符	ASCII 码		字符	ASCII 码		字符
十进制	十六进制		十进制	十六进制		十进制	十六进制		十进制	十六进制	
047	2F	/	071	47	G	095	5F	_	119	77	w
048	30	0	072	48	H	096	60	`	120	78	x
049	31	1	073	49	I	097	61	a	121	79	y
050	32	2	074	4A	J	098	62	b	122	7A	z
051	33	3	075	4B	K	099	63	c	123	7B	{
052	34	4	076	4C	L	100	64	d	124	7C	|
053	35	5	077	4D	M	101	65	e	125	7D	}
054	36	6	078	4E	N	102	66	f	126	7E	~
055	37	7	079	4F	O	103	67	g	127	7F	DEL

③ 0～9 这 10 个数字字符的高 3 位编码为 011（30H），低 4 位编码为 0000～1001，低 4 位的码值正好是数字字符的数值，即数字的 ASCII 码正好是 48（30H）加数字，掌握这一特点可以方便地实现 ASCII 码与二进制数的转换。

④ 英文字母的编码是正常的字母排序关系，大、小写英文字母的编码仅仅是 b_5 一位不同，大写字母的 ASCII 码的 b_5 位为 "0"，小写字母的 ASCII 码的 b_5 位为 "1"，即大、小写英文字母的 ASCII 码值相差 32（b_5 位的权值为 $2^5=32$）。掌握这一特点可以方便地实现大小写英文字母的转换。

扩展的 ASCII 码是 8 位码（b_7～b_0），即用 8 位二进制数来编码，用一个字节存储表示。8 位二进制数总共可编出 $2^8=256$ 个码，它的前 128 个码与标准的 ASCII 码相同，后 128 个码表示一些花纹图案符号。

3. 汉字编码

汉字信息在计算机内部处理时要被转化为二进制代码，这就需要对汉字进行编码。相对于 ASCII 码，汉字编码有许多困难，如汉字量大，字形复杂，存在大量一音多字和一字多音的现象。

汉字编码技术首先要解决的是汉字输入、输出以及在计算机内部的编码问题，不同的处理过程使用不同的处理技术，有不同的编码形式。汉字编码处理过程如图 1-7 所示。

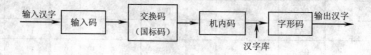

图 1-7　汉字编码处理过程

（1）输入码

汉字输入码又称 "外码"，是用来将汉字输入到计算机中的一组键盘符号。英文字母只有 26 个，可以把所有的字符都放到键盘上，而使用这种办法把所有的汉字都放到键盘上，是不可能的。所以汉字系统需要有自己的输入码体系，使汉字与键盘能建立对应关系。目前常用的输入码有拼音码、五笔字型码、自然码、表形码、认知码、区位码和电报码等，一种好的编码应有编码规则简单、易学好记、操作方便、重码率低、输入速度快等优点，每个人可根据自己的需要进行选择。在后面的章节中，重点介绍智能全拼输入法和五笔字型输入法。

（2）交换码

计算机内部处理的信息，都是用二进制代码表示的，汉字也不例外。而二进制代码使用起来很不方便，于是需要采用信息交换码。我国标准总局 1981 年制定了中华人民共和国国家标准 GB 2312—1980《信息交换用汉字编码字符集　基本集》，即国标码。国标码字符集中收集了常用汉字和图形符号 7 445 个，其中图形符号 682 个，汉字 6 763 个，按照汉字的使用频度分为两级，第一级为常用汉字 3 755 个，第二级为次常用汉字 3 008 个。为了避开 ASCII 字符中的不可打印字符 0100001～1111110（十六进制为 21～7E），国标码表示汉字的范围为 2121～7E7E（十六进制）。

区位码是国标码的另一种表现形式，把国标 GB 2312—1980 中的汉字、图形符号组成一个 94×94 的方阵，分为 94 个“区”，每区包含 94 个“位”，其中“区”的序号由 01 至 94，“位”的序号也是从 01 至 94。94 个区中位置总数 = 94×94 = 8 836 个，其中 7 445 个汉字和图形字符中的每一个占一个位置后，还剩下 1 391 个空位，这 1391 个位置空下来保留备用。所以给定“区”值和“位”值，用 4 位数字就可以确定一个汉字或图形符号，其中前两位是“区”号。后两位是“位”号，如“普”字的区位码是“3853”，“通”字的区位码是“4508”。区位码编码的最大优点是没有重码，但由于编码缺少规律，很难记忆。使用区位码的主要目的是输入一些中文符号或无法用其他输入法输入的汉字、制表符以及日语字母、俄语字母、希腊字母等。94 个区可以分为五组：

01～15 区：是各种图形符号、制表符和一些主要国家或地区的语言字母，其中 01～09 区为标准符号区，共有 682 个常用符号。

10～15 区：为自定义符号区，可留作用户自己定义。

16～55 区：是一级汉字区，共有 3 755 个常用汉字，以拼音为序排列。

56～87 区：是二级汉字区，共有 3 008 个次常用汉字，以部首为序排列。

88～94 区：自定义汉字区，可留作用户自己定义。

（3）机内码

字形码是汉字的输出码，输出汉字时都采用图形方式，无论汉字的笔画有多少，每个汉字都可以写在同样大小的方块中。为了能准确地表达汉字的字形，对于每一个汉字都有相应的字形码，目前大多数汉字系统中都是以点阵的方式存储和输出汉字的字形。所谓点阵就是将字符（包括汉字图形）看成一个矩形框内一些横竖排列的点的集合，有笔画的位置用黑点表示，没笔画的位置用白点表示。在计算机中用一组二进制数表示点阵，用 0 表示白点，用 1 表示黑点。一般的汉字系统中汉字字形点阵有 16×16、24×24、48×48 几种，点阵越大对每个汉字的修饰作用就越强，打印质量也就越高。通常用 16×16 点阵显示汉字，每一行上的 16 个点需用两个字节表示，一个 16×16 点阵的汉字字形码需要 2×16 = 32 字节表示，这 32 字节中的信息是汉字的数字化信息，即汉字字模。下面以“口”为例看看 16×16 点阵字形是怎样存放的，如图 1-8 所示。

```
    0 1 2 3 4 5 6 7 0 1 2 3 4 5 6 7
0   . . . . . . . . . . . . . . . .
1   . . . . . . . . . . . . . 1 . .
2   . 1 1 1 1 1 1 1 1 1 1 1 1 1 . .
3   . 1 . . . . . . . . . . . 1 . .
4   . 1 . . . . . . . . . . . 1 . .
5   . 1 . . . . . . . . . . . 1 . .
6   . 1 . . . . . . . . . . . 1 . .
7   . 1 . . . . . . . . . . . 1 . .
0   . 1 . . . . . . . . . . . 1 . .
2   . 1 . . . . . . . . . . . 1 . .
3   . 1 . . . . . . . . . . . 1 . .
4   . 1 1 1 1 1 1 1 1 1 1 1 1 1 . .
5   . 1 . . . . . . . . . . . 1 . .
6   . . . . . . . . . . . . . . . .
7   . . . . . . . . . . . . . . . .
```

图 1-8　"口"字的 16×16 点阵字形图

如果把"口"字图形的"."处用"0"代替，就可以很形象地得到"口"的字形码：0000H 0004H 3FFAH 2004H 2004H 2004H 2004H 2004H 2004H 2004H 2004H 2004H 3FFAH 2004H 0000H 0000H。计算机要输出"口"时，先找到显示字库的首址，根据"口"的机内码经过计算，再去找到"口"的字形码，然后根据字形码（要用二进制）通过字符发生器的控制在屏幕上进行依次扫描，其中二进制代码中是"0"的地方空扫，是"1"的地方扫出亮点，于是就可以得到"口"的字符图形。

字模按构成字模的字体和点阵可分为宋体字模、楷体字模等，这些是基本字模。基本字模经过放大、缩小、反向、旋转等变换可以得到美术字体，如长体、扁体、粗体、细体等。汉字还可以分为简体和繁体两种，ASCII 字符也可分为半角字符和全角字符。汉字字模按国标码的顺序排列，以二进制文件形式存放在存储器中，构成汉字字模字库，亦称为汉字字形库，称汉字库。

点阵字体的优点是显示速度快，不像矢量字体需要计算；其最大的缺点是不能放大，一旦放大后会使字形失真，从而文字边缘出现马赛克式的锯齿形状。

4. Unicode 编码

Unicode 字符集编码是通用多八位编码字符集（Universal Multiple-Octet Coded Character Set）的简称，支持世界上超过 650 种语言的国际字符集。Unicode 允许在同一服务器上混合使用不同语言组的不同语言。它是由一个名为 Unicode 学术学会（Unicode Consortium）的机构制定的字符编码系统，支持现今世界各种不同语言的书面文本的交换、处理及显示。它为每种语言中的每个字符设定了统一并且唯一的二进制编码，以满足跨语言、跨平台进行文本转换、处理的要求。

Unicode 标准始终使用十六进制数字，而且在书写时在前面加上前缀"U+"。例如，字母 A 的编码为 004116，所以 A 的编码书写为"U+0041"。

UTF-8 是 Unicode 的其中一个使用方式。UTF-8 便于不同的计算机之间使用网络传输不同语言和编码的文字，使得双字节的 Unicode 能够在现存的处理单字节的系统上正确传输。UTF–8 使用可变长度字节来存储 Unicode 字符。例如，ASCII 字母继续使用 1 字节存储，重音文字、希腊字母或西里尔字母等使用 2 字节存储，而常用的汉字就要使用 3 字节存储，辅助平面字符则使用 4 字节存储。

UTF–32、UTF–16 和 UTF–8 是 Unicode 标准的编码字符集的字符编码方案，UTF–16 使用一个或两个未分配的 16 位代码单元的序列对 Unicode 代码点进行编码；UTF–32 即将每一个 Unicode 代码点表示为相同值的 32 位整数。

小　结

计算机是一种能按照事先存储的程序，自动、高速地进行大量数值计算和各种信息处理的现代化智能电子装置。计算工具的演化经历了由简单到复杂、从低级到高级的不同阶段。

一般把现代计算机的发展分为 4 代，第一代是电子管计算机，第二代是晶体管计算机，第三代为中小规模集成电路计算机，第四代为大规模和超大规模集成电路计算机。计算机具有高速精确的运算能力、逻辑处理能力、强大的存储能力，具有自动处理功能和网络功能。计算机按规模和处理能力分为巨型机、大型机、小型机、工作站和微机等。在微机类型中，有台式机和移动计算机。还有一种类型是嵌入式计算机。

数制又称进位计数制，是指用统一的符号规则表示数值的方法。对 R 进制数，其基数为 R，数符有 $R-1$ 个，计数规则为逢 R 进 1。常用的数制有十进制、二进制、八进制和十六进制。二进制是现代计算机系统的数字基础，所有的数据和信息在计算机内部都以二进制表示。计算机使用定点和浮点两种格式定义所使用的数。计算机中常用的编码有 ASCII 码、汉字编码以及 Unicode 等。

习　题

一、选择题

1. 计算机的两个主要组成部分是（　　　）。
   　　A. 输入和输出　　　　　　　　　　B. 存储和程序　　　　　　C. 硬件和软件
   　　D. 显示器和打印机　　　　　　　　E. 网络和通信
2. 第一代电子计算机的主要标志是（　　　）。
   　　A. 机械式　　　　　B. 机械电子式　　　　C. 中小规模集成电路　　　D. 电子管
3. 第二代电子计算机的主要标志是（　　　）。
   　　A. 晶体管　　　　　B. 机械电子式　　　　C. 中小规模集成电路　　　D. 电子管
4. 第三代电子计算机的主要标志是（　　　）。
   　　A. 电子管　　　　　　　　　　　　B. 晶体管
   　　C. 中小规模集成电路　　　　　　　D. 大规模和超大规模集成电路
5. 第四代电子计算机的主要标志是（　　　）。
   　　A. 大规模和超大规模集成电路　　　B. 晶体管
   　　C. 中小规模集成电路　　　　　　　D. 电子管

6. 计算机的特点表现在它的高速、精确的计算、强大的存储和（　　　），以及可以自动处理和网络功能。

    A. 体积小　　　　　　　　B. 逻辑处理能力　　　　C. 功耗低　　　　　　　D. 价格便宜

7. 二进制数 10110111 转换为十进制数是（　　　）。

    A. 185　　　　　　　　　　B. 183　　　　　　　　　C. 187　　　　　　　　　D. 以上都不是

8. 十六进制数 F260 转换为十进制数是（　　　）。

    A. 62040　　　　　　　　　B. 62408　　　　　　　　C. 62048　　　　　　　　D. 以上都不是

9. 二进制数 111.101 转换为十进制数是（　　　）。

    A. 5.625　　　　　　　　　B. 7.625　　　　　　　　C. 7.5　　　　　　　　　D. 以上都不是

10. 十进制数 1321.25 转换为二进制数是（　　　）。

    A. 10100101001.01　　　　　　　　　　　　　B. 11000101001.01

    C. 11100101001.01　　　　　　　　　　　　　D. 以上都不是

11. 二进制数 100100.11011 转换为十六进制数是（　　　）。

    A. 24.D8　　　　　　　　　B. 24.D1　　　　　　　　C. 90.D8　　　　　　　　D. 以上都不是

12. 浮点数之所以比定点数表示范围大，是因为使用了（　　　）。

    A. 较多的字节　　　　　　B. 符号位　　　　　　　C. 阶码　　　　　　　　D. 较长的尾数

13. 用 16×16 点阵的字形码，存储 1 000 个汉字的字库容量至少需要（　　　）。

    A. 31 KB　　　　　　　　　B. 32 KB　　　　　　　　C. 256 KB　　　　　　　D. 31.25 KB

14. 在计算机中，中文字符采用的编码是（　　　）。

    A. 拼音码　　　　　　　　B. 国标码　　　　　　　C. ASCII 码　　　　　　D. BCD 码

15. 英文字母 A 和 a 的 ASCII 码值之间的关系是（　　　）。

    A. A 的 ASCII 码大于 a 的 ASCII 码　　　　　　B. A 的 ASCII 码小于 a 的 ASCII 码

    C. 无法比较　　　　　　　　　　　　　　　　　D. A 的 ASCII 码等于 a 的 ASCII 码

16. 对于任意 R 进制的数，其每一个数位可以使用的数字符号的个数是（　　　）个。

    A. 10　　　　　　　　　　B. $R-1$　　　　　　　　C. R　　　　　　　　　D. $R+1$

17. 计算机中表示数据的最小单位是（　　　）。

    A. 位　　　　　　　　　　B. 字节　　　　　　　　C. 字　　　　　　　　　D. 字长

18. 在计算机中，机器的正负号用（　　　）表示。

    A. "+"和"-"　　　　　　　B. "0"和"1"　　　　　　C. 专用的指示器　　　　D. 无法表示

19. 如果按 7×9 点阵字模占用 8 字节计算，则 7×9 的全部英文字母构成的字库共需占用的磁盘空间是（　　　）。

    A. 208 字节　　　　　　　B. 200 字节　　　　　　C. 400 字节　　　　　　D. 416 字节

20. 第一代至第四代计算机使用的基本元件分别是（　　　）。

    A. 晶体管、电子管、中小规模集成电路、大规模和超大规模集成电路

    B. 晶体管、电子管、大规模集成电路、超大规模集成电路

    C. 电子管、晶体管、中小规模集成电路、大规模和超大规模集成电路

    D. 电子管、晶体管、大规模集成电路、超大规模集成电路

二、填空题

1. 十进制数 100 表示成二进制数是_____，八进制数是_____，十六进制数是_____。

2. 十六进制数 0xFE 表示成二进制数是_____，八进制数是_____，十进制数是_____。

3. 二进制数 1101001110000101 转换成十六进制数是_____，转换成十进制数是_____。

4. 二进制的基数是_____，每一位数可取_____。

5. 在计算机中，规定一个字节由_____个二进制位组成。

6. 存储一个 32×32 点阵的汉字，需要_____字节的存储空间。

7. 在计算机中，1 K 是 2 的_____次方。

8. 西文字符最常用的编码是_____。

9. 假定一个数在计算机中占用 8 位，则 –11 的补码是_____。

10. 汉字输入法包括_____、_____和_____。

三、判断题

1. 第一代计算机的主存储器采用的是磁鼓。 (   )

2. 计算机辅助教学的英文缩写是 CAT。 (   )

3. 在计算机内部，无法区分数据的正负，只能在显示时才能区分。 (   )

4. 按用途对计算机进行分类，可以把计算机分为通用计算机和专用计算机。 (   )

5. 每个汉字具有唯一的内码和外码。 (   )

6. 数字计算机只能处理单纯的数字信息，不能处理非数字信息。 (   )

7. 使用计算机时，经常使用十进制，因为计算机内部是采用十进制进行运算的。 (   )

8. 第二代计算机可以采用高级语言进行程序设计。 (   )

9. 采用 ASCII 码，最多能表示 128 个字符。 (   )

10. 第一代计算机只能使用机器语言进行程序设计。 (   )

四、简答题

1. 计算机的发展有哪些年代？

2. 将下列二进制数转换为十进制数：

   111001，110111，1001101，0.101，0.0101，0.1101，10.01，1010.11

3. 将下列八进制或十六进制数转换为二进制数：

   $(75.612)_8$，$(84A.C2F)_{16}$

4. 假设某计算机的机器数为 8 位，写出下列各数的原码、补码和反码：21，–35，–26。

5. 什么是 ASCII 码？简述汉字输入码、汉字内码、汉字字形码、汉字交换码之间的区别。

第 2 章 \ 计算机系统

本章讲解

本章从计算机系统的角度讨论计算机的组成及相关的体系结构方面的知识。通过学习本章，将对整个计算机系统的组成有进一步的认识，对计算机的体系结构建立起比较清晰的概念，理解计算机系统的主要部件及其功能。本章还介绍微机系统的硬件组成，计算机系统的主要部件及其功能。

学习目标

- 了解冯·诺依曼体系结构、移动计算平台。
- 理解计算机工作原理、计算机硬件和软件系统。
- 掌握微型计算机配置。

2.1 计算机系统的基本组成

一个完整的计算机系统是由硬件系统和软件系统两部分组成的，如图 2-1 所示。

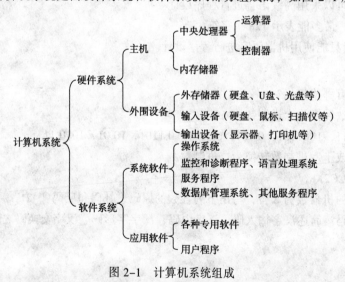

图 2-1 计算机系统组成

硬件系统是组成计算机系统所有物理部件的总称。如 CPU、存储器、I/O 设备等，是看得见摸得着的东西，硬件是微型机系统的物质基础。

软件系统是指计算机运行时所需的各种程序、数据和文档的总称，它是使微型机系统正常运转的知识资源。

2.1.1 冯·诺依曼体系结构

冯·诺依曼理论的要点是：数字计算机的数制采用二进制；计算机应该按照程序顺序执行。人们把冯·诺依曼的这个理论称为冯·诺依曼体系结构，冯·诺依曼体系结构如图 2-2 所示。从 ENIAC 到当前最先进的计算机都采用的是冯·诺依曼体系结构。所以冯·诺依曼是当之无愧的数字计算机之父。

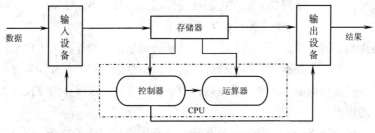

图 2-2 冯·诺依曼体系结构

冯·诺依曼模型定义了计算机内部的结构。冯·诺依曼模型主要可归纳为以下 6 点：

① 采用存储程序方式，指令和数据不加区别混合存储在同一个存储器中，（数据和程序在内存中是没有区别的，它们都是内存中的数据，当 EIP 指针指向 CPU 就加载那段内存中的数据，如果是不正确的指令格式，CPU 就会发生错误中断。在现在 CPU 的保护模式中，每个内存段都有其描述符，这个描述符记录着这个内存段的访问权限（可读、可写、可执行）。这就变相地指定了哪些内存中存储的是指令，哪些是数据。

指令和数据都可以送到运算器进行运算，即由指令组成的程序是可以修改的。

② 存储器是按地址访问的线性编址的一维结构，每个单元的位数是固定的。

③ 指令由操作码和地址组成。操作码指明本指令的操作类型，地址码指明操作数和地址。操作数本身无数据类型标志，它的数据类型由操作码确定。

④ 通过执行指令直接发出控制信号控制计算机的操作。指令在存储器中按其执行顺序存放，由指令计数器指明要执行的指令所在的单元地址。指令计数器只有一个，一般按顺序递增，但执行顺序可按运算结果或当时的外界条件而改变。

⑤ 以运算器为中心，I/O 设备与存储器间的数据传送都要经过运算器。

⑥ 数据以二进制表示。

在冯·诺依曼模型中，控制器作为计算机的核心，对计算机的所有部件实施控制，协调整个系统有条不紊地工作。输入设备输入数据和程序，输入的数据和程序被存放到存储器（Memory）中。处理功能由运算器完成，运算器是执行算术和逻辑运算的部件，又称算术逻辑单元（Arithmetic Logic Unit，ALU）。程序的执行结果被输出设备输出。

现代计算机中，往往把运算器和控制器集成在一块芯片上，形成一个功能相对独立的逻辑器件，称为 CPU（Central Processing Unit，中央处理单元，又称中央处理器）。把 CPU、存储器组装在一个箱体内，称为主机。

2.1.2 计算机的基本工作原理

按照冯·诺依曼存储程序的原理，计算机在执行程序时必须先把要执行的相关程序和数据放入内存中，在执行程序时 CPU 根据程序包含的指令序列取出指令并执行，然后再取出下一条指令并执行，如此循环下去直到程序结束。因此，在了解了计算机的 5 个组成部分以后，还必须了解指令与程序的概念，才能真正对计算机的基本工作原理有一个比较清楚的认识。

1. 指令、指令系统和程序的概念

指令（Instruction）是计算机能够识别、并且可以执行的各种基本操作命令。一条指令就是机器语言的一个语句，它是一组有意义的二进制代码，指令的基本格式如下：

操作码字段+地址码字段

其中操作码指明了指令的操作性质及功能，地址码则给出了操作数或操作数的地址。

指令系统的每一条指令都有一个操作码，它表示该指令应进行什么性质的操作。不同的指令用操作码字段的不同编码来表示，每一种编码代表一种指令。组成操作码字段的位数一般取决于计算机指令系统的规模。

指令系统（Instruction System）是指计算机所能执行的全部指令的集合，它描述了计算机全部的控制信息和"逻辑判断"能力。不同计算机的指令系统包含的指令种类和数据也不同。一般均包含算术运算型、逻辑运算型、数据传送型、判定和控制型、移位操作型、位（位串）操作型、输入和输出型等指令。指令系统是表征一台计算机性能的重要因素，它的格式与功能不仅直接影响到机器的硬件结构，而且也直接影响到系统软件，影响到机器的适用范围。

程序（Program）是一系列指令的集合，是为解决一个信息处理任务而预先编制的工作执行方案，是由一串 CPU 能够执行的基本指令组成的序列，每一条指令规定了计算机应进行什么操作（如加、减、乘、判断等）及操作需要的有关数据。程序具有目的性、分步性、有限性、有序性、分支性等特性。

2. 计算机执行指令的过程

计算机完成一条指令的功能可以分成两个主要阶段：取指和执行。将要执行的指令从主存储器调入 CPU，由 CPU 对该条指令进行分析译码，判断该指令所要执行的操作，然后向相应部件发出完成操作的控制信号，从而完成该指令的功能。

3. 程序的执行过程

CPU 从内存中读取一条指令到 CPU 内执行，该指令执行完后，再从内存读取下一条指令到 CPU 内执行。CPU 不断地读取指令、分析指令、执行指令、取下一条指令，直至执行完所有的指令。整个过程就是计算机的基本工作原理。

2.2　计算机的硬件系统

计算机硬件系统由运算器、控制器、存储器、输入设备和输出设备五大功能部件组成。控制器和运算器合称为中央处理器（又称中央处理单元，简称 CPU），它是计算机的核心。存储器分为外存储器和内存储器。CPU 和内存储器合称为主机。除主机以外的设备统称为外围设备（或外部设备）。

2.2.1　运算器

运算器是计算机的核心部件，是对信息进行加工、运算的部件；它的速度几乎决定了计算机

的计算速度。其主要功能是对二进制编码进行算术运算和逻辑运算。参加运算的数由控制器指示从存储器或寄存器内取到运算器。运算器由算术与逻辑运算部件（ALU）和一组通用寄存器及专用寄存器组成。寄存器用于暂时存放频繁参加运算的数据，如图 2-3 所示。

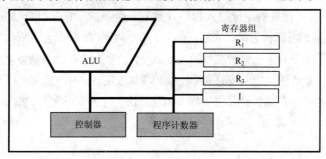

图 2-3　运算器和控制器

1. ALU

ALU 即运算器，负责进行算术与逻辑运算。某些处理器中，将 ALU 切分为两部分，即算术单元（AU）与逻辑单元（LU）。某些处理器包含一个以上的 AU（如一个用来进行定点操作，另一个进行浮点操作）。（个人计算机中，浮点操作有时由被称为数字协处理器的浮点单元完成。）

几乎来自于存储器的所有数据都要经过 ALU，即使不进行计算的数据传送操作（指令），如形成一个程序的转移地址的指令，也需要通过 ALU 把地址数据送到所指定的内部寄存器或存储器。运算器从技术实现的角度分为两部分：定点运算器和浮点运算器。

2. 寄存器组

寄存器（Register）是 CPU 内部重要的数据存储资源，用来临时存放参与 ALU 运算的各种数据，它是具有存储特性的内部高速单元。寄存器主要有数据寄存器、指令寄存器和指令计数器等。

数据寄存器用来存放需要临时存放的数据，如图 2-3 中的 $R_1 \sim R_3$。数据寄存器的数据存取速度要比存储器的数据存取速度快得多。

指令寄存器存放程序的指令代码（见图 2-3 中寄存器组中的 I），它存放从存储器中取来的指令码，经由控制器，产生控制各个部件的工作信号和各种输出控制信号。

程序计数器（PC）是计算机处理器中的寄存器，它包含当前正在执行指令的地址（位置）。当每个指令被获取，程序计数器的存储地址加一。在每个指令被获取之后，程序计数器指向顺序中的下一个指令。当计算机重启或复位时，程序计数器通常恢复到零。

2.2.2　控制器

控制器（Control Unit，CU）是整个硬件系统的控制中心（见图 2-3），它指挥计算机各部分协调地工作，保证计算机按照预先规定的目标和步骤有条不紊地进行操作及处理。控制器从存储器中逐条取出指令，分析每条指令规定的是什么操作以及所需数据的存放位置等，然后根据分析的结果向计算机其他部件发出控制信号，统一指挥整个计算机完成指令所规定的操作。计算机自动工作的过程，实际上是自动执行程序的过程，而程序中的每条指令都是由控制器分析执行的，它是计算机实现"程序控制"的主要设备。

程序的每一条指令依次存放在存储器中。每一条指令都要经过取出指令、解释指令、执行指令许一时程、行取出 来指令，由程序计数器计数，增加 1 并指出下一条指令的地址。在取出的指令被执行期间，这条指令暂时存放在指令寄存器（IR）中。取出的指令要交给指令译码器分析、解释，以决定这条指令的操作性质，一旦当前指令执行完毕，下一条指令又被取出了。执行一个程序只要将其第一条指令存放的地址置入程序计数器，余下的工作便可自动完成。

执行一条指令所需的时间称为指令周期。在一个指令周期内，控制器要依次发出取出指令、解释指令、执行指令并为取出下一条指令做准备的控制命令。这些命令要求自动协调地产生，这就需要一个时序控制电路，使得指令的功能能按时间顺序按步骤加以实现。时序控制电路是由晶振电路发出的脉冲控制工作的，晶振频率越高，计算机工作节拍就越快，这种节拍称为 CPU 的工作主频。

2.2.3 存储器

1. 存储器的基本概念

存储器（Memory）是计算机系统中的记忆设备，用来存放程序和数据。计算机中全部信息，包括输入的原始数据、计算机程序、中间运行结果和最终运行结果都保存在存储器中。它根据控制器指定的位置存入和取出信息。有了存储器，计算机才有记忆功能，才能保证正常工作。按用途存储器可分为主存储器（内存）和辅助存储器（外存），也有分为外部存储器和内部存储器的分类方法。外存通常是磁性介质或光盘等，能长期保存信息。内存指主板上的存储部件，用来存放当前正在执行的数据和程序，但仅用于暂时存放程序和数据，关闭电源或断电，数据会丢失。

2. 存储器的单元和地址

构成存储器的存储介质——存储元，可存储一个二进制代码。由若干个存储元组成一个存储单元，然后再由许多存储单元组成一个存储器。一个存储器包含许多存储单元，每个存储单元可存放一个字节（按字节编址）。每个存储单元的位置都有一个编号，即地址，一般用十六进制表示。一个存储器中所有存储单元可存放数据的总和称为它的存储容量。假设一个存储器的地址码由 20 位二进制数（即 5 位十六进制数）组成，则可表示 2^{20}（即 1M）个存储单元地址。每个存储单元存放一字节，则该存储器的存储容量为 1MB。

（1）存储单元

存储单元一般应具有存储数据和读/写数据的功能，一般以 8 位二进制作为一个存储单元，也就是 1 字节。每个单元有一个地址，是一个整数编码，可以表示为二进制整数。程序中的变量和主存储器的存储单元相对应。变量的名字对应着存储单元的地址，变量内容对应着单元所存储的数据。

（2）存储器地址

无论 CPU 数据处理的长度是多少，在存储器系统中，存储单元都是以字节为单位进行存储组织的，即每个存储单元可存放一个字节。每个存储单元在存储器的位置都有唯一的编号，该编号称为存储单元的地址。存储单元的地址在计算机内部用二进制编码表示，在书写时可以用十六进制或十进制表示，如图 2-4 所示。

CPU 根据存储单元的编号对存储单元的内容即数据进行存取操作。要注意的是，存储单元的地址和地址中的内容两者是不一样的。前者是存储单元的编号，表示存储器总的一个位置，而后

单元地址	单元内容
0000…0000	10110000
0000…0001	10110000
0000…0010	10110000
…	…
1111…1101	10110000
1111…1110	10110000
1111…1111	10110000

图 2-4　主存储器的结构

者表示这个位置中存放的数据。例如，同一个建筑物具有许多大小相同的房间，把这个建筑物比作存储器，每个房间就是一个存储单元，每个房间号就是存储单元的地址，房间里面存放的物品就是存储单元的内容。

（3）存储容量

存储容量是指存储器可以容纳的二进制信息量，用存储器中存储地址寄存器 MAR 的编址数与存储字位数的乘积表示。以 32 位机器为例，其存储器的内存地址由 32 位二进制数（$0 \sim 2^{32}-1$）组成，每个存储单元存放一字节，其总存储容量为 4 GB（$2^{32}=4 \times 2^{30}$）。容量的常用单位有 KB、MB、GB 等。

3．存储器的结构和种类

计算机技术的发展使存储器的地位不断得到提升，计算机系统由最初的以运算器为核心逐渐转变成以存储器为核心。这就对存储器技术提出了更高的要求，不仅要求存储器具有更高的性能，而且能通过硬件、软件或软硬件结合的方式将不同类型的存储器组合在一起来获得更高的性价比，这就是存储器系统。

（1）存储器系统的层次结构

一个存储器的性能通常用速度、容量、价格 3 个主要指标来衡量。计算机对存储器的要求是容量大、速度快、成本低，需要尽可能地同时兼顾这 3 方面的要求。但是一般来讲，存储器速度越快，价格也越高，因而也越难满足大容量的要求。目前通常采用多级存储器体系结构，使用高速缓冲存储器、主存储器和外存储器，如图 2-5 所示。

CPU 能直接访问的存储器称为内存储器（简称内存），包括高速缓冲存储器和主存储器。CPU 不能直接访问的存储器称为外存储器（简称外存，又称辅助存储器），外存的信息必须调入内存才能被 CPU 使用。

高速缓冲存储器（Cache）是计算机系统中的一个高速、小容量的半导体存储器，它位于高速的 CPU 和低速的主存之间，用于匹配两者的速度，达到高速存取指令和数据的目的。和主存相比，Cache 的存取速度快，但存储容量小。

主存储器，简称主存，是计算机系统的主要存储器，用来存放计算机正在执行的大量程序和数据，主要由 MOS 半导体存储器组成。

外存储器，简称外存，是计算机系统的大容量辅助存储器，用于存放系统中的程序、数据文件及数据库。与主存相比，外存的特点是存储容量大，成本低，但访问速度慢。目前，外存储器主要有磁盘存储器、磁带存储器和光盘存储器。

CPU 不能像访问内存那样，直接访问外存，外存要与 CPU 或 I/O 设备进行数据传输，必须通过内存进行。这种结构形式，构成存储器系统的主存-辅存结构，如图 2-6 所示。

图 2-5　存储器系统层次结构　　　　　图 2-6　存储器系统的主存-辅存结构

由 Cache 和主存储器构成的 Cache – 主存系统，其主要目标是利用与 CPU 速度接近的

Cache 来高速存取指令和数据以提高存储器的整体速度，从 CPU 角度看，这个层次的速度接近 Cache，而容量和单位价格则接近主存；由主存和外存构成的虚拟存储器系统，其主要目的是增加存储器的容量，从整体上看，其速度接近于主存的速度，其容量则接近于外存的容量。计算机存储系统的这种多层次结构，很好地解决了容量、速度、成本三者之间的矛盾。这些不同速度、不同容量、不同价格的存储器，用硬件、软件或软硬件结合的方式连接起来，形成一个系统。这个存储系统对应用程序而言是透明的，在应用程序看来它是一个存储器，其速度接近于最快的那个存储器，存储容量接近于容量最大的那个存储器，单位价格则接近最便宜的那个存储器。

（2）存储器的性能指标

存储器的性能指标较多，常用的指标主要有存储容量和存储周期。存储周期是对存储器进行一次读/写操作所需要的时间，一般使用毫秒（ms，1 s=1 000 ms）、微秒（μs，1 ms=1 000 μs）以及纳秒（ns，1 μs=1 000 ns）作为单位。表 2-1 给出了各种存储器的主要性能参数。

表 2-1　各种存储器的主要性能参数

存储器层次	存 储 周 期	存 储 容 量	价　　格	位　　置
高速缓存	1～10 ns	8 KB～12 MB	很高	SRAM，CPU 内部
主存储器	10～30 ns	512 MB～4 GB	较高	DRAM，CPU 外部
磁存储器	5～30 ms	512 GB ～4 TB	低	磁表面，主机外部

（3）存储器的种类

存储器的类型很多，如图 2-7 所示，其主要原因是不同器件的存储器有着不同的特性和成本。目前使用的存储器主要有半导体存储器、磁介质存储器和光存储设备。

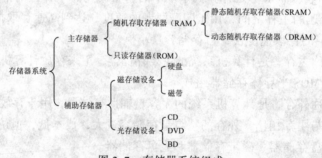

图 2-7　存储器系统组成

4．主存储器

主存储器主要由半导体存储器组成，计算机使用内存运行程序，因此拥有大容量内存的计算机的执行速度快，执行效率高。半导体存储器有 RAM 和 ROM 两种类型。图 2-8 所示为典型的存储器芯片的外形。

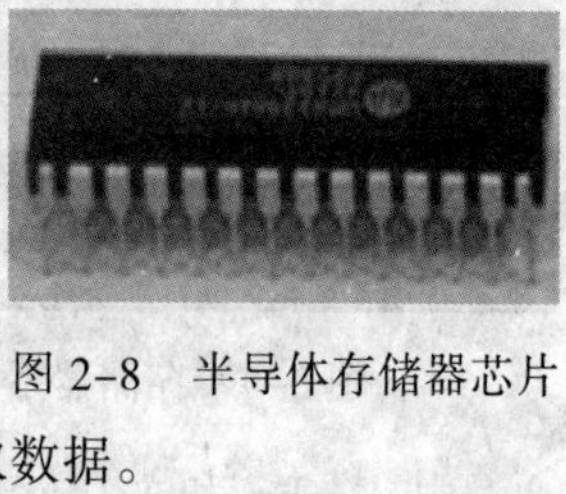

（1）RAM

RAM（Random Access Memory，随机存取存储器）是计算机主存储器系统中的主要组成部分。顾名思义，RAM 数据的存取是随机发生的，用户或者程序可以随时对 RAM 写入数据，也可以随时从 RAM 读取数据。

图 2-8　半导体存储器芯片

RAM 的特点是存取速度快，体积小。它的另一个特点是易失性，也就是说 RAM 存储的数据会由于系统断电而消失。RAM 根据其保持数据的方式可以分为动态 RAM（Dynamic RAM，DRAM）和静态 RAM（Static RAM，SRAM）两种类型。DRAM 中的存储单元类似于一个电容，要保持数据必须定时给电容充电，这个过程称为"刷新"。SRAM 的存储单元是一个具有自身维持信号不变的电路。相对于 SRAM，DRAM 的存取速度较慢，但价格要便宜些。

（2）ROM

ROM（Read Only Memory，只读存储器）中的数据只能被读出，而不能被写入。ROM 芯片是为了存放只需要读取的数据和程序而设计的，数据和程序是在使用之前被写入的。它的特点是一旦数据被写入，即使断电也不会丢失。ROM 在计算机中一个重要的应用是存放启动计算机所需的 BIOS（Basic Input and Output System，基本输入/输出系统）程序。因为计算机每次开机都执行相同的操作，所以 BIOS 程序是固定不变的，它被"固化"在 ROM 中。计算机每次开机加电时，首先执行的就是 BIOS 程序。

根据对芯片写入数据的方式不同，ROM 有以下几种类型：

① PROM：可编程只读存储器（Programming ROM）。这是一次性地写入存储器芯片，用户或制造商通过专门编程设备把数据存储到芯片中。

② EPROM：可擦除的可编程只读存储器（Erasable PROM）。如果数据需要被改写，需要用一种紫外光设备将原数据擦除后再重新写数据。

③ EEPROM：电可擦除的可编程只读存储器，它是通过施加特殊的电信号擦除原来的数据，可以对部分单元进行重新写入。

④ Flash Memory：闪存，是 EEPROM 的一个特殊类型。它使用擦除数据块的方式，而不是对单个单元进行擦除，擦除速度快，适合于需要存放大量数据的应用，如固态硬盘、移动存储器。它也被广泛用于数码产品中，如数码照相机的图像存储器。

5. 外存

外存储器是指除计算机内存及 CPU 缓存以外的存储器，此类存储器一般断电后仍然能保存数据。常见的外存储器有硬盘、软盘、光盘、U 盘等。外存储器单位价格低、容量大，但速度慢，断电后数据不会丢失。

6. 虚拟存储器

虚拟存储器是计算机系统内存管理的一种技术。它使得应用程序认为它拥有连续的可用的内存（一个连续完整的地址空间），而实际上，它通常是被分隔成多个物理内存碎片，还有部分暂时存储在外部磁盘存储器上，在需要时进行数据交换。有 Windows PE、Windows 7 等。

2.2.4　输入/输出设备

输入/输出（Input，Output，I/O）设备又称外围设备（Peripheral Equipment），它由两部分构成：接口电路和相应的输入/输出装置。

1. 接口

CPU 作为整个计算机的核心，它把存储器看作同构的，即每一个存储单元的读数据和写数据的操作是相同的。但对 I/O 设备情况就不一样了，有许多种不同类型的输入/输出设备，它们的功能力是有力别的。输入/输出设备的工作速度许多是基于机械和光学的，其工作速度要比以电子速度运行的 CPU 和存储器慢许多，为此必须进行设计使得能够和 CPU 及存储器协同工作，这个协同设计就是接口（Interface），接口位于 I/O 设备和 CPU、存储器之间，如图 2-9 所示。

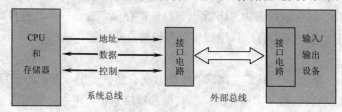

图 2-9　接口示意图

接口技术是一个复杂的概念，其复杂性在于不同的设备和不同的数据传输要求接口有两个部分，一部分是连接计算机的 CPU 和存储器的，通常这一部分是一个公共的数据传输平台，可以支持特定类型的设备，如打印设备、存储设备等。

在外设中也包含了相应的接口电路，如磁盘、光盘是通过磁盘驱动器和光盘驱动器和计算机连接的。在这些驱动器中，除了一些机械装置外，另外一个重要部分就是接口电路。接口电路通过总线与 CPU 和存储器连接，以较高的速度运行，适应 CPU 和存储器高速运行的需要；接口电路还通过外部总线和外设连接，以较低的速度从外设输入或输出数据。因此，接口是在高速的主机和低速的外设之间的缓冲，实现了主机和外设交换数据速度的匹配。常用的接口有 SATA、SCSI、USB 和 IEEE 1394 等。

2. 总线

总线（Bus）是计算机各种功能部件之间传送信息的公共通信干线，它是由导线组成的传输线束，按照计算机所传输的信息种类，计算机的总线可以划分为数据总线、地址总线和控制总线，分别用来传输数据、数据地址和控制信号。总线是一种内部结构，它是 CPU、内存、输入/输出设备传递信息的公用通道，主机的各个部件通过总线相连接，外围设备通过相应的接口电路再与总线相连接，从而形成了计算机硬件系统。在计算机系统中，各个部件之间传送信息的公共通路称为总线，微型计算机是以总线结构连接各个功能部件的。图 2-10 所示为基于总线结构的计算机系统示意图。

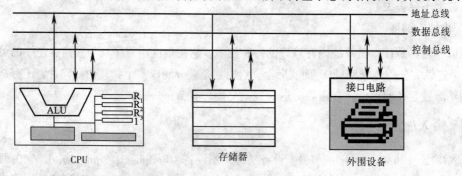

图 2-10　基于总线结构的计算机系统

根据总线上传送的信息的不同，可以把总线分为地址总线、数据总线和控制总线 3 种。

（1）地址总线

地址总线（Address Bus，又称位址总线）属于一种计算机总线（一部分），是由 CPU 或有 DMA

能力的单元，用来沟通这些单元想要存取（读取/写入）计算机内存元件/地方的实体位址。传送的是 CPU 对存储器和外设进行数据读/写的地址信息，其包含的地址线的条数决定了计算机系统的寻址空间大小，包括内存空间和可连接的外设端口数量。每条地址线对应 CPU 的一条地址引脚，不同 CPU 的地址线的条数不同，如奔腾级 CPU 芯片有 32 条地址线，其最大内存寻址空间可达 $2^{32}B=4$ GB。地址总线传送的地址信息是单向的，它总是接收来自 CPU 发出的地址信息（请注意图 2-10 中地址总线的方向）。

（2）数据总线

数据总线（Data Bus）用于传送数据信息。数据总线是双向三态形式的总线，即它既可以把 CPU 中的数据传送到存储器或输入/输出接口等其他部件，也可以将其他部件的数据传送到 CPU。数据总线的位数是微型计算机的一个重要指标，通常与微处理的字长相一致。例如 Intel 8086 微处理器字长 16 位，其数据总线宽度也是 16 位。需要指出的是，数据的含义是广义的，它可以是真正的数据，也可以是指令代码或状态信息，有时甚至是一个控制信息，因此，在实际工作中，数据总线上传送的并不一定仅仅是真正意义上的数据。

（3）控制总线

控制总线（Control Bus）主要用来传送控制信号和时序信号。控制信号中，有的是微处理器送往存储器和输入/输出设备接口电路的，如读/写信号、片选信号、中断响应信号等；也有的是其他部件反馈给 CPU 的，如中断申请信号、复位信号、总线请求信号、设备就绪信号等。因此，控制总线的传送方向由具体控制信号决定，一般是双向的，控制总线的位数要根据系统的实际控制需要而定。实际上控制总线的具体情况主要取决于 CPU。

根据总线的位置和功能，可以把总线分为 3 个层次。第一层为处理器级总线，也叫前端总线，从 CPU 引脚上引出，用来实现 CPU 与控制芯片（包括主存、Cache 等）之间的连接。第二层为系统级总线，因为该总线是用来连接计算机各功能部件而构成一个完整系统的，因此称为系统总线，一般用于 CPU 与接口卡的连接。系统总线上传送的信息包括数据信息、地址信息、控制信息，因此，系统总线包含有 3 种不同功能的总线，即数据总线、地址总线和控制总线。最后一层为外设（I/O）总线，用来连接外设控制芯片，如主机板上的 I/O 控制器和键盘控制器，实际上是一种外设接口标准。常用的 I/O 总线有 ISA/EISA 总线、PCI 总线、AGP 总线等。

3. 输入设备

输入设备（Input Device）是向计算机输入数据和信息的设备。是计算机与用户或其他设备通信的桥梁。输入设备是用户和计算机系统之间进行信息交换的主要装置之一。键盘、鼠标、摄像头、扫描仪、光笔、手写输入板、游戏杆、语音输入装置等都属于输入设备。输入设备是人或外部与计算机进行交互的一种装置，用于把原始数据和处理这些数据的程序输入到计算机中。计算机能够接收各种各样的数据，既可以是数值型的数据，也可以是各种非数值型的数据，如图形、图像、声音等都可以通过不同类型的输入设备输入到计算机中，进行存储、处理和输出。

4. 输出设备

输出设备（Output Device）是计算机的终端设备，用于接收计算机数据的输出显示、打印、声音、控制外围设备操作等。也是把各种计算结果数据或信息以数字、字符、图像、声音等形式表示出来。常见的有显示器、打印机、绘图仪、影像输出系统、语音输出系统、磁记录设备等。

2.3 计算机软件系统

计算机软件是计算机程序和有关文档。计算机程序是为了得到某种结果而可以由计算机等具有信息处理能力的装置执行的代码化指令序列。文档是指对该程序的功能、结构、设计思想以及使用方法等整套文字资料的说明。

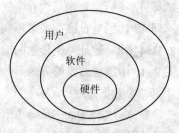

图 2-11 计算机软件、硬件和用户之间的关系

计算机软件是计算机系统重要的组成部分，如果把计算机硬件看作计算机的躯体，那么计算机软件就是计算机系统的灵魂。没有软件支持的计算机称为"裸机"，只是一些物理设备的堆砌，几乎是不能工作的。计算机软件、硬件和用户之间的关系如图 2-11 所示。

2.3.1 计算机软件的发展

计算机软件的发展大致经历了如下 4 个阶段：

第一阶段：软件的雏形可以追溯到 20 世纪 50 年代。20 世纪 50 年代初，第一代电子管计算机问世，此时的计算机大都硬件功耗惊人，体积庞大，运算能力比较简单，软件的雏形最初就是在纸带上以打孔表示"0""1"代码。软件历史的真正开始是在美国和欧洲的实验室里，那时的编程人员直接用非专业人士不可辨识的汇编语言给计算机写程序。

第二阶段：到了 20 世纪 60 年代，计算机的运算速度越来越快，价格越来越便宜，新型晶体管计算机不断涌现，速度达到每秒运算百万次，随着编制软件的高级语言的相继出现，软件业从计算机工业中独立出来，成为一枝新秀。

第三阶段：到了 20 世纪 70~80 年代，大规模集成电路计算机问世。计算机的运算能力得到进一步提升，每秒千万次的巨型计算机开始进入科研、生产和社会生活的各个领域，软件产业得到快速发展，并逐渐成为信息化革命最活跃的领域。

第四阶段：自 20 世纪 80 年代以来，智能电子计算机时代来临，这一时代的计算机开始具备学习和推理能力，计算机已经能够理解自然语言、声音、文字和图像，并且能够进行思维、联想、推理，并得出结论，因此能够解决复杂的技术问题，还具有汇集、记忆、检索有关知识的能力，这期间软件起到至关重要的作用。

2.3.2 计算机软件的分类

按照不同的原则和标准，可以将软件划分为不同的种类。根据功能不同，计算机软件可以分为系统软件和应用软件两大类。

1. 系统软件

系统软件是指控制和协调计算机及外围设备，支持应用软件开发和运行的系统，是无须用户干预的各种程序的集合，主要功能是调度，监控和维护计算机系统；负责管理计算机系统中各种独立的硬件，使得它们可以协调工作。系统软件使得计算机使用者和其他软件将计算机当作一个整体而不需要顾及底层每个硬件是如何工作的。

（1）操作系统

操作系统（Operating System，OS）是管理和控制计算机硬件与软件资源的计算机程序，是直接运行在"裸机"上的最基本的系统软件，任何其他软件都必须在操作系统的支持下才能运行。操作系统是用户和计算机的接口，同时也是计算机硬件和其他软件的接口。

① 操作系统的功能：操作系统主要提供 5 方面的功能：处理机管理、存储管理、文件管理、设备管理和用户接口。

- 处理机管理：在多道程序系统中，多个程序同时执行。如何把 CPU 的时间合理地分配给各个程序是处理机管理要解决的问题，它主要解决 CPU 的分配策略、实施方法以及资源的分配和回收问题。
- 存储管理：主要解决多道程序在内存中的分配，保证各道程序间互不冲突，并且通过对内外存的联合管理来扩大存储空间。
- 文件管理：计算机中的各种程序和数据均为计算机的软件资源，它们都以文件形式存放在外存中。文件管理的基本功能是实现对文件的存取和检索，为用户提供灵活方便的操作命令以及实现文件共享、安全、保密等措施。
- 设备管理：现代计算机系统都配备多种 I/O 设备，它们具有各不相同的操作性能。设备管理的功能是根据一定的分配原则把设备分配给请求 I/O 的作业，并且为用户使用各种 I/O 设备提供简单方便的命令。
- 用户接口：为了方便用户使用操作系统，操作系统向用户提供了"用户与操作系统的接口"。该接口分成两种，一种是作业级接口，它提供一组键盘命令，供用户去组织和控制作业的运行；另一种是程序级接口，它提供一组系统调用供其他程序调用。

② 操作系统的类型：目前的操作系统种类繁多，很难用单一标准进行统一分类。

- 根据管理的用户数量可分为单用户操作系统和多用户操作系统。
- 根据运行环境的不同可分为批处理操作系统、分时操作系统、实时操作系统、网络操作系统和分布式操作系统等。

③ 常见的操作系统：Windows、UNIX、Linux、Mac OS 等。

（2）程序设计语言及其处理程序

程序设计语言用于书写计算机程序的语言。语言的基础是一组记号和一组规则。根据规则由记号构成的记号串的总体就是语言。在程序设计语言中，这些记号串就是程序。程序设计语言有 3 个方面的因素，即语法、语义和语用。语法表示程序的结构或形式，亦即表示构成语言的各个记号之间的组合规律，但不涉及这些记号的特定含义，也不涉及使用者。语义表示程序的含义，亦即表示按照各种方法所表示的各个记号的特定含义，但不涉及使用者。

语言处理程序一般是由汇编程序、编译程序、解释程序和相应的操作程序等组成。它是为用户设计的编程服务软件，其作用是将高级语言源程序翻译成计算机能识别的目标程序。语言处理程序是将用程序设计语言编写的源程序转换成机器语言的形式，以便计算机能够运行，这一转换是由翻译程序完成的。翻译程序除了要完成语言间的转换外，还要进行语法、语义等方面的检查，翻译程序统称为语言处理程序，共有 3 种：汇编程序、编译程序和解释程序。

（3）系统服务程序

系统服务程序又称实用程序（Utilities），指一些工具软件或支撑软件，它们或者包含在操作系统之内，或者可以被操作系统调用，如系统诊断程序、测试程序、调试程序等。

（4）数据库管理系统

数据库管理系统（DataBase Management System，DBMS）是一种操纵和管理数据库的大型软件，用于建立、使用和维护数据库。它对数据库进行统一的管理和控制，以保证数据库的安全性和完整性。用户通过 DBMS 访问数据库中的数据，数据库管理员也通过 DBMS 进行数据库的维护工作。它可使多个应用程序和用户用不同的方法在同时或不同时刻去建立，修改和询问数据库。大部分 DBMS 提供数据定义语言（Data Definition Language，DDL）和数据操作语言（Data Manipulation Language，DML），供用户定义数据库的模式结构与权限约束，实现对数据的追加、删除等操作。

2．应用软件

应用软件（Application Software）是用户可以使用的各种程序设计语言，以及用各种程序设计语言编制的应用程序的集合，分为应用软件包和用户程序。应用软件包是利用计算机解决某类问题而设计的程序的集合，供多用户使用。应用软件是为满足用户不同领域、不同问题的应用需求而提供的那部分软件。它可以拓宽计算机系统的应用领域，放大硬件的功能。

2.4 微型计算机硬件配置

微型计算机简称"微型机"、"微机"，由于其具备人脑的某些功能，所以也称其为"微电脑"。是由大规模集成电路组成的、体积较小的电子计算机。它是以微处理器为基础，配以内存储器及输入/输出（I/O）接口电路和相应的辅助电路而构成的裸机。特点是体积小、灵活性大、价格便宜、使用方便。把微型计算机集成在一个芯片上即构成单片微型计算机（Single Chip Microcomputer）。由微型计算机配以相应的外围设备（如打印机）及其他专用电路、电源、面板、机架以及足够的软件构成的系统称为微型计算机系统（Microcomputer System）（即通常说的计算机）。微机的硬件配置主要有主板、CPU、内存、硬盘、光驱、显卡等部件。

1．主板

主板又称主机板（Main Board）、系统板（System Board）或母板（Mother Board）；它安装在机箱内，是微机最基本的也是最重要的部件之一。主板一般为矩形电路板，上面安装了组成计算机的主要电路系统，一般有 BIOS 芯片、I/O 控制芯片、键盘和面板控制开关接口、指示灯插接件、扩充插槽、主板及插卡的直流电源供电接插件等元件。主板采用了开放式结构。主板上大都有 6～15 个扩展插槽，供 PC 外围设备的控制卡（适配器）插接。通过更换这些插卡，可以对微机的相应子系统进行局部升级，使厂家和用户在配置机型方面有更大的灵活性。总之，主板在整个微机系统中扮演着举足轻重的角色。可以说，主板的类型和档次决定着整个微机系统的类型和档次。主板的性能影响着整个微机系统的性能。主板和主机箱分别如图 2-12 和图 2-13 所示。

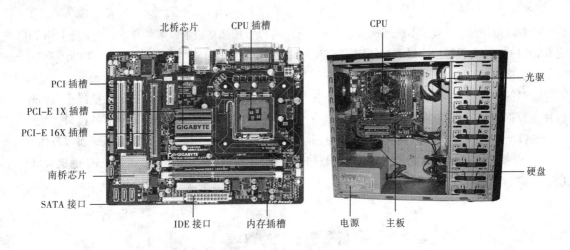

图 2-12　主板结构图　　　　　图 2-13　主机箱内部示意图

（1）芯片

芯片组（Chipset）是主板的核心组成部分，几乎决定了这块主板的功能，进而影响到整个计算机系统性能的发挥。按照在主板上的排列位置的不同，通常分为北桥芯片和南桥芯片。

① BIOS（Basic Input Output System，基本输入/输出系统）：是一组固化到主板上一个 ROM 芯片上的程序，它保存着计算机最重要的基本输入/输出程序、系统设置信息、开机后自检程序和系统自启动程序等。BIOS 的主要功能是为计算机提供底层的、最直接的硬件设置和控制。

② 南北桥芯片组是主板的核心组成部分，如果说 CPU 是整个计算机系统的心脏，那么芯片组就是整个身体的躯干。对于主板而言，芯片组几乎决定了主板的功能，进而影响到整个计算机系统性能的发挥。可以说，芯片组是主板的灵魂。

- 北桥芯片（North Bridge）：是主板芯片组中起主导作用的部分，又称主桥（Host Bridge）。该芯片是主板上距离 CPU 最近的芯片，这主要是考虑到北桥芯片与处理器之间的通信最密切，为了提高通信性能而缩短传输距离。在芯片组中，北桥扮演了 CPU、显卡、内存的中转驿站的角色，PC 的整机性能能否得到良好发挥，北桥的作用至关重要。从逻辑功能角度来看，传统型的北桥芯片主要包括内存控制器、图形接口控制器、前端总线控制器、南北桥总线控制器等 4 个逻辑组成，分别负责同内存、显卡、CPU 和南桥芯片通信。

- 南桥芯片（South Bridge）：是主板芯片组的重要组成部分，诸如 PCI 总线、ATA 总线、USB、IEEE 1394、音频、网络等所有周边系统与主机的通信工作都必须经由南桥芯片。南桥芯片一般位于主板上距离 CPU 插槽较远的下方，PCI 插槽的附近。这种布局是考虑到它所连接的 I/O 总线较多，离处理器远一点有利于布线。

- 南桥芯片不与处理器直接相连，而是通过一定的方式与北桥芯片相连。以前，由于南桥芯片的处理量远远没有北桥芯片的大，所以没有覆盖散热片。现在，由于主板的集成度进一步提高，所以在南桥芯片上也加装了散热片。

（2）扩展插槽

扩展插槽是主板上用于固定扩展卡并将其连接到系统总线上的插槽，又称扩展槽、扩充插槽。扩展槽是一种添加或增强计算机特性及功能的方法。例如，不满意主板整合显卡的性能，可以添加独立显卡以增强显示性能；不满意板载声卡的音质，可以添加独立声卡以增强音效；不支持 USB 2.0 或 IEEE 1394 的主板可以通过添加相应的 USB 2.0 扩展卡或 IEEE 1394 扩展卡以获得该功能等。

（3）接口

接口的作用是连接主机和外设，其被直接集成在主板上，从而实现数据进入主机或主机向外设发送数据的功能。接口按外设与机箱连接方式分两种：一为机箱内主板连接硬盘的接口，具体分为 SATA 接口和 SCSI 接口两类，在一般的微型计算机上通常采用的是 SATA 接口，而服务器则采用 SCSI 接口，可以获取比 SATA 更高的数据传输率；二为机箱外的接口，诸如 PS/2 键鼠接口、USB 接口、显示接口、网卡接口以及声卡接口等，如图 2-14 所示。

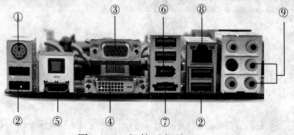

图 2-14　机箱后部接口

① PS/2 键鼠接口：PS/2 接口的功能比较单一，仅能用于连接键盘和鼠标。一般情况下，鼠标的接口为绿色，键盘的接口为紫色，现在逐渐被 USB 接口取代。

② USB 接口：USB 接口是现在最为流行的连接外围设备的接口，分成 2.0 和 3.0 两类，图 2-14 中为 USB 3.0 接口，它可以提供比 USB 2.0 更高的数据传输速率。USB 接口除了可以用来传输数据，还能独立供电，如为移动设备充电，其应用非常广泛。

③ VGA 显示接口：VGA 接口为最"古老"的显示接口，其传输的为模拟信号，所以显示器分辨率过高后会出现模糊、重影，逐渐被数字显示接口取代。

④ DVI 显示接口：DVI 接口是目前最主流的数字显示接口。

⑤ HDMI 显示接口：HDMI 接口用于传输高清数字音/视频信号，多用于连接液晶电视或投影仪，它可以用一根数据线同时传输数字视频和音频，又名"一线通"，在家庭影院中有广泛使用。

⑥ IEEE 1394 接口：1394 接口又名火线（FireWire）接口，最早由苹果公司提出，其特性和 USB 2.0 接口相似，但数据传输速率更高，多用于视频编辑领域。

⑦ eSATA 接口：eSATA 接口用于外接 SATA 设备。

⑧ 网卡接口：又名 RJ-45 接口，通过双绞线实现与网络的连接。

⑨ 音频接口：音频接口有多个，常用的为粉红色接麦克风，绿色接耳机或音箱。

2. CPU

中央处理器（Central Processing Unit，CPU）是一块超大规模的集成电路，是一台计算机的运算核心和控制核心。主要包括运算器（Arithmetic and Logic Unit，ALU）和控制器（Control Unit，CU）两大部件。此外，还包括若干个寄存器和高速缓冲存储器及实现它们之间联系的数据、控制及状态的总线。它与内部存储器和输入/输出设备合称为电子计算机三大核心部件，如图 2-15 所示。

（1）CPU 的性能指标

CPU 的性能指标主要有主频、字长、缓存等。

① 主频：CPU 的主频，即 CPU 内核工作的时钟频率（CPU Clock Speed）。通常所说的某某 CPU 是多少兆赫的，而这个多少兆赫就是"CPU 的主频"。很多人认为 CPU 的主频就是其运行速度，其实不然。CPU 的主频表示在 CPU 内数字脉冲信号震荡的速度，与 CPU 实际的运算能力并没有直接关系。由于主频并不直接代表运算速度，所以在一定情况下，很可能会出现主频较高的 CPU 实际运算速度较低的现象。

例如，规格 3.33 GHz 的意思是 CPU 时钟能在 1 s 内运行 33.3 亿个周期。在其他因素相同的情况下，使用 3.33 GHz CPU 的计算机要比使用 2.6 GHz CPU 或 933 MHz CPU 的计算机快得多。

② 字长：CPU 每个字所包含的位数称为字长。根据计算机的不同，字长有固定的和可变的两种。固定字长，即字长度不论什么情况都是固定不变的；可变字长，则在一定范围内，其长度是可变的。目前个人计算机的 CPU 字长通常为 32 位或 64 位。

③ 缓存：缓存容量和频率大小也是 CPU 的重要指标之一。CPU 内缓存的运行频率极高，一般是和处理器同频运行，工作效率远远大于系统内存和硬盘。但是，从 CPU 芯片面积和成本的因素考虑，缓存容量都很小，一般有 L1、L2 和 L3 三级缓存，如图 2-16 所示。

图 2-15　Intel i7 3770K 处理器

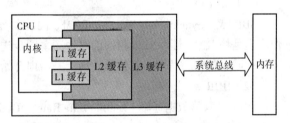

图 2-16　CPU 内部缓存示意图

（2）CPU 的生产商及产品

① Intel 公司：全球最大的半导体芯片生产商，成立于 1968 年，1971 年推出第一款微处理器 4004，其生产的 x86 系列、Celeron 系列、Pentium 系列、Core 系列 CPU 现在已占个人计算机市场 80% 的份额。

② AMD 公司：生产个人计算机 CPU 的另一家公司，成立于 1969 年，其生产的"龙"系列（毒龙、皓龙、速龙、炫龙、闪龙、羿龙）CPU 具有极好的性价比，其独有的 3DNow+ 技术使其在 3D 处理方面非常出色。

③ PowerPC：由 AIM 联盟（Apple、IBM、Motorola）设计的一款具有 RISC 指令集的 CPU。Power 的含义是 Performance Optimized With Enhanced RISC（增强 RISC 性能优化）。

④ VIA（威盛）公司：VIA 是我国台湾一家主板芯片组厂商，收购了 Cyrix 公司和 IDT 公司的 CPU 部门，推出了自己的 CPU（VIA C3 处理器）。

⑤ 国产龙芯：由中国科学院计算所自主开发的通用 CPU，采用 RISC 指令集。龙芯一号（Godson-1）于 2002 年 9 月研制成功，龙芯二号（Godson-2）于 2005 年 4 月研制成功，2009 年 9 月 28 日，我国首款四核 CPU 龙芯 3A（代号 PRC60）生产成功。

3. 内存

内存（即主存储器）和 CPU 一起被安装在计算机的主板上，是微机配置的主要部件之一。内存是计算机中重要的部件之一，它是与 CPU 进行沟通的桥梁。计算机中所有程序的运行都是在内存中进行的，因此内存的性能对计算机的影响非常大。内存（Memory）也被称为内存储器，其作用是用于暂时存放 CPU 中的运算数据，以及与硬盘等外部存储器交换的数据。只要计算机在运行中，CPU 就会把需要运算的数据调到内存中进行运算，当运算完成后 CPU 再将结果传送出来，内存的运行也决定了计算机的稳定运行。内存是由内存芯片、电路板、金手指等部分组成的。常见内存与内存插槽如图 2-17 和图 2-18 所示。

现在大多数个人计算机都使用 SDRAM 内存技术，根据 SDRAM 的不同标准，内存可分为 SDRAM、DDR SDRAM、DDR2 SDRAM、DDR3 SDRAM 等 4 类，其中 SDRAM、DDR SDRAM 以及 DDR2 SDRAM 已经被淘汰。

（a）台式计算机内存　　　（b）笔记本式计算机内存

图 2-17　常见的内存　　　　　　　图 2-18　内存插槽

（1）SDRAM 内存

SDRAM（Synchronous Dynamic RAM，同步动态随机存取存储器）速度快且相对便宜，它的工作原理是将 RAM 与 CPU 以相同的时钟频率同步进行控制，使 RAM 与 CPU 的外频同步，以相同的速度同步工作，每一个时钟脉冲的上升沿即开始读取数据，不需要额外的等待时间。

（2）DDR 系列内存

DDR 是双倍数据速率（Double Data Rate）RAM 的简称，是 SDRAM 的更新换代产品。双数据速率（Double Data Rate，包括 DDR、DDR2 或 DDR3）不仅提高了 SDRAM 的速度，而且需要的工作电压更低，更低的电压意味着更低的功耗和更少的发热量。

4．外存

外存储器是指除计算机内存及 CPU 缓存以外的存储器，此类存储器一般断电后仍然能保存数据。常见的外存储器有硬盘、软盘、光盘、U 盘等。

（1）机械硬盘

机械硬盘中所有的盘片都装在一个旋转轴上，每张盘片之间是平行的，在每个盘片的存储面上有一个磁头，磁头与盘片之间的距离比头发丝的直径还小，所有的磁头联在一个磁头控制器上，由磁头控制器负责各个磁头的运动。磁头可沿盘片的半径方向运动，加上盘片每分钟几千转的高速旋转，磁头就可以定位在盘片的指定位置上进行数据的读/写操作。信息通过离磁性表面很近的磁头，由电磁流改变极性方式被电磁流写到磁盘上，信息可以通过相反的方式读取。硬盘作为精密设备，尘埃是其大敌，必须完全密封。硬盘的结构如图 2-19 所示。

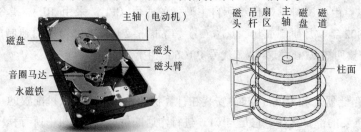

图 2-19　机械硬盘及其内部结构示意图

① 硬盘的性能指标。硬盘的主要技术参数为存储容量、硬盘转速、存取时间、缓存和数据传输速率等。

硬盘转速：台式机常用的硬盘转速有 5 400 r/min、7 200 r/min。对笔记本式计算机而言，常用的硬盘转速为 4 400 r/min、5 400 r/min。高档系统如网络服务器的硬盘转速较高，可达 10 000～15 000 r/min。

硬盘容量：硬盘的容量以千字节（KB）、兆字节（MB）、吉字节（GB）、太字节（TB）和拍字节（PB）为单位。但硬盘厂商和 Windows 操作系统对于容量计算方法不同：硬盘厂商使用的 GB 是用 1000 来换算（1 GB=1000 MB），而 Windows 系统则以 1024 进行换算（1 GB=1024 MB），因此在格式化硬盘时看到的容量会比厂家的标称值小，如标称 2 TB 的硬盘在格式化后只有 1.81 TB。

硬盘的容量指标还包括硬盘的单碟容量。所谓单碟容量是指硬盘单片盘片的容量，单碟容量取决于存储密度。存储密度是指在存储介质的给定区域（如磁盘表面）内所能存储的数据量。存储密度越大，所能存储的数据就越多。

硬盘存取时间：磁盘存取时间是指从 CPU 发出读/写命令后，磁头开始移动到读出或写入信息所需要的时间。这两个时间都是随机的，一般使用平均值表示。目前硬盘的存取时间为 8～12 ms。

缓存：缓存（Cache Memory）是硬盘控制器上的一块 RAM 内存芯片，具有极快的存取速度，它是硬盘内部存储和外界接口之间的缓冲器，容量从几 MB 到几十 MB 不等。

数据传输速率：硬盘的数据传输速率一般在 50～100 MB/s，把硬盘数据先存放在缓存中，再由驱动器以较高的速度传送到计算机。在写入磁盘时，缓冲区先保存来自计算机的数据，然后由驱动器写入磁盘。

② 硬盘接口：硬盘接口分为 SATA 和 SCSI 两种类型。

SATA：即 Serial ATA（串行高级技术附件），使用 SATA 接口的硬盘称为 SATA 硬盘（串口硬盘）。SATA 硬盘具有较高的数据传输速率，线缆少而细，传输距离远，可延伸至 1 m，采用较低的工作电压，不需设置主从盘跳线，支持热插拔，可以像 U 盘一样使用。SATA 接口标准已经经历了三代，最新标准 SATA 3.0 的带宽为 6 Gbit/s。

SCSI（Small Computer System Interface，小型机系统接口）是一种广为工作站级个人计算机和服务器所使用的硬盘接口。SCSI 硬盘的最高转速可达 15 000 r/min，平均寻道时间 5 ms 左右，且大大降低了对 CPU 使用的占有率，因此选用 SCSI 硬盘将有效提高计算机整机性能，但是价格也比同样容量的 SATA 硬盘贵。

③ 硬盘尺寸。硬盘尺寸有很多种，台式计算机普遍使用的是 3.5 英寸（1 英寸=2.54 cm）硬盘，2.5 英寸及 1.8 英寸硬盘普遍应用于笔记本式计算机、桌面一体机、移动硬盘及便携式硬盘播放器。1.3 英寸硬盘专用于三星的移动硬盘中，1.0 英寸硬盘曾广泛应用于数码单反相机中，0.85 英寸硬盘专用于日立的一款硬盘手机中。此外，也有更大规格的硬盘如 8 英寸、14 英寸，它们一般使用在大型机中，不用于微机系统。

④ 硬盘制造厂商。目前有名的硬盘制造厂商有希捷（Seagate）、西部数据（West Digital）、日立（Hitachi）、三星（Samsung）、东芝（Toshiba）等。

（2）闪存——固态硬盘和 U 盘

Flash Memory 的中文译名叫"闪存"，其含义是指它拥有极高的数据传输速率。闪存的概念由 Toshiba 最先提出，它继承了 RAM 存储器速度快的优点，具备了 ROM 的无易失性，所以闪存很快就被广泛应用于智能手机、平板电脑及个人计算机等领域的移动存储设备。从原理上说，闪存就是一种可改写的半导体存储器，即 EEPROM，只是改写的方式不同。EEPROM 传统的方法是按位擦除后重新写入，而闪存是按"块"擦除，因此速度快。

最早以闪存为介质的移动存储产品是 U 盘（优盘），其体积小、容量大（从几 GB 到几十 GB 等多种规格）、方便携带，非常适合文件复制及数据交换等应用，特别是各大计算机厂商迅速支持 U 盘作为外设，使 U 盘迅速成为个人移动存储的主流产品。

在移动存储应用越来越广泛的今天，以闪存为介质的固态硬盘开始挑战传统的机械硬盘。固态硬盘内部构造十分简单，主体就是一块 PCB 板，而这块 PCB 板上最基本的配件就是主控芯片和用于存储数据的闪存芯片。主控芯片是固态硬盘的大脑，其作用一是合理调配数据在各个闪存芯片上的负荷，二则是承担了整个数据中转，连接闪存芯片和外部 SATA 接口。除了主控芯片以外，NAND Flash 闪存芯片占据了 PCB 板上其余的大部分位置。U 盘和固态硬盘内部结构如图 2-20 所示。

固态硬盘的数据传输率已经超过 500 MB/s，由于其低功耗、无噪声、抗震动、低热量、体积小、工作温度范围大，因此广泛应用于军事、车载、工业、医疗、航空等领域。

（3）光盘

光盘是利用激光原理进行读/写的设备，是迅速发展的一种辅助存储器，可以存放各种文字、声音、图形、图像和动画等多媒体数字信息。

由于软盘的容量太小，光盘凭借大容量得以广泛使用。平时所说的 CD 是一种光盘，VCD、DVD 也是一种光盘。

一般的硬盘容量在 3 GB～3 TB 之间，软盘已经基本被淘汰，CD 光盘的容量大约是 700 MB，DVD 盘片单面 4.7 GB，最多能刻录约 4.59 GB 的数据（因为 DVD 的 1 GB=1000 MB，而硬盘的 1 GB=1024 MB）（双面 8.5 GB，最多约能刻 8.3GB 的数据），蓝光（BD）的则比较大，其中 HD DVD 单面单层 15 GB、双层 30 GB；BD 单面单层 25 GB、双面 50 GB、三层 75 GB、四层 100 GB。

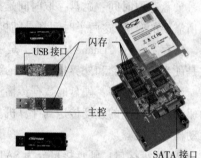

图 2-20　U 盘、固态硬盘内部结构图

目前，光驱和刻录机使用的接口形式有 USB 接口、SCSI 接口和 SATA 接口。

表 2-2 所列为目前较为常见的几种光盘的指标和用途。

表 2-2　常见的几种光盘指标

类　型		典型容量	描　　述
CD	CD-ROM	650～800 MB	存放商业软件、数据库等不变内容
	CD-R	650～800 MB	仅能写一次，用于存放大量数据
	CD-RW	650～800 MB	可重复使用，用于创建和编辑大的多媒体图像
DVD	DVD-ROM	4.7～17 GB	存放音频和视频的不变内容
	DVD-R	4.7～17 GB	仅能写一次，用于存放大量的数据
	DVD-RAM	2.6～5.2 GB	可重复使用，用于创建和编辑多媒体图像
	DVD-RW		
BD	BD-ROM	25～50 GB	存放蓝光高清电影或海量数据
	BD-R	25～50 GB	仅能写一次，用于存放大量的数据
	BD-RE	25～50 GB	可重复使用，用于创建和编辑多媒体图像

5. 微型计算机扩展总线

微机的扩展插槽设计最初是 IBM 公司运用在它的 PC 上，这种开放架构对微机和后来基于微机其他制造商设计生产的各种插卡起到了决定性的作用：灵活性和耐用性，它使得微机应用被迅速地推进到了更多的领域。

微机的各种扩展部件都通过插槽和接口安装在主板上，这些插槽和接口由主板上的金属线路连接，称为"扩展总线"。这些金属线路根据规定好的标准传送数据，起着数据传送通道的作用。主板由很多芯片和插槽组成，为了帮助系统进行相互间的数据传送，它们之间由不同的总线连接。微机总线发展到今天已经经历了许多标准，目前主要有 PCI、PCI Express、PCMCIA、USB 等几种总线类型。

（1）PCI 总线

PCI（Peripheral Component Interconnect，外围部件互连总线）始于 20 世纪 90 年代初，今天仍然作为微机的标准总线使用。PCI 支持 32 位和 64 位数据传输，支持 5 V 电源，也支持 3.3 V 的低功耗应用，这种设计不依赖处理器，因此它也适合台式计算机之外的其他机型。

PCI 总线的主要特点是传输速度高，目前可实现 66 MHz 的工作频率。PCI 2.2 标准支持 32 位和 64 位数据传输，其中 32 位的 PCI 接口数据传输速度最高可达 133 MB/s，在 64 位总线宽度下可达到突发（Burst）传输速率 533 MB/s，可以满足大吞吐量的外设的需求。

PCI 规范要求插入的卡（外设接口）要自动配置，这就需要在扩展卡中设置配置信息的存储器，因此诞生了"即插即用"（Plug and Play，PnP）这种硬件识别方式。该技术方案由微软公司于 1994 年提出，用于解决用户安装外设需要对设备配置参数进行设置的困难，为非专业用户扩展自己的机器提供了便利。图 2-21 是使用 PCI 总线的电视卡的实物外形图。

使用 PCI 总线插槽的扩展卡，无法在笔记本式计算机中使用，因此需要体积如信用卡大小的插卡总线，这个总线标准就是 PCMCIA（Personal Computer Memory Card International Association Industry Standard Architecture，个人计算机存储卡国际协会工业标准结构）。这种总线的插卡的一端插入笔记本式计算机的扩展槽。图 2-22 所示为一个使用 PCMCIA 接口的无线网卡的实物外形图。

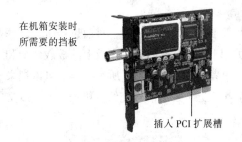

在机箱安装时
所需要的挡板

插入 PCI 扩展槽

图 2-21　使用 PCI 总线的电视卡

插入口

图 2-22　使用 PCMCIA 总线的无线网卡

（2）PCI Express 总线

PCI Express 是目前独立显卡经常采用的总线接口，比 PCI 接口具有更快的数据传输速率。PCI Express 3.0 是 PCI Express 总线家族中的第三代版本。其中，第一代的 PCI Express 1.0 于 2002 年正式发布，它采用高速串行工作原理，接口传输速率达到 2.5 GHz，而 PCI Express 2.0 则在 1.0 版本基础上更进了一步，将接口速率提升到了 5 GHz，传输性能也翻了一番。PCI Express 3.0 又在

2.0 的基础上将接口传输速率提升到 8 GHz。新一代的独立显卡均支持 PCI Express 3.0 总线技术，X1 模式的扩展口带宽总和可达到 1 GB/s，X16 接口更可以达到 16 GB/s 的惊人带宽。

（3）USB 总线

USB（Universal Serial Bus，通用串行总线）是一种支持即插即用的新型串行接口总线。1996 年，Compaq、Intel 和微软公司联合提出了设备插架（Device Bay）的概念，USB 就是基于设备插架概念的总线技术标准。随着 USB 技术的日渐成熟，数以千计的各类基于 USB 的设备和产品应运而生，到了今天，USB 设备已成为微机外设市场的主流。

第一版 USB 1.0 是在 1996 年出现的，速度只有 1.5 Mbit/s；两年后升级为 USB 1.1，速度提升到 12 Mbit/s，至今在鼠标、键盘、Modem 以及游戏操纵杆这类的低速设备上还能看到该标准的接口；2000 年 4 月，目前广泛使用的 USB 2.0 推出，速度达到了 480 Mbit/s，是 USB 1.1 的 40 倍；如今即便 USB 2.0 的速度也已经无法满足用户的需要，USB 3.0 也就应运而生，由 Intel、微软、惠普、德州仪器、NEC、ST-NXP 等业界巨头组成的 USB 3.0 促进者社团（USB 3.0 Promoter Group）于 2008 年 11 月 8 日宣布，该组织负责制定的新一代 USB 3.0 标准已经正式完成并公开发布。新规范提供了 10 倍于 USB 2.0 的传输速度和更高的节能效率，可广泛用于 PC 外围设备和消费电子产品。USB 3.0 最大传输带宽高达 5.0 Gbit/s，也就是 640 MB/s。USB 有以下特点：

① 适合多种外围设备，系统自动配置设备，不需要用户设定。

② 为其他外设保留资源。

③ 热插拔——不必关电源即可以直接插入或拔出。

④ 节省电源设计，USB 设备除特殊设备外，一般不需要电源，由 USB 接口供电。

6. 显卡

显卡又称显示器适配卡（Display Adapter Card），是连接主机与显示器的接口卡。其作用是将主机的输出信息转换成字符、图形和颜色等信息，传送到显示器上显示。显卡可以分为独立显卡和集成显卡两类，独立显卡需要占用主板扩展插槽，而集成显卡则是集成在主板上的一块芯片。独立显卡实物图如图 2-23 所示。

7. 声卡

声卡（Voice Card，Digital Voice Card）是多媒体计算机的主要部件之一，目前也是微机的基本配置。声卡含记录和播放声音所需的硬件，类型分为：以芯片方式集成在主板上的板载声卡和以板卡方式存在需要插在主板 PCI 插槽中的独立声卡，两者外形如图 2-24 所示。声卡可以把来自传声器、收/录音机、激光唱机等设备的语音、音乐等声音变成数字信号交给微机处理，并以文件形式存盘，还可以把数字信号还原成为真实的声音输出。

（a）集成声卡　　　　（b）独立声卡

图 2-23　使用 PCI-E 16X 总线的独立显卡　　　　图 2-24　声卡

声卡的音质取决于它的采样和回放能力。影响音质的两个因素是采样频率和量化位数。一般声卡的采样频率为 44.1 kHz、量化位数为 16 位，更高档的声卡有 20 位、24 位或 32 位的量化位数以及 48 kHz、96 kHz 或 192 kHz 的采样频率。

8．网卡

计算机与外界局域网的连接是通过主机箱内插入一块网络接口板（或者是在笔记本式计算机中插入一块 PCMCIA 卡）。网络接口板又称为通信适配器或网络适配器（Network Adapter）或网络接口卡 NIC（Network Interface Card），但是现在更多的人愿意使用更为简单的名称"网卡"。

9．调制解调器

调制解调器是一种计算机硬件，它能把计算机的数字信号翻译成可沿普通电话线传送的模拟信号，而这些模拟信号又可被线路另一端的另一个调制解调器接收，并译成计算机可懂的语言。这一简单过程完成了两台计算机间的通信。

所谓调制，就是把数字信号转换成电话线上传输的模拟信号；解调，即把模拟信号转换成数字信号。合称调制解调器。

10．输入设备

输入设备是向计算机输入数据和信息的设备。常见输入设备有键盘、鼠标、触摸屏和扫描仪等。

（1）键盘

键盘是用于操作设备运行的一种指令和数据输入装置。也指经过系统安排操作一台机器或设备的一组功能键（如打字机、计算机键盘）。键盘的接口规格有两种，即 PS/2 和 USB，其中 PS/2 是 6 针的圆形接口。目前台式微机使用的主要是 101 键的 IBM 增强型键盘和 104 键的 Windows 键盘，如图 2-25 所示。传统的键盘是机械式的，通过导线连接到计算机。现在基于 2.4 GHz 频段的无线键盘也有广泛的应用。

（2）鼠标

鼠标分有线和无线两种。也是计算机显示系统纵横坐标定位的指示器，因形似老鼠而得名"鼠标"，如图 2-26 所示。和键盘类似，鼠标的接口规格也有两种，即 PS/2 和 USB。

鼠标主要有机械式和光电式两种类型。它是通过位于底部的小球或光电定位处理确定在显示器上的光标的位置。鼠标有左右两个按键，一般左键是选择和操作，右键则用于显示属性等快捷菜单。

图 2-25　键盘

图 2-26　鼠标

鼠标基本操作有移动、单击或双击、右击。连续三次单击一般用于在编辑操作中进行"全部选择"。有的鼠标左右键之间还有一个滑轮（亦称滚轮），主要用于浏览多页文档或浏览网页时使用。鼠标按键操作还可以自己定义，例如对习惯左手操作的，可以将左右键的功能互换等。

（3）触摸屏

触摸屏由安装在显示器屏幕前面的检测部件和触摸屏控制器组成。当手指或其他物体触摸触摸屏时，所触摸的位置由触摸屏控制器检测，并通过接口（如 RS-232 串行口或 USB 接口）送到工机。触摸屏根据所用的介质以及工作原理，可分为电阻式、电容式、红外线式和表面声波式。触摸屏的屏幕类型主要有平面、球面、柱面、液晶 4 种类型，液晶触摸屏如图 2-27 所示。

（4）扫描仪

扫描仪（Scanner）是一种高精度的光电一体化的高科技产品，它将从最直接的图片、照片、胶片到各类图纸图形及各类文稿资料扫描输入计算机，进而实现对这些图像信息的处理、管理、识别、存储及输出，是继键盘和鼠标之后的第三代计算机输入设备。

扫描仪的常见接口包括 SCSI、IEEE 1394 和 USB 接口，目前的家用扫描仪以 USB 接口居多。衡量扫描仪的好坏要从扫描速度、密码范围及光学分辨率三方面着手。扫描仪可分为三大类型：滚筒式扫描仪、平面扫描仪和笔式扫描仪，其中最常用的平面扫描仪如图 2-28 所示。

图 2-27 触摸屏

图 2-28 平面扫描仪

11. 输出设备

输出设备与输入设备一样，品种较多。常用的有显示器、摄影仪、打印机等。

（1）显示器

和键盘、鼠标一样，显示器已经成为计算机"人机交互"的重要组成部分。微机显示系统由显示器和显卡组成，显卡在前面已作介绍，这里主要介绍显示器。显示器是属于计算机的输出设备，它是一种将一定的电子文件通过特定的传输设备显示到屏幕上再反射到人眼的显示工具，可以分为 CRT 显示器和液晶显示器两大类，如图 2-29 所示。按大小通常有 14 英寸、17 英寸、19 英寸和 22 英寸或者更大。

显示器的主要性能指标是分辨率（每英寸的像素数或扫描点数），分辨率越高，显示效果越好，清晰度越高。显示器的分辨率是指屏幕上像素的数目，像素是组成图

图 2-29 CRT 显示器和液晶显示器

像的最小单位，即显示器上的发光"点"。例如，640×480 的分辨率是指在水平方向上有 640 个像素，在垂直方向上有 480 个像素。显示器常用的分辨率有 640×480、800×600、1 024×768、1 366×768、1 440×900 以及 1 920×1 080 等。

（2）投影仪

投影仪多用在一些特殊场合作为计算机的显示输出，如展示、教学、学术报告等。大多数投影仪支持视频和声音，因此它的产品名称多标以"多媒体投影仪"。投影仪有采用 DLP（Digital Light Processor，数码光处理器）为核心，以 DMD（Digital Micromirror Device，数字微镜）作为成像器件构成的；也有采用液晶技术的，称为 LCD 投影技术，它又分为液晶板投影机和液晶光阀投影机两类。

（3）打印机

打印机是计算机最常用的输出设备。打印机有很多种类，家庭及办公常用的有针式打印机、喷墨打印机和激光打印机等，另外还有用于高级印刷的热升华打印机、热蜡打印机等。无论是哪种类型的打印机，原理均基本相同的：以图形的方式将点输出到打印纸的确定位置。打印分辨率一般以 DPI（Dots Per Inch，每英寸点数）为单位，例如 300 DPI 是指在 1 英寸长度内可以输出的点数为 300。显然 DPI 数值越高，打印质量越好。

计算机的输出设备还有许多种，如用于工程设计的绘图仪、语音输出设备、视频输出设备等。

2.5　移动计算平台

移动计算是随着移动通信、互联网、数据库、分布式计算等技术的发展而兴起的新技术，从而使计算机或其他信息智能终端设备在无线环境下实现数据传输及资源共享，它的作用是将有用、准确、及时的信息提供给任何时间、任何地点的任何用户，这将极大地改变人们的生活方式和工作方式。

移动计算平台指的是在上述环境中使用的各种移动终端设备，其侧重的是移动性，作为传统移动终端的笔记本式计算机，无论是质量还是体积已无法完全满足这方面的要求。随着微电子技术的迅猛发展，各种更适应移动计算的新兴平台诸如平板电脑、超级本等产品纷纷涌现，它们将通信、网络、GPS、PC 等多种消费电子功能高度集成到一起。在移动商务和移动娱乐方面，这类设备几乎能提供所有的主流应用，因此移动计算平台与传统 PC 分庭对抗的时代已经来临。

2.5.1　平板电脑

平板电脑（Tablet Personal Computer）是一种小型、方便携带的个人计算机，以触摸屏作为基本的输入设备。它拥有的触摸屏允许用户通过触控笔或数字笔进行操作而不是传统的键盘或鼠标。用户可以通过内建的手写识别、屏幕上的软键盘、语音识别或者通过 OTG 功能连接一个真正的键盘或鼠标来操控设备。

在 2001 年 COMDEX 秋季计算机展上，比尔·盖茨展示了一款名为 Tablet PC 的平板电脑，如图 2-30（a）所示。从微软提出的平板电脑概念产品上看，平板电脑就是一款无须翻盖、没有键盘、小到放入常人手袋，但却功能完整的 PC 设备（从而该类产品应支持来自 Intel、AMD 和 ARM 的芯片架构）。

平板电脑自从 2002 年秋季由于微软公司大力推广 Windows XP Tablet PC Edition 而渐渐变得流行起来。这个时期的平板电脑都是伴随着 PC 发展，在 PC 的影子下才逐渐有了些许平板的模样。由于这个时代的微软 Widows XP 系统一家独大，几乎没有其他操作系统能与之争锋。虽然全球的硬件厂商也为用户带来了众多的 Tablet PC，但是比尔·盖茨并没有成功，因为这个时代的 Tablet PC 不管是在产品外观、价格还是用户体验上都没有做到最好，平板电脑的春天直到后 PC 时代才来临。2010 年，iPad 的出现最终让平板电脑真正流行起来。2010 年 1 月 27 日，iPad 由苹果公司首席执行官史蒂夫·乔布斯在美国旧金山欧巴布也那艺术中心发布，让各 IT 厂商将目光重新聚焦在了"平板电脑"上，如图 2-30（b）所示。iPad 重新定义了平板电脑的概念和设计思想，取得了巨大的成功，从而使平板电脑真正成为一种带动巨大市场需求的产品。

（a）微软 2002 年推出的 Tablet PC   （b）苹果 2010 年推出的 iPad

图 2-30　平板电脑经典产品

苹果的 iPad（Pad）的概念和微软的 Tablet 已不一样：比尔·盖茨提出来的平板电脑必须能够安装 X86 版本的 Windows 系统、Linux 系统或 Mac OS 系统，即平板电脑最少应该是 X86 架构。而以 iPad 为代表的新一代平板产品是采用基于 ARM 架构的智能手机芯片、运行智能手机操作系统、没有 DDR 2/3 内存、不用硬盘而用闪存芯片。

2011 年 9 月，随着微软的 Windows 8 系统发布，平板电脑所使用的操作系统阵营再次扩充。2012 年 6 月 19 日，微软在美国洛杉矶发布 Surface 平板电脑，据微软称，Surface 外接上键盘后可以变身为"全桌面 PC"。

2.5.2　超轻薄笔记本式计算机

传统的笔记本厂商面对苹果的 iPad 攻势，不得不推出各自品牌的 Android 平台平板电脑来应对，但销量都不尽如人意。与此同时，同为苹果旗下 Macbook Air 超轻薄笔记本的势头更让其市场地位一枝独秀。作为 PC 厂商们的传统盟友，英特尔公司感受到了"唇亡齿寒"的威胁，为维持现有 wintel 体系，于是在 2011 年 5 月提出了新一代笔记本式计算机——超级本（Ultrabook）的概念。比起一般的笔记本式计算机，超级本旨在为用户提供低能耗、高效率的移动生活体验，其特色为体积更薄、重量更轻、开机更快和拥有更久的电池续航力。典型超轻薄笔记本式计算机如图 2-31 所示。

（a）Ultrabook   （b）MacBook air

图 2-31　超轻薄笔记本式计算机

超级本产品的成功秘诀一是放弃使用传统机械硬盘，改用固态硬盘从而实现了快速开机、高速读写、抗震；二是减少了不必要的接口、插槽与设备（如不用光盘驱动器）从而使设备更加纤薄。但无论怎么说，超级本本质上依然是笔记本式计算机，充其量只不过是笔记本式计算机的升级版本，除了更轻更薄，两者之间的区别还在于：超级本采用更小巧、功耗更低的专用处理器，从而实现了低功耗，但性能却没有降低；超级本增加了不少最新主流技术，如支持手写、触摸屏触控等功能。

2.5.3　移动平台操作系统

在 21 世纪的最初 10 年中，平板电脑没有任何起色，其操作系统不外乎都是 Windows 系统，而且不受大众欢迎。直到 2010 年以后，苹果公司移动产品搭载的 iOS 和谷歌推出的 Android 两大操作系统才成为市场的主流。截至 2012 年 2 月 15 日，根据市场研究公司 IDC 发布研究报告显示，Android 和 iOS 各自以 70.1%、21.0% 高居全球移动平台操作系统市场份额的第一、二位。

1. iOS

iOS 是由苹果公司开发的移动设备操作系统，最早于 2007 年 1 月 9 日的苹果 Macworld 展览会上公布，随后于同年的 6 月发布的第一版 iOS 操作系统，当初的名称为 iPhone runs OS X。

2008 年 3 月 6 日，苹果发布了第一个测试版开发包，并且将 iPhone runs OS X 改名为 iPhone OS。

2010 年 2 月 27 日，苹果公司发布 iPad，其操作系统即为 iPhone OS。

2010 年 6 月，苹果公司将 iPhone OS 改名为 iOS。

2012 年 6 月，苹果公司在 WWDC 2012 上宣布了 iOS 6，提供了超过 200 项新功能。

2. Android

Android（中文称安卓）是一个基于 Linux 核心的软件平台和操作系统，目前 Android 已成为 iOS 最强劲的竞争对手之一。

2007 年 11 月 5 日，谷歌公司正式向外界展示名为 Android 的操作系统，后续几年中开发了 1.5~2.2 版本，但主要用于智能手机。

2011 年 3 月，Google 针对平板电脑市场的迅猛发展，推出了 Android 3.0 蜂巢（Honey Comb）操作系统。该版本专门为平板电脑设计，新增首页按钮，多功能操作。

2011 年 10 月，Google 再接再厉，推出 Android 4.0 操作系统，进一步为平板电脑进行了优化。

3. Windows

2002 年 12 月 8 日，微软在纽约正式发布了 Tablet PC 及其专用操作系统 Windows XP Tablet PC Edition。但由于当时的硬件技术水平还未成熟，而且所使用的 Windows XP 操作系统是为传统计算机设计，并不适合平板电脑的操作方式。

2006 年，微软发布新一代操作系统 Windows Vista，加入了对平板电脑的支持，甚至还专门为之设计了名为"墨球"的自带游戏。到了 2009 年，微软发布了 Windows 7 系统，进一步加入了对平板电脑的支持，新增虚构键盘。

2011 年 9 月，微软发布 Windows 8 操作系统的预览版，对操作系统进行了大改革，增加了动态方块接口，把开始功能列转变成动态方块程序，以适应平板电脑操作模式。Windows 8 系统于 2012 年 10 月上市。

小　　结

计算机系统由硬件系统和软件系统组成。从硬件系统的角度出发，计算机由五大部分组成，即运算器、控制器、存储器、输入设备和输出设备。把运算器和控制器集成在一块芯片上，就是中央处理器（CPU）。CPU 是计算机的核心，完成处理和控制功能。存储器系统由主存储器和辅助存储器组成。主存储器又称内存，辅助存储器又称外存。内存以半导体存储器芯片为主，存取速度快，内存运行程序。外存使用磁盘或者光盘，存储容量大，外存保存程序和数据。存储器一般以字节（B）为存储单元。

计算机的软件系统可以分为系统软件和应用软件两大类。系统软件包括操作系统、程序设计语言、语言处理程序、系统服务程序、数据库管理系统等；应用软件是为解决各种实际问题而编制的应用程序及有关资料的总称。

微型计算机一般由主机、显示器、键盘、鼠标及各种插件和外围设备组成。主机以主板的形式把许多功能插件组合在一起，包括 CPU、内存、显卡、声卡、网卡、硬盘和光驱等。微机的外存主要有磁盘、光盘和闪存盘等。显示器是计算机主要的输出设备，键盘、鼠标是计算机常用的输入设备。微型计算机的主要性能指标有字长、存储容量、运算速度、外围设备的配置及扩展能力、软件配置等。

习　题

一、选择题（可多选）

1. 计算机的体系结构是指（　　）。

　　A. 研究计算机的算法　　　　　　　　　　B. 研究计算机的硬件构成

　　C. 研究计算机硬件和软件的构成　　　　　D. 研究计算机应用领域

2. 计算机存储器容量以（　　）为基本单位。

　　A. 字　　　　　　　　B. 位　　　　　　　　C. 字节　　　　　　　　D. 比特

3. 在计算机中，CPU 是在一块大规模集成电路上把（　　）和控制器集成在一起。

　　A. 寄存器　　　　　　B. 存储器　　　　　　C. ALU　　　　　　　　D. 指令译码器

4. 光存储设备是使用激光技术存储和读取数据，主要有（　　）。

　　A. LD　　　　　　　　B. CD　　　　　　　　C. CD-ROM　　　　　　D. DVD

　　E. CD-R　　　　　　　F. CD-RW

5. 接口（Interface）是连接外围设备的电路，位于 I/O 设备和（　　）之间。

　　A. 控制器和运算器　　　　　　　　　　　　B. 存储器和运算器

　　C. CPU 和存储器　　　　　　　　　　　　D. 存储器和控制器

6. 下列接口中不是硬盘接口的是（　　）。

　　A. IDE　　　　　　　　B. EIDE　　　　　　C. SCSI　　　　　　　D. SATA

　　E. USB

7. 目前常用显示器的类型有（　　）。

　　A. CRT 和液晶显示器　　　　　　　　　　B. 等离子和薄膜显示器

　　C. 静态和动态显示器　　　　　　　　　　D. 字符和字形显示器

8. 目前常用的微机内存有（　　），它们的特点分别是：只能读不能写，断电信息不丢失；可以进行读/写，但是断电信息全部丢失。

　　A. DRAM 和 ROM　　　　　　　　　　　B. ROM 和 RAM

　　C. SDRAM 和 DDR RAM　　　　　　　　D. RAM 和 SDRAM

9. 微型计算机使用半导体存储器作为内存是指 RAM，之所以称为内存，是因为（　　　）。

    A. 它和 CPU 都是安装在主板上

    B. 计算机程序在当中运行，速度快，能够提高机器性能

    C. 它和 CPU 直接交换数据

    D. 以上都是

10. 在微机系统中，可以用作输入设备的是（　　　）。

    A. 键盘   B. 磁盘驱动器   C. 显示器   D. 打印机

11. 无论有多少种外围设备，它们和主机的连接只有（　　　）两种方式。

    A. 插件方式和固定方式   B. 并行方式和串行方式

    C. 并行方式和插件方式   D. 串行方式和插件方式

12. USB 作为一种新型的接口技术，它是（　　　）。

    A. 并行接口总线   B. 串行接口总线   C. 视频接口总线   D. 控制接口总线

13. 应用软件是指（　　　）。

    A. 所有能够使用的软件   B. 能够被各应用单位共同使用的软件

    C. 所有计算机上都能够使用的软件   D. 专门为某一应用而编写的软件

14. 计算机软件系统一般包括（　　　）。

    A. 系统软件与字处理软件   B. 操作系统和程序设计语言

    C. 系统软件和应用软件   D. 应用软件和管理软件

15. 通常把运算器和（　　　）合称为 CPU。

    A. 存储器   B. 控制器   C. 中央处理器   D. I/O 设备

16. 常用主机的（　　　）反映微机的速度指标。

    A. 存取速度   B. 时钟频率   C. 内存容量   D. 字长

17. 在微机系统中，BIOS（基本输入/输出系统）存放在（　　　）中。

    A. RAM   B. ROM   C. 硬盘   D. 寄存器

18. 计算机的 CPU 每执行（　　　），就完成一步基本运算或判断。

    A. 一条语句   B. 一条指令   C. 一段程序   D. 一个软件

19. 下列存储器中，存取速度最快的是（　　　）。

    A. 软盘   B. 硬盘   C. 光盘   D. 内存

20. 计算机通常所说的 386、486、586、Pentium，这是指该机配置的（　　　）而言。

    A. 总线标准的类型   B. CPU 的型号   C. CPU 的速度   D. 内存容量

二、填空题

1. 存储系统是计算机的关键子系统之一，存储器的种类一般可以分为＿＿＿＿和＿＿＿＿。它的常用技术指标为＿＿＿＿和＿＿＿＿；存储系统包含＿＿＿＿、＿＿＿＿、＿＿＿＿和＿＿＿＿。

2. 计算机可以分为＿＿＿＿、＿＿＿＿、＿＿＿＿、＿＿＿＿、＿＿＿＿等类型，它们之间的主要区别是＿＿＿＿＿＿＿＿＿＿＿＿＿＿＿＿＿＿＿＿＿＿。

3. 微机的 CPU 由＿＿＿＿和＿＿＿＿组合而成，衡量它的常用技术指标为＿＿＿＿、＿＿＿＿和＿＿＿＿。

4. 衡量 CPU 性能的主要技术参数是＿＿＿＿、字长和浮点运算能力等。

5. 内存分为_____和_____。RAM 存储器具有_____性。人们平常所说的内存容量就是_____的容量。只读存储器中存储的数据一般情况下只能_____，断电后保存在只读存储器内的数据不会消失。

6. Flash Memory 具备断电数据也能保存、低功耗、密度高、体积小、可靠性高、可擦除、可重写、可重复编程等优点，它继承了_____速度快的优点，又克服了它的易失性。

7. 输入设备是_____和_____系统之间进行信息交互的装置。

8. USB 的全称是_____。

9. 计算机软件包括_____和_____两大类。

10. 程序设计语言按其级别可以分为_____、_____和_____三大类。

三、判断题

1. 程序一定要调入内存后才能运行。　　　　　　　　　　　　　　　　（　　）

2. SRAM 存储器是动态随机存储器。　　　　　　　　　　　　　　　　（　　）

3. 程序是能够完成特定功能的一组指令序列。　　　　　　　　　　　　（　　）

4. 磁盘既可以作为输入设备，也可以作为输出设备。　　　　　　　　　（　　）

5. 计算机系统功能的强弱完全由 CPU 决定。　　　　　　　　　　　　（　　）

6. 任何型号的计算机系统均采用统一的指令系统。　　　　　　　　　　（　　）

7. 系统软件包括操作系统、语言处理程序和各种服务程序等。　　　　　（　　）

8. 数据库管理系统是系统软件。　　　　　　　　　　　　　　　　　　（　　）

9. 计算机的指令是一组二进制代码，是计算机可以直接执行的操作命令。（　　）

10. 通常把运算器、控制器、存储器和输入/输出设备合称为计算机系统。（　　）

四、简答题

1. 计算机系统由哪几部分组成？解释冯·诺依曼体系结构。

2. 简单解释存储器系统的组成结构和原理。

3. 叙述缓冲存储器 Cache 的地位和作用。

4. 一台微机主要由哪些部件组成？它们的主要功能如何？

5. 简述操作系统的概念和基本功能。

第3章　操作系统

本章讲解

操作系统是专门用来管理和控制计算机系统的软件与硬件资源，合理的组织计算机的工作流程，以极大限度方便用户提高计算机系统资源利用率为目的的一系列程序。它是一种系统软件，是用户和计算机之间的接口，并为用户提供良好的工作环境和友好的操作界面。操作系统的种类很多，各种设备安装的操作系统可从简单到复杂，可从手机的嵌入式操作系统到超级计算机的大型操作系统。目前流行的现代操作系统主要有 Mac OS X、Windows、Windows Phone、Android、BSD、iOS、Linux、UNIX。其中，微软公司的 Windows 系列操作系统因其界面友好、使用方便获得了世界范围内的普遍流行。Windows 7 系列操作系统是目前运用较广的全新操作系统，已经取代 Windows XP 成为主流操作系统。本章将重点介绍 Windows 7 的基本操作、文件管理、任务管理、设备管理、系统管理的基本功能和使用方法。本章也将简要介绍其他主流操作系统，包含 Mac OS X、UNIX、Linux。

学习目标

- 了解主流操作系统。
- 理解操作系统作用。
- 掌握 Windows 7 操作系统的主要使用方法。

3.1　认识 Windows 7

3.1.1　Windows 操作系统的发展历程

1. Windows 前身 MS-DOS

1981 年 8 月 12 日 IBM 推出内含 Microsoft 的 16 位元作业系统 MS-DOS。MS-DOS（Microsoft Disk Operating System）是由微软公司提供的磁盘操作系统。在 Windows 95 以前，DOS 是 PC 兼容计算机的最基本配备，而 MS-DOS 则是最普遍使用的 PC 兼容 DOS。

最基本的 MS-DOS 系统由一个基于 MBR 的 BOOT 引导程序和三个文件模块组成。这三个模块是输入/输出模块、文件管理模块以及命令解释模块。除此之外，微软还在零售的 MS-DOS 系统包中加入了若干标准的外围程序（即外部命令）。这与内部命令一同构建成一个在磁盘操作时代相对完备的人机交互环境。

MS-DOS 一般使用命令行界面来接受用户的指令。不过在后期的 MS-DOS 版本中，DOS 程序也可以通过调用相应的 DOS 中断进入图形模式，即 DOS 下的图形界面程序。

1985 年 Microsoft Windows 1.0 正式发布，它基于 MS-DOS 2.0，支持 256 KB 的内存，显示色彩为 256 色，图形化的界面，支持鼠标操纵和多任务并行，窗口成为 Windows 中最基本的界面元素。Windows 1.0 是微软第一次对个人计算机操作平台进行用户图形界面的尝试，也宣告结束了 MS-DOS 时代。

2．人性化的 Windows 3.0

1990 年 5 月 22 日，Windows 3.0 正式发布，由于在界面、人性化、内存管理等多方面的巨大改进，终于获得用户的认同。之后微软公司趁热打铁，于 1991 年 10 月发布了 Windows 3.0 的多语版本，为 Windows 在非英语母语国家的推广起到了重大作用。1992 年 4 月，Windows 3.1 发布，在最初发布的 2 个月内，销售量就超过了一百万份，至此，微软公司的资本积累、研究开发进入良性循环。

这个系统既包含了对用户界面的重要改善也包含了 80286 和 80386 对内存管理技术的改进。为命令行式操作系统编写的 MS-DOS 下的程序可以在窗口中运行，使得程序可以在多任务基础上可以使用，虽然这个版本只是为家庭用户设计的，很多游戏和娱乐程序仍然要求 DOS 存取。

3．微软走向商用市场 Windows NT 3.1

Windows 3.1 添加了对声音输入/输出的基本多媒体的支持和一个 CD 音频播放器，以及对桌面出版很有用的 TrueType 字体。

4．Windows 95/98 诞生

1995 年最轰动的事件，莫过于 8 月期间 Windows 95 的发布，当时微软视窗 95 以强大的攻势进行发布，包括了商业性质的 Rolling Stones 的歌曲 "Start Me Up"。很多没有计算机的顾客受到宣传的影响而排队购买软件，但他们甚至根本不知道 Windows 95 是什么。在强大的宣传攻势和 Windows 3.2 的良好口碑下，Windows 95 在短短 4 天内就卖出超过一百万份，出色的多媒体特性、人性化的操作、美观的界面令 Windows 95 获得空前成功。业界也将 Windows 95 的推出看作微软发展的一个重要里程碑。

1998 年 6 月 25 日，Windows 98 发布；这个新的系统是基于 Windows 95 编写的，它改良了硬件标准的支持，例如 MMX 和 AGP。其他特性包括对 FAT32 文件系统的支持、多显示器、Web TV 的支持和整合到 Windows 图形用户界面的 Internet Explorer，称为活动桌面（Active Desktop）。1999 年 6 月 10 日，Windows 98 SE 发布，提供了 Internet Explorer 5、Windows Netmeeting 3、Internet Connection Sharing、对 DVD-ROM 和对 USB 的支持。微软敏锐地把握住了即将到来的互联网络大潮，捆绑的 IE 浏览器最终占领市场。

5．微软携 Windows 2000 向服务器市场冲击

在千禧年的钟声后，迎来了 Windows NT 5.0，为了纪念特别的新千年，这个操作系统也被命名为 Windows 2000。Windows 2000 包含新的 NTFS 文件系统、EFS 文件加密、增强硬件支持等新特性，向一直被 UNIX 系统垄断的服务器市场发起了强有力的冲击。最终从 IBM、HP、Sun 公司口中抢下一大块地盘。

Microsoft Windows 2000（起初称为 Windows NT 5.0）是一个由微软公司发行于 2000 年 12 月 19 日的 Windows NT 系列的纯 32 位图形的视窗操作系统。Windows 2000 是主要面向商业的操作系统。

6. 最受欢迎的 Windows XP

2001 年 10 月 25 日，Windows XP 发布。Windows XP 是微软把所有用户要求合成一个操作系统的尝试，和以前的 Windows 桌面系统相比稳定性有所提高，而为此付出的代价是丧失了对基于 DOS 程序的支持。由于微软把很多以前由第三方提供的软件整合到操作系统中，Windows XP 受到了猛烈的批评。这些软件包括防火墙、媒体播放器(Windows Media Player)、即时通讯软件(Windows Messenger)，以及它与 Microsoft Passport 网络服务的紧密结合，这都被很多计算机专家认为是安全风险以及对个人隐私的潜在威胁。这些特性的增加被认为是微软继续其传统的垄断行为的持续。

7. 微软商用新平台 Windows Server 2003

2003 年 4 月，Windows Server 2003 发布；对活动目录、组策略操作和管理、磁盘管理等面向服务器的功能作了较大改进，对.net 技术的完善支持进一步扩展了服务器的应用范围。

Windows Server 2003 有 4 个版本：Windows Server 2003 Web 服务器版本(Web Edition)、Windows Server 2003 标准版(Standard Edition)、 Windows Server 2003 企业版(Enterprise Edition)以及 Windows Server 2003 数据中心版(Datacenter Edition)。Web Edition 主要是为网页服务器(Web Hosting)设计的，而 Datacenter 是一个为极高端系统使用的。标准和企业版本则介于两者中间。

8. 华丽的 Windows Vista

Windows Vista 是微软公司开发代号为 Longhorn 的下一版本 Microsoft Windows 操作系统的正式名称。它是继 Windows XP 和 Windows Server 2003 之后的又一重要的操作系统。该系统带有许多新的特性和技术。2005 年 7 月 22 日太平洋标准时间早晨 6 点，微软正式公布了这一名字。

9. 全新的 Windows 7

2009 年 Windows 7 正式发布。Windows 7 拥有简洁的用户界面、卓越的创新功能，可以简化日常工作，使人们可以使用各种风格、各种型号的计算机实现所想所愿。

10. 革命性的 Windows 8

Windows 8 是由微软公司开发的、具有革命性变化的操作系统。Windows 8 可以在运行 Windows 7 的计算机上平稳地运行。微软于北京时间 2012 年 10 月 25 日 23 点 15 分推出 Windows 8 系统。Windows 8 支持个人计算机(X86 构架)及平板电脑(X86 构架或 ARM 构架)。Windows 8 大幅改变以往的操作逻辑，提供更佳的屏幕触控支持。新系统画面与操作方式变化极大，采用全新的 Metro(新 Windows UI)风格用户界面，各种应用程序、快捷方式等能以动态方块的样式呈现在屏幕上，用户可自行将常用的浏览器、社交网络、游戏、操作界面融入。

3.1.2　Windows 7 简介

Windows 7 是由微软公司开发的操作系统。Windows 7 可供家庭及商业工作环境、笔记本式计算机、平板电脑、多媒体中心等使用。微软 2009 年 10 月 22 日于美国、2009 年 10 月 23 日于中国正式发布 Windows 7 ，2011 年 2 月 22 日发布 Windows 7 SP1。Windows 7 同时也发布了服务器版本——Windows Server 2008 R2。同 2008 年 1 月发布的 Windows Server 2008 相比，Windows Server 2008 R2 继续提升了虚拟化、系统管理弹性、网络存取方式，以及信息安全等领域的应用，其中有不少功能需搭配 Windows 7。

1．产品系列

Windows 7 产品系列较多，分别为 Windows 7 简易版、家庭普通版（Windows 7 Home Basic）、家庭高级版（Windows 7 Home Premium）、专业版（Windows 7 Professional）、企业版、旗舰版。

2．系统特点

Windows 7 的设计主要围绕 5 个重点——针对笔记本式计算机的特有设计；基于应用服务的设计；用户的个性化；视听娱乐的优化；用户易用性的新引擎。其突出特点为：

① 更快速：Windows 7 大幅缩减了 Windows 的启动时间，据实测，在 2008 年的中低端配置下运行，系统加载时间一般不超过 20 秒，这与 Windows Vista 的 40 余秒相比，是一个很大的进步。

② 更易用：Windows 7 启动时的画面做了许多方便用户的设计，如快速最大化，窗口半屏显示，跳转列表（Jump List），系统故障快速修复等。

③ 更安全：Windows 7 包括改进了的安全和功能合法性，还会把数据保护和管理扩展到外围设备。Windows 7 改进了基于角色的计算方案和用户账户管理，在数据保护和坚固协作的固有冲突之间搭建沟通桥梁，同时也会开启企业级的数据保护和权限许可。

④ 更简单：Windows 7 将会让搜索和使用信息更加简单，包括本地、网络和互联网搜索功能，直观的用户体验将更加高级，还会整合自动化应用程序提交和交叉程序数据透明性。

⑤ 更低的成本：Windows 7 可以帮助企业优化它们的桌面基础设施，具有无缝操作系统、应用程序和数据移植功能，并简化 PC 供应和升级，进一步朝完整的应用程序更新和补丁方面努力。

⑥ 更好的连接：Windows 7 进一步增强了移动工作能力，无论何时、何地、任何设备，都能访问数据和应用程序，开启坚固的特别协作体验，无线连接、管理和安全功能会进一步扩展。令性能和当前功能以及新兴移动硬件得到优化，拓展了多设备同步、管理和数据保护功能。

3．系统运行环境与安装

（1）准备安装

安装 Windows 7 之前，必须保证自己的计算机符合安装的最低硬件要求。微软公布的针对 Windows 7 家庭版和专业版的最低和推荐硬件要求如表 3-1 所示。

表 3-1　Windows 7 安装的硬件要求

硬　件	最　低　配　置	推　荐　配　置
CPU	1 GHz 及以上	1 GHz 及以上的 32 位或 64 位处理器
内存	1 GB 及以上	1 GB（32 位）/2 GB（64 位）
硬盘	20 GB 以上可用空间	20 GB 以上可用空间
其他	CD-ROM 或 DVD 驱动器、有 WDDM1.0 驱动的支持 DirectX 10 以上级别独立显卡和显示器、键盘、Windows 支持的鼠标和兼容的定点设备	

如果希望 Windows 7 提供更多的功能，则需要其他一些硬件配置。例如，若要进行网络连接，则需要网卡或调制解调器等设备；若需要声音处理，则需要声卡、扬声器和耳机等。

（2）Windows 7 的安装

Windows 7 的安装分为 3 种类型：升级安装、多系统安装和全新安装。

① 升级安装：如果想用新的 Windows 7 替换原有的 Windows 版本，同时又想保留原有操作系统中的应用程序、数据文件和计算机设置，用户可以选择升级安装。在升级过程中，Windows 7

会覆盖以前的操作系统，并改写旧的系统文件，但仍将保留现有设置和应用程序。

② 多系统安装：指在保留原有操作系统的前提下，将 Windows7 安装在一个独立的硬盘分区中。新的系统和原有的系统共同存在，但互相独立，互不干扰。安装完毕后，会自动生成开机启动时操作系统选择菜单，可允许用户选择启动不同的操作系统。

③ 全新安装：当用户新买的一台计算机中没有任何操作系统，或希望将计算机中原有的操作系统卸载，只安装 Windows 7 时，可以选择全新安装。如果硬盘还没有分区，或已分区但还未格式化，在安装过程中，安装程序会提供机会对硬盘进行分区和格式化。

（3）确定文件系统

Windows 7 安装过程中一个重要的事项就是选择安装的硬盘分区所使用的文件系统。Windows 7 支持 3 种类型的文件系统：NTFS、FAT32 和 FAT。

FAT32 是 FAT 文件系统的增强版本，支持更大容量的硬盘。NTFS 是 Windows XP 推荐使用的文件系统。与 FAT 和 FAT32 相比，NTFS 产生较少磁盘碎片，且性能更佳，还提供许多 FAT 和 FAT32 所没有的新功能，如可以对文件加密，可以对单个文件或文件夹设置权限，可以设置磁盘配额，控制用户使用的磁盘空间，提供更好的磁盘压缩性能等。

如果安装过程中希望保留硬盘分区中的文件，而又能使用新的 NTFS 文件系统，则可以使用 Windows 7 提供的文件系统转换功能。Windows 7 安装程序可以方便地将原有的 FAT 或 FAT32 文件系统转换为 NTFS 文件系统，并确保文件的完整性。

如果希望在 Windows 7 和以前的 Windows 98/Me 之间建立多重启动，就需要使用 FAT32 和 FAT 文件系统。在这种情况下，用户就应该把系统配置成多重启动并在硬盘上用 FAT32 或 FAT 分区作为活动分区。这是因为 Windows 98/Me 不能访问 NTFS 格式的本地硬盘分区。如果计算机不需要配置多重启动功能，则最好使用 NTFS 格式的文件系统。

4．Windows 7 的启动和关闭

（1）Windows 7 的启动

在计算机上成功安装 Windows 7 操作系统以后，打开计算机电源即可自动启动，大致过程如下：

① 打开计算机电源开关，计算机进行设备自检，通过后即开始系统引导，启动 Windows 7。

② Windows 7 启动后进入到等待用户登录的提示画面，如图 3-1 所示。

③ 单击一个用户图标，如果没有设置系统管理员密码，可以直接登录系统；如果设置了系统管理员密码，输入密码并按【Enter】键，即可登录系统。

（2）注销和关闭计算机

① 注销用户。Windows 7 是一个支持多用户的操作系统，它允许多个用户登录到计算机系统中，而且各个用户除了公共系统资源外还拥有个性化的设置，每个用户互不影响。

为了使用户快速方便地进行系统登录或切换用户账户，Windows 7 提供了注销功能，通过这种功能用户可以在不必重新启动计算机的情况下登录系统，系统只恢复用户的一些个人环境设置。要注销当前用户，打开"开始"菜单，选择"注销"命令，如图 3-2 所示，系统关闭当前登录的用户，处于等待登录状态，用户可以以新的用户身份重新登录。单击"切换用户"按钮，则在不注销当前用户的情况下切换到其他用户账户环境下。

② 关闭计算机。退出操作系统之前，通常要关闭所有打开或正在运行的程序。退出系统的

操作步骤是：单击"开始"按钮，选择"关机"命令，系统将自动并安全地关闭电源。

图 3-1　Windows 7 登录界面

图 3-2　"注销 Windows"命令

在"开始"菜单中用户还可以选择进行以下操作：

- 锁定：如果用户只是短时间不使用计算机，又不希望别人以自己的身份使用计算机时，应该选择"锁定"命令。系统将保持当前的一切任务，数据仍然保存在内存中，只是计算机处于锁定状态。当用户需要使用计算机时，只需移动鼠标即可使系统停止锁定状态，弹出"输入密码"对话框，在此输入用户密码即可快速恢复锁定前的任务状态。

- 休眠：选择"休眠"命令，系统则进入"休眠"状态。当用户较长时间不使用计算机，同时又希望系统保持当前的任务状态时，应该选择"休眠"命令。系统将内存中的所有内容保存到硬盘，关闭监视器和硬盘，然后关闭 Windows 和电源。重新启动计算机时，计算机将从硬盘上恢复"休眠"前的任务内容。使计算机从休眠状态恢复要比从待机状态恢复所花的时间长。

- 重新启动：选择"重新启动"命令，系统将结束当前的所有任务，关闭 Windows，然后自动重新启动系统。

3.1.3　Windows 7 基本操作

1. Windows 7 的桌面

启动计算机，进入 Windows 7 系统后，屏幕上首先出现 Windows 7 桌面。桌面是一切工作的平台。与以往 Windows 的桌面不同，Windows 7 桌面将明亮鲜艳的新外观和简单易用的设计结合在一起，可以把桌面看作个性化的工作台。

Windows 7 的桌面主要由桌面背景、"开始"按钮、任务栏、桌面图标等部分组成，如图 3-3 所示。

图 3-3　Windows 7 的"桌面"

（1）桌面图标

在 Windows 7 中用一个小图形的形式即图标来代表 Windows 中不同的程序、文件或文件夹、设备，也可以表示磁盘驱动器、打印机以及网络中的计算机等。图标由图形符号和名字两部分组成。

① 图标的类型：

- 驱动器图标：代表磁盘驱动器。
- 应用程序图标：代表具体完成某一功能的可执行程序。
- 文件夹图标：表示可用于存放其他应用程序、文档或子文件夹的"容器"。
- 文件图标：代表一种类型的文件。同一应用程序创建的文件的图标是一样的，不同应用程序创建的文件的图标是不同的。
- 快捷方式图标：代表指向对应对象的链接，对应的对象不同，快捷方式图标也不同，但都在左下角有一个小箭头，用来提示这是一个快捷方式。快捷方式是指向某个应用程序、文件或文件夹的链接，双击一个快捷方式等同于双击快捷方式指向的对象。当用户双击一个快捷方式图标时，Windows 首先检查快捷方式文件中的内容，找到它所指向的目标对象，然后就可以打开该对象。因此，快捷方式可称为原对象的"替身"。

② 图标的操作。在 Windows 系统中，用户可以对图标进行的操作包括创建、选定、执行、复制、移动、删除等，这些操作和一般的文件操作基本类似。在这里只讲述图标的选定、执行和快捷方式图标的创建。图标的复制、移动、删除操作可以参考后面的文件管理部分。

- 选定图标：单击某一图标，该图标及其标识名的颜色就会改变，表示该图标被选定。
- 执行图标：当鼠标指针指向并双击一个图标时，将启动对应的应用程序，或启动创建文档的应用程序并打开该文档，或打开文件夹窗口。
- 创建快捷方式图标：选定一个应用程序、文件或文件夹，右击该对象，在弹出的快捷菜单中选择"创建快捷方式"命令，则在该应用程序、文件或文件夹所在的文件夹下创建一个快捷方式图标。如果要将快捷方式图标创建在桌面上，则在弹出的快捷菜单中选择"发送到"→"桌面快捷方式"命令即可。

③ 图标的排列。Windows 7 的图标管理较之前的图标管理，略有不同。在桌面空白处右击，在弹出的快捷菜单中可以看到经过全新的整合命令，选择"新建"命令，打开子菜单，如图 3-4 所示，单击各命令可以灵活地管理桌面图标的显示方式。选择"排序方式"命令，打开子菜单，如图 3-5 所示，单击"名称""大小""项目类型"或"修改日期"命令，则桌面图标将按照不同的顺序排列在桌面上。

图 3-4　"新建"子菜单

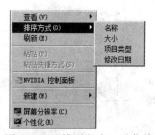
图 3-5　"排列方式"子菜单

（2）任务栏

Windows 7 初始任务栏位于屏幕的底部，是一个长方条。任务栏既是状态栏，也可在任务之间切换。Windows 7 是一个多任务操作系统，它允许系统同时运行多个应用程序。通过使用任务栏用户可以在多个正在运行的应用程序之间自由切换。

（3）"开始"菜单

任务栏的最左端就是"开始"按钮，单击此按钮弹出"开始"菜单。"开始"菜单是使用和管理计算机的起点，它可运行程序、打开文档及执行其他常规任务，是 Windows 7 中最重要的操作菜单。通过它，用户几乎可以完成任何系统使用、管理和维护等工作。"开始"菜单的便捷性简化了频繁访问程序、文档和系统功能的常规操作方式。

（4）桌面背景

屏幕上主体部分显示的图像称为桌面背景。它的作用是美化屏幕。用户可以根据自己的喜好选择不同图案和不同色彩的背景进行个性化的桌面修饰。

2．窗口及其操作

窗口是 Windows 系统为完成用户指定的任务而在桌面上打开的矩形区域。当用户双击一个应用程序、文件夹或文档时，都会显示一个窗口，向用户提供一个操作的空间。

Windows 是多任务的操作系统，因而可以同时打开多个窗口。在同时打开的多个窗口中，用户当前操作的窗口，称为当前窗口或活动窗口，其他窗口称为非活动窗口。活动窗口的标题栏颜色和亮度非常醒目，而非活动窗口的标题栏呈浅色显示。

（1）窗口的组成

Windows 7 中的窗口和以前相比具有根本性的变化，取消了菜单栏，并革新了工具面板以及左侧面板。下面进行具体介绍。

窗口一般包括路径栏、窗口按钮、搜索栏、工具栏、滚动条、状态栏、工作区和左侧目录面板等，如图 3-6 所示。

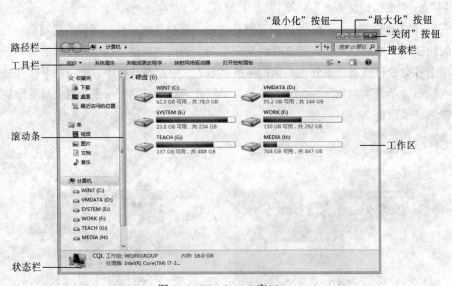

图 3-6　Windows 7 窗口

① 路径栏：在窗口的左上角，是醒目的"前进"与"后退"按钮——这更像之前在浏览器中的设置——而在其旁边的向下箭头则分别给出浏览的历史记录或可能的前进方向；在其右边的路径框则不仅给出当前目录的位置，而且其中的各项均可单击，帮助用户直接定位到相应层次。

② 窗口按钮：位于标题栏右边，包括"最小化"按钮、"最大化/还原"按钮、"关闭"按钮。"最小化"按钮使当前窗口从屏幕上消失，但不关闭它。该程序仍在运行，在任务栏上有图标显示。单击"最大化/还原"按钮使窗口在全屏模式和普通模式之间切换。单击"关闭"按钮将关闭窗口。

③ 搜索栏：在窗口的右上角，是功能强大的搜索框，在这里可以输入任何想要查询的搜索项。

④ 菜单栏：列出了当前应用程序所能使用的各种命令。

⑤ 工具栏：可视作新形式的菜单，其标准配置包括"组织"等诸多选项，其中"组织"项用来进行相应的设置与操作，其他选项根据文件夹具体位置不同，在工具面板中还会出现其他的相应工具项，如浏览回收站时，会出现"清空回收站""还原项目"的选项；而在浏览图片目录时，则会出现"放映幻灯片"的选项；浏览音乐或视频文件目录时，相应的播放按钮则会出现。

⑥ 滚动条：当窗口的内容不能全部显示时，在窗口的右边和底部出现的条框称为滚动条。滚动条分为水平滚动条和垂直滚动条。

⑦ 状态栏：位于窗口最下面一行，用于显示一些与窗口中的操作有关的提示信息。

⑧ 工作区：窗口的内部区域称为工作区，是应用程序实际工作的区域。

（2）窗口的基本操作

对窗口可进行的操作包括打开窗口、关闭窗口、移动窗口、改变窗口大小、最小化窗口、最大化窗口、切换窗口，它们的操作方法如下：

① 打开窗口：双击应用程序图标、文件夹图标或文档图标，即可打开相应的窗口。也可以右击准备打开的窗口图标，在弹出的快捷菜单中选择"打开"命令。打开窗口后，在任务栏上会增加一个相应窗口图标。

② 关闭窗口：窗口关闭后，窗口在屏幕上消失，其图标也从任务栏中消失。关闭窗口的具体方法如下：

- 单击窗口标题栏右边的"关闭"按钮。
- 双击窗口的控制菜单图标。
- 单击窗口的控制菜单图标，从控制菜单中选择"关闭"命令。
- 按【Alt+F4】组合键。
- 在任务栏上，右击窗口图标按钮，在弹出的快捷菜单中选择"关闭"命令。

③ 移动窗口：将鼠标指针指向窗口的标题栏，按下左键，拖动鼠标到所需要的地方，释放鼠标按钮，窗口就被移动了。

④ 改变窗口大小：移动鼠标指针到窗口边框或窗口角，鼠标指针自动变成双向箭头，这时按下左键拖动鼠标，即可改变窗口的大小。

⑤ 最小化窗口：单击标题栏右边的"最小化"按钮。

⑥ 最大化窗口：单击标题栏右边的"最大化"按钮。

⑦ 切换窗口：桌面上可以打开多个窗口，但活动窗口只能有一个，切换窗口就是将非活动

窗口转换成为活动窗口。切换窗口的具体方法如下：

- 单击任务栏中对应的图标按钮。
- 单击非活动窗口的任意可见部分。
- 按【Alt+Esc】或【Alt+Tab】组合键。

其中，在 Windows 7 中利用【Alt+Tab】组合键进行切换窗口时，在桌面中间会显示各程序的预览小窗口，片刻后桌面也会即时显示某个程序的窗口。而 Windows 7 的绚丽窗口切换方法为按【Win+Tab】组合键，将显示 3D 切换效果，如图 3-7 所示。

3．对话框及其操作

对话框是为了提供信息或要求用户提供信息时而打开的窗口。对话框中通常包含标题栏、选项卡、列表框、下拉列表框、文本框、复选框、单选按钮、数值框、命令按钮等项目，如"文件夹选项"对话框如图 3-8 所示。

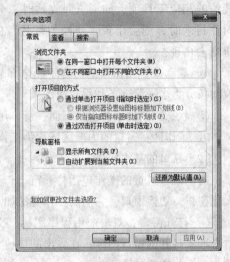

图 3-7　3D 窗口切换　　　　　　　　图 3-8　Windows 的对话框

其中，标题栏用来显示对话框的名称；一个选项卡对应一个主题信息，单击选项卡标签可以在不同的选项卡之间切换；列表框所提供的选项在一矩形区域中以列表的形式显示出来，由用户选择其中一项；下拉列表框是列表框的变体，选项被隐藏在下拉按钮内，当单击下拉列表框的下拉按钮时，可以打开列表供用户选择，列表关闭时显示被选中的信息；文本框是用于输入文本信息的一种矩形区域；复选框为方框矩形按钮，在同一组复选框中，可以有多个复选框被选中；单选按钮为圆形按钮，代表一组互斥的选项，即同一组单选按钮中，每次只能有一个按钮被选中；数值框右边的上下箭头按钮称为微调按钮，单击微调按钮可以调整数值框中数字的大小，也可以在数值框中直接输入数字；命令按钮为带文字的矩形按钮，单击一个命令按钮，即执行一个特定的操作。

在打开对话框后，可以选择或输入信息，然后单击"确定"按钮，关闭对话框；若不需要对其进行操作，可单击"取消"或"关闭"按钮，关闭对话框。

对话框与窗口外形类似，但没有控制菜单图标、菜单栏、"最大化"按钮、"最小化"按钮。对话框和窗口一样可以移动、关闭，但窗口的大小可以改变，而对话框的大小是固定的。

4．菜单及其操作

在 Windows 中，用户与应用程序的交互主要是通过菜单实现的。用户可以从菜单中选择所需要的命令来指示应用程序执行相应的操作。Windows 中的菜单分为"开始"菜单、下拉式菜单、快捷菜单等。

（1）下拉式菜单

一般应用程序或文件夹窗口中均采用下拉式菜单，如图 3-9 所示。下拉式菜单位于窗口标题栏下方，在菜单中有若干条命令，这些命令按功能分组，分别放在不同的菜单项里，单击一个菜单项，可打开其下拉菜单，其中包含一系列命令。

图 3-9　Windows 的下拉菜单

（2）快捷菜单

当用户将鼠标指向某个选中的对象或在屏幕的某个位置时右击，即可弹出一个快捷菜单，该菜单列出了与用户正在执行的操作直接相关的命令。选定对象不同时，打开的快捷菜单中的命令也不同。

（3）菜单中的命令

无论哪一种菜单，其操作方式均基本相同，都是打开菜单后，从若干命令中选择一个所需的命令，就可以完成相应的操作。有些菜单的命令后还有附带的符号，这些符号都有特定的含义，以下是这些含义的说明。

① 命令显示暗淡：表示命令当前不可选。

② 带省略号"…"：表示选择该命令后会弹出对话框。

③ 前有符号"√"：表示该命令正在起作用。

④ 前有符号"●"：表示该命令所在的一组命令中，只能任选一个，有"●"的表示被选中。

⑤ 带实心三角符号"▶"：表示该命令有级联子菜单，选定该命令时，会弹出子菜单。

⑥ 带有一键盘符号或组合键：表示命令的快捷键。按下相应组合键，可以直接执行相应命令，而不必通过菜单操作。

5．任务栏及其操作

在 Windows 7 中，可以称"任务栏"为"超级任务栏"。除了依旧用于在窗口之间进行切换外，Windows 7 中的任务栏查看起来更加方便，功能更加强大和灵活。尽管任务栏在 Windows 7 中仍然叫"任务栏"，但是它更新了外观，加入了其他特性，一些人称为 Superbar。超级任务栏把从 Windows 95 就开始发布的任务栏带入下一层次。默认情况下，超级任务栏采用大图标，玻璃效果甚于 Vista。例如，在 Windows 7 中，可以将常用程序"锁定"到任务栏的任意位置，以方便访问。同时，可以根据需要通过单击和拖动操作重新排列任务栏上的图标。

（1）任务栏的组成

任务栏包括"开始"按钮、锁定任务栏、运行窗口按钮栏、输入法指示器、通知区以及显示桌面快捷键，如图 3-10 所示。

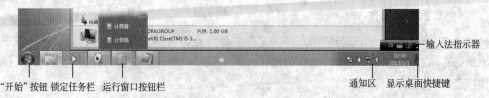

"开始"按钮 锁定任务栏 运行窗口按钮栏　　　　　　　　　通知区 显示桌面快捷键

图 3-10　任务栏

① 开始按钮：任务栏的最左边是"开始"按钮。单击"开始"按钮即可打开"开始"菜单。Windows 7 中绝大多数操作都可以通过"开始"菜单来启动和完成。为了帮助用户更好地使用"开始"菜单，系统允许用户根据自己的喜好及需要定义"开始"菜单和"任务栏"。

② 锁定任务栏："开始"按钮的右侧是锁定任务栏。锁定任务栏中放置一些常用程序的快捷方式图标，单击其中的图标可以快速启动相应程序。

在锁定任务栏中，用户可以添加和删除快速启动按钮。如果要添加快速启动按钮，可在桌面上或文件夹窗口中找到要创建快速启动按钮的程序，在程序图标上右击，在弹出的快捷菜单中选择"锁定到任务栏"命令。要删除不再使用的快速启动按钮，右击该按钮，在弹出的快捷菜单中选择"将此程序从任务栏解锁"命令。

③ 运行窗口按钮栏：和 Vista 及以前版本一样，Windows 7 也会提示正在运行的程序，Windows 7 任务栏还增加了新的窗口预览方法。用鼠标指针指向任务栏图标，可查看已打开文件或程序的缩略图预览。然后，将鼠标指针移动到缩略图上，即可进行全屏预览。用户还可以直接从缩略图预览关闭不再需要的窗口，让操作更为便捷。而且 Windows 7 会将相似功能的按钮自动分组排列于任务栏中。

④ 输入法指示器：输入法指示器用来帮助用户快速选择自己需要的输入法。单击输入法指示器按钮之后，将打开输入法菜单，它列出了系统中所有已安装的输入法，当前正在使用的输入法名称前会显示选定标志"√"。单击任意一个输入法名称之后，用户即可使用该输入法进行文字输入。右击输入法指示器，在弹出的快捷菜单中选择"设置"命令，弹出"文字服务和输入语言"对话框，可以进行输入法的删除、添加和设置等操作。

⑤ 通知区：任务栏的最右边是通知区。通知区中显示了一些正在运行的程序项目，如防病毒实时监控程序、音量调节、系统时间显示等。

⑥ 显示桌面快捷键：在 Windows 7 中，"显示桌面"图标被移动到了任务栏的最右边，操作起来更加方便。鼠标指针停留在该图标上时，所有打开的窗口都会透明化，类似 Aero Peek 功能，这样可以快捷地浏览桌面。单击图标则会切换到桌面。

（2）任务栏的设置

Windows 7 安装好以后，系统将为用户提供一个默认设置的任务栏。用户可按照如下方法对任务栏进行设置。

右击任务栏的空白处，在弹出的快捷菜单中选择"属性"命令，弹出"任务栏和「开始」菜单属性"对话框，选择"任务栏"选项卡，如图 3-11 所示。

如果用户希望启用任务栏的自动隐藏功能，可选定"任务栏外观"选项区域中的"自动隐藏任务栏"复选框。Windows 7 用户可以任意设置任务栏在桌面中的位置，只需从"屏幕上的任务栏位置"下拉列表框中进行选择。也可以对任务栏中的按钮进行设置，从"任务栏按钮"下拉列表框中选择"始终合并、隐藏标签""从任务栏被占满时合并"或者"从不合并"选项。

6. "开始"菜单及其操作

"开始"菜单是用户使用和管理计算机的主要入口,几乎全部的操作都可以从这里开始。掌握"开始"菜单的使用和设置是用户使用 Windows 7 的基础。单击任务栏中的"开始"按钮,打开"开始"菜单,如图 3-12 所示。再次单击"开始"按钮,或在"开始"菜单外单击,可取消"开始"菜单。

图 3-11 "任务栏和「开始」菜单属性"对话框

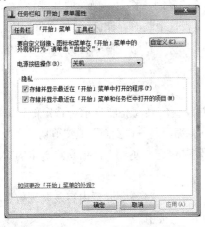

图 3-12 "开始"菜单

（1）设置"开始"菜单

用户可以根据自己的需要自定义"开始"菜单,操作步骤如下:

① 在"开始"按钮或任务栏空白处右击,在弹出的快捷菜单中选择"属性"命令,弹出"任务栏和「开始」菜单属性"对话框,如图 3-13（a）所示。

② 选择"「开始」菜单"选项卡,单击"自定义"按钮,弹出"自定义「开始」菜单"对话框,如图 3-13（b）所示,用户可进一步对"开始"菜单显示的图标样式、程序数目以及程序项目等进行设置。

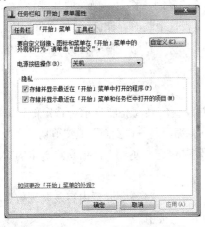

（a）"任务栏和「开始」菜单属性"对话框

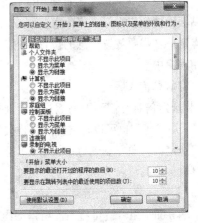

（b）"自定义「开始」菜单"对话框

图 3-13 自定义"开始"菜单

（2）启动应用程序

打开"开始"菜单，单击"所有程序"命令，打开它的子菜单。其中的菜单项有两种类型，一种是在选项的右边有一个向右的箭头，单击该选项将打开一个层叠的子菜单，又称级联菜单，级联菜单之下还可以有级联菜单；另一种选项则不带向右的箭头，单击该选项将启动相应的应用程序。

（3）管理计算机

在"开始"菜单的右侧，显示的是用于计算机常规管理的一组命令，包括"文档""图片""音乐""游戏""计算机""控制面板"等。

① 通过"文档"，用户可以直接打开"我的文档"文件夹进行管理。

② 通过"图片"和"音乐"，用户可以管理其中收藏整理的图片和音乐文件。

③ 通过"计算机"，则可以完成用户所需要的所有常规任务。

通过"我最近的文档"菜单，用户可以直接显示一份最近打开过的文档的列表，从中可以直接快速访问不久前处理过的文档，这样可以节省时间。这也是 Windows 文档驱动的操作方式的体现。

④ 通过"控制面板"，用户则可以进行计算机软件和硬件的高级设置以及众多的计算机管理任务。

（4）运行命令

在"开始"菜单中的"搜索程序和文件"文本框中输入完整路径和文件名，可用于搜索文件或者直接运行程序，如图 3-14 所示。

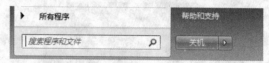

图 3-14   "搜索程序和文件"文本框

7. 剪贴板及其信息的传递操作

在 Windows 系统中使用各种软件时，常常需要在不同软件之间传递信息。例如，在一个画图软件中编辑好一幅图片后，需要将其放置到一个 Word 文档中，操作方法是先在画图软件中复制图片，然后到 Word 文档中，将其粘贴到所需位置。在这个过程中，被复制的图片存放在 Windows 的剪贴板中。剪贴板是内存中的一个临时存储区，用于在 Windows 程序和文件之间传递信息。剪贴板中可以存储文字、图形、图像、声音等信息，通过它可以把文字、图形、图像、声音等粘贴在一起形成一个图文并茂的文档。剪贴板也可以存储文件和文件夹，以实现文件和文件夹的复制和移动。剪贴板是 Windows 的重要功能，是实现对象的复制、移动等操作的基础。

剪贴板的使用步骤是先将信息复制或剪切到剪贴板这个临时存储区，然后在目标应用程序中，将插入点定位在需要放置信息的位置，再选择"编辑"→"粘贴"命令将剪贴板中的信息传递到目标应用程序中。

（1）将信息传入剪贴板

① 将选定信息复制到剪贴板。选定要复制的对象，使其高亮度显示。选定的对象可以是文字、图形、图像等，也可以是文件或文件夹等。选择"编辑"→"复制"或"剪切"命令。"复制"命令是将选定的对象复制到剪贴板中，并且源对象保持不变。"剪切"命令是将选定的对象从原来的位置删除，将其放入剪贴板中。

② 复制屏幕或窗口到剪贴板。按【PrintScreen】键可以将整个屏幕内容复制到剪贴板中。按【Alt+PrintScreen】组合键可将当前窗口的内容复制到剪贴板中。

（2）从剪贴板中传出信息

将信息复制到剪贴板后，便可将其中的信息粘贴到目标应用程序中。

首先确认剪贴板中有需要的信息，否则"编辑"→"粘贴"命令不可用。切换到目标应用程序中，将光标定位到需要放置信息的位置。选择"编辑"→"粘贴"命令。需要注意的是，剪贴板中只能存放最近一次的内容，即向剪贴板中复制新的内容时，前一次的内容将被覆盖。但是剪贴板中已有的内容被粘贴后，依然保持不变，因此可以进行多次粘贴。既可以在同一文件中多处粘贴，也可以在不同文件中粘贴。

3.1.4　Windows 7 文件管理

在文件管理方面，除了可以利用 Windows 7 的搜索功能外，还可以用文件库功能，只要合理利用 Windows 7 的文件库功能和搜索功能，不管文件的数量有多大，文件夹结构有多复杂，都可以把文件管理得井井有条。

1．文件和文件夹

（1）文件

文件是按一定形式组织的一个完整的、有名称的信息集合，是计算机系统中数据组织的基本存储单位。文件中可以存放应用程序、文本、媒体及数据等信息。

① 文件的命名：文件是"按名存取"的，每当新创建一个文件时，应该为该文件指定一个有意义的名字，尽量做到"见名知义"。在 Windows 中可以使用长文件名作为描述性的名称，从而帮助用户记忆文件的内容和用途，如"Windows 7 操作系统.docx"。

文件名由主文件名和扩展名组成，主文件名和扩展名之间用一个"."字符分隔。扩展名通常由3～4 个字符组成，也可省略或包含多个字符。扩展名一般由系统自动给出，用来标明文件的类型和创建此文件的应用软件，做到"见名知类"。系统给定的扩展名不能随意改动，否则系统将不能识别。

Windows 7 下文件的命名规则包括：文件名总长度可多达 255 字符，其中可以包含空格。文件名可以使用汉字、英语字母、数字，以及一些标点符号和特殊符号，但不能包含?、\、*、<、>、|等符号。同一文件夹中的文件不能重名。

② 文件的类型：为了更好地管理和控制文件，系统将文件分成若干类型，每种类型有不同的扩展名与之对应。文件类型可以是应用程序、文本、声音、图像等，如程序文件（com、exe 和 bat）、文本文件（txt）、声音文件（wav、mp3）、图像文件（bmp、jpeg）等。

③ 文件的属性：一个文件包括两部分内容，一是文件所包含的数据；二是有关文件本身的说明信息，即文件属性。每一个文件（夹）都有一定的属性，不同文件类型的"属性"对话框中的信息也各不相同，如文件夹的类型、文件路径、占用的磁盘、修改和创建时间等。一个文件（夹）通常可以是只读、隐藏、存档等几种属性。

（2）文件夹与文件库

为了便于对文件进行管理，将文件进行分类组织，并把有着某种联系的一组文件存放在磁盘中的一个文件项目下，这个项目称为文件夹或目录。

"库"是 Windows 7 系统中引入的一个新概念，不过却十分容易理解，就是把各种资源归类并显示在所属的库文件中，使管理和使用变得更轻松。Windows 7 文件库可以将需要的文件和文件夹统统集中到一起，就如同网页收藏夹一样，只要单击库中的链接，就能快速打开添加到库中的文件夹，而不管它们原来深藏在本地计算机或局域网当中的任何位置。另外，它们都会随着原始文件夹的变化而自动更新，并且可以以同志的形式存在于文件库中，如图 3-15 所示。

图 3-15　Windows 7 中的文件库

此外，Windows 7 也沿用传统的树形文件目录。

（3）路径

在多级目录的文件系统中，用户要访问某个文件时，除了文件名外，一般还需要知道该文件的路径信息，即文件放在什么盘的什么文件夹下。所谓路径是指从此文件夹到彼文件夹之间所经过的各个文件夹的名称，两个文件夹名之间用分隔符"\"分开。

路径的表达格式为：<盘符> \ <文件夹名> \ …… \ <文件夹名> \ <文件名>

经常需要在"资源管理器"的地址栏中输入要查询文件（夹）或对象所在的地址，如 C:\Documents and Settings\Administrator，按【Enter】键后，系统即可显示该文件夹的内容。如果输入一个具体文件名，则可在相应的应用程序中打开一个文件。

2．资源管理器

Windows 7 系统针对资源管理器进行了大量的改进，操作起来更加方便易用，且体验新颖。在 Windows 7 资源管理器左侧的列表区，整个计算机的资源被统一划分为五大类：收藏夹、库、家庭网组、计算机和网络，这在之前的 Windows XP 及 Vista 系统中都是从没有过的分类方法，不过 Windows 7 的这种改变却是为了让用户更好地组织、管理及应用资源，带来更高的效率。例如，在收藏夹下"最近访问的位置"中可以查看到最近打开过的文件和系统功能，如果需要再次使用其中的某一个，直接单击即可；而在网络中，则可以直接在此快速组织和访问网络资源。而且，在 Windows 7 系统中用户只需随便打开一个文件夹即可使用"最近访问的位置"，说 Windows 7 资源管理器变得无处不在毫不夸张。

（1）资源管理器的启动

在 Windows 7 中可以通过很多途径启动资源管理器，如打开文件夹，或者右击"开始"按钮，在弹出的快捷菜单中选择"打开 Windows 资源管理器"命令。

（2）资源管理器窗口的组成

Windows 7 中的资源管理器变化比较大，包含了地址栏、搜索栏、收藏夹面板、库面板、家庭组、计算机和网络以及文件预览面板等，如图 3-16 所示。这样，用户对文件和文件夹的管理变得更加方便，免去了在多个文件夹窗口之间来回切换。

图 3-16　"资源管理器"窗口

① 地址栏：Windows 7 系统资源管理器窗口中的地址栏具备更为简单高效的导航功能，Windows 7 用户可以在地址栏上实现以前在文件夹中才能实现的功能，而在当前的子文件夹中，可以在地址栏上浏览选择上一级的其他资源。

在地址栏文本框中输入一个新的路径，然后按【Enter】键，资源管理器即按输入的路径定位当前文件夹。单击地址栏右边的下拉按钮，可以从下拉列表中选择一个新的位置。如果计算机已经接入网络，在地址栏中输入一个网址，然后按【Enter】键，则可以打开相应的网页。

② 搜索框：在搜索框中输入关键词后按【Enter】键，立刻就可以在 Windows 7 资源管理器中得到结果，不仅搜索速度令人满意，且搜索过程的界面表现也很清晰明白，包括搜索进度条、搜索结果条目显示等。Windows 7 搜索的下拉菜单会根据搜索历史显示自动完成的功能，此外支持"修改日期"和"大小"两种搜索过滤条件，单击后即可进行设置，迅速感受到 Windows 7 人性化的体现。

③ 收藏夹面板：该面板一般包含 "下载""桌面""最近访问的位置"，可以快速地根据用户使用习惯进入常用位置。

④ 库面板：该面板一般包含 "视频""图片""文档"和"音乐"。用户可以通过该面板合理管理自己不同类型的资源文件。

⑤ 家庭组：该面板用于建立、管理家庭级别的局域网络，这项功能主要是针对多台计算机互连来实现网络共享，并可以直接共享文档、照片、音乐等各种资源，也可以直接进行局域网联机，并对打印机进行共享等。

⑥ 计算机：计算机面板可以根据计算机逻辑硬盘结构，以树形目录查看。

⑦ 网络：此面板可以查看网络中的其他计算机。

⑧ 文件预览面板：在 Windows 7 系统之前，不管是 XP 还是 Vista 系统的预览功能都不够强大，根本起不到什么实质性作用，但是 Windows 7 对此进行了很大的改变。Windows7 系统中增添

了很多预览效果，不仅仅是预览图片，还支持预览文本、Word 文件、视频文件等，这些预览效果可以便于用户快速了解其内容而不必打开文件。

（3）资源管理器的基本操作

① 展开文件夹：在资源管理器的文件夹窗格中，如果在驱动器或文件夹的左边有"+"号，表示它有下一级子文件夹，单击"+"号可以展开它所包含的下一级子文件夹。如果单击某个文件夹图标，同样可以展开其下一级子文件夹，同时还使该文件夹成为当前文件夹，并且在文件夹内容窗格中显示其中包含的内容。

② 折叠文件夹：在资源管理器的文件夹窗格中，如果一个文件夹左边有"－"号，表示已经展开其下一级子文件夹，此时单击"－"号，可以把展开的文件夹折叠起来，"－"号就又变成了"+"号。如果一个文件夹左边既没有"+"号，也没有"－"号，则表示该文件夹下没有子文件夹。

③ 选定文件夹和文件：用户在操作文件夹或文件时，首先要选定此文件夹或文件。为了方便用户快速选定一个或多个文件夹和文件，Windows 7 提供了多种选定方法：

- 在文件夹窗格中单击一个文件夹的图标，即可选定这个文件夹，使得该文件夹成为当前文件夹，其图标呈打开形状。在文件夹窗格中选定文件夹，通常是为了在右侧的文件夹内容窗格中展开其中包含的子文件夹和文件。
- 在文件夹内容窗格中单击一个文件夹或文件的图标，即可选定一个文件夹或文件。在文件夹内容窗格中选定一个文件夹或文件，通常是准备对其进行复制、移动等操作。
- 如果要同时选定文件夹内容窗格中列出的所有文件夹和文件，可以选择"编辑"→"全部选定"命令，系统自动将文件夹和文件全部选定。
- 如果要在文件夹内容窗格中选定多个连续的文件夹和文件，可以按住【Shift】键，单击第一个文件夹或文件，再单击最后一个文件夹或文件。
- 如果要在文件夹内容窗格中选定多个不连续的文件夹或文件，可以按住【Ctrl】键，然后依次单击所需要选定的文件夹或文件。
- 在文件夹内容窗格中按下鼠标左键并拖动，形成一个矩形框，释放鼠标时，被这个框包围的文件和文件夹都会被选定。

注意：只有在资源管理器右侧的文件夹内容窗格中能够同时选定多个文件夹，而显示在左侧文件夹窗格中的文件夹无法同时选定多个。

（4）文件和文件夹浏览方式设置

在 Windows 7 中，通过资源管理器或"计算机"浏览文件和文件夹时，可以对文件和文件夹的显示方式和排列方式进行设置。

① 设置显示方式：Windows 7 提供了 8 种文件和文件夹的显示方式："超大图标""大图标""中等图标""小图标""列表""详细信息""平铺""内容"。

默认状态下，资源管理器以"详细信息"方式显示文件夹中的内容。用户可以单击工具栏中的"更多选项"按钮，或在工作区右击，在弹出的快捷菜单中选择"查看"命令改变显示方式，如图 3-17 所示。

② 设置排列方式：在资源管理器中，如果文件和文件夹比较多，而且图标排列凌乱，则给用户查看它们带来不便，为此，用户可以对文件和文件夹进行排列。

在 Windows 7 中可以按照不同的文件属性进行排列，属性包括"名称""大小""类型"和"修改日期"。还可以选择某种排列方法，包括"递增"或"递减"，如图 3-18 所示。

在工作区右击，在弹出的快捷菜单中选择"排序方式"命令，弹出图 3-18 所示的子菜单，从中可以选择排列方式。

图 3-17 "查看"子菜单

图 3-18 "排序方式"子菜单

3．文件和文件夹的基本操作

（1）创建文件和文件夹

① 创建文件夹：用户可以根据需要创建多个文件夹，然后将不同类型或用途的文件分别放在不同的文件夹中，使管理更有条理。

创建一个新的文件夹的操作步骤如下：

- 打开资源管理器窗口，选定新文件夹所在的位置（桌面、驱动器或某个文件夹）。
- 在工作区中右击，在弹出的快捷菜单中选择"新建"→"文件夹"命令，此时在右侧窗格中出现一个名为"新建文件夹"的新文件夹。也可直接在桌面或右侧窗格空白处右击，在弹出的快捷菜单中选择"新建"→"文件夹"命令。
- 输入新文件夹的名称，按【Enter】键或单击屏幕其他地方即可。

② 创建新的空文件。创建一个新的空文件的操作步骤如下：

- 打开资源管理器窗口，选定新文件所在的位置（桌面、驱动器或某个文件夹）。
- 选择"文件"→"新建"命令，在弹出的子菜单中，横线的下方列出了可以新建的各种文件的类型，如文本文档、Microsoft Word 文档、BMP 图像等。也可直接在桌面或右侧窗格空白处右击，在弹出的快捷菜单中选择"新建"命令，展开子菜单。
- 单击一个文件类型，在右侧窗格中出现一个带临时文件名的文件，即创建了一个该类型的空白文档。
- 输入新的文件名称，按【Enter】键或单击屏幕其他地方即可。

（2）复制文件或文件夹

复制指生成对象的副本并存放于用户选择的位置。具体方法有以下几种：

① 利用快捷菜单：选定要复制的文件或文件夹，右击选定的对象，在弹出的快捷菜单中选择"复制"命令。然后定位目标位置（可以是桌面、驱动器或某一文件夹），在目标位置空白处右击，在弹出的快捷菜单中选择"粘贴"命令。

② 利用"编辑"菜单：选定要复制的对象，选择"编辑"→"复制"命令，然后定位目标位置，选择"编辑"→"粘贴"命令。

③ 利用快捷键：选定要复制的对象，按【Ctrl+C】组合键执行复制操作，在目标位置按【Ctrl+V】

组合键执行粘贴操作。

④ 利用鼠标拖动：选定要复制的对象，在按住【Ctrl】键的同时用鼠标拖动对象到同一驱动器下的目标文件夹的图标上，释放鼠标即可。如果目标文件夹打开为一个文件夹窗口，则可以拖放到目标文件夹窗口中。当源位置和目标位置不在同一个驱动器上时，直接将选定的对象拖放到目标位置即可。

⑤ 利用右键拖动：用右键拖动要复制的对象到目标位置，释放右键后弹出一个快捷菜单让用户选择进行何种操作，此时选择"复制到当前位置"命令即可。

⑥ 发送对象到指定位置：若复制文件或文件夹到可移动磁盘，可以右击选定的对象，在弹出的快捷菜单中选择"发送到"命令，再从其子菜单中选择目标位置即可完成复制操作。

（3）移动文件或文件夹

移动指将对象从原来的位置删除，并放到一个新的位置。具体方法有以下几种：

① 利用快捷菜单：选定要移动的文件或文件夹，右击选定的对象，在弹出的快捷菜单中选择"剪切"命令（执行剪切命令后，图标将变得暗淡），然后定位目标位置（可以是桌面、驱动器或某一文件夹），在目标位置空白处右击，在弹出的快捷菜单中选择"粘贴"命令。

② 利用"编辑"菜单：选定要移动的对象，选择"编辑"→"剪切"命令，然后定位目标位置，选择"编辑"→"粘贴"命令。

③ 利用快捷键：选定要移动的对象，按【Ctrl+X】组合键执行剪切操作，在目标位置按【Ctrl+V】组合键执行粘贴操作。

④ 利用鼠标拖动：选定要移动的对象，若在同一驱动器内移动文件或文件夹，则直接拖动选定的对象到目标文件夹的图标上，释放鼠标即可。如果目标文件夹打开为一个文件夹窗口，则可以拖放到目标文件夹窗口中。若移动文件或文件夹到另一个驱动器的文件夹中，则拖动过程中需要按住【Shift】键。

⑤ 利用右键拖动：用右键拖动要移动的对象到目标位置，释放右键后弹出一个快捷菜单让用户选择进行何种操作，此时选择"移动到当前位置"命令即可。

（4）重命名文件或文件夹

在 Windows 7 中，用户随时可以根据需要更改文件或文件夹的名称。名称应该有具体的含义，以便更好地表示文件或文件夹的内容。更改文件或文件夹的名称有以下几种方法：

① 选定要重命名的文件或文件夹，选择"文件"→"重命名"命令。

② 右击要重命名的文件或文件夹，在弹出的快捷菜单中选择"重命名"命令。

③ 单击要重命名的文件或文件夹，然后按【F2】键。

④ 选定要重命名的文件或文件夹后，再一次单击该文件或文件夹的名称框。

注意：两次单击要间隔一段时间，以免被系统误认为是双击。

执行以上任意一种方法后，文件或文件夹的名称框会进入突出显示的可编辑状态，光标在名称框内闪烁，同时原有的名称被选中，此时可以对原有名称进行修改，或直接输入新的名称，按【Enter】键结束。

注意：如果文件正在被使用，则系统不允许更改文件的名称。

（5）删除文件或文件夹

为了使磁盘中的文件和文件夹更加有条理，并节省磁盘空间，用户常常需要将不再使用的文件或文件夹删除。但用户应该注意，不要随意删除系统文件或其他重要的应用程序的主文件，因为一旦删除了这些文件，可能导致应用程序无法运行或系统出现故障。为安全考虑，通常情况下 Windows 使从本地硬盘上删除的对象都被暂时存放到回收站中，并没有被真正删除，还可以从回收站中恢复。

执行删除的方法有以下几种：

① 选定要删除的对象，选择"文件"→"删除"命令。

② 右击要删除的对象，在弹出的快捷菜单中选择"删除"命令。

③ 选定要删除的对象，按【Delete】键。

④ 将选定的对象拖动到"回收站"图标上，然后释放鼠标。

执行以上任意一种操作后，将弹出"确认文件删除"或"确认文件夹删除"对话框，单击"是"按钮，则将删除的对象放入"回收站"。单击"否"按钮，则放弃此次操作。

注意：以下几种情况下的文件被删除后并不放入"回收站"，而是真正被删除：软盘中的文件、可移动存储设备（如 U 盘）中的文件、在 MS-DOS 方式下删除的文件、网络驱动器中的文件。

如果希望被删除的对象并不是被存放到"回收站"中，而是真正删除，则可以在选定对象后，在执行上述删除操作的同时按住【Shift】键，则对象被永久删除，无法从"回收站"中恢复。

注意：若将某个文件夹删除，则该文件夹下的所有文件和子文件夹将同时被删除。

4. 回收站及其操作

在进行文件操作时，可能会由于误操作而将有用的文件删除，这时可利用"回收站"进行恢复。默认情况下，删除操作只是逻辑上删除了文件或文件夹，物理上这些文件或文件夹仍然保留在磁盘上，只是被临时存放到"回收站"中。在桌面上双击"回收站"图标，打开"回收站"窗口，其中显示出被删除的文件和文件夹。

如果用户发现其中一些文件或文件夹仍然有用，可以通过"回收站"进行还原，被还原的文件或文件夹就会出现在原来所在的位置。存放在"回收站"中的文件和文件夹仍然占用磁盘空间。只有清空"回收站"，才可以真正从磁盘上删除文件或文件夹，释放"回收站"中的内容所占的磁盘空间。

（1）设置回收站空间大小

"回收站"是 Windows 系统在硬盘上预留的一块存储空间，用于临时存放被删除的对象。这块空间的大小是系统事先指定的，一般是驱动器总容量的 10%。要改变"回收站"存储空间的大小，可以右击"回收站"图标，在弹出的快捷菜单中选择"属性"命令，弹出"回收站属性"对话框，如图 3-19 所示。

用户可以根据需要设置"回收站"空间大小，设置完毕后，单击"确定"按钮。

图 3-19　"回收站属性"对话框

（2）恢复被删除的文件

双击"回收站"图标，打开"回收站"窗口，从其中恢复被删除的文件或文件夹的方法有以下几种：

① 如果要还原所有被删除的文件或文件夹，可单击工具栏中的"还原所有项目"按钮，系统自动将所有的文件和文件夹还原到被删除前的位置。

② 如果只还原某个被删除的文件或文件夹，可先选定该对象，然后单击工具栏中的"还原此项目"按钮。

③ 选定要恢复的对象，选择"文件"→"还原"命令。

④ 右击要恢复的对象，从弹出的快捷菜单中选择"还原"命令。

（3）永久删除磁盘上的文件

永久删除是将文件和文件夹从磁盘上彻底清除，释放其所占用的磁盘空间，因而操作之后无法再用"回收站"进行恢复还原。如果需要永久删除"回收站"中选定的文件或文件夹，可以使用如下操作：

① 右击选定的对象，在弹出的快捷菜单中选择"删除"命令，即可完成永久删除。

② 选定要永久删除的对象，选择"文件"→"删除"命令。

③ 选定要永久删除的对象，按【Delete】键。

如果需要一次性永久删除"回收站"中所有的文件和文件夹，可单击工具栏中的"清空回收站"按钮。也可以在桌面上或资源管理器中右击"回收站"图标，在弹出的快捷菜单中选择"清空回收站"命令。

5．搜索文件或文件夹

当用户计算机上有大量的文件和文件夹时，迅速、准确地找到要使用的文件会变得比较困难。为此，Windows 7 提供了强大的搜索工具，它将搜索文件、文件夹、计算机、网上用户和网络资源的功能集中在一个窗口中，操作更加方便。

（1）打开搜索命令

Windows 7 提供了多种方法，让用户执行查找功能，具体方法如下：

① 打开"开始"菜单，在"搜索程序和文件"文本框中直接输入。

② 打开资源管理器或任意一个文件夹窗口，在搜索栏中直接输入。

打开的搜索窗口如图 3-20 所示。

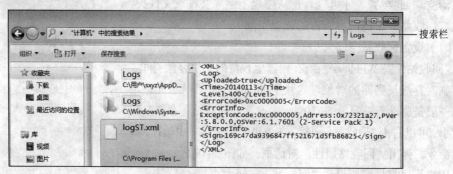

图 3-20　"搜索结果"窗口

（2）设置搜索条件

单击搜索栏输入框，弹出"搜索筛选器"，可以进行搜索条件的设置，如图 3-21 所示，具体方法如下：

① 设置名称条件：在"全部或部分文件名"文本框中输入要查找的对象的名称。名称可以使用通配符"*"和"?"。"*"代表零个或多个字符，"?"代表一个字符。

② 设置种类：选择文件种类。

③ 设置搜索范围：在"在这里寻找"下拉列表框中选择要搜索的范围。缩小搜索的范围，可以提高搜索的速度，因为只搜索指定位置的文件夹及其子文件夹。

图 3-21　搜索筛选器

④ 设置日期条件：单击"什么时候修改的？"选项，在列表框中选择一个日期条件，可以按对象的创建、修改和访问日期进行搜索。

⑤ 设置大小条件：如果记得文件的大致大小，可以单击"大小是？"选项，在列表框中选择一个大小范围的条件。

（3）执行搜索

在上述搜索条件设置完毕以后，单击"搜索"按钮，即可在搜索窗口的右窗格中列出搜索到的文件和文件夹列表。

3.1.5　Windows 7 的控制面板与环境设置

安装好 Windows 7 以后，系统会为用户提供一个默认的系统配置作为用户的工作环境，以便用户在不进行任何选项设置的情况下就可以开展工作。但 Windows 7 也为用户提供了功能强大的系统设置工具"控制面板"，使用户可以根据自己的操作习惯和工作需要，对系统进行灵活的设置。

1. 控制面板

控制面板是 Windows 7 的一个重要的系统文件夹，其中包含许多独立的工具，用来对桌面、鼠标、键盘、输入法、系统时间等众多组件和选项进行设置，从而实现 Windows 7 操作系统的配置、管理和优化。Windows 7 的系统工具，大部分包含在控制面板里，还有一部分集中在"开始"→"所有程序"→"附件"→"系统工具"命令的子菜单中。

打开"控制面板"窗口的方法如下：在"开始"菜单中选择"控制面板"命令或者在"资源管理器"的左窗格中单击"控制面板"图标。

"控制面板"窗口有两种视图：一是类别视图，如图 3-22（a）所示，Windows 7 将相关的配置按类别进行组织；二是经典视图，如图 3-22（b）所示，以多图标形式显示，单击每个图标都可以调用一项功能，进行相关的具体设置。用户可以通过单击控制面板窗口右侧的"查看方式"按钮打开子菜单，在两种视图之间进行切换。

（a）控制面板的类别视图　　　　　　　　　　（b）控制面板的经典视图

图 3-22　"控制面板"窗口

2．键盘的设置

键盘是计算机的主要输入设备，对键盘进行一些必要的设置，可以使用户的输入操作更加得心应手。

在"控制面板"窗口中，单击"键盘"图标，弹出"键盘属性"对话框，如图 3-23 所示。

在"字符重复"选项区域中拖动"重复延迟"滑块，可以调整在按住一个键之后字符重复出现的延迟时间。拖动"重复速度"滑块，可以调整在按住一个键时字符重复的速度。对话框中还提供了测试区，用户可以在文本框中重复输入字符，感受设定的数值是否合适。一般情况下，可将"重复延迟"设置为较短，将"重复速度"设置为最快。

3．鼠标的设置

鼠标是与计算机进行交互的主要输入设备之一。Windows 7 安装后，对鼠标会自动进行默认的设置。用户也可以根据自己的个人喜好进行设置。设置方法是：

① 在"控制面板"窗口中，单击"鼠标"图标，弹出"鼠标属性"对话框，如图 3-24 所示。

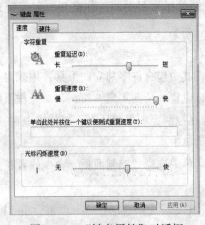

图 3-23　"键盘属性"对话框　　　　　　图 3-24　"鼠标属性"对话框

② 在"鼠标键"选项卡中，用户可以对鼠标按键、双击速度和单击锁定进行设置。

③ 在"指针"选项卡中，用户可以设置鼠标在工作过程中的指针形状。

④ 在"指针选项"选项卡中，用户可以设置鼠标指针的移动速度和移动轨迹等。

4．桌面和显示属性设置

在"控制面板"窗口中单击"个性化"图标，或者在桌面上右击，在弹出的快捷菜单中选择"个性化"命令，打开"个性化"窗口，根据用户喜好进行设置，如图 3-25 所示。

Windows 7 的炫酷个性化设置最为受人瞩目。用户可以在这里完成主题、桌面图标、更改鼠标指针、更改账户图片等个性化设置。

其中主题设置包含桌面背景、窗口颜色、声音以及屏幕保护程序。

Windows 7 的桌面背景可以以幻灯片方式自动更换，如图 3-26 所示。而窗口颜色设置，由于 Windows 7 所具有的透明桌面效果，使得桌面以及窗口视觉效果大幅提升，如图 3-27 所示。屏幕保护程序设置与之前的版本几乎没有区别，如图 3-28 所示。

图 3-25　"个性化"窗口

图 3-26　桌面背景

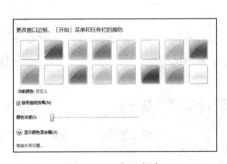

图 3-27　窗口颜色

图 3-28　屏幕保护程序

5．Windows 7 字体

"字体"用来描述字的样式，"字号"用来描述字的大小。有些字体是随 Windows 7 一起安装的，有些字体是随其他应用程序一起安装的。字体的种类越多，可以选择的余地越大，但这样在 Windows 7 中运行其他程序的速度将会减慢。Windows 7 可以使用几种不同类型的字体，最常见的是系统字体和 TrueType 字体。

（1）预览字体

如果不知道字体之间的区别，可以预览字体。在"控制面板"窗口中，单击"字体"图标，出现图 3-29 所示的字体文件夹。此时双击任一种字体的图标就可以预览该字体的外观，如双击斜体的图标就可以预览斜体的外观，再单击"完毕"按钮即可。

（2）ClearType 文本调谐器

ClearType 不是专门的字体，而是一种显示技术，可以称为"超清晰显示技术"，它是专门为液晶显示器提供的，可以大大增强所有文字的显示清晰度（包括中文），这种改善在如 Tablet PC 和便携式计算机的移动 PC 的彩色液晶平板显示器和液晶显示屏上非常明显。这项技术在 Vista 系统开始就被应用，而在 Windows 7 系统里也被默认使用，这对于价格低廉的显示器来说，会让用户看起来与分辨率最精细的显示器一样完美，而在最精细的显示器上看起来就跟打印纸上看起来一样清晰、自然，如图 3-30 所示。

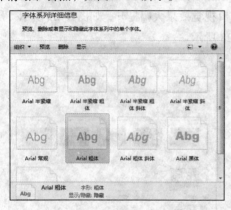

图 3-29　字体文件夹

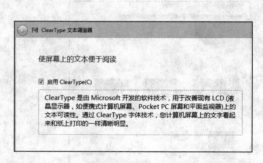

图 3-30　ClearType 文本调谐器

在这里，需要单击"下一步"按钮，共有 4 步帮助用户完成 ClearType 设置，只要选择自己认为最清晰的字体即可。通过几步，原来看上去显示效果较差的显示器，已经可以清晰显示，至少它会适用于用户的眼睛，不会太疲劳。

（3）删除字体

当某种字体已不适用后，可以将该字体删除。在图 3-29 所示的字体文件夹中，选择目标字体后右击，在弹出的快捷菜单中选择"删除"命令，在弹出的对话框中依次单击"是"→"关闭"按钮。

6．输入法的安装和设置

在 Windows 7 中，用户可以输入英文、汉字和其他文字。默认情况下，系统启用的是英文输入法。用户可以通过快捷键方便地切换不同的输入法，也可以对各种输入法进行安装、卸载和设置。

（1）输入法的安装

用户可以根据自己的需要安装或删除输入法。一般情况下，非 Windows 内置的输入法都有相应的安装程序，用户可以直接运行安装程序进行安装，如搜狗拼音输入法等。对于 Windows 内置的输入法，如果要添加新的输入法，可以按以下步骤进行：

① 在"控制面板"窗口中，单击"字体"图标，打开"字体"窗口单击"字体"窗口左下角的"文本服务与输入语言"超链接，弹出"文本服务和输入语言"对话框，如图 3-31 所示。

图 3-31　"文字服务和输入语言"对话框

②　在"文本服务和输入语言"对话框中单击"添加"按钮，弹出"添加输入语言"对话框。

③　在"添加输入语言"对话框中，用户可以从列表框中选择一种输入语言，单击"确定"按钮，就可以将该输入法添加到输入法列表中。

如果用户需要删除已安装的某种输入法，可在"文字服务和输入语言"对话框的"已安装的服务"列表框中选择该输入法，然后单击"删除"按钮即可。

（2）输入法的切换

用户可以通过键盘或输入法指示器在各种输入法之间进行切换。

①　键盘热键：中英文输入法的切换，按【Ctrl+Space】组合键。各种已安装的输入法之间的循环切换，按【Ctrl+Shift】组合键。

②　输入法指示器：单击任务栏右边的输入法指示器，弹出快捷菜单，在菜单中单击要选用的输入法。如果任务栏上没有出现输入法指示器，可在"文字服务和输入语言"对话框中选择"语言栏"选项卡，选中"语言栏停靠于任务栏"选项。

3.1.6　Windows 7 的程序与任务管理

Windows 7 除了完成程序和硬件之间的通信、内存管理等基本功能外，还要为其他应用程序提供一个基础工作环境。几乎用户的所有工作都是通过各种应用程序完成的。

1．运行程序

（1）应用程序的启动

除了从"开始"菜单中"所有程序"中启动应用程序外，还可用以下几种方法启动应用程序：用快捷图标方式，直接双击桌面或文件夹中的应用程序图标即可；双击一个文档，可直接打开编辑该文档的应用程序和该文档。

（2）关闭程序

关闭程序的方法有如下几种：单击程序窗口中的"关闭"按钮；选择"文件"→"关闭"命令；右击任务栏上程序的最小化窗口按钮，在弹出的快捷菜单中选择"关闭"命令；按【Alt+F4】组合键。

2．任务管理

Windows 7 虽然更加稳定，但有时也会出现故障，如程序挂起、程序运行越来越慢、系统运行不稳定等。Windows 7 提供诊断上述故障的工具和方法，使用这些工具和方法可以使 Windows 7 保持最佳的运行状态。

程序因故障而停止运行（又称挂起）时，运行程序既不响应用户的直接命令，如敲击键盘，也不响应用户的间接命令，如任务栏上的各种命令。当运行程序挂起时，当然可以直接拔电源关机，但这样做有许多弊端，所以一般可以用两种办法来结束挂起程序的运行。一种办法是 Windows 7 通知用户，并自动显示"结束程序"对话框，用户可以根据需要选择是否结束应用程序；第二种办法是 Windows 7 不通知用户，这时需要自己启动"任务管理器"来结束挂起程序的运行。

（1）启动任务管理器

按【Ctrl+Alt+Del】组合键，打开"Windows 任务管理器"窗口，也可以右击任务栏，在弹出的快捷菜单中选择"任务管理器"命令，打开"Windows 任务管理器"窗口，如图 3-32 所示。

（2）任务管理器的功能

通过任务管理器用户可以实现以下功能：

① 查看正在运行的所有程序的状态，并结束应用程序，或切换程序，或启动新的应用程序。

② 结束任务，单击选中一个任务后单击"结束任务"按钮，可关闭一个应用程序。如果一个程序停止响应，可用"结束任务"来终止它。

③ 切换任务，单击选中一个任务，单击"切换至"按钮，系统即切换到该任务。

④ 启动新任务，单击"新任务"按钮（或选择"文件"→"新建任务"命令），弹出"创建新任务"对话框，在"打开"文本框中输入要运行的程序，如 Realplay.exe，单击"确定"按钮，打开应用程序。

图 3-32 "Windows 任务管理器"窗口

⑤ 查看正在运行的所有进程的信息，进程的信息最多可以达到 15 个参数。选择"进程"选项卡，查看正在运行的所有进程的信息。

⑥ 查看 CPU 和内存使用情况，选择"性能"选项卡，查看系统的 CPU、内存等使用信息。

⑦ 如果计算机与网络连接，选择"联网"选项卡，可以查看网络连接状态，了解网络的运行情况。

⑧ 如果有多个用户连接到计算机，选择"用户"选项卡可以查看到连接的用户以及活动情况，还可以发送消息或远程控制。

3．添加和删除程序

（1）添加新程序

当用户需要安装新的应用程序时，首先将安装盘放入光驱或软盘驱动器。有些应用程序会自动启动安装程序，用户只需按照提示的步骤进行，即可完成程序的安装。

（2）更改或删除程序

由于 Windows 7 程序共享组件的方式和程序安装时存储重要配置信息的方式，使得用户在删除已安装的应用程序时，一般情况下不能采取将应用程序所在的文件夹直接删除的方式。

Windows 7 使用一个名为"注册表"的数据库来存储重要的配置信息。当安装一个应用程序时，通常会将配置信息写入注册表中。当卸载已安装的程序时，必须使用正确的方法，Windows 7 才能正确地更新注册表。

有些应用程序自己具有卸载功能，打开"开始"菜单，选择"所有程序"，再选择应用程序的名称，就会在它的子菜单中看到"卸载×××"命令。选择该命令，然后按照提示逐步进行，就可以进行正确的卸载。

有些程序没有在对应的菜单中提供卸载功能，此时用户可使用 Windows 7 提供的删除程序功能进行正确的卸载，操作步骤如下：

① 单击"控制面板"窗口中的"程序和功能"图标，可以卸载、更改或修复程序，以及打开或关闭系统功能，如图 3-33 所示。在当前安装的程序列表中选中要删除的程序，系统将突出显示该程序。

图 3-33 "卸载或更改程序"窗口

② 单击"卸载"按钮。

③ 系统会弹出确认对话框，询问用户是否删除该程序，单击"是"按钮，系统便启动应用程序删除过程，然后按照所要删除的程序的提示进行，就可以将该程序正确卸载。

（3）添加和删除 Windows 组件

在安装 Windows 7 时，系统会安装基本的 Windows 组件，而不是安装所有组件。在使用过程中，用户可以根据需要添加其他组件，或删除不需要的组件，以节省磁盘空间。以下是添加和删除 Windows 组件的操作方法：

① 单击"控制面板"窗口中的"程序和功能"图标，在打开窗口的左侧单击"打开或关闭 Windows 功能"链接，弹出"Windows 功能"对话框。

② 在"Windows 功能"列表框中列出了可以添加或删除的组件。

③ 如果某个 Windows 功能包含子结点，表示该功能包含一个以上的子组件，当用户鼠标放在该组件上时，会显示组件。

④ 如果要添加整套组件，就选中该组件的复选框，再单击"确定"按钮。如果要删除整套组件，就取消该组件的复选框，再单击"确定"按钮。

3.1.7 Windows 7 的系统管理和维护

要使计算机处于一种良好的工作状态，需要经常对系统做一些管理工作，在执行某些管理任务时，可能需要以 Administrators 组成员身份登录，通过一些管理工具对系统进行管理，如用户管理、设备管理、磁盘管理等。

1. 用户账户管理

Windows 7 是一个多任务和多用户的操作系统，但在某一时刻只能有一个用户使用机器，也就是说一个单机，可以在不同的时刻供多人使用，因此，不同的人可创建不同的用户账户及密码。

用户账户定义了用户可以在 Windows 中执行的操作，即用户账户建立了分配给每个用户的特权。为每一个用户创建一个单独的用户账户，使得每一个用户都具有自己的配置和设置，以避免相互间的干扰。

Windows 7 中指定了 3 种类型的用户账户：系统管理员账户、标准账户、来宾账户。不同类型的用户账户，表示他们具有不同的权限和责任。

（1）系统管理员账户

系统管理员账户可以对计算机进行系统范围内的更改，可以安装程序并访问计算机上所有文件，并且对计算机上的所有账户拥有完全访问权。

（2）标准账户

标准账户可操作计算机，可以查看和修改自己创建的文件，查看共享文件夹中的文件，更改或删除自己的密码，更改属于自己的图片、主题及"桌面"设置，但不能安装程序或对系统文件及设置进行更改。

（3）来宾账户

来宾账户专为那些没有用户账户的临时用户所设置，如果没有启用来宾账户，则不能使用来宾账户。

Windows 7 中的每一个文件都有一个所有者，即创建该文件的账户名，而其他人不能对不属于自己的文件进行"非法"操作。系统管理员账户可以看到所有用户的文件，标准账户和来宾账户则只能看到和修改自己创建的文件。

单击"控制面板"窗口中的"用户账户"图标，打开"用户账户"窗口，单击"管理其他账户"链接，打开"管理账户"窗口选择一项任务，如"创建一个新账户"，然后输入账户名，指定账户的类型为标准账户或计算机管理员，建立账户。除此还可在已有组中添加或删除用户，并更改用户密码等。

用户账户用于为共享计算机的每个人个性化 Windows。用户可以选择自己的账户名、图片和密码，并选择将只适用于自己的其他设置。用户账户为用户提供自己文件的个性化视图、喜欢的网站列表，以及最近访问过的网页列表。有了用户账户，创建或保存的文档将存储在自己的"我的文档"文件夹中，而与使用该计算机的其他人的文档分隔开。在 Windows 7 中，所有用户账户可以在不关机的状态下随时登录。用户也可以同时在一台计算机上打开多个账户，并在打开的账户之间进行快速切换。

2. 设备管理

在使用计算机时，经常要给计算机增加一个新设备（如打印机、网卡等），或要重装操作系统，这些都涉及硬件设备的安装。硬件设备分为即插即用（Plug and Play， PnP）设备和非即插即用设备两大类。为了使设备在 Windows 中正常工作，必须在 Windows 中安装称为设备驱动程序的软件。每个设备都由一个或多个设备驱动程序支持。这些驱动程序通常由硬件设备制造商开发和提供，也可能是由 Windows 操作系统提供。

（1）添加硬件

① 即插即用设备：即插即用是由 Intel 开发的一组规范，可以让计算机自动检测和配置硬件设备。这样就无须用户手动配置设备，极大地简化了操作。对于即插即用设备，在关闭计算机的

情况下，将其安装到计算机相应端口或插槽中，然后重新启动计算机并进入 Windows 系统，系统将自动检测新的即插即用设备，自动为其分配 I/O 端口、中断、DMA 通道等系统资源，并在 Windows 7 内置的驱动程序库中自动查找并安装适当的驱动程序。如果在内置的驱动程序库中找不到所需的驱动程序，则系统会提示用户插入包含驱动程序的光盘。大多数 1995 年以后生产的设备都是即插即用的。有些即插即用设备的安装甚至不需要先关闭计算机，它们支持热插拔（如 USB、IEEE 1394 和 PC 卡所连接的设备）。用户可以在 Windows 7 运行时插入或拔出设备，Windows 7 会根据需要自动为该设备加载和卸载驱动程序。

② 非即插即用设备：一些早期的设备，如打印机、调制解调器等，是非即插即用的设备。由于制造商更倾向于生产即插即用设备，非即插即用设备变得越来越少。对于非即插即用设备，可以通过 Windows 7 的硬件安装向导或制造商提供的安装程序来安装设备的驱动程序。添加新硬件的操作步骤如下：

● 在使用 Windows 7 的"添加硬件"功能之前，必须确认硬件设备已经正确地连接到计算机上。

● 在"控制面板"窗口中，单击"设备管理器"图标，打开"设备管理器"窗口，选中需安装驱动程序的设备，选择"操作"→"添加过时硬件"命令，弹出"添加硬件向导"对话框，如图 3-34 所示。

● "向导"开始检测新的即插即用设备。对于大多数即插即用设备，Windows 7 都能自动检测出来，并安装对应的驱动程序。用户只需要按照"添加硬件向导"的提示逐步操作即可。

● 如果检测不到新的硬件设备，则必须手工安装，需要用户选择硬件类型、产品厂商和产品型号。

● 如果在 Windows 7 提供的厂商和类型列表框中找不到所要安装的硬件，则单击"从磁盘安装"按钮，从制造商提供的安装盘中安装该硬件的设备驱动程序。

（2）设备管理器

在 Windows 操作系统中，设备管理器是管理计算机硬件设备的工具，可以借助设备管理器查看计算机中所安装的硬件设备、设置设备属性、安装或更新驱动程序、停用或卸载设备，其功能非常强大。

在桌面上右击"计算机"图标，在弹出的快捷菜单中选择"属性"命令，打开"系统"窗口，单击左侧的"设备管理器"链接，打开"设备管理器"窗口，这里显示了本地计算机安装的所有硬件设备，如光存储设备、CPU、硬盘、显示器、显卡、网卡、调制解调器等，如图 3-35 所示。这些设备前面有时会出现一些特殊的问题符号，表示设备目前的状态。

① 红色的叉号：设备前面显示的红色的叉号表示该设备已被停用，"IEEE 1394 总线主控制器"和"PCMCIA 卡"中的硬件设备显示了红色的叉号，事实上这是由于不经常使用 1394 设备和 PCMCIA 卡，从节省系统资源和提高启动速度方面考虑，才禁用了这些设备。启用该设备的方法是：右击该设备，在弹出的快捷菜单中选择"启用"命令即可。

② 黄色的问号或感叹号：设备前面显示的黄色的问号或感叹号（见图 3-35），前者表示该硬件未能被操作系统所识别；后者指该硬件未安装驱动程序或驱动程序安装不正确。

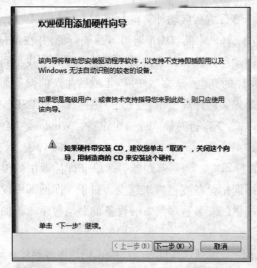

图 3-34 "添加硬件向导"对话框

图 3-35 设备管理器

3. 磁盘管理

文件的存储、读取，以及应用程序的安装，都涉及磁盘的操作，磁盘的性能显著地影响着系统的整体性能，因此磁盘管理是操作系统提供的一项重要功能。Windows 7 提供了多种管理和维护磁盘的工具，如磁盘查错、磁盘碎片整理等。

（1）磁盘格式化

磁盘格式化操作是在磁盘上建立文件系统，这样才能在磁盘上存储文件。磁盘一旦格式化后，原有的信息将全部丢失，因此不要轻易尝试。磁盘上的重要文件一定要在格式化之前进行备份。

在"资源管理器"窗口中，右击要执行格式化操作的磁盘图标，在弹出的快捷菜单中选择"格式化"命令。

在"文件系统"下拉列表框中选择要使用的文件系统。如果是格式化硬盘，有 NTFS 和 FAT32 两种文件系统可以选择。由于 NTFS 文件系统的功能比较强大，建议格式化硬盘时尽量采用 NTFS 文件系统。

在"卷标"文本框中用户可以输入便于识别磁盘内容的文字描述信息，也可以不输入任何文字。

在"格式化选项"选项区域中可以选择 3 个复选框：快速格式化、启用压缩、创建一个 MS-DOS 启动盘。

① 快速格式化：如果磁盘事先已经做过格式化操作，选择"快速格式化"复选框，则系统将不扫描磁盘中是否存在坏的扇区而直接从磁盘上删除文件，这样可以加快格式化的进度。如果取消选择"快速格式化"复选框，系统将对磁盘进行全面格式化，检查磁盘中是否存在损坏的扇区，如果检查到不可修复的扇区，在完成格式化后，将在磁盘格式化摘要信息中显示坏扇区的容量。

② 启用压缩：只有用 NTFS 文件系统格式化硬盘时，该选项才可选。系统将对硬盘进行压缩处理，使用户得到更多的可用硬盘空间。

③ 创建一个 MS-DOS 启动盘：只有格式化软盘时，该选项才可选。系统将在格式化的过程

中把系统文件复制到软盘中，以后可以使用这张软盘启动计算机并进入 MS-DOS 提示符下。

完成设置后，单击"开始"按钮，系统会弹出警告对话框，提示用户此操作将删除磁盘中的所有数据。单击"确定"按钮，即开始格式化磁盘，并且在对话框的底部显示格式化的进度。

（2）查看磁盘属性

在"资源管理器"窗口中，右击某个磁盘图标，在弹出的快捷菜单中选择"属性"命令，打开磁盘属性对话框。选择"常规"选项卡，显示该磁盘分区安装的文件系统、已用空间、可用空间和总的磁盘容量。

（3）磁盘清理

计算机使用一段时间后，由于上网浏览网页，或系统中软件的安装和卸载，以及对磁盘文件进行的大量读/写操作，使得磁盘上残留许多临时文件、Internet 缓存文件和已经没用的程序文件。这些残留文件不但占用磁盘空间，而且会影响系统的整体性能。因此，需要定期进行磁盘清理工作，以便释放磁盘空间。

进行磁盘清理的操作步骤：在"开始"菜单中选择"所有程序"→"附件"→"系统工具"→"磁盘清理"命令，打开"磁盘清理"对话框，如图 3-36 所示。在"要删除的文件"列表框中，系统列出了所有可删除的无用文件。用户可以通过选择或取消这些文件前的复选框来删除或保留文件。单击"确定"按钮后。系统会弹出确认对话框，单击"是"按钮，就开始进行磁盘清理工作。

（4）磁盘检查

用户在使用计算机的过程中，大量的文件移动、删除、非正常关机等操作，都可能造成磁盘的逻辑错误或物理错误，影响对磁盘的正常使用，甚至系统缓慢、死机等。

Windows 7 提供的"磁盘查错"工具，可以检查出磁盘的物理损坏（即坏扇区），检查并修复文件系统中的错误。用户应该定期使用磁盘查错工具对磁盘进行检查，使计算机保持良好的运行状态。进行磁盘检查的操作步骤如下：

在"资源管理器"窗口中，右击要进行检查的磁盘图标，在弹出的快捷菜单中选择"属性"命令，打开磁盘属性对话框，选择"工具"选项卡。关闭所选中磁盘上的所有已打开的文件和程序，单击"开始检查"按钮，打开磁盘检查对话框，如图 3-37 所示。如果希望修复文件系统的错误，可选中"自动修复文件系统错误"复选框；如果希望恢复坏扇区内的数据，可选中"扫描并尝试恢复坏扇区"复选框。设置完毕后，单击"开始"按钮，系统即开始进行磁盘检查工作。

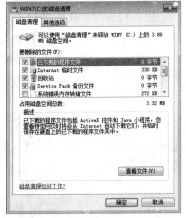

图 3-36　"磁盘清理"对话框

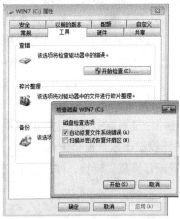

图 3-37　"磁盘检查"对话框

（1）磁盘碎片整理

较大的文件存放在磁盘上时，通常被分段存放在磁盘的不同位置。用户使用计算机一段时间以后，由于文件的创建、复制和删除等操作，造成许多文件被分割成多个分段放置在磁盘中不连续的位置，磁盘空闲空间也是不连续的，形成磁盘碎片。磁盘碎片使系统需要花费较长的时间来搜集和读取文件的各个部分。另外，由于磁盘中空闲空间也是分散的，当用户建立新文件时，系统需要花费较长时间把新建的文件存储在磁盘中的不同位置。因此，磁盘碎片过多会直接影响文件读取速度，降低系统整体性能。

进行磁盘碎片整理时，系统会对磁盘中的碎片进行移动，使每个文件尽可能存储在连续的空间，并使磁盘中的空闲空间形成连续单元。这样就能减少磁盘中的碎片，系统就能够快速地读取或新建文件，从而恢复高效的系统性能。进行磁盘碎片整理的操作步骤如下：

在磁盘属性对话框中选择"工具"选项卡，单击"开始整理"按钮，打开"磁盘碎片整理程序"窗口。在窗口中选择需要进行磁盘碎片整理的驱动器后，可单击"分析"按钮，由整理程序分析文件系统的碎片程度。单击"碎片整理"按钮，可开始对选定的驱动器进行碎片整理。

4. 备份和还原

Windows 发展到 Windows 7，终于有了完整意义映像备份与还原，它可以使用户完全抛弃第三方软件，在控制面板里即可为 Windows 创建完整的系统映像，用户可以选择将映像直接备份在硬盘上、网络中的其他计算机或者光盘上。创建过程轻松快速，在映像创建过程中，用户不必放下手头的工作，仍然可以像平时一样使用计算机。

在使用该功能时，首先要为当前系统创建备份，步骤如下：

① 在"控制面板"窗口中单击"备份和还原"图标，打开"备份和还原"窗口，单击"创建系统映像"链接，弹出"创建系统映像"对话框，如图 3-38 所示。

② 当计算机安装有多块磁盘时，Windows 会在非系统磁盘中选择容量最大的分区存储系统镜像。

③ 如果计算机只安装了一块磁盘，那么它会在非系统分区中选择容量最大的分区存储系统镜像。

④ 单击"下一步"按钮，选择要进行备份的系统分区。默认情况下，Windows 会自动选中系统所在分区，其他分区处于可选择状态。

⑤ 这里只需要选择系统分区，继续单击"下一步"按钮，Windows 开始进行备份工作。此备份过程完全在 Windows 下进行，用户可以将它最小化，继续做自己喜欢的事情。如果是备份在硬盘上，在映像创建完毕后，Windows 会询问是否创建系统启动光盘，这个启动光盘是一个最小化的 Windows PE，用于在无法进入 WinRE 甚至连系统安装光盘都丢失的情况下恢复系统使用。

如需还原修复系统，可以按照以下步骤完成：

① 在"控制面板"窗口中单击"备份和还原"图标，打开"备份和还原"窗口，单击"恢复系统设置或计算机"链接，弹出"系统还原"对话框，如图 3-39 所示。

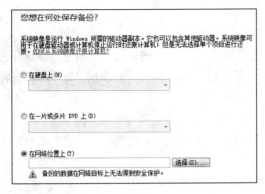 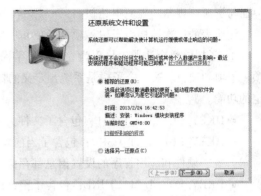

图 3-38　"创建系统备份"对话框　　　　　　图 3-39　"系统还原"对话框

② 从对话框中可以选择还原点，将系统还原到设置好的还原位置。如果用户正在处理其他文件或运行其他程序，则需要保存所做的工作并关闭所有其他程序和文件。单击"下一步"按钮，系统会在关机前执行系统还原操作，该操作会持续一段时间，然后计算机会自动重新启动。

③ 重启计算机之后，系统会显示"恢复完成"对话框，单击"确定"按钮即可。

5. 注册表

Windows 将其配置信息存储在一个称为注册表的数据库中。注册表包含计算机中每个用户的配置文件、有关系统硬件的信息、安装的程序及属性设置。Windows 在操作过程中不断地引用这些信息。

Windows 7 还提供了注册表编辑器 regedit.exe，这是用来查看和更改系统注册表设置的高级工具。注册表是系统的核心，尽管可以用注册表编辑器查看和修改注册表，但是通常不必这样做，因为编辑注册表不当可能会严重损坏用户的系统。因此更改注册表之前，应该进行备份。

能够编辑和还原注册表的高级用户可以安全地使用注册表编辑器执行以下任务：清除重复项，删除已被卸载或删除的程序的项。

打开"开始"菜单，直接在搜索框中输入 regedit，按【Enter】键，打开"注册表编辑器"窗口，如图 3-40 所示。

图 3-40　"注册表编辑器"窗口

（1）注册表的结构

注册表采用层次树状结构来组织管理其中的信息，这也使得"注册表编辑器"窗口中显示的界面与资源管理器的界面很相似。

注册表的层次结构由子树、项、子项和项目这些元素构成。

① 子树：整个注册表呈现为一个树形结构，总共划分为 5 个子树，每个子树进一步划分为项、子项和项目。这 5 个子树是系统预定义的标准子树，以"HKEY–"开头表示，每个都具有特定的功能。

- HKEY_CLASSES_ROOT：包含了文件关联、快捷菜单、对象定义等信息。
- HKEY_CURRENT_USER：包含了当前登录到 Windows 的用户的配置信息，当前用户对系统、硬件和应用程序的设置信息都存储在此处。
- HKEY_LOCAL_MACHINE：包含了整个计算机的配置信息。
- HKEY_USERS：包含了计算机上所有本地用户的配置信息。如果在 Windows 7 中创建了多个用户，每个用户在此子树内都有一个对应的项。该子树内有一个名为.Default 的项，其中包含了一个默认的设置组。如果一个没有配置文件的用户登录进入 Windows，就会应用它。新用户登录后，Windows 会为那个用户创建一个新项，然后把所有信息从.Default 项复制到新项。
- HKEY_CURRENT_CONFIG：包含本地计算机在系统启动时所用的硬件配置文件信息。

② 项：项的功能类似于 Windows 资源管理器中的文件夹，它可以包含任意数量的子项和值项。

③ 子项：子项是包含在项中的一个项，相当于项中的子文件夹。子项中可以存放更多的子项和值项。

④ 值项：值项定义了一个项的各种属性，它由 3 部分组成：名称、数据类型和数据。

（2）添加新项

注册表添加新项的操作步骤如下：

① 在注册表编辑器的左窗格中，单击要在其下面添加新项的注册表项。

② 选择"编辑"→"新建"→"项"命令。

③ 输入新项的名称，然后按【Enter】键。

（3）添加值项

默认情况下，每个新项自动带有一个值项，名称是"（默认）"，其中没有任何数据，显示为"数据未设置"。

用户也可以在新项中添加值项，操作步骤如下：

① 单击要添加新的值项的项或子项。

② 选择"编辑"→"新建"命令，在弹出的级联菜单中选择要添加的值的类型："字符串值""二进制值""双字节值""多字符串值"或者"可扩展字符串值"。

③ 输入新的值项的名称，然后按【Enter】键。

④ 新创建的值项还没有任何数据。可以右击新的值项的名称，在弹出的快捷菜单中选择"修改"命令，打开"编辑字符串"对话框（假设该值项的类型是"字符串值"）。在"数值数据"文本框中输入数据。

（4）查找项

在注册表里查找项的操作步骤如下：

① 选择"编辑"→"查找"命令，弹出"查找"对话框。

② 在"查找目标"文本框中输入要查找的字符串、值或项。

③ 根据情况的需要，选择"项""值""数据"和"全字匹配"复选框，用于匹配查找的类型。

④ 单击"查找下一个"按钮，开始查找。

（5）删除项和值

删除一个项的方法是：选中要删除的项并按【Delete】键，或者右击要删除的项，在弹出的快捷菜单中选择"删除"命令，或者选中要删除的项并选择"编辑"→"删除"命令。

无论使用哪种方法，注册表编辑器都会提示确认是否要删除该项的信息。

注意：当删除某个项时，同时也就删除了该项下的所有子项和值项。并且注册表编辑器没有撤销功能，如果删除了一个项，则这个项就彻底消失。删除一个值项的方法和删除项的方法基本相同。

（6）注册表的导出和导入

由于对注册表不正确的更改会导致系统损坏，因此在更改之前最好对注册表进行备份。Windows 7 中的注册表编辑器提供了导出和导入功能，以实现备份和恢复。注册表导出的文件本质上是一个文本文件，带有.reg 扩展名。

将全部或部分注册表导出到文本文件中的操作步骤如下：

① 打开注册表编辑器，选择"文件"→"导出"命令。

② 在"导出注册表文件"对话框的"文件名"文本框中输入文件名称。

③ 在"导出范围"中确定导出的是全部还是部分注册表。要备份整个注册表，单击"全部"按钮。如果只备份注册表树的某一分支，单击"选定的分支"按钮，输入要导出的分支名称。

④ 单击"保存"按钮。

导入部分或全部注册表的操作步骤如下：

① 打开注册表编辑器，选择"文件"→"导入"命令。

② 在"导入注册表文件"对话框中，查找到要导入的文件，选中该文件，单击"打开"按钮即可。

3.2　其他操作系统

3.2.1　Mac OS X Lion 的基本介绍

Mac OS X 是苹果电脑公司为 Mac 系列产品开发的专属操作系统。基于 UNIX 系统。它使 Mac 变得简单易用，出类拔萃。

Mac OS X 版本以大型猫科动物加版本号命名。10.0 版本的名称是猎豹（Cheetah），10.1 版本的名称为美洲狮（Puma）。10.2 版本命名为美洲虎（Jaguar），10.3 版本命名为黑豹（Panther），10.4 版本命名为老虎（Tiger），10.5 版本命名为豹子（Leopard），10.6 版本命名为雪豹（Snow Leopard）。10.7 版本命名为狮子（Lion），10.8 版本命名为美洲狮（Mountain Lion）。苹果公司也已经注册山猫（Lynx）当作下一个 Mac OS X 操作系统的商标。

1．基本界面

狮子系统启动后，基本界面如图 3-41 所示。

2．Finder

Finder 如同 Mac 的大本营。以带有笑脸的蓝色图标为标志，Finder 是用户开始使用 Mac 时最先看到的其中一项功能。可让用户管理并访问 Mac 上的一切，包括应用程序、文件、文件夹、磁盘，以及网络共享硬盘。用户还可以查看内容丰富、品质卓越的文件内容预览。

图 3-41　Mac OS X 桌面

（1）Apple 菜单

访问"软件更新""系统偏好设置""睡眠"和"关机"等项目。

（2）菜单栏

包含 Apple 菜单、活动的应用程序菜单、菜单栏附加和 Spotlight 图标。Finder 菜单包含 Finder "偏好设置""服务"和"安全清倒废纸篓"。

（3）Finder 窗口关闭、最小化和缩放按钮

（4）Finder 窗口显示方式按钮

① 图标显示：用于以一系列图标形式显示文件夹的内容。Snow Leopard 引入了实时图标预览，可供用户翻阅多页文稿或观看 QuickTime 影片。

② 列表显示：用于以电子表格样式形式显示文件夹。单击文件夹左侧的显示三角形，可展开各文件夹。用户可以轻松按文件名或修改日期等进行排序。从显示菜单中选取查看显示选项，可添加/删除属性栏。通过单击属性栏标题，可将排序方式从升序改变成降序并可再次改回来。

③ 分栏显示：用于显示硬盘的层次，其中每栏分别代表一个文件夹。

④ Cover Flow 显示：用于以 iTunes 中所用 Cover Flow 相同的形式显示文件夹的内容。用户可以查看图像、文稿和影片的实时预览，并可翻阅文稿和观看影片。

（5）操作菜单

快速访问高亮显示项目的 Finder 功能，如"显示简介""移到废纸篓"和"服务"。

（6）搜索栏

输入词或短语，然后 Spotlight 将会搜索 Mac 看是否存在任何匹配项。

（7）边栏

项目会归为下列类别："设备""共享""位置"和"搜索"。上方是"设备"和"共享"，其中包含连接到 Mac 的所有项目，如硬盘、iDisk、网络共享点、SD 存储卡或 DVD。中间是"位置"，可快速访问桌面、个人文件夹（以用户账户名称命名的文件夹）、"应用程序"和"文稿"。下方是"搜索"，可快速访问智能文件夹，查找 Mac 上"今天""昨天"和"上周"用过的任何文件以及文件类型，如"所有图像""所有影片"和"所有文稿"等。

（8）Cover Flow 内容

显示文件的实时预览，可用于翻阅文稿或观看 QuickTime 影片。

3. Launchpad

Launchpad 是 Max OS X Lion 系统新增的功能，通过它可以像使用 iOS 设备那样浏览、启动甚至删除应用程序。开启 Launchpad 的方式可以分为两种：单击 dock 中的 Launchpad 图标；或者 4 个以上手指的合拢动作也可以开启 Launchpad。

想要在 Launchpad 中切换页面，可以选择在触控板上用两个手指左右划动即可，如图 3-42 所示。

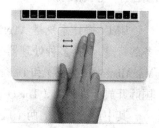

图 3-42　Launchpad

4. Mission Control

Mac OS X Lion 系统带来了 250 个新功能，其中改动最明显、动作最多的功能之一就是 Mission Control。同时，该系统把 Mac 操控的四大功能：全屏幕、dashboard、expose 和 spaces 整合为一个功能，让用户直接利用 Mission Control 就能直接操控 Mac 所有视窗，可以说是 OS X Lion 中最重要的界面。

5. App Store

Mac App Store 与为 iPad、iPhone 和 iPod touch 提供的 App Store 如出一辙。因此，如同将喜爱的杂志添加到 iPad 或下载新游戏到 iPod Touch 一样，为 Mac 查找和下载 App 也易如反掌。用户可以按游戏、生产力、音乐等类别来浏览 Mac 的 App；或者快速搜索特定内容。也可以阅读开发者说明和用户评论，或翻阅屏幕截图。当找到喜欢的 App 时，单击即可购买。Mac App Store 里的 App 包罗万象，能够满足每个人的需要。

6. Safari

Safari 先进的新功能令它成为遨游网络的绝佳方式。Safari 的搜索如今更智能，可以让用户更迅速地找到所需网页。而且，它还会以精彩的新方式为用户显示所有打开的标签。用户可以直接从 Safari 发送网页，可以将内容发布到新浪微博，还可以通过 Mail 或信息进行共享。再加上它所具备的更多精彩功能，浏览仅仅是一个开始。

其核心功能为：

（1）多点触控手势操作（Multitouch Gesture）

虽然 MacBook 还不支持屏幕触控，但是可以通过多点触控板来进行动作手势操作。Lion 使用了自然滑轮，及双指向右，窗口向右，而非双指向右，窗口向左（可调）。空间切换不再是 command+→，而是四指左右移动。显示所有窗口没了，四指向下为显示所有空间以及当前空间的所有程序。四指向上为显示这个程序的所有窗口以及常用文件。显示所有窗口更改为大拇指到无名指分开四指。

（2）自动保存（AutoSave）

苹果 Mac 系统素来以稳健著称，而 Lion 增加了自动保存功能，随时自动存储系统的新变化，将会为 Mac 用户带来更加安全的使用体验。

（3）系统延续

与自动保存相辅相成的是系统延续功能（Resume），当需要重新启动 Mac 的时候，往往需要花时间保存所有打开的任务。但是 Lion，有了系统延续功能，用户再也不需要把时间花费在这些复杂的操作上了。但代价是启动时间从 40 s 升到 60 s。

3.2.2 UNIX

UNIX 操作系统是 AT&T 公司于 1971 年在 PDP-11 上运行的操作系统。其具有多用户、多任务的特点，支持多种处理器架构，最早由肯·汤普逊（Kenneth Lane Thompson）、丹尼斯·里奇（Dennis MacAlistair Ritchie）和 Douglas McIlroy 于 1969 年在 AT&T 的贝尔实验室开发。目前它的商标权由国际开放标准组织（The Open Group）所拥有。

其中最为著名的两个版本为 AIX 与 Solaris。

AIX（Advanced Interactive eXecutive）是 IBM 开发的一套 UNIX 操作系统，如图 3-43 所示。它符合 Open group 的 UNIX 98 行业标准（The Open Group UNIX 98 Base Brand），通过全面集成对 32 位和 64 位应用的并行运行支持，为这些应用提供了全面的可扩展性。它可以在所有的 IBM~p 系列和 IBM RS/6000 工作站、服务器和大型并行超级计算机上运行。AIX 的一些流行特性，如 chuser、mkuser、rmuser 命令以及相似的东西允许如同管理文件一样来进行用户管理。AIX 级别的逻辑卷管理正逐渐被添加进各种自由的 UNIX 风格操作系统中。

Solaris 是 Sun（已被 Oracle 收购）公司研制的类 UNIX 操作系统。目前最新版为 Solaris 11，如图 3-44 所示。Solaris 运行在两个平台：Intel x86 及 SPARC/UltraSPARC。后者是升阳工作站使用的处理器。因此，Solaris 在 SPARC 上拥有强大的处理能力和硬件支援，同时 Intel x86 上的性能也正在得到改善。对两个平台，Solaris 屏蔽了底层平台差异，为用户提供了尽可能一样的使用体验。

图 3-43　AIX 图标

图 3-44　Solaris 图标

3.2.3 Linux

Linux 是一种自由和开放源码的类 UNIX 操作系统，存在着许多不同的 Linux 版本，但它们都使用了 Linux 内核。Linux 可安装在各种计算机硬件设备中，如手机、平板电脑、路由器、视频游戏控制台、台式计算机、大型机和超级计算机。Linux 是一个领先的操作系统，世界上运算最快的 10 台超级计算机运行的都是 Linux 操作系统。严格来讲，Linux 这个词本身只表示 Linux 内核，但实际上人们已经习惯了用 Linux 来形容整个基于 Linux 内核，并且使用 GNU 工程的各种工具和数据库的操作系统。Linux 得名于天才程序员林纳斯·托瓦兹。

Linux 作为一个免费使用和自由传播的类 UNIX 操作系统，是一个基于 POSIX 和 UNIX 的多用户、多任务、支持多线程和多 CPU 的操作系统。它能运行主要的 UNIX 工具软件、应用程序和网络协议。它支持 32 位和 64 位硬件。Linux 继承了 UNIX 以网络为核心的设计思想，是一个性能稳定的多用户网络操作系统。它主要用于基于 Intel x86 系列 CPU 的计算机上。这个系统是由世界各地的成千上万的程序员设计和实现的。其目的是建立不受任何商品化软件的版权制约的、全世界都能自由使用的 UNIX 兼容产品。

　　Linux 以它的高效性和灵活性著称，Linux 模块化的设计结构，使得它既能在价格昂贵的工作
站上运行，也能够在廉价的 PC 上实现全部的 UNIX 特性，
具有多任务、多用户的能力。Linux 是在 GNU 公共许可
权限下免费获得的，是一个符合 POSIX 标准的操作系统。
Linux 操作系统软件包不仅包括完整的 Linux 操作系统，
而且还包括了文本编辑器、高级语言编译器等应用软件。
它还包括带有多个窗口管理器的 X-Window 图形用户界
面，如同使用 Windows NT 一样，允许用户使用窗口、
图标和菜单对系统进行操作，如图 3-45 所示。

图 3-45　Linux

3.2.4　移动操作系统

　　随着智能手机以及平板电脑等移动设备在全球的风靡，整个世界 IT 产业获得了飞速的发展，
硬件、软件以及应用等领域的竞争日趋激烈。操作系统作为用户进入互联网世界的重要一环，其
市场争夺战由来已久，而今硝烟又弥漫到了方兴未艾的移动操作系统领域。

　　其中使用最多的操作系统有 Android、iOS、Symbian、Windows Phone 和 BlackBerry OS。

<h1 style="text-align:center">小　　结</h1>

　　操作系统是最重要的一个系统软件，是用户和计算机的接口。在众多的操作系统中，Windows
7 可以说是一个非常受欢迎的操作系统。学习 Windows 7 操作系统首先应掌握它的基本操作，然
后从文件管理、任务管理、设备管理和系统管理等方面来进一步掌握 Windows 7 的功能和使用。

　　而 Mac OS X 作为苹果电脑公司为 Mac 系列产品开发的专属操作系统，其简单易用，具有出
色的用户体验、健壮的 UNIX 底层，使 Mac 出类拔萃。读者应在条件允许时，学习熟悉其操作和
理念。UNIX 和 Linux 操作系统作为业界翘楚，读者应对其有一定认识。

　　需要说明的是，无论是 Windows 7、Mac OS 还是 UNIX、Linux，其功能都十分丰富，远非本
章的内容所能全部涵盖。读者在学习本章内容的过程中应该注意多思考、多练习，充分利用这些
操作系统，从而掌握更多的方法。

<h1 style="text-align:center">习　　题</h1>

一、选择题

1. 在 Windows 中，将文件放入回收站，表明该文件（　　　）。
　　A. 已被彻底删除，但可以恢复　　　　　　B. 已被删除，不能恢复
　　C. 虽已被删除，但可以恢复　　　　　　　D. 没有被删除
2. 剪贴板是计算机系统（　　　）中一块临时存放交换信息的区域。
　　A. 硬盘　　　　　　　B. 文件　　　　　　C. 应用程序　　　　　　D. 内存
3. 在 Windows 7 中，鼠标的右键多用于（　　　）。

A. 单击快捷菜单　　　　　　　　　　B. 选择操作对象

C. 启动应用程序　　　　　　　　　　D. 移动对象

4. 不能在"任务栏"中进行的操作是（　　　）。

A. 快捷启动应用程序　　　　　　　　B. 排列桌面图标

C. 切换窗口　　　　　　　　　　　　D. 设置系统日期和时间

5. 选定不连续的多个文件的方法是（　　　）。

A. 按住【Tab】键逐个单击文件　　　　B. 按住【Shift】键逐个单击文件

C. 按住【Alt】键逐个单击文件　　　　D. 按住【Ctrl】键逐个单击文件

6. 在 Windows 7 中，关于对话框的叙述不正确的是（　　　）。

A. 对话框没有"最大化"按钮　　　　B. 对话框没有"最小化"按钮

C. 对话框不能改变形状大小　　　　　D. 对话框不能移动

7. Windows 7 对话框的（　　　）是给用户提供输入信息的。

A. 列表框　　　　　B. 复选框　　　　　C. 文本框　　　　　D. 数值框

8. 不能将一个选定的文件复制到同一文件夹下的操作是（　　　）。

A. 用鼠标右键将该文件拖动到同一文件夹下

B. 选择"编辑"→"复制"命令，再选择"粘贴"命令

C. 用鼠标左键将该文件拖动到同一文件夹下

D. 按住【Ctrl】键，再用鼠标左键将该文件拖动到同一文件夹下

9. 关于快捷方式的叙述不正确的是（　　　）。

A. 双击一个应用程序的快捷方式就可以启动该应用程序

B. 快捷方式图标可以被移动

C. 快捷方式图标可以被复制

D. 删除一个应用程序的快捷方式就删除了相应的应用程序文件

10. 不能打开资源管理器窗口的操作是（　　　）。

A. 右击"开始"按钮

B. 右击"任务栏"空白处

C. 右击"计算机"图标

D. 在"开始"菜单中选择"所有程序"→"附件"→"Windows 资源管理器"命令

11. 当选好文件后，下列操作中，（　　　）不能删除文件。

A. 按【Delete】键

B. 右击该文件夹，在弹出的快捷菜单中选择"删除"命令

C. 选择"文件"→"删除"命令

D. 用鼠标右键双击该文件

12. 退出当前应用程序的方法是（　　　）。

A. 按【Esc】键　　　　　　　　　　B. 按【Ctrl+Esc】组合键

C. 按【Alt+Esc】组合键　　　　　　D. 按【Alt+F4】组合键

13. 一个文件路径为 C:\groupq\text1\293.txt，其中 text1 是一个（　　　）。

A. 文件夹　　　　B. 根文件夹　　　　C. 文件　　　　D. 文本文件

14. Windows 中将信息传送到剪贴板不正确的方法是（　　　）。

    A. 用"复制"命令把选定的对象送到剪贴板

    B. 用"剪切"命令把选定的对象送到剪贴板

    C. 按【Ctrl+V】组合键把选定的对象送到剪贴板

    D. 按【Alt+PrintScreen】组合键把当前窗口送到剪贴板

15. 在 Windows 中，当程序因某种原因陷入死循环，能较好地结束该程序的方法是（　　　）。

    A. 按【Ctrl+Alt+Del】组合键，然后单击"结束任务"按钮结束该程序的运行

    B. 按【Ctrl+Del】组合键，然后单击"结束任务"按钮结束该程序的运行

    C. 按【Alt+Del】组合键，然后单击"结束任务"按钮结束该程序的运行

    D. 直接按机箱上的 Reset 按钮计算机结束该程序的运行

16. 在 Windows 7 中，（　　　）操作不能在"控制面板"中完成。

    A. 安装打印机　　　　B. 鼠标管理　　　　C. 建立文件夹　　　　D. 安装新硬件

17. 在 Windows 中，下列叙述正确的是（　　　）。

    A. 只能打开一个窗口

    B. 应用程序窗口最小化成图标后，该应用程序将终止运行

    C. 关闭应用程序窗口意味着终止该应用程序的运行

    D. 代表应用程序的窗口大小不能改变

18. 如果要调整显示背景可使用控制面板中的（　　　）。

    A. 声音图标　　　　B. 系统图标　　　　C. 日期图标　　　　D. 个性化图标

19. 完整的计算机文件名包括文件名和扩展名，其中扩展名表示的是（　　　）。

    A. 该文件的类型　　　B. 该文件的存储位置　C. 该文件的大小　　　D. 该文件的属性

20. Windows 7 中的文件夹结构是一种（　　　）。

    A. 关系结构　　　　B. 网状结构　　　　C. 对象结构　　　　D. 树形结构

二、填空题

1. 在资源管理器的左窗口中，某个文件夹左边的"+"号表示该文件夹_____。

2. 关闭一个活动应用程序窗口，可按快捷键_____。

3. 将当前活动窗口中的内容复制到剪贴板中的操作是按下_____。

4. 选定文件后，不将其放到"回收站"中，而直接删除的操作是_____。

5. 在 Windows 中，"回收站"是_____中的一块区域。

6. 在查找文件时，通配符"*"的含义是_____；通配符"？"的含义是_____。

7. 在 Windows 的"资源管理器"窗口中，若希望显示文件的名称、类型、大小等信息，则应选择"查看"菜单中的_____。

8. 在各种中文输入法间切换的快捷键是_____。

9. 复制操作的快捷键是_____，粘贴操作的快捷键是_____，剪切操作的快捷键是_____。

10. Windows 7 中指定了 3 种类型的用户账户：_____、_____和_____。

三、判断题

1. Windows 7 属于系统软件。 （　　）
2. 在 Windows 7 中，回收站与剪贴板一样，是内存中的一块区域。 （　　）
3. 在多级目录结构中，不允许不同子目录下的两个文件具有相同的名字。 （　　）
4. 操作系统是用户和计算机之间的接口。 （　　）
5. 在 Windows 7 中按【Shift+Space】组合键，可以启动或关闭中文输入法。 （　　）
6. 在 Windows 7 中，"资源管理器"可以对系统资源进行管理。 （　　）
7. 在 Windows 7 中，窗口是不可以改变大小的。 （　　）
8. 在 Windows7 中，图标只能代表某个应用程序。 （　　）
9. 在 Windows 7 中，如果要切换窗口，可以单击任务栏中的窗口按钮。 （　　）
10. 在 Windows 7 中，任务栏既不能改变位置也不能改变大小。 （　　）

四、简答题

1. 什么是文件？ Windows 7 采用什么结构来组织和管理文件？
2. 请列出 3 种启动应用程序的方法。
3. 什么是快捷方式？简述它的创建方法。
4. 如何使用"回收站"进行文件和文件夹的还原及永久删除？
5. 在 Windows 资源管理器中，如何创建和复制文件夹？

第 **4** 章 \ Word 2010 文字处理软件

本章讲解

　　现代办公中需要处理的信息日趋烦琐和多样化，如文字、图片、声音和视频等。不同的媒体对象存储形式与处理方式都不同，所以需要用不同的软件进行管理。在众多媒体形式中，文字因其简洁性和明确性成为使用频率最高的方式，所以对文字信息进行处理的文字处理软件就成为应用最为广泛的办公软件之一。本章将介绍 Word 2010 文字处理软件的使用方法。首先介绍 Word 的工作窗口，在此基础上，详细讲述 Word 软件的使用方法，包括创建 Word 文档，对 Word 文档进行编辑，修改和排版等各种操作。本章还将介绍在 Word 文档中通过使用表格、图片和艺术字等来丰富文档的内容和表现手法。最后，介绍对 Word 文档进行页面设置并进行打印的操作方法。

学习目标

- 了解 Word 的基本概念和功能。
- 熟悉 Word 的工作环境。
- 熟练掌握 Word 文档的创建方法和常用的编辑操作方法。
- 熟练掌握 Word 文档的排版方法。
- 熟练掌握表格的使用，了解 Word 图文混排的操作方法。
- 熟练掌握 Word 文档的页面设置功能。

4.1　文字处理软件概述

4.1.1　Word 简介

　　Microsoft Office Word 是微软公司出品的 Office 系列办公软件中的一个组件。该系列办公软件除了包括文字处理软件 Word 外，还包括电子表格软件 Excel、电子演示文稿软件 PowerPoint、网页编辑软件 FrontPage 等组件。熟练掌握该套装软件中各组件的应用可以大大提高办公效率和办公质量。

　　Word 作为 Office 办公软件中应用最广的文字处理软件，具有强大的编辑排版功能和图文混排功能，可以方便地编辑文档，生成表格，插入图片、动画和声音等，实现"所见即所得"的文字处理效果。Word 的向导和模板功能，能快速创建各种业务文档，提高工作效率。同时，Word 也拥有强大的网络应用能力。

4.1.2　WPS 文字处理系统简介

WPS（Word Processing System）是金山公司出品的文字处理系统，最初出现于 1989 年，在微软 Windows 系统流行以前的年代里，它曾是中国最流行的文字处理软件。

最新的 WPS 文字处理系统是 WPS Office 2012。该软件由 3 个模块构成，WPS 文字、WPS表格、WPS 演示文稿对应 MS Office 的 Word、Excel、PowerPoint，无论 WPS 哪个模块软件，用户看到的都是典型 XP 风格的操作界面，工具栏和一些功能按钮的设置几乎与 MS Office 完全一致。

在 Microsoft Office Word 占有大量市场份额，大多数人都习惯了微软的界面与操作方式的背景下，WPS 文字以其与 Word 的高度兼容性和比 Word 更轻巧灵便的特点脱颖而出，它内存占用低，运行速度快，体积小巧，更适合互联网广泛应用的当今。同 MS Office 保持一致，实现对用户操作习惯的兼容，用户能真正做到"零时间"上手。

另外，WPS 文字虽然在软件界面、文件格式甚至一些软件底层技术上充分兼容 MS Office Word，但也不乏一些更符合中文特色和用户习惯的功能亮点。例如，用户可以根据习惯使用稿子方式，具有强大的 PDF 输出功能等。

4.1.3　PDF 文件格式简介

PDF（Portable Document Format，可移植文档格式）是 Adobe 公司设计的一种电子文件格式。Adobe 公司是一家总部位于美国加利福尼亚州圣何塞的计算机软件公司，创建于 1982 年 12 月。该公司出品了众多优秀的软件，如 Adobe Photoshop（图像处理软件）、Adobe Flash（二维动画制作软件）、Adobe Dreamweaver（网页设计软件）和 Adobe Director（多媒体开发及 3D 网页游戏开发软件）等。

Adobe Creative Suite 代表着下一代的设计和发布平台，Adobe 智能文档技术则推动着整个企业级文档服务领域的发展，而所有这些都采用了 Adobe PDF 这一基础技术。 Adobe PDF 文件格式可以在 Windows、UNIX 和 Mac OS 等多种操作系统环境中使用，支持跨平台的、多媒体集成的信息出版、发布及网络信息发布，是在 Internet 上进行电子文档发行和数字化信息传播的理想文档格式。PDF 格式文件越来越多地应用于电子图书、产品说明、公司文告、网络资料和电子邮件等，目前已成为数字化信息事实上的工业标准。

PDF 具有许多其他电子文档格式无法相比的优点，如可以将文字、字形、格式、颜色和图形图像等封装在一个文件中；还可以包含超文本链接、声音和动态影像等电子信息。它支持特长文件，集成度和安全、可靠性都较高。

对 PDF 文档的阅读、创建和编辑，可以用 Adobe 公司的一些官方工具软件，如 Adobe Acrobat Reader。这些软件稳定性好，但体积较大，启动较慢。另外，还有许多软件也深受好评，如PDF 阅读工具 Foxit Reader、PDF 生成工具 Foxit PDF Creator、金山 WPS、PDF 编辑工具 Foxit PDF Editor 等。

在众多文字处理软件中，本章着重以当前较流行的 Word 2010 为例介绍这类软件的应用。

4.2　Word 的基本操作

4.2.1　Word 的启动与退出

1. 启动 Word

Word 是在 Windows 环境下运行的应用程序，启动方法与启动其他应用程序的方法相似，常用的有以下几种。

（1）从"开始"菜单中启动 Word

单击"开始"按钮，选择"所有程序"→Microsoft Office→Microsoft Office Word 2010 命令，即可启动 Word。

（2）通过快捷方式启动 Word

用户可以在桌面上为 Word 应用程序创建快捷方式图标，双击该快捷方式图标即可启动 Word。

（3）通过文档启动 Word

用户可以通过打开已存在的旧文档启动 Word，其方法如下：在资源管理器中，找到要编辑的 Word 文档，直接双击此文档即可启动 Word 2010。

通过文档启动 Word 的方法不仅会启动该应用程序，而且将在 Word 中打开选定的义档，适合于启动 Word 是为了编辑或查看一个已存在文档的用户。

（4）开机自动启动 Word

将 Word 应用程序图标拖入"开始"→"所有程序"→"启动"菜单中，在用户开机后会自动启动 Word 应用程序，适合于经常使用计算机处理文字的办公人员。

2. 退出 Word

Word 作为一个典型的 Windows 应用程序，其退出（关闭）的方法与其他应用程序类似，常用的方法有以下几种。

① 单击 Word 程序窗口右上角的"关闭"按钮。

② 单击 Word 工作窗口左上角的"文件"菜单，选中"退出"命令。

③ 双击 Word 工作窗口左上角的 Word 控制菜单图标。

④ 按【Alt+F4】组合键。

4.2.2　Word 的窗口组成

Word 窗口由"文件"菜单、快速访问工具栏、标题栏、选项卡、文档编辑区、滚动条、状态栏等部分组成，如图 4-1 所示。

1. 选项卡

选项卡位于标题栏的下方，提供了 8 个选项卡：开始、插入、页面布局、引用、邮件、审阅、视图和加载项。

与 Word 2003 相比，Word 2010 最明显的变化就是取消了传统的菜单操作方式，而代之于各种选项卡。在 Word 2010 窗口上方看起来像菜单的名称其实是选项卡的名称，当单击这些名称时并不会打开菜单，而是切换到与之相对应的选项卡，每个选项卡根据功能的不同又分为若干个组，如图 4-1 所示，选项卡能使原来单独工具栏承载更加丰富的内容，包括按钮、库和对话框内容。

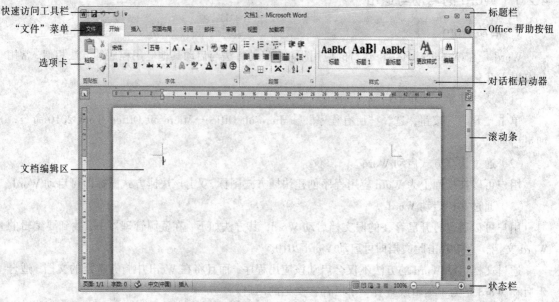

图 4-1　Word 2010 窗口界面

2．"文件"菜单

"文件"菜单位于 Word 窗口的左上角，单击可打开"文件"菜单。

3．快速访问工具栏

默认情况下，快速访问工具栏位于 Word 窗口的顶部（见图 4-1），使用它可以快速访问用户频繁使用的工具。用户可以将命令添加到快速访问工具栏，从而对其进行自定义。

4．滚动条

滚动条位于文档编辑区的右侧（垂直滚动条）和下方（水平滚动条），用以显示在文档窗口以外的内容。

5．文档编辑区

文档编辑区是输入文本和编辑文本的区域，位于工具栏的下方。其中有一个不断闪烁的竖条，称为插入点，用以表示输入时文字出现的位置。

6．状态栏

状态栏位于 Word 窗口底部，用以显示文档的基本信息和编辑状态，如页号、节号、行号和列号等。

7．对话框启动器

对话框启动器是一些小图标，这些图标出现在某些组中。单击对话框启动器将打开相关的对话框或任务窗格，其中提供与该组相关的更多选项。例如，单击"字体"组中的对话框启动器，弹出"字体"对话框。

4.2.3 Word 的文档视图

Word 提供了多种显示 Word 文档的方式，每一种显示方式称为一种视图。使用不同的显示方式，用户可以把注意力集中到文档的不同方面，从而高效、快捷地查看、编辑文档。Word 提供的视图包括：草稿、页面视图、Web 版式视图、大纲视图和阅读版式视图。

1．草稿

在草稿中可以输入、编辑文字，并设置文字的格式，对图形和表格可以进行一些基本的操作。草稿取消了页面边距、分栏、页眉/页脚和图片等元素，仅显示标题和正文，是最节省计算机系统硬件资源的视图方式。当然现在计算机系统的硬件配置都比较高，基本上不存在由于硬件配置偏低而使 Word 2010 运行遇到障碍的问题。

2．页面视图

页面视图是 Word 默认视图，可以显示整个页面的分布情况及文档中的所有元素，如正文、图形、表格、图文框、页眉、页脚、脚注和页码等，并能对它们进行编辑。在页面视图方式下，显示效果反映了打印后的真实效果，即"所见即所得"功能。

3．Web 版式视图

Web 版式视图主要用于在使用 Word 创建 Web 页时显示出 Web 效果。Web 版式视图优化了布局，使文档以网页的形式显示 Word 2010 文档，具有最佳屏幕外观，使得联机阅读更容易。Web 版式视图适用于发送电子邮件和创建网页。

4．大纲视图

大纲视图使查看长文档的结构变得很容易，并且可以通过拖动标题来移动、复制或重新组织正文。在大纲视图中，可以折叠文档，只查看主标题；或者扩展文档，以便查看整篇文档。

5．阅读版式视图

阅读版式视图不仅隐藏了不必要的工具栏，最大可能地增大了窗口，而且还将文档分为了两栏，从而有效地提高了文档的可读性。

各种视图之间可以方便地进行相互转换，其操作方法有以下两种：

① 单击"视图"选项卡"文档视图"组中的"页面视图""阅读版式视图""Web 版式视图""大纲视图"和"草稿"按钮来转换。

② 单击状态栏右侧的视图按钮进行转换，自左向右分别是页面视图、阅读版式视图、Web 版式视图、大纲视图和草稿。

4.2.4 Word 的帮助系统

Word 2010 提供了丰富的联机帮助功能，可以随时解决用户在使用 Word 中遇到的问题。用户可以使用关键字和目录获得与当前操作相关的帮助信息。在功能区单击"Microsoft Office Word 帮助"按钮 ，即可打开"Word 帮助"窗口。使用该功能必须与互联网连接。

4.3 Word 文档的创建与编辑

由 Word 建立生成的文件称为 Word 文档，简称文档，其处理的过程分为以下 3 个步骤。

① 将文档的内容输入到计算机中，即将一份书面文字转换成电子文档。在输入过程中，可以使用插入文字、删除文字和改写文字等操作保证输入内容的正确性，及对文档内容进行修改。除此以外，Word 还提供了特殊字符的输入、快速定位文字、查找与替换和快速按页面定位、拼写检查等功能，这些功能有助于快速、准确地完成文档编辑任务。

② 为了使文档的内容清晰、层次分明、重点突出，要对输入的内容进行格式编排。文档中的格式编排是通过对相关文字用相应的格式处理命令完成的，即所谓的排版。排版包含对文档中的文字、段落和页面等进行设置。只有充分了解 Word 提供的各种排版手段、所使用的排版术语及含义，才能在使用时得心应手，编排出美观大方的文档。

③ 要将编排完成后的文档保存在计算机中，以便今后查看。如果需要，可将文档通过打印机打印在纸张上，作为文字资料保存或分发给他人。

4.3.1 文档的基本操作

1. 创建新文档

在进行文本输入与编辑之前，首先要新建一个文档。用户在启动 Word 时，系统就会自动新建一个空文档，其默认文件名为"文档 1.docx"。如果在已启动 Word 后还想建立一篇新的文档，可以使用菜单或工具按钮等方式，以下为 3 种常用方式：

① 单击"文件"菜单，选择"新建"命令，在"可用模板"选项区域选择"空白文档"选项，单击"创建"按钮，即可创建一个空白文档。

② 单击快速访问工具栏中的"新建"按钮。

③ 按【Ctrl+N】组合键。

2. 保存文档

在文档中输入内容后，为了避免因停电、死机等意外事件导致信息丢失，要将其保存在磁盘上，便于以后查看文档或再次对文档进行编辑、打印。Word 文档的默认扩展名为".docx"。在 Word 中可保存正在编辑的活动文档，还可以用不同的名称或在不同的位置保存文档的副本。另外，还可以以其他文件格式保存文档，以便在其他应用程序中使用。

（1）保存未命名的文档

① 单击"文件"菜单，选择"保存"命令，弹出"另存为"对话框，在"保存位置"下拉列表框中选择保存位置；在"文件名"文本框中输入文件名称，最后单击"保存"按钮，即可在指定位置以指定名称保存文档。

② 单击快速访问工具栏中的"保存"按钮，弹出"另存为"对话框，其他操作与前相同。

（2）保存已有文档

① 在对已有文档修改完成后，单击"文件"菜单，选择"保存"命令，Word 2010 将修改后的文档保存到原来的文件夹中，修改前的内容将被覆盖，并且不再弹出"另存为"对话框。也可单击快速访问工具栏中的"保存"按钮。

② 单击"文件"菜单，选择"另存为"命令，弹出"另存为"对话框，用以在新位置或以新名称保存当前活动文档。

（3）自动保存文档

自动保存文档可以防止在文档编辑过程中因意外而造成文档内容大量丢失，因为在启动该功能后，系统会按设定时间间隔周期性对文档进行自动保存，无须用户干预。

其操作方法是：单击"文件"菜单，选择"选项"命令，弹出"Word 选项"对话框，如图 4-2 所示。选择"保存"选项，在该对话框右侧的"保存文档"选项区域中的"将文件保存为此格式"下拉列表框中选择文件保存的类型。选中"保存自动恢复信息时间间隔"复选框，并在其后的微调框中输入保存文件的时间间隔。在"自动恢复文件位置"文本框中输入保存文件的位置，或者单击"浏览"按钮，在弹出的"修改位置"对话框中设置保存文件的位置。最后单击"确定"按钮即可。

图 4-2　"Word 选项"对话框

（4）保存为其他格式文档

Word 允许将文档保存为其他文件类型，例如文本文档、网页文件、低版本 Word 97-2003 文档、PDF 格式等，以便在其他软件中使用。其步骤与保存新文档类似，只须在弹出的"另存为"对话框的"保存类型"下拉列表框中选择相应类型。

3. 保护文档

保护文档功能可以帮助用户提高文档使用与修改的安全性，主要包括文档打开密码的设置与修改密码的设置。具体操作步骤如下：

① 单击"文件"菜单，选择"另存为"命令，弹出"另存为"对话框，单击"工具"按钮，选择"常规选项"命令，弹出"常规选项"对话框，如图 4-3 所示。

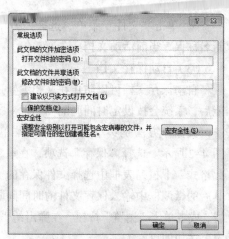

② 在"打开文件时的密码"文本框中，输入以字母、数字和符号组成的密码。设置成功后，在下次打开文档时，就必须正确输入密码才能打开文档。

③ 在"修改文件时的密码"文本框中，输入文档修改密码。设置成功后，在下次编辑文档时，就必须正确输入密码才能保存修改后的文档，否则用户只能以只读方式打开文档。

图 4-3 "常规选项"对话框

4. 打开文档

编辑一篇已存在的文档，必须先打开文档。Word 提供了多种打开文档的方法，这些方法大致可以分为以下两类。

① 双击已保存的 Word 文档图标，在打开文档的同时启动 Word 应用程序。

② 先打开 Word 应用程序再打开需要的文档，其方法又可分为以下 3 种：

- 单击"文件"菜单，选择"打开"命令。
- 单击"文件"菜单，在弹出的菜单右侧列出的最近使用的文档中单击需要打开的文档。
- 使用"开始"按钮打开最近使用的文档。

5. 关闭文档

关闭文档并不等同于退出 Word 应用程序窗口，它只是关闭了当前的活动文档，而保留了 Word 窗口界面，其操作方法是：单击"文件"菜单，选择"关闭"命令。

关闭文档时，如果文档没有保存，系统会提示是否保存文档。

4.3.2 文档的输入

1. 输入文本内容

创建新文档后就可以在文档编辑区中输入文档内容。输入的内容会出现在光标插入点处，每输入一个字符，插入点自动后移。为了便于排版，在输入时需要注意以下几点：

① 当输入到行尾时，不要按【Enter】键，系统会自动换行。

② 输入到段落结尾时，按【Enter】键，表示段落结束。

③ 如果在某段落中需要强行换行，可以按【Shift + Enter】组合键。

④ 在段落开始处，不要使用空格键后移文字，而应采用"首行缩进"方式移动文本。

2. 插入符号或特殊字符

用户在处理文档时可能需要输入一些特殊字符，如希腊字母、俄文字母和数字序号等。这些符号不能直接从键盘输入，用户可以通过以下两种方法实现。

① 单击"插入"选项卡"符号"组中的"符号"按钮，在弹出的下拉列表中选择"其他符号"选项，弹出"符号"对话框，在"字体"下拉列表框中选择所需的字体，在"子集"下拉列表框中选择所需的选项。如图 4-4 所示，单击要插入的符号或字符，再单击"插入"

按钮（或双击要插入的符号或字符）即可。（"插入"菜单中的"特殊符号"命令项用法与之类似）

② 使用中文输入法提供的软键盘功能：右击"中文输入法状态框"上的"软键盘"按钮，选择待输入的特殊字符种类，在屏幕右下角打开的软键盘中单击待插入的特殊字符即可，如图 4-5 所示。再次单击软键盘，可关闭软键盘。

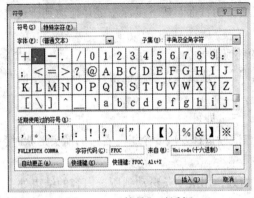

图 4-4　"符号"对话框

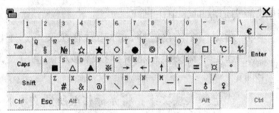

图 4-5　特殊字符软键盘

3. 插入日期与时间

在 Word 文档中，除了可以插入固定的日期和时间信息，还可以插入可自动更新的日期和时间，如文档的创建时间、最后打开或保存的日期等。具体操作步骤如下：

① 将插入点定位在要插入日期和时间的位置。

② 单击"插入"选项卡"文本"组中的"日期和时间"按钮，弹出"日期和时间"对话框。

③ 用户可根据需要在"语言（国家/地区）"下拉列表框中选择一种语言，在"可用格式"下拉列表框中选择一种日期和时间格式。

④ 如果选中"自动更新"复选框，则以域的形式插入当前的日期和时间。该日期和时间是一个可变的数值，它可根据打印的日期和时间的改变而改变。取消选中"自动更新"复选框，则可将插入的日期和时间作为文本永久地保留在文档中。

⑤ 单击"确定"按钮完成设置。

4.3.3　文档的编辑与修改

1. 插入和改写方式

"插入"和"改写"是 Word 的两种编辑方式。"插入"是指将输入的文本添加到插入点所在位置，插入点以后的文本依次往后移动；"改写"是指输入的文本将替换插入点所在位置的文本。默认的编辑状态为"插入"方式。

"插入"和"改写"两种编辑方式是可以转换的，其转换方法有以下两种：

① 单击状态栏上的"插入"标志，则变成"改写"方式；反之亦然。

② 按【Insert】键可以进行两种方式间的切换。

2．选定文本

用户对某段文本进行移动、复制和删除等操作时，必须先选定该文本，然后再进行相应的处理。当文本被选中后，呈反相显示。如果要取消选定，可以将鼠标移至选定文本外的任何区域，单击即可。

（1）利用鼠标选定文本

① 选定自由长度文本：将鼠标指针移到要选定文本的首部，按下鼠标左键并拖动到所选文本的末端，然后松开鼠标。

② 选定一个句子：按住【Ctrl】键，单击该句的任何地方。

③ 选定一行文字：将鼠标指针移至该行的左侧即文本选定区，当鼠标指针变成一个指向右边的箭头形状时，单击即可。

④ 选定一个段落：将鼠标指针移至文本选定区，三击即可。

⑤ 选定整篇文档：将鼠标指针移左侧空白处，当鼠标指针变成一个指向右边的箭头形状时，三击即可。

⑥ 选定一大块文字：将光标移至所选文本的起始处，用滚动条滚动到所选内容的结束处，然后按住【Shift】键，并单击。

⑦ 选定列块（垂直的一块文字）：按住【Alt】键后，将光标移至所选文本的起始处，按下鼠标左键并拖动到所选文本的末端，然后松开鼠标和【Alt】键。

（2）利用组合键选定文本

先将光标移到要选定的文本之前，然后利用组合键选定文本。常用的选择文本组合键及功能如表 4-1 所示。

表 4-1　选择文本组合键及功能

组　合　键	功　　能	组　合　键	功　　能
Shift + →	向右选取一个字符或一个汉字	Shift + End	由光标处选取至当前行行尾
Shift + ←	向左选取一个字符或一个汉字	Ctrl + Shift + →	向右选取一个单词
Shift + ↓	由光标处选取至下一行	Ctrl + Shift + ←	向左选取一个单词
Shift + ↑	由光标处选取至上一行	Ctrl + A	选取整篇文档
Shift + Home	由光标处选取至当前行行首		

（3）利用扩展功能键【F8】选定文本

扩展选定方式是使用定位键选定文字。按【F8】键时，在状态栏会出现"扩展"字样。若要取消扩展选定方式，可按【Esc】键，具体按键次数及功能如表 4-2 所示。

表 4-2　【F8】功能键扩展功能表

按【F8】键的次数	功　　能	按【F8】键的次数	功　　能
1	进入扩展模式，然后使用方向键进行文本的选取	4	选取一段
2	选取一个单词或汉字	5	选取一节（若文档未分节，则选取整篇文档）
3	选取一句	6	选取（多节）整篇文档

3．清除文本

（1）清除文本内容

清除文本内容就是删除文本，即将字符从文档中去掉。删除插入点左侧的一个字符按【Backspace】键；删除插入点右侧的一个字符按【Delete】键。但若需删除较多连续的字符或成段的文本，用这两个键显然很烦琐，可以使用如下方法：

① 选定要删除的文本块后，按【Delete】键。

② 选定要删除的文本块后，单击"开始"选项卡"剪贴板"组中的"剪切"按钮。

注意： 删除和剪切操作都能将选定的文本从文档中去掉，但功能不完全相同。使用剪切操作时删除的内容会保存到"剪贴板"上，可以通过"粘贴"命令进行恢复；使用删除操作时删除的内容则不会保存到"剪贴板"上，而是直接被去掉。

（2）清除文本格式

清除文本格式就是去除用户对该文本设置的所有格式，只以默认格式显示文本。选定要清除格式的文本块后，单击"开始"选项卡"字体"组中的"清除格式"按钮。

4．复制和移动文本

（1）复制文本

在编辑过程中，当文档出现重复内容或段落时，使用复制命令进行编辑是提高工作效率的有效方法。用户不仅可以在同一篇文档内，也可以在不同文档之间复制内容，甚至可以将内容复制到其他应用程序的文档中。复制文本有以下 3 种操作方法：

① 快捷按钮操作：选定要复制的文本块，单击"开始"选项卡"剪贴板"组中的"复制"按钮，将插入点移动到新位置，单击"开始"选项卡"剪贴板"组中的"粘贴"按钮即可。

② 拖动操作：选定要复制的文本块，按住【Ctrl】键，用鼠标拖动选定的文本块到新位置，同时释放【Ctrl】键和鼠标左键。

③ 快捷键操作：按【Ctrl + C】组合键进行复制操作，按【Ctrl + V】组合键进行粘贴操作。

（2）移动文本

移动是将字符或图形从原来的位置删除，插入到另一个新位置，有以下 3 种操作方法：

① 快捷按钮操作：选定要复制的文本块，单击"开始"选项卡"剪贴板"组中的"剪切"按钮，将插入点移动到新位置，单击"开始"选项卡"剪贴板"组中的"粘贴"按钮即可。

② 拖动操作：选定要复制的文本块，用鼠标拖动选定的文本块到新位置，同时释放鼠标左键即可。

③ 快捷键操作：按【Ctrl + X】组合键进行剪切操作，按【Ctrl + V】组合键进行粘贴操作。

（3）剪贴板

无论是剪切还是复制操作，都是把选定的文本先存储到剪贴板上的。在以前的 Office 应用程序中使用的是 Windows 剪贴板，它只能暂时存储一个对象（如一段文本、一张图片等）。当用户再次进行剪切或复制操作后，新的对象将替换 Windows 剪贴板中原有的对象。Office 2010 新增了多对象剪贴板功能，可以最多暂时存储 24 个对象，用户可以根据需要粘贴剪贴板中的任意一个对象。利用剪贴板进行复制操作，只需将插入点移动到要复制的位置，然后单击剪贴板工具栏中的某个要粘贴的对象，该对象就会被复制到插入点所在的位置。

5．撤销和恢复

在编辑过程中难免会出现误操作，Word 为用户提供了撤销、恢复功能。

① "撤销"用于取消最近的一次操作：可以直接单击快速访问工具栏中的"撤销"按钮；或按【Ctrl + Z】组合键。

② "恢复"用于恢复最近一次被撤销的操作：可以直接单击快速访问工具栏中的"恢复"按钮；或按【Ctrl + Y】组合键。

6．查找和替换

Word 提供了许多自动功能，"查找和替换"就是其中之一。查找的功能主要用于在当前文档中搜索指定的文本。替换的功能主要用于将选定的文本替换为指定的新文本。

（1）一般的"查找和替换"

单击"开始"选项卡"编辑"组中的"查找"右侧的下拉按钮，在弹出的下拉列表中选择"高级查找"命令，弹出"查找和替换"对话框，选择"查找"选项卡，输入需查找的内容，完成查找；选择"替换"选项卡，输入需查找的内容及替换为的内容，完成替换。

一般，Word 自动从当前光标处开始向下搜索文档，查找字符串，如果直到文档结尾还没找到，则继续从文档开始处查找，直到当前光标处为止。若查找到该字符串，则光标停在找出的文本位置，并使其置于选中状态，这时在该位置单击，就可以对该文本进行编辑。

（2）特殊的"查找和替换"

利用"查找和替换"对话框中的"更多"按钮，可以实现特殊字符的替换和格式的替换等功能，其操作方法是：单击"查找和替换"对话框中的"更多"按钮，在扩充的"查找和替换"对话框中设置搜索选项、输入"格式"或"特殊字符"完成特定格式文本的"查找和替换"，如图 4-6 所示。

注意：有时并不是所有查找到的字符串都应进行替换。如在某文档中需要将"中国"替换为"中华人民共和国"，若文中有这样一个句子："中国是一个发展中国家，欢迎世界各地的企业家到中国来投资"，则全部替换时就会出错。因为，应该替换的只有两个地方，而"全部替换"则会替换三个地方，替换后的结果变成"中华人民共和国是一个发展中华人民共和国家，……"。所以，在进行文本替换时，如果有类似的情况，就不能使用"全部替换"功能。单击"查找下一处"按钮，如果查找到的字符串需要替换，则单击"替换"按钮进行替换，否则，单击"查找下一处"按钮继续查找。

如果"替换为"文本框为空，操作后的实际效果是将查找的内容从文档中删除。若是替换特殊格式的文本，其操作步骤与特殊格式文本的查找类似。

（3）"查找与替换"的使用

将上述文本框中连续的两个回车去掉，使之成为一段连贯的文字，并把倾斜带下画线的文字恢复成常规文字。

*小王子*是一个超凡脱俗的仙童，他住在一颗只比他大*一丁点儿*的小行星上。陪伴他的是

一朵他非常喜爱的*小玫瑰花*。但小玫瑰花的虚荣心伤害了小王子对她的感情。小王子告别小行星，开始了*遨游太空*的旅行。他先后访问了六个行星，各种见闻使他陷入忧伤，他感到大人们荒唐可笑、太不正常。只有在其中一个点灯人的星球上，小王子才找到一个可以作为朋友的人。

操作步骤为：第一步，选择文本框中的文字，单击"开始"选项卡"编辑"组中的"替换"按钮，弹出"查找和替换"对话框，单击"更多"按钮，单击"特殊格式"按钮，选择"段落标记"选项，继续再选择一个"段落标记"，使得"查找内容"为：P^P，"替换为"是空的。单击"全部替换"按钮，可以删除连续的两个回车，如图 4-6（a）所示。

第二步，删除"查找内容"中的两个回车，使之为空，将鼠标停留在"查找内容"文本框内的情况下，单击"格式"按钮，选择"字体"选项，弹出"查找字体"对话框，选择倾斜及下画线；鼠标移动到"替换为"文本框内，再单击"格式"按钮，选择"字体"选项，弹出"查找字体"对话框，选择常规，如图 4-6（b）所示。若文本框中格式设置错了，可以单击"不限定格式"按钮，清除格式后重新设置。

（a）删除连续的两个回车符　　　　　　　（b）特殊格式设置

图 4-6　"查找和替换"对话框

7．自动更正

Word 提供的自动更正功能可以帮助用户更正一些常见的输入错误、拼写和语法错误等，这对英文输入是很有帮助的，对中文输入更大的用处则是将一些常用的长词句定义为自动更正的词条，再用一个缩写词条名来取代它。

（1）建立自动更正词条

单击"文件"菜单，选择"选项"命令，弹出"Word 选项"对话框，选择"校对"→"自动更正选项"选项，弹出"自动更正"对话框，如图 4-7 所示。在"替换为"文本框中输入要建立为自动更正词条的文本，如"湛江师范学院"；在"替换"文本

图 4-7　"自动更正"对话框

框中输入词条名　如 fy，单击　添加"按钮，创建自动更正词条。

（2）使用自动更正词条

将插入点定位到要插入的位置，输入词条名，如 fy，按【Space】键，Word 系统就会用相应的词条即"湛江师范学院"取代 fy，显示在插入点处。

8．拼写、语法检查

默认情况下，在用户输入文本的同时 Word 会自动进行文字的拼写和语法检查，并使用红色波浪下画线表示可能存在拼写问题的文本，使用绿色波浪下画线表示可能存在语法问题的文本。

另外，用户也可单击"审阅"选项卡"校对"组中的"拼写和语法"按钮，对整篇文档进行快速而彻底的校对。在进行校对时，Word 会将文档中的每个单词与一个标准词典中的词进行比较。因此，检验器有时也会将文件中的一些拼写正确的词（如人名、公司或专业名称的缩写等）作为错误列出来。若出现这种情况，只要忽略跳过这些词即可。

9．中文繁简转换

对于需要混合使用繁、简中文进行文档编辑的用户，Word 提供了不用单独安装繁体字库，就可以实现将中文简体字转换为繁体字的功能，反之亦然。

转换时首先选中待转换的文字，单击"审阅"选项卡"中文简繁转换"组中的"简繁转换"按钮，即可完成转换操作。

在转换的过程中有时会改变原文字。例如，"大学计算机基础"转换为繁体后就变为更适应繁体语法习惯的"大學電腦基礎"。

10．字数统计

使用字数统计功能不仅可以快速地统计某段文本的字数、段落数、行数和字符数，而且可以统计整篇文档的字数、页数和行数等。

操作时首先选中要统计的文字（若不选中任何文字则是对整篇文档进行统计），单击"审阅"选项卡"校对"组中的"字数统计"按钮即可。

4.4　Word 文档格式设置

通过设置丰富多彩的文字、段落和页面格式，可以使文档看起来更美观、更舒适。Word 的排版操作主要有字符排版、段落排版和页面设置等。

4.4.1　基本格式设置

1．字符格式设置

字符格式包括字符的字体、大小、颜色和显示效果等格式。用户若需要输入带格式的字符，可以在输入字符前先设置好格式再输入；也可以先输入完毕后，再对这些字符进行选定并设置格式。在没有进行格式设置的情况下输入的字符按默认格式自动设置（中文为"宋体""五号"，英文为 Times New Roman、"五号"）。

设置字符格式有下述两种方式。

方式一：使用"开始"选项卡中的"字体"组可以完成一般的字符格式设置，如图 4-8 所示。

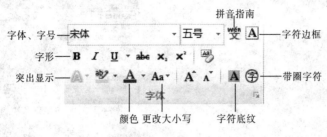

图 4-8　"字体"组

方式二：单击"开始"选项卡"字体"组右下角的对话框启动器，弹出"字体"对话框，如图 4-9 所示。

① 设置字体。字体是文字的一种书写风格。常用的中文字体有宋体、楷体、黑体和隶书等。在书籍、报刊的排版上，人们已形成了一种默认规范。例如，正文用宋体，显得正规；标题用黑体，起到强调作用。

② 设置字号。汉字的大小常用字号表示。字号从初号、小初号、……，直到八号字，对应的文字越来越小。一般书籍、报刊的正文为五号字。英文的大小常用"磅"的数值表示，1 磅等于 1/12 英寸，数值越小表示的英文字符越小。"五号"字约与"10.5 磅"字的大小相当。

图 4-9　"字体"对话框

③ 设置字符的其他格式。还可以设置字符的"加粗""斜体""下画线""字符底纹""字符边框"和"字符缩放"等格式。

④ 设置字符的位置格式：利用字体对话框的 "高级"选项卡：设置字符缩放比例、字符间的距离和字符相对于基准线的位置。

2. 段落格式设置

用户可以通过单击"开始"选项卡"段落"组中的"显示/隐藏编辑标记"按钮查看段落标记"↵"。段落标记不仅表示一个段落的结束，还包含了本段的段落格式信息。设置一个段落格式之前不需要选定整个段落，只需要将光标定位在该段落中即可。

段落格式主要包括段落对齐、段落缩进、行距、段间距和段落的修饰等。

（1）段落对齐

在 Word 中，段落的对齐方式包括两端对齐、居中对齐、右对齐、分散对齐和左对齐。其中，两端对齐是 Word 的默认设置；居中对齐常用于文章的标题、页眉和诗歌等的格式设置；右对齐适合于书信、通知等文稿落款或日期的格式设置；分散对齐可以使段落中的字符等距排列在左右边界之间，在编排英文文档时可以使左右边界对齐，使文档整齐、美观。

段落对齐方式的设置有以下两种方式：

① 单击"开始"选项卡"段落"组中的相应按钮进行设置，如图 4-10 所示。

② 单击"开始"选项卡"段落"组右下角的对话框启动器，弹出"段落"对话框。在"段落"对话框中设置，如图 4-11 所示。

图 4-10 "段落"组工具按钮

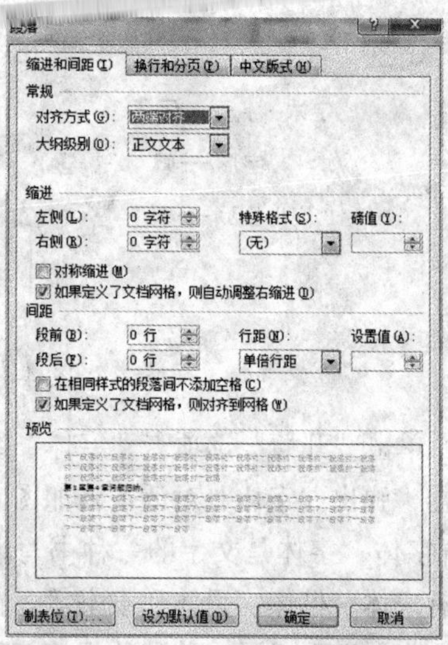

图 4-11 "段落"对话框

（2）段落缩进

段落缩进是指文本与页边距之间的距离。段落缩进包括左缩进、右缩进、首行缩进和悬挂缩进，分别对应标尺上的 4 个滑块，如图 4-12 所示。"视图"选项卡勾选"标尺"可打开标尺。

图 4-12 标尺与段落缩进滑块

左缩进用以表示整个段落各行的开始位置；右缩进用以表示整个段落各行的结束位置；首行缩进用以表示段落第一行的起始位置；悬挂缩进用以表示段落除第一行外的其他行的起始位置。

段落缩进的设置有以下两种方式：

① 拖动标尺上的相应滑块进行设置。

② 在"段落"对话框中进行设置。

（3）段落间距及行距

段落间距表示段落与段落之间的空白距离，默认为 0 行；行距表示段落中各行文本间的垂直距离，默认为单倍行距。

段落间距与行距的设置在"页面布局"选项卡的"段落"组中进行；或在"段落"对话框中进行。

（4）制表位的使用

制表位的作用是使一列文字对齐，制表符类型有左对齐式制表符、居中式制表符、右对齐式制表符、小数点对齐式制表符和竖线对齐式制表符。在标尺上设置好制表符后，按【Tab】键，光标会跳到制表符处，输入文字，用此方法使文字对齐。

① 制表位的设置：

鼠标操作：单击水平标尺最左端的制表符按钮，选择所需制表符；将鼠标指针移到水平标尺上，在需要设置制表符的位置单击即可设置该制表位。

菜单操作：单击"段落"对话框左下角的"制表位"按钮，弹出"制表位"对话框，如图 4-13 所示；在其中可以设置制表位的位置、制表位文本的对齐方式及前导符等。

② 制表位的删除：单击制表位并拖离水平标尺即可删除制表位。

③ 制表位的移动：在水平标尺上左右拖动制表位标记即可移动制表位。

3. 格式刷

通过格式刷可以复制字体格式也可以复制段落格式，从而简化了对具有相同格式的多个不连续文本格式重复设置问题。

图 4-13　"制表位"对话框

复制字体格式的操作步骤如下：

① 选定要复制格式的文本。

② 单击"开始"选项卡"剪贴板"组中的"格式刷"按钮 ，此后鼠标指针变为一把小刷子。

③ 选定要设置格式的文本，刷完后鼠标恢复形状。如果双击"格式刷"按钮，可进行字体格式的多次复制。

复制段落格式的操作步骤如下：

① 选定要复制格式的文本的段落标记。

② 单击"开始"选项卡"剪贴板"组中的"格式刷"按钮 ，此后鼠标指针变为一把小刷子。

③ 刷选要设置格式的文本的段落标记，刷完后鼠标恢复形状。如果双击"格式刷"按钮，可进行段落格式的多次复制。

4.4.2　特殊格式设置

1. 边框和底纹

Word 提供了为文档中的段落或表格添加边框和底纹的功能。边框包括边框形式、框线的外观效果等。底纹包括底纹的颜色（背景色）、底纹的样式（底纹的百分比和图案）和底纹内填充点的颜色（前景色）。其设置方法有以下两种：

① 单击"开始"选项卡"字体"组中的"边框"按钮 和"底纹"按钮 。

② 单击"开始"选项卡"段落"组中的"下框线"按钮 ，在弹出的下拉列表中选择"边框和底纹"选项，弹出"边框和底纹"对话框，默认打开"边框"选项卡，如图 4-14 所示。

2. 项目符号与编号

在 Word 中，可以快速地给多个段落添加项目符号和编号，使得文档更有层次感，易于阅读

图 4-14　"边框和底纹"对话框

和理解。

（1）自动创建项目符号和编号

如果在段落的开始前输入诸如"1.""a)""一、"等格式的起始编号，再输入文本，当按【Enter】键时 Word 自动将该段转换为编号列表，同时将下一个编号加入到下一段的开始处。

同样当在段落的开始前输入"*"后跟一个空格或制表符，然后输入文本，当按【Enter】键时，Word 自动将该段转换为项目符号列表，星号转换成黑色的圆点。

如果后面的文字不想用编号或项目符号了，连续按两次【Enter】键即可。

（2）手动添加编号

对已有的文本，用户可以方便地添加编号。操作方法有以下两种：

① 单击"开始"选项卡"段落"组中的"编号"按钮。

② 单击"开始"选项卡"段落"组中的"编号"按钮右侧的下拉按钮，弹出"编号库"下拉列表，从中进行选择。

（3）手动添加项目符号

项目符号与编号类似，最大的不同在于前者为连续的数字或字母，而后者都使用相同的符号（见图 4-15）。用户若对 Word 提供的项目符号不满意，也可选择"项目符号库"中的"定义新项目符号"选项，在"定义新项目符号"对话框中选择其他项目符号字符甚至图片，如图 4-16 所示。

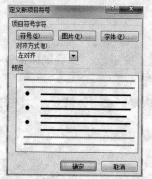

图 4-15 "项目符号库"下拉列表　　　　图 4-16 "定义新项目符号"对话框

3．首字下沉

Word 提供的首字下沉格式，也称为"花式首字母"。它可以使段落的第一个字符以大写并占用多行的形式出现，从而使文本更为突出，版面更为美观。而被设置的文字，则是以独立文本框的形式存在。

设置"首字下沉"的操作步骤如下：

① 将插入点定位到要设定为"首字下沉"的段落中。

② 单击"插入"选项卡"文本"组中的"首字下沉"按钮，弹出"首字下沉"下拉列表，在该下拉列表中选择需要的格式，或者选择"首字下沉选项"选项，弹出"首字下沉"对话框，如图 4-17 所示。单击"位置"选项区域中的"下沉"或"悬挂"方式即可设置下沉的行数及与正文的距离等项目。

如果要去除已有的首字下沉，操作方法与设置"首字下沉"方法相同，只须在对话框的"位置"选项区域中选择"无"即可。

4．文字方向

在 Word 中，除了可以水平横排文字外，还可以垂直竖排文字，显示出古代书籍的风格。

（1）竖排整篇文档

① 单击"页面布局"选项卡"页面设置"组中的"文字方向"按钮，弹出"文字方向"下拉列表，在该下拉列表中选择需要的文字方向格式，或者选择"文字方向选项"选项，弹出"文字方向-主文档"对话框，如图 4-18 所示。在"方向"选项区域中根据需要选择一种文字方向；在"应用于"下拉列表框中选择"整篇文档"，在"预览"选项区域中可以预览其效果。单击"确定"按钮，即可完成文字方向的设置。

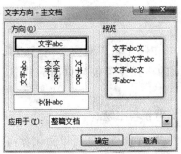

图 4-17　"首字下沉"对话框　　　　图 4-18　"文字方向"对话框

② 单击"页面布局"选项卡"页面设置"组右下角的对话框启动器，弹出"页面设置"对话框，选择"文档网格"选项卡，在其中进行设置。

（2）竖排部分文本

将该部分文字剪切到文本框中，选择此文本框，单击"页面布局"选项卡"页面设置"组中的"文字方向"按钮，弹出"文字方向"下拉列表，在该下拉列表中选择需要的文字方向格式，或者选择"文字方向选项"，选项，弹出"文字方向-主文档"对话框。

还有其他方法：选择文字，单击"插入"选项卡"文本"组中的"文本框"下拉列表中的"绘制竖排文本"选项，可使选择的文本竖排。

5．中文版式

在文档排版时，有些格式是中文特有的，称为"中文版式"。常用的中文版式包括：拼音指南、带圈字符、合并字符和双行合一等。

① 拼音指南：对中文文字加注拼音，如：湛江师范学院。

② 带圈字符：对文本设更多样式的边框，如：圈⑪⚠◈学园。

③ 合并字符：对 6 个以内的字符进行合并为一个符号，如：湛江师范学院。

④ 双行合一：在一行内显示两行文本，如：湛江师范学院。

设置中文版式的方式如下：

单击"开始"选项卡"字体"或"段落"组中的相应按钮设置所需格式。

6．分栏

分栏排版是一种新闻样式的排版方式，不但在报刊、杂志中被广泛采用，而且大量应用于图书等印刷品中。设置分栏的操作步骤如下：

　　① 选定需要分栏的段落

　　② 单击"页面布局"选项卡"页面设置"组中的"分栏"按钮，弹出"分栏"下拉列表，在该下拉列表中选择需要的分栏样式，如果不能满足用户的需要，可在该下拉列表中选择"更多分栏"选项，弹出"分栏"对话框，如图 4-19 所示。

　　③ 在对话框中设置栏数、宽度、间距和分隔线等，完成分栏。

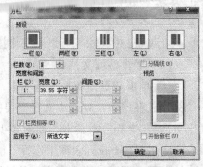

图 4-19　"分栏"对话框

4.4.3　页面格式设置

　　在 Word 中除了可以对文本进行格式设置，还可以对页面进行格式化，以增强文档的感染力。对页面的格式设置包括页面的背景与主题、页边距与纸张大小、文档分页或分节以及页眉页脚等。

　　1．页面背景与主题

　　对页面使用背景与主题可以美化页面在屏幕上的显示效果，但其效果并不能打印出来。

　　（1）页面背景的设置

　　单击"页面布局"选项卡"页面背景"组中的"页面颜色"按钮，弹出"主题颜色"下拉列表，在该下拉列表中选择需要的颜色，如果不能满足用户的需要，可在该下拉列表中选择"其他颜色"选项，弹出"颜色"对话框，单击标准配色盘中的颜色或使用自定义颜色。

　　（2）主题的设置

　　单击"页面布局"选项卡"主题"组中的"主题"按钮，弹出"主题"下拉列表，在该下拉列表中选择需要的主题，完成设置。

　　2．文档分页与分节

　　一般情况下，系统会根据纸张大小自动对文档分页，但是用户也可以根据需要对文档进行强制分页。除此之外，用户还可以对文档划分为若干节（如一本书中的每一章即是一节）。所谓的"节"，就是 Word 用来划分文档的一种方式。是文档格式化的最大单位。这样的划分更有利于在同一篇文档中设置不同的页眉、页脚等页面格式。

　　对文档进行强行分页或分节，可以使用插入"分页符"与"分节符"的方法。分节符是为表示节的结束而插入的标记，在普通视图下，显示为含有"分节符"字样的双虚线，用删除字符的方法可以删除分节符。

　　插入分节符或分页符的方法：单击"页面布局"选项卡"页面设置"组中的"分隔符"按钮，弹出"分隔符"下拉列表，在该下拉列表中选择需要的分隔符，完成设置。

　　3．页眉和页脚

　　页眉和页脚位于文档中每个页面的顶部与底部区域，在进行文档编辑时，可以在其中插入文本或图形，如书名、章节名、页码和日期等信息。在文档中可自始至终用同一个页眉或页脚，也可在文档的不同节里用不同的页眉和页脚。

注意：只有在页面视图方式下，才会显示页眉和页脚。当选择了"页眉和页脚"命令后，Word 会自动转换到页面视图方式，同时显示"页眉和页脚工具"|"设计"选项卡，如图 4-20 所示。

图 4-20　页眉和页脚的设置

（1）设置普通页眉和页脚

① 单击"插入"选项卡"页眉和页脚"组中的"页眉"按钮，选择相应选项进入页眉编辑区，并打开"页眉和页脚工具"|"设计"选项卡，如图 4-20 所示。

② 在页眉编辑区中输入页眉内容，并编辑页眉格式。

③ 单击"页眉和页脚工具"|"设计"选项卡"导航"组中的"转至页脚"按钮，切换到页脚编辑区。

④ 在页脚编辑区输入页脚内容，并编辑页脚格式。

⑤ 设置完成后，单击"页眉和页脚工具"|"设计"选项卡"关闭"组中的"关闭页眉和页脚"按钮，返回文档编辑窗口。

（2）设置奇偶页不同的页眉和页脚

在没有分节的情况下，页眉和页脚的设置虽然只在文档的某页中完成，但是实际会影响该文档的每一页，即每一页都会添加上相同的页面和页脚。所以，如果用户需要编辑的文档要求奇数页与偶数页具有不同的页眉或页脚时，应在"页眉和页脚工具"|"设计"选项卡的"选项"组中选中"奇偶页不同"复选框。

（3）设置不同节的页眉和页脚

为文档的不同部分建立不同的页眉和页脚，只需将文档分成多节，然后断开当前节和前一节页眉和页脚间的连接即可。

（4）设置页码

页码是页眉和页脚中使用最多的内容。因此，可以在设置页眉和页脚时通过单击"页眉和页脚工具"|"设计"选项卡"页眉和页脚"组中的"页码"按钮添加页码。另外，如果在页眉或页脚中只需要包含页码，而无须其他信息，还可以使用插入页码的方式，使页码的设置更为简便，其具体操作步骤如下：

① 单击"插入"选项卡"页眉和页脚"组中的"页码"按钮，在弹出的下拉列表中选择"设置页码格式"选项，弹出"页码格式"对话框。

② 在该对话框中可设置所插入页码的格式。

③ 单击"确定"按钮，完成页码设置。

4．页面设置

对文档页面的设置会直接影响到整篇文档的打印效果，包括页边距的设置、纸张的设置、版式的设置和文档网格的设置等。这些操作都可以在"页面设置"对话框的 4 个选项卡中完成。打开该对话框的方法为：单击"页面布局"选项卡"页面设置"组右下角的对话框启动器，弹出"页面设置"对话框。

5．水印的设置

对于企业的一些重要的文档，在其创建完成以后，为了避免员工在使用过程当中不经意泄密，可以通过添加水印的方式提醒用户多加留意。单击"页面布局"选项卡"页面背景"组中的"水印"按钮，在弹出的下拉列表中选择"自定义水印"选项，可以自定义图片或文字水印。

4.5　Word 中的表格处理

相对于大段文字的密集性，表格可以使输入的文本更清晰明朗。Word 表格由包含多行和多列的单元格组成，在单元格中可以随意添加文字或图形，也可以对表格中的数字数据进行排序和计算。

4.5.1　表格的创建

Word 提供了多种创建表格的方法，用户可以根据工作需要选择合适的创建方法：

① 单击"插入"选项卡"表格"组中的"表格"按钮，在弹出的下拉列表中拖动鼠标指针选择需要的行数和列数。

② 单击"插入"选项卡"表格"组中的"表格"按钮，在弹出的下拉列表中选择"插入表格"选项，弹出"插入表格"对话框，如图 4-21 所示。在对话框中设置列数与行数，完成表格创建。

③ 文字转换为表格：选定要转换成表格的文本，单击"插入"选项卡"表格"组中的"表格"按钮，在弹出的下拉列表中选择"文本转换成表格"选项，弹出"将文字转换成表格"对话框，创建该文本对应的表格，如图 4-22 所示。

图 4-21　"插入表格"对话框　　　　图 4-22　"将文字转换成表格"对话框

④ 手工绘制表格：对于不规则且较复杂的表格可以采用手工绘制。单击"插入"选项卡"表格"组中的"表格"按钮，在弹出的下拉列表中选择"绘制表格"选项，用笔形指针绘制表格框线。若要擦除框线，单击"擦除"按钮，待指针变为橡皮擦形，将其移动到要擦除的框线上单击即可。

⑤ 手工绘制斜线表头：Word 2010 版没有 2003 版中的"绘制斜线表头"功能，只能手工绘制。将光标定在单元格处，单击"表格工具"|"设计"选项卡"表格样式"组中的"边框"按钮，在弹出的下拉列表中选择"斜下框线"选项，可以把单元格一分为二，表头内的文字通过空格与回车定位。如果表头分三项，可以用绘制直线的方法，文字则用文本框定位。

4.5.2　表格的编辑

在 Word 文档中插入一个空表格后，将插入点定位在某单元格，即可进行表格内容输入。若想将光标移动到相邻的右边单元格可按【Tab】键，移动光标到相邻的左边单元格则可按【Shift + Tab】组合键。对于单元格中已输入的内容进行移动、复制和删除操作，与一般文本的操作相同。

1. 选定单元格、行、列或整个表格

如前所述，在对一个对象进行操作之前必须先将它选定，表格也是如此。

（1）选定单元格

① 单击单元格前端，即可选定一个单元格。

② 单击"表格工具"|"布局"选项卡"表"组中的"选择"→"选择单元格"选项。

（2）选定行或列

① 单击行左端或列上端位置，可以选定一行或一列。

② 单击"表格工具"|"布局"选项卡"表"组中的"选择"→"选择行"/"选择列"选项。

（3）选定整个表格

① 单击表格左上方的田按钮选定整个表格。

② 单击"表格工具"|"布局"选项卡"表"组中的"选择"→"选择表格"选项。

2. 插入行或列、单元格

（1）插入行或列

要插入的行数（或列数）是选定的行数（或列数）。

① 选定行后，单击"表格工具"丨"布局"选项卡"行和列"组中的"在上方插入"或"在下方插入"选项，或者右击选定的行，在弹出的快捷菜单中选择"插入"→"在上方插入行"或"在下方插入行"命令，即可在表格中插入所需的行。

小技巧：通过在右下单元格内单击然后按【Tab】可以快速在表格的末尾添加一行。

② 选定列后，单击"表格工具"丨"布局"选项卡"行和列"组中的"在左侧插入"或"在右侧插入"选项，或者右击选定的行，在弹出的快捷菜单中选择"插入"→"在左侧插入列"或"在右侧插入列"命令，即可在表格中插入所需的列。

（2）插入单元格

选定单元格后，单击"表格工具"丨"布局"选项卡"行和列"组中的对话框启动器，弹出"插入单元格"对话框。在该对话框中选择相应的单选按钮，如选中"活动单元格右移"单选按钮，单击"确定"按钮，即可插入单元格。

3．删除单元格、行或列

删除表格单元格、行或列的操作类似。需要区分的是删除的是这些单元格本身还是单元格里的内容，前者会去掉单元格本身，并以其他单元格来替代删除的单元格；后者只是删除单元格里的内容，单元格本身仍然存在。以行为例，这两种操作如下：

① 删除行：选定要删除的行，按【Backspace】键，或单击"表格工具"丨"布局"选项卡"行和列"组中的"删除"按钮，在弹出的下拉列表中选择"删除行"选项，或者右击选定的行，在弹出的快捷菜单中选择"删除行"命令，即可删除不需要的行。

② 删除行内文本：选定要删除内容的行，按【Delete】键。

4．合并与拆分单元格

（1）合并单元格

合并单元格是指将多个相邻的单元格合并为一个单元格。具体操作步骤如下：

① 选中要合并的多个单元格，单击"表格工具"丨"布局"选项卡"合并"组中的"合并单元格"按钮。

② 或者右击选定的单元格，在弹出的快捷菜单中选择"合并单元格"命令，即可清除所选定单元格之间的分隔线，使其成为一个大的单元格。

③ 单击"表格工具"丨"设计"选项卡"绘图边框"组中的"擦除"按钮，删除分隔框线也可以实现单元格的合并。

（2）拆分单元格

拆分单元格是指将一个单元格分为多个相邻的子单元格。具体操作步骤如下：

① 选定要拆分的一个或多个单元格，单击"表格工具"丨"布局"选项卡"合并"组中的"拆分单元格"按钮，在弹出的对话框中选择拆分后的小单元格数目。

② 右击欲拆分的单元格，在弹出的快捷菜单中选择"拆分单元格"命令，在弹出的对话框中选择拆分后的小单元格数目。

③ 单击"表格工具"丨"设计"选项卡"绘图边框"组中的"绘制表格"按钮，添加分隔框线也可以实现单元格的拆分。

4.5.3　表格的修饰

表格的修饰是指调整表格的行、列宽度，设置表格的边框、底纹效果，设置表格对齐等属性，使表格更清晰、美观。

1．表格的大小、行高与列宽

（1）调整表格的大小

① 用鼠标拖动表格的边框进行调整。

② 拖动表格右下角的调整按钮，成比例调整表格大小。

③ 在"表格工具"|"布局"选项卡的"单元格大小"组中设置表格的行高和列宽，或者右击表格，在弹出的快捷菜单中选择"表格属性"命令，弹出"表格属性"对话框，在其中设置表格尺寸，如图 4-23所示。

（2）调整表格的行高与列宽

如果没有指定表格的行高与列宽，则行高与列宽取决于该行或列中单元格的内容。用户也可以根据需要自行调整行高或列宽。

① 用鼠标拖动该行或列的边线进行调整。

② 用鼠标拖动标尺上对应的"调整表格行（列）"标记进行调整。

图 4-23　"表格属性"对话框

③ 在"表格工具"|"布局"选项卡的"单元格大小"组中设置表格行高和列宽，或者右击表格，在弹出的快捷菜单中选择"表格属性"命令，弹出"表格属性"对话框，选择"行"选项卡，选中"指定高度"复选框，并在其后的微调框中输入相应的行高值；选择"列"选项卡，选中"指定宽度"复选框，并在其后的微调框中输入相应的列宽值。

（3）均分表格的各行与各列

在规则表格中，经常要使多行或多列具有相同的高度或宽度，Word 提供的平均分布按钮可以帮助用户简单地解决这个问题。其操作为：选定需要平均分布的行或列并右击，在弹出的快捷菜单中选择"平均分布各行（列）"命令，或单击"表格工具"|"布局"选项卡"单元格大小"组中的"分布行（分布列）"按钮。

2．单元格中文本的对齐

单元格中的文本根据实际情况，需要不同的对齐方式，如标题一般在单元格正中间，数据文本在单元格右端。改变表格单元格中文本的对齐方式，可以使表格数据更明显。其具体操作为：在"表格工具"|"布局"选项卡的"对齐方式"组中设置文本的对齐方式。

3．表格的边框与底纹

为了使表格更美观，表格各部分数据更明显，可以对表格边框设置不同颜色或粗细的框线，也可为各行或列添加底纹。

（1）设置表格边框

单击"表格工具"|"设计"选项卡"表格样式"组中的"边框"按钮，或者右击表格，在

弹出的快捷菜单中选择"边框和底纹"命令，弹出"边框和底纹"对话框，选择"边框"选项卡，在"设置"选项区域中选择相应的边框形式；在"样式"列表框中设置边框线的样式；在"颜色"和"宽度"下拉列表框中分别设置边框的颜色和宽度；在"预览"选项区域中设置相应的边框或者单击"预览"选项区域左侧和下方的按钮；在"应用于"下拉列表框中选择应用的范围。

（2）设置表格底纹

单击"表格工具"｜"设计"选项卡"表样式"组中的"底纹"按钮，在弹出的下拉列表中设置表格的底纹颜色，或者选择"其他颜色"选项，弹出"颜色"对话框，在其中可选择其他的颜色。

4. 设置表格属性

表格属性包括表格、行、列和单元格的属性，可以在"表格属性"对话框中进行设置。单击"表格工具"｜"布局"选项卡"单元格大小"组中的对话框启动器，打开该对话框。

① 表格：设置表格的尺寸、对齐方式和文字环绕方式。

② 行或列：设置行或列的尺寸及特殊行选项。

③ 单元格：设置单元格尺寸及对齐方式。

5. 表格自动套用格式

为了方便用户进行一次性的表格格式设置，Word 提供了 40 多种已定义好的表格格式，用户可通过套用这些格式，快速格式化表格。其操作方法为：单击"表格工具"｜"设计"选项卡"表格样式"组中的"其他"按钮，在弹出的"表格样式"下拉列表中选择表格的样式，如图 4-24 所示。表格样式的颜色等与"页面布局"选项卡"主题"组中的主题有关。

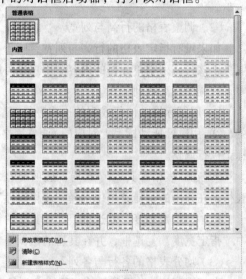

图 4-24　表格样式下拉列表

4.5.4　表格的排序与计算

1. 表格的排序

在 Word 表格中，可以按照递增或递减的顺序对文本、数字或其他数据进行排序。其中，递增称为"升序"，即按 A 到 Z，0 到 9，日期的最早到最晚进行排列；递减称为"降序"，即按 Z 到 A，9 到 0，日期的最晚到最早进行排列。

排序的具体操作步骤如下：

① 单击"表格工具"｜"布局"选项卡"数据"组中的"排序"按钮，弹出"排序"对话框，如图 4-25 所示。

② 选择所需的排序条件，即排序依据的顺序：主要关键字、次要关键字和第三关键字。

③ 单击"确定"按钮，完成排序操作。

2．表格的计算

Word 提供了在表格中快速进行数值的加、减、乘、除及求平均值等计算的功能。参与计算的数可以是数值，也可以是以单元格名称代表的单元格内容。

表格中的每个单元格按"列标行号"的格式进行命名，列标依次用 A、B、C、……等字母表示，行号依次用 1、2、3、……等数字表示，如 B3 表示第 3 行第 2 列的单元格。

表格中的计算有两种方式：

① 单击"表格工具"|"布局"选项卡"数据"组中的"自动求和"按钮，对选定范围内或附近一行（或一列）的单元格求累加和。

② 单击"表格工具"|"布局"选项卡"数据"组中的"公式"按钮，弹出"公式"对话框，在其中进行更多复杂运算。

【例】在某班级学生成绩表中，计算 B3 到 D3 单元格内存放的各成绩的平均值，并保留两位小数。

① 将插入点定位在要存放结果的单元格，打开"公式"对话框。

② 在"公式"列表框中清除默认公式"Sum(Left)"；在"粘贴函数"下拉列表框中选择 AVERAGE 函数，在"公式"文本框相应位置输入自变量"B3:D3"，表示计算平均值的单元格地址区域，在"数字格式"列表框中选择保留两位小数的数字格式，图 4-26 所示为实现该功能的设置。

图 4-25　"排序"对话框

图 4-26　表格公式计算

单击"确定"按钮，Word 就会自动计算出平均成绩。

③ 但是，在 Word 表格中，对多项重复的计算没有捷径，必须重复使用上述步骤依次计算。而更方便的计算，用户可以在 Excel 电子表格中进一步感受。

4.6　Word 中的图文混排

Word 为用户提供了完善的图形绘制工具和图片工具，利用这些工具可以实现文档的图文混排效果，以增加文档的可读性，使文档更为生动有趣。图文混排中的图，有两种基本形态：图形与图片，除此之外，艺术字、文本框和公式等对象的实质也是图形或图片。

4.6.1 图形的绘制与处理

Word 提供的绘图工具可以为用户绘制多种简单图形，如线条、五星等。这些工具集中在"插入"选项卡的"插图"组和"图片工具"|"格式"选项卡中。

1．绘图画布

绘图画布是 Word 在用户绘制图形时自动产生的一个矩形区域。它包容所绘图形对象，并自动嵌入文本中。绘图画布可以整合其中的所有图形对象，使之成为一个整体，以帮助用户方便地调整这些对象在文档中的位置。

2．绘图图形

单击"插入"选项卡"插图"组中的"形状"按钮，选择要绘制的形状，将鼠标指针移动到绘图画布中，指针显示为十字形，在需要绘制图形的地方按住左键进行拖动，就可以绘制出图形对象了。

3．在图形中添加文字

在图形中可以添加文字，并设置其格式。操作方法为：右击图形对象，在弹出的快捷菜单中选择"添加"命令，在显示的插入点位置就可以添加文字了。

4．移动、旋转和叠放图形

① 移动图形：单击图形对象，当光标变为十字箭头时，拖动图形即可移动其位置。

② 旋转图形：单击图形对象，图形上方出现绿色按钮，拖动该按钮，鼠标指针变为圆环状，就可以自由旋转该图形了。

③ 叠放图形：画布中的图形相互交叠，默认后绘制的图形在最上方，用户也可以自由调整图形的叠放位置。右击图形对象，在弹出的快捷菜单中选择"置于顶层"或"置于底层"命令，在级联子菜单中选择该图形的叠放层次。

5．设置图形尺寸、颜色

① 改变图形大小：单击图形对象，拖动其四周的 8 个控制点，改变图形大小。

② 设置图形颜色：单击图形对象，单击"绘图工具"|"格式"选项卡"形状样式"组中的相应按钮可以分别为图形修改填充颜色、修改图形的边框线条及线条颜色、线条粗细等。

6．设置图形阴影效果

对于图形对象，巧妙搭配色彩、阴影，可以使图形更生动。其设置方法为：选中图形对象，单击"绘图工具"|"格式"选项卡"形状样式"组中的"形状效果"下拉按钮，在"阴影"的级联子菜单中选择一种阴影样式，即可为图形设置阴影效果；选择"阴影选项"选项，弹出"设置形状格式"对话框，在其中可设置图形阴影的颜色及阴影的其他选项。

7．设置图形棱台效果

图形的棱台效果也就是三维效果，使图形更加形象逼真。其设置方法为：选择图形，单击"绘图工具"|"格式"选项卡"形状样式"组中的"形状效果"下拉按钮，在"棱台"的级联子菜单中选择一种棱台样式，选择"三维旋转选项"选项，弹出"设置形状格式"对话框，结合三维格式与三维旋转设置，设计效果更好。

4.6.2　图片的插入与编辑

图片通常是由其他软件创建的，如位图文件、扫描的照片、剪贴画等。

1. 插入剪贴画或图片

（1）插入剪贴画

Office 为用户提供了内容丰富的"Microsoft 剪贴库"，其中包含剪贴画、声音和图像等内容。剪贴画是以文件形式存储的图片，其扩展名为".wmf"。用户可以在 Word 中调出并使用剪贴画。

插入剪贴画的操作方法为：定位插入点，单击"插入"选项卡"插图"组中的"剪贴画"按钮，打开"剪贴画"任务窗格。在"搜索文字"文本框中输入剪贴画的相关主题或类别；在"结果类型"下拉列表框中选择文件类型。单击"搜索"按钮，显示相关主题的剪贴画。单击选中的剪贴画，即可将其插入到文档中。

（2）插入图片文件

剪贴库和绘图工具可以满足大多数用户的要求，但有时需要在文档中加入其他图形软件生成的文件。插入图片文件的操作方法为：定位插入点，单击"插入"选项卡"插图"组中的"图片"按钮，弹出"插入图片"对话框，找到并双击所需图片文件名称，即可将其插入到文档中。

（3）链接图片文件

如果需要的图片文件过大，用户也可以采用链接图片文件的方式使用该图片。链接的图片不是整体插入到文档中，只是在打开文档时通过链接地址临时调入文档中，因此，若图片文件被删除或重命名，文档中就不能正确显示该图片。

链接图片文件的方法与插入图片文件类似，只是在"插入图片"对话框中选定所需图片文件名称后，单击"插入"按钮旁的下拉按钮，在弹出的下拉菜单中选择"链接到文件"命令即可。

2. 编辑剪贴画或图片

（1）图片的缩放

① 单击选定图片，将鼠标指针移动到任意一个控制柄上，待指针形状变为双向箭头，就可以拖动鼠标改变图片大小。

② 选定图片，在"图片工具"|"格式"选项卡"大小"组中精确设置图片大小。

③ 选定图片并右击，在弹出的快捷菜单中选择"大小和位置"命令，弹出"布局"对话框，也可精确设置图片大小，如图 4-27 所示。

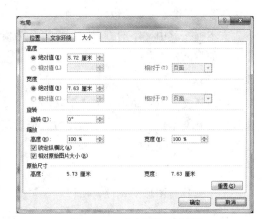

图 4-27　"布局"对话框

（2）图片的裁剪

裁剪图片并不等于删除部分图片，用户仍可以通过"重设图片"恢复图片原状。但"压缩图片"后不可再恢复。图片裁剪的操作方法有以下两种。

① 选定图片，单击"图片工具"|"格式"选项卡"大小"组中的"裁剪"按钮，拖动控制柄，划过的区域就是被裁剪掉的部分。

② 选择图片并右击，在弹出的快捷菜单中选择"设置图片格式"命令，弹出"设置图片格式"对话框，选择"裁剪"选项卡，在其中精确设置裁剪数值。

（3）图片的环绕

在 Word 中图片的环绕方式默认为"嵌入型"。用户也可以根据实际需要设置其他环绕类型：四周型、紧密型、衬于文字下方、浮于文字上方等。操作方法有以下两种。

① 选定图片，单击"图片工具"｜"格式"选项卡"排列"组中的"自动换行"按钮，选择环绕类型；或单击"位置"按钮，图片以 Word 2010 定好的位置放在文本中。

② 选定图片并右击，在弹出的快捷菜单中选择"自动换行"命令，在其级联菜单中选择环绕方式。

4.6.3　艺术字的插入与编辑

艺术字是进行特殊效果处理后的文字，在 Word 中，其实质是一种图形。所以，艺术字的插入和编辑与图形的绘制和编辑基本相同，不但可以设置颜色、字体格式，还可以设置形状、阴影和三维效果等效果。具体操作步骤如下：

① 插入艺术字：定位插入点，单击"插入"选项卡"文本"组中的"艺术字"按钮，在下拉列表中选择艺术字样式，在弹出的文本框中输入文字。

② 输入完毕后选择文字，利用"开始"选项卡可修改文字的字体字号等。

③ 若需要编辑已有艺术字，选择该艺术字，单击"绘图工具"｜"格式"选项卡"艺术字样式"组中的相应按钮，更改艺术字的文字填充色、文字轮廓、文本效果等。如果单击了"形状样式"组中的相应按钮，是更改艺术字文本框的填充色、文本框线轮廓、形状效果。

4.6.4　文本框的插入与编辑

文本框是一种特殊的图形对象，它如同一个容器，可以包含文档中的任何对象，如文本、表格、图形或它们的组合。它可以被置于文档的任何位置，也可以方便地进行缩小、放大等编辑操作，还可以像图形一样设置阴影、边框和三维效果。需要注意的是：文本框一般在页面视图下创建和编辑。

文本框按其中文字的方向不同，可分为横排文本框和竖排文本框两类。其创建与编辑的方法相同，如下所示。

1．创建文本框

创建新文本框：单击"插入"选项卡"文本"组中的"文本框"按钮，在弹出的下拉列表中选择"绘制文本框"选项，在指定位置拖动鼠标指针到所需大小即可插入空白文本框。在文本框插入点处可进一步编辑文本框内容。

2．编辑文本框

文本框具有图形的属性，所以其编辑方法与图形的编辑类似。对文本框的格式设置方法：选定要设置的文本框，单击"绘图工具"｜"格式"选项卡"形状样式"组，与图形一样，可以修改文本框的填充色、边框线条及颜色等；不同于图形的是，文本框的"格式"选项卡中"艺术字样式"组可用，也就是说，选择一种艺术字样式，文本框内的文字就被设置成艺术字了。

3．链接文本框

文本框不能随着其内容的增加而自动扩展，但可通过链接多个文本框，使文字自动从文档一个部分编排至另一部分，即在一个文本框内显示不下的文本，能继续在被链接的第二个文本框中显示出来，而无须人为干预。

链接各文本框的操作方法为：绘制两个以上的文本框。单击第一个文本框，单击"绘图工具"|"格式"选项卡"文本"组中的"创建链接"按钮，则鼠标指针变为罐状指针，用罐状指针单击第二个文本框，则在两个文本框间建立了链接。如果还想链接第三个文本框，可单击第二个文本框，然后单击"绘图工具"|"格式"选项卡"文本"组中的"创建链接"按钮，并用罐状指针单击第三个文本框。以此类推，用户可链接多个文本框。在文本框间建立链接后，当向一个文本框输入文本时，如果该文本框已满，则输入的文本会自动流向链接的下一个文本框。

注意：①被链接的文本框必须是空的，才能与其他文本框建立链接。②如果误单击了"创建链接"按钮，可以按【Esc】键，取消创建链接的操作。③如果在链接之后又想撤销，可以单击一个有下层链接的文本，然后单击"绘图工具"|"格式"选项卡"文本"组中的"断开链接"按钮，即可断开与该文本框建立链接的所有文本框。

4.7　Word 的高级应用

4.7.1　样式与模板

1. 样式

用户在对文本进行格式化设置时，经常需要对不同的段落设置相同的格式。针对这种繁杂的重复劳动，Word 提供了样式功能，从而可以大大提高工作效率。另外，对于应用了某样式的多个段落，若修改了样式，这些段落的格式会随之改变，这有利于构造大纲和目录等。

（1）样式的概念

样式是一组已命名的字符和段落格式设置的组合。根据应用的对象不同，可分为字符样式和段落样式。字符样式包含了字符的格式，如文本的字体、字号和字形等；段落样式则包含了字符和段落的格式及边框、底纹、项目符号和编号等多种格式。

（2）查看和应用样式

Word 中，存储了大量的标准样式。用户可以在"开始"选项卡"样式"组中的"样式"列表框中查看当前文本或段落应用的样式。

应用样式时，将会同时应用该样式中的所有格式设置。其操作方法为：选择要设置样式的文本或段落，单击"样式"列表框中的样式名称，即可将该样式设置到当前文本或段落中。

（3）创建新样式

单击"开始"选项卡"样式"组右下角的对话框启动器，弹出样式窗格，单击左下角的"新建样式"按钮，弹出"新建样式"对话框，在其中设置样式名称、样式类型或更多格式选项，单击"确定"按钮完成样式创建。

（4）管理样式

① 修改样式：打开的"样式"窗格和上述方法一样，右击准备修改的样式，在弹出的快捷菜单中选择"修改"命令，在打开的"修改样式"对话框中进行修改。

② 删除样式：在打开的"样式"窗格中右击准备删除的样式，在弹出的快捷菜单中选择"删除"命令即可。当样式被删除后，应用此样式的段落自动应用"正文"样式。

2. 模板

Word 模板是指 Microsoft Word 中内置的包含固定格式设置和版式设置的模板文件，用于帮助用户快速生成特定类型的 Word 文档。例如，在 Word 2010 中除了通用型的空白文档模板之外，中还内置了多种内容的文档模板，如博客文章模板、书法模板等。另外，Office 网站还提供了证书、奖状、名片、简历等特定功能模板。借助这些模板，用户可以创建比较专业的 Word 2010 文档。

（1）根据模板创建文档

Word 创建的任何文档都是以模板为基础的，如默认情况下的"空白文档"使用的是 Normal.dotx 模板。

用户如果需要使用其他模板创建文档，可以单击"文件"菜单，选择"新建"命令，右侧将显示已安装的模板，在"可用模板"中选择需要的文档模板，单击"创建"按钮，即可根据已安装的模板创建新文档。

（2）根据文档创建模板

除了使用 Word 提供的模板，用户也可以把一个已存在的文档创建为模板。用户只需要在保存文件时将"保存类型"设置为"Word 模板（.dotx）"进行保存，就可以创建一个新模板。

（3）创建书法字帖

中国的书法艺术与京剧、武术、针灸是国际上公认的四大国粹。书法艺术从古至今，时刻散发着古老艺术的魅力，为一代又一代人们所喜爱。

但在现实生活中，每个人性格的不同使得爱好各异。同样一本字帖，也许有的人临摹起来得心应手，而有的人临摹起来却寸步难行。目前各种风格类型的字帖非常多，怎么知道哪个是最符合自己使用的呢？使用 Microsoft Office Word 提供的"书法字帖"功能，可以灵活地创建字帖文档，自定义字帖中的字体颜色、网格样式、文字方向等，然后将它们打印出来，这样就可以获得符合自己的书法字帖，从而提高自己的书法造诣。

单击"开始"选项卡，选择"新建"命令，在"可用模块"选项区域，选择"书法字帖"选项，单击"创建"按钮，弹出"增减字符"对话框（见图 4-28）。在"书法字体"下拉列表框或"系统字体"下拉列表框中，选择要使用的字体类型。

在 Word 2010 中包含了 11 种书法字体类型。由于书法字体中所提供的字符数是有限的，因此用户也可以使用系统字符生成各种古诗词或文章的书法字帖加以练习，从而有效地避免了某些字符找不到的麻烦。

在"排列顺序"下拉列表框中选择字符排序的顺序。若选择"根据发音"排序，用户可以按照汉语拼

图 4-28 "增减字符"对话框

音去查找字符；若选择"根据形状"排序，用户可以选择特定偏旁部首的字符，有规则和针对性地练习某些偏旁部首。

在"可用字符"列表框中选择要制作字帖的文字内容。单击"添加"按钮，添加到"已用字符"列表框中。

单击"关闭"按钮，将选择的字符添加到文档中，同时打开"书法"工具栏。

单击"增减字符"按钮，可以在"增减字符"对话框中任意修改文档中的字符。

4.7.2　目录与索引

1．文档的纲目结构

论文、著作等长文档都是由多个章节组成的，为了方便编撰，常采用纲目结构呈现。所谓纲目结构，就是文档按文字级别划分为多级标题样式和正文样式。在 Word 提供的大纲视图下，纲目结构能为用户清晰地建立、查看或更方便地调整文档的章节顺序，也可以便捷地自动生成全文目录。

在大纲视图中建立或调整纲目结构主要是通过单击"引用"选项卡"目录"组中的相应按钮完成。

2．目录

一篇文档若已设置好了纲目结构，就无须用户手动录入目录，而可以使用 Word 提供的目录功能对各级标题自动生成目录。其方法为：把光标移动到文章最开头要插入目录的空白位置，选择"引用"选项卡"目录"组中的"目录"下拉列表中的"插入目录"选项，弹出"目录"对话框，如图 4-29 所示。在"目录"选项卡中设置目录格式即可。

若要通过目录查找指定正文，可以在按住【Ctrl】键的同时，单击该目录标题，光标就会定位到该标题对应的正文处。若需要更新目录，则可以右击目录，在弹出的快捷菜单中选择"更新域"命令。

3．索引

所谓索引，是指根据用户需要，把文档中的主要概念或各种题名摘录下来，标明页码，按一定次序分条排列，以供用户查阅。索引一般放在文档最后，建立索引就是为了方便在文档中查找某些信息。

索引在创建之前，应该首先标记文档中的词语、单词和符号等索引项。具体操作步骤如下：

① 选定要作为索引项使用的文本，单击"引用"选项卡"索引"组中的"标记索引项"按钮，弹出"标记索引项"对话框，如图 4-30 所示。

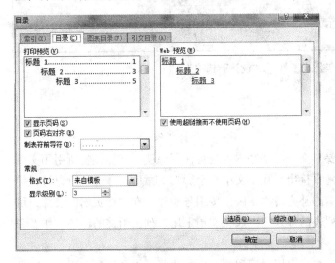

图 4-29　"目录"对话框

图 4-30　"标记索引项"对话框

② 分别选择各索引项文本，单击"标记"或"标记个部"按钮，完成索引项建立。

所有索引项标记完成后，单击"引用"选项卡"索引"组中的"插入索引"按钮，弹出"索引"对话框（见图4-31），在"索引"选项卡中设定索引样式，即可完成整个索引的建立。

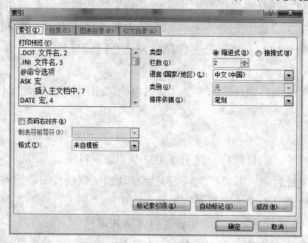

图4-31 "索引"对话框

4.7.3 公式编辑器

利用公式编辑器（Equation Editor）可方便地实现数学公式、数学符号的编辑，并能自动调整公式中各元素的大小、间距以及进行格式编排。产生的数学公式其实质是一个小图片，所以也可以用图形处理方法进行编辑。

公式编辑的具体操作步骤如下：

定位插入点到待添加公式的位置，单击"插入"选项卡"符号"组中的"公式"按钮，选择"插入新公式"选项，弹出"公式工具"|"设计"选项卡，如图4-32所示。

图4-32 "公式工具"|"设计"选项卡

4.7.4 脚注、尾注、修订与批注

1. 脚注与尾注

在编写书籍或撰写论文时，经常需要对文中的某些内容进行注释说明，或标注出所引用文章的相关信息。而这些注释或引文信息若是直接出现在正文中则会影响文章的整体性，所以可以使用脚注和尾注功能进行编辑。作为对文本的补充说明，脚注按编号顺序写在文档页面的底部，可以作为文档某处内容的注释；尾注是以列表的形式集中放在文档末尾，列出引文的标题、作者和出版期刊等信息。

脚注和尾注由两个关联的部分组成：注释引用标记和其对应的注释文本，注释引用标记通常以上标方式显示在正文中。插入脚注和尾注的操作步骤如下：

① 定位插入点到要插入脚注和尾注的位置。

② 单击"引用"选项卡"脚注"组右下角的对话框启动器，弹出"脚注和尾注"对话框，如图 4-33 所示。

③ 若选中"脚注"单选按钮，则可以插入脚注；若选中"尾注"单选按钮，则可以插入尾注。

④ 单击"确定"按钮后，就可以在出现的编辑框中输入注释文本。

输入脚注或尾注文本的方式会因文档视图的不同而有所不同。如果要删除脚注或尾注，只需直接删除注释引用标记，Word 可以自动删除对应的注释文本，并对文档后面的注释重新编号。

图 4-33　"脚注和尾注"对话框

2. 修订

修订是指显示文档中所做的各种编辑更改的位置的标记。用户可以通过单击"审阅"选项卡"修订"组中的"修订"按钮，启用修订功能。

当修订功能开启后，用户的每一次插入、删除或是格式更改都会被标记出来。在查看修订时，用户也可以选择接受或拒绝每处修改，方法为：右击修订的文本，在弹出的快捷菜单中选择"接受"或"拒绝"命令即可。

3. 批注

在修改他人的文档时，审阅者需要在该文档中加入个人的修改意见，但又不能影响原文档的排版，这时可以使用"批注"的方法。

插入批注的方法为：选定待批注的文本，单击"审阅"选项卡"修订"组中的"批注框"按钮，在出现的批注文本框中输入批注信息。

4.7.5　邮件合并

在日常工作中，用户经常需要处理大量报表或信件，而这些报表和信件的主要内容基本相同，只是其中的具体数据稍有不同。为了将用户从这种烦琐的重复劳动中解放出来，Word 提供了"邮件合并"功能。该功能可以应用在批量打印信封、批量打印请柬、批量打印工资条、批量打印学生成绩单或批量打印准考证等各方面，使用户的操作更为简便。

邮件合并需要包含两个文档：一个是由共有内容形成的主文档（如未填写的信封样本）；另一个是包括不同数据信息的数据源文档（如需要填写的收件人、发件人和邮编等数据信息）。所谓合并就是在相同的主文档中插入不同的数据信息，合成多个含有不同数据的类似文档。合并后的文件可以保存为 Word 文档，也可以打印出来，还可以以邮件形式发送出去。

执行邮件合并功能的操作步骤如下：

① 创建主文档，输入内容固定的共有文本内容。

② 创建或打开数据源文档，找到文档中不同的数据信息。

③ 在主文档的适当位置插入数据源合并域。

④ 执行合并操作，将主文档的固有文本和数据源中的可变数据按合并域的位置分别进行合并，并生成一个合并文档。

4.8 打印预览及打印

文档在编辑、修饰完毕后，通常要通过打印机打印输出，以供更多人查看。

4.8.1 打印预览

为了节省时间和避免过多的纸张浪费，用户在正式打印文档前，应按照设置好的页面格式进行文档预览。Word 提供的"打印预览"方式，就是系统为用户提供的预先观看打印效果的一种文档视图。它以所见即所得的方式，使用户可以在屏幕中查看最后的打印效果。

进行打印预览的方法：

单击"文件"菜单，选择"打印"命令，右侧即可显示预览窗口。

4.8.2 打印

文档排版完成并经打印预览查看满意后，便可以打印文档。

文档的成功打印必须得到硬件和软件的双重保证。对于硬件，要确保打印机已经连接到主机端口上，电源接通并开启，打印纸已装好；对于软件，要确保所用打印机的打印驱动程序已经安装好。用户可以通过控制面板中的"设备和打印机"选项查看软件的安装情况。

当上述准备工作就绪后，就可以通过单击"文件"菜单，选择"打印"命令，打开"打印"列表，在其中进行打印设置。

① 在"打印机"选项区域选择计算机中安装的打印机。

② 根据需要修改"份数"数值以确定打印多少份文档。

③ 在"页数"编辑框中，指定要打印的页码。

④ 在预览区域预览打印效果，确定无误后单击"打印"按钮正式打印。

小 结

本章概要介绍了几种常用文字处理软件及当前流行的 PDF 文档格式，并以 Word 为例介绍了 Word 的基础知识，介绍了在 Word 中建立与编辑文档以及文档格式化的基本操作，着重介绍了图文混排功能及表格的应用。最后介绍了 Word 中的图片编辑及文档的打印输出方式。

习 题

一、选择题

1. 在桌面上双击某 Word 文档，即是（　　　）。

    A. 仅是打开了 Word 应用程序窗口

    B. 仅是打开了该文档窗口

    C. 既打开 Word 应用程序窗口又打开了该文档窗口

    D. 以上说法均不正确

2. 打开 Word 文档一般是指（　　）。

　　A. 把文档的内容从内存中读入并显示出来

　　B. 为指定的文件开设一个新的、空的文档窗口

　　C. 把文档的内容从磁盘调入内存并显示出来

　　D. 显示并打印出指定文档的内容

3. 在 Word 中可以同时显示水平标尺和垂直标尺的视图方式是（　　）。

　　A. 普通视图　　　　　B. Web 版式视图　　　　C. 大纲视图　　　　D. 页面视图

4. Word 的剪贴板可以保存最近（　　）次复制的内容。

　　A. 1　　　　　　　　B. 6　　　　　　　　　　C. 12　　　　　　　D. 16

5. Word 提供的（　　）功能，可以大大减少断电或死机时由于忘记保存文档而造成的损失。

　　A. 快速保存文档　　　　　　　　　　　B. 自动保存文档

　　C. 建立备份文档　　　　　　　　　　　D. 为文档添加口令

6. 在 Word 中，不能设置文字的（　　）格式。

　　A. 倾斜　　　　　　　B. 加粗　　　　　　　　C. 倒立　　　　　　D. 加边框

7. 当一页已满而文档正继续被输入时，Word 将插入（　　）。

　　A. 硬分页符　　　　　B. 硬分节符　　　　　　C. 软分页符　　　　D. 软分节符

8. 若想控制段落的第一行第一个字的起始位置，应该调整（　　）。

　　A. 悬挂缩进　　　　　B. 首行缩进　　　　　　C. 左缩进　　　　　D. 右缩进

9. 下列操作中（　　）不能用于选定整个文档。

　　A. 按【Ctrl + A】组合键

　　B. 按住鼠标左键从文档头拖拽动文档尾

　　C. 将鼠标指针移入文本选定区，三击

　　D. 单击"开始"选项卡"编辑"组中的"选择"→"全选"选项

10. 在 Word 的"最近使用的文档"中可以显示最近打开过的文件，一般默认为（　　）。

　　A. 2 个　　　　　　　B. 3 个　　　　　　　　C. 4 个　　　　　　D. 5 个

11. 格式刷可以复制格式，若要对选中的格式重复复制多次，应（　　）格式刷进行操作。

　　A. 单击　　　　　　　B. 右击　　　　　　　　C. 双击　　　　　　D. 拖动

12. 在 Word 表格中，（　　）不能完成删除行的操作。

　　A. 选定一行，按【Delete】键

　　B. 选定一行，单击"剪切"按钮

　　C. 选定一行，按【Backspace】键

　　D. 选定一行，在快捷菜单中选择"删除行"命令

13. 在 Word2010 中，"开始"选项卡中的"段落"组中，水平对齐按钮不包括（　　）。

　　A. 左对齐　　　　　　B. 右对齐　　　　　　　C. 居中对齐　　　　D. 两端对齐

14. 单击"开始"选项卡"字体"组中的 U 按钮表示（　　）。

　　A. 对所选文字加下画线　　　　　　　　B. 对所选文字加底纹

　　C. 改变所选文字颜色　　　　　　　　　D. 对所选文字加边框

15. 在 Word 环境下，在文本中插入的文本框（　　）。

    A. 只能是横排的   B. 只能是竖排的

    C. 既可是横排的也可是竖排的   D. 可以任意角度排版

16. 调整图片大小可以拖动图片四周任一控制点，但只有拖动（　　）控制点才能使图片的长与宽等比例缩放。

    A. 左或右   B. 上或下   C. 四个角之一   D. 均不可以

17. 在 Word 中若要插入艺术字，可单击（　　）命令。

    A. "插入"选项卡→"艺术字"   B. "开始"选项卡→"艺术字"

    C. "插入"选项卡→"对象"→"艺术字"   D. "插入"选项卡→"文本"→"艺术字"

18. 若要设置打印输出时的页边距，应单击（　　）选项卡（　　）组中的"页边距"按钮。

    A. 开始　　页眉和页脚   B. 页面布局　　页面设置

    C. 引用　　页面设置   D. 视图　　页面设置

19. 若要设置文档的页眉页脚，应从（　　）选项卡中单击页眉页脚按钮。

    A. 格式   B. 编辑   C. 视图   D. 插入

20. 如果要在 Word 文档中插入数学公式，正确的操作是（　　）。

    A. 单击"开始"选项卡"符号"组中的"公式"按钮

    B. 单击"插入"选项卡"符号"组中的"公式"按钮

    C. 单击"插入"选项卡"符号"组中的"对象"按钮，在对话框中作相应选择，进入公式编辑窗口

    D. 以上的操作都不正确

二、填空题

1. 默认环境中，为防止意外关闭而造成文档丢失，正在编辑的文档每隔＿＿＿＿分钟就会自动保存一次。

2. 在 Word 中，能快速回到文档开头的快捷键是＿＿＿＿。

3. 在 Word 中，若想设置两行文本之间的行间距，应选择"开始"选项卡中的＿＿＿＿组，并打开相应的对话框。

4. Word 提供了若干模板，方便用户制作格式相同而具体内容不同的文档，模板文件的扩展名是＿＿＿＿。

5. 启动 Word 应用程序时，会自动创建一个空文档，其默认文件名是＿＿＿＿。

6. 在 Word 中，按＿＿＿＿键可以在"插入"与"改写"两种状态间切换。

7. 删除插入点左侧的一个字符可按＿＿＿＿键；删除插入点右侧的一个字符可按＿＿＿＿键。

8. 利用键盘完成复制操作时，应先选中要复制的文本，按＿＿＿＿组合键完成复制，再定位在目标位置，按＿＿＿＿组合键完成粘贴。

9. 文本框是一种特殊的＿＿＿＿，它如同一个容器，可以包含文档中的任何对象，如文本、表格、图形或它们的组合。

10. 在打印 Word 文档前，若要查看打印效果可以单击＿＿＿＿，选择"打印"命令。

三、判断题

1. 在 Word 中对文件的编辑进行了误操作，可使用"恢复"按钮进行恢复。 （　　）

2. Word 窗口中可以显示或隐藏标尺。 （　　）

3. 在 Word 中，修改某段文字的字体格式前，必须先选定该文字。　　　　　（　　）

4. 在 Word 文档中不能选定"列"字块。　　　　　　　　　　　　　　　（　　）

5. 在 Word 中，字的大小用"号"及"磅"两个单位来衡量，且五号字小于八号等。（　　）

6. 在 Word 应用程序中编辑的文档只能保存为".docx"文件。　　　　　　　（　　）

7. 在 Word 中，利用格式刷可以复制源文本的格式到新文本。　　　　　　（　　）

8. 保存一篇新建的 Word 文档时，默认的保存位置是"我的文档"文件夹。　（　　）

9. 选项卡的大小不能改变，其位置也不能移动。　　　　　　　　　　　（　　）

10. 若在 Word 中用【Delete】键删除了一段文本，则该文本将以临时文件形式放入回收站，用户可以在回收站中利用"还原"命令还原该文本。　　　　　　　　　　　（　　）

第 5 章 \ Excel 2010 电子表格软件

本章讲解

在实际工作中，用户经常需要处理大量相互关联的数据。电子表格软件就是用于管理和显示数据，并能对数据进行各种复杂运算、统计的一种表格软件。本章介绍了两种常见的电子表格软件 Excel 和 WPS 表格，并以 Microsoft Office Excel 为例，着重介绍了 Excel 的基本操作、公式与函数的应用及 Excel 的数据管理功能等。

学习目标

- 了解 Excel 的工作界面及特点。
- 能够创建 Excel 工作表。
- 掌握 Excel 图表的编辑。
- 掌握 Excel 中基本函数的应用。
- 熟练应用 Excel 的各种数据功能。

5.1 电子表格软件概述

5.1.1 Excel 简介

Microsoft Office Excel 是微软公司出品的 Office 系列办公软件中的一个组件，主要用于创建和编辑电子表格，进行数据的复杂运算、分析和预测，完成各种统计图表的绘制。另外，运用打印功能还可以将数据以各种统计报表和统计图的形式打印出来。目前，该软件广泛应用于金融、财务、企业管理和行政管理等各领域。

其主要功能如下所述。

1. 数据库的管理

Excel 作为一种电子表格工具，对数据库进行管理是其最有特色的功能之一。系统提供了大量的处理数据库的相关命令和函数，用户可以方便地组织和管理数据库。

2. 数据分析和图表管理

除了可以做一般的计算工作之外，Excel 还以其强大的功能、丰富的格式设置选项为直观化的数据分析提供了有效的途径。用户可以进行大量的分析与决策方面的工作，并对用户的数据进行优化。此外，还可以根据工作表中的数据源迅速生成二维或三维的统计图表，并对图表中的文字、图案、色彩、位置和尺寸等进行编辑和修改。

3．在一个单元格中创建数据图表

迷你图是 Excel 的新功能,可使用它在一个单元格中创建小型图表来快速发现数据变化趋势。这是一种突出显示重要数据趋势（如季节性升高或下降）的快速简便的方法，可节省大量时间。

4．快速定位正确的数据点

全新切片器功能。切片器功能在数据透视表视图中提供了丰富的可视化功能，方便动态分割和筛选数据以显示需要的内容。使用搜索筛选器，可用较少的时间审查表和数据透视表视图中的大量数据集，而将更多时间用于分析。

5．对象的链接和嵌入

利用 Windows 操作系统的链接和嵌入技术，用户可以将其他软件制作的内容，插入到 Excel 的工作表中。当需要更改图案时，只要在图案上双击，制作该图案的软件就会自动打开，修改或编辑后的图形也会在 Excel 中显示出来。

6．数据清单管理和数据汇总

可通过记录单添加数据用户或对清单中的数据进行查找和排序，并对查找到的数据自动进行分类汇总。

7．交互性强和动态的数据透视图

从数据透视图快速获得更多认识。可直接在数据透视图中显示不同数据视图，这些视图与数据透视表视图相互独立，可为数字分析和捕获最有说服力的视图。

5.1.2　WPS 表格简介

WPS 表格是金山软件公司出品的 WPS Office 系列办公软件中的一个组件，作为又一款使用率极高的电子表格软件，它与 Excel 深度兼容，并可以跨平台使用。与 Excel 相比，WPS 表格的主要特点如下所述。

1．伸展式编辑框

WPS 表格提供了伸展式编辑框，用户可根据实际需要控制编辑框是否展开。

2．数据分列

利用"数据分列"功能，用户可以根据单元格内文本间的固定分隔符号进行数据分隔，并重新保存到指定单元格。

3．数组公式

WPS 表格提供了数组公式，可以对一组或多组数据进行多次运算返回单个或一组结果，从而实现普通公式无法完成的复杂运算，极大地拓展了公式、函数的功能。

4．筛选排序

WPS 表格在筛选的基础上增加了排序功能，允许用户对已经筛选的数据清单进行排序，帮助用户更好地分析使用数据。

5．增强的图表功能

WPS 表格优化了图表功能，使用户从图表的创建到进一步的编辑再到最后的修饰都更为简便，从而能够更加灵活地制作出更多明晰美观的图表。

无论哪种电子表格软件，其实质都是方便用户对大量数据的处理，其操作有类似的地方。本书以 Excel 2010 为例，介绍电子表格软件的应用。

5.2 Excel 的基本操作

5.2.1 Excel 的启动与退出

1. 启动 Excel

Excel 的启动方法与 Word 的启动方法完全一致，同样可以通过以下几种方式完成：

① 从"开始"菜单中启动 Excel。

② 通过快捷方式图标启动 Excel。

③ 通过已存在的文档启动 Excel。

④ 开机自动启动 Excel。

2. 退出 Excel

Excel 的退出方法也与 Word 的退出方法完全一致，包括：

① 双击 Excel 工作窗口左上角的控制菜单图标。

② 单击 Excel 程序窗口右上角的"关闭"按钮。

③ 单击"文件"菜单，选择"退出"命令。

④ 按【Alt+F4】组合键。

5.2.2 Excel 的窗口组成及基本概念

1. Excel 的窗口界面

Excel 窗口与 Word 窗口基本相同，也由标题栏、快速访问工具栏、选项卡、文档编辑区、滚动条、状态栏等部分组成，如图 5-1 所示。

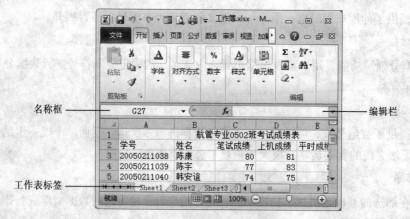

图 5-1　Excel 2010 工作界面

（1）名称框与编辑栏

名称框与编辑栏位于选项卡下方，文档编辑区上方。

　　① 名称框用以指示当前选定的各个对象，或快速定位单元格。

　　② 编辑栏用以显示或编辑单元格的内容、公式或图表。

　　（2）表格式的文档编辑区

　　① Excel 文档的每一个页面（即工作表）以二维表格的形式出现，且在工作区顶端及左侧，分别以字母或数字表示该表格的行与列的名称。

　　② 工作表下端（水平滚动条的左侧）为工作表标签，用以显示或切换工作表。

2. Excel 的基本概念

　　通过对 Excel 窗口界面的描述可以看出，一个 Excel 文档（即工作簿）由多个编辑页面（即工作表）组成，而每张编辑页面又由多行多列形成大量的方格（即单元格）组成。掌握工作簿、工作表和单元格的概念对熟练使用 Excel 非常重要。

　　（1）工作簿

　　所谓工作簿就是指在 Excel 中用来保存并处理数据的文件，即一个 Excel 文档，它的扩展名为".xlsx"。通常在启动 Excel 后，系统会自动建立一个默认名为"Book1.xlsx"的工作簿。一个工作簿最多包含 255 个工作表。单击"文件"菜单，选择"选项"命令，弹出"Excel 选项"对话框，选择"常规"选项，即可看到"包含的工作表数"范围是 1 至 255。

　　（2）工作表

　　工作簿中的每一张二维表格称为工作表，由行号、列标和网格线组成。每张工作表都有一个名称，显示在工作表标签上。默认情况下一个工作簿会自动创建 3 张工作表，并命名为 Sheet1、Sheet2 和 Sheet3，如图 5-1 所示。当然，用户也可以根据需要增加或删除工作表，或给工作表重命名。

　　工作表是一个由 1 048 576 行和 16 384 列组成的表格。位于其左侧区域的灰色编号为各行的行号，自上而下从 1 到 1 048 576，共 1 048 576 行；位于其上方的灰色字母为各列的列标，由左到右分别是"A—Z，AA—ZZ，AAA—XFD"，共 16 384 列。同时按键盘上的 Ctrl+四个小箭头键，就可以定位到最左、最右、最上和最下的单元格，看到行和列的最大值。

　　（3）单元格

　　工作表的各行与各列交叉形成的就是单元格，它是工作表的最小单位，也是 Excel 用于数据存储或公式计算的最小单位。一张工作表可包含 1 048 576 × 16 384 个单元格。在 Excel 中，通常用"列标行号"来表示某单元格，也被称为单元格地址或单元格名称，如"A3"表示该工作表中第 3 行第 1 列的单元格。

　　若某单元格周围显示为黑色粗线，则被称为活动单元格或当前单元格，表示当前显示、输入或修改的内容都会在该单元格中。此时，其行号、列标会突出显示，该单元格的名称也会出现在名称框中，且框线右下角为一个黑色小方块，称为填充柄。将鼠标指向填充柄时，鼠标的形状变为黑十字，用于快速向邻近单元格填充数据。

　　当选择一个区域后，输入任何数据，按【Ctrl+Enter】组合键，此数据会填充至整个区域。

5.2.3　Excel 中数据的输入

　　在单元格中输入数据有多种方法。例如，可以通过手工单个输入，可以利用 Excel 提供的系统功能在单元格中自动填充数据或在多张工作表中输入相同数据，还可以在相关的单元格或区域之间建立公式或引用函数，完成计算结果数据的输入。

1．一般数据的输入

在 Excel 中，数据根据性质不同可分为数值型数据、文本型数据、日期型数据和逻辑型数据等几种。各种数据的输入方法大致相同：在选定的单元格中输入所需数据，再按【Enter】键或单击编辑栏中的"输入"按钮✓确认输入；或按【Esc】键或单击编辑栏中的"取消"按钮✗取消输入。但不同类型的数据也有各自的特性。

（1）数值型数据

数值型数据由数字、正负号和小数点等构成，在单元格中默认为右对齐，需要注意：

① 科学记数法数据：格式为"尾数 E 指数"，如"3.6E+04"表示 36000。

② 负数：可直接输入负号后跟数字，也可用括号将数字括起，如"–5"和"(5)"都表示–5。

③ 分数：在单元格内显示为"分子/分母"格式，在编辑栏中显示为该分数对应的小数数值。输入时先输入整数部分和空格，再输入分子/分母，否则将会显示为文本类型或时间日期类型。如"0 1/5"表示 1/5，即 0.2；"1 3/4"表示 1.75。

（2）文本型数据

文本型数据由字母、符号和数字等构成，在单元格中默认为左对齐，需要注意：

① 纯数字式文本数据：许多数字在使用时不再代表数量的大小，而是用于表示事物的特征和属性，如学生的学号。这些数据就是由数字构成的文本数据，在输入时应先输入"'"再输入数字，如"'3277654"（在单元格内单引号不会显示出来）。

② 单元格内文本换行：在 Excel 中，按【Enter】键表示确认输入，所以若要在同一个单元格内换行应按【Alt + Enter】组合键。

2．自动填充

（1）规律数据填充

① 对于纯数值或不含数字的纯文本，直接拖动填充柄即可将相同的数据复制到鼠标经过的单元格里。

② 对于含有数字的混合文本，按住【Ctrl】键再拖动填充柄即可。

（2）按序列直接填充数据

① 对于含有数字的文本，直接拖动填充柄即可使文本不变，数字按自然数序列填充。

② 对于数值数据，Excel 能预测填充趋势，然后按预测趋势自动填充数据。例如，在单元格 A2、A3 中分别输入学号 20070821001 和 20070821002，选中 A2、A3 单元格区域，再往下拖动填充柄时，Excel 判定其满足等差数列，因此，会在下面的单元格中依次填充 20070821003、20070821004 等值。

（3）利用菜单命令填充数据

① 选定序列初始值，按住鼠标右键拖动填充柄，在松开鼠标后，会弹出快捷菜单，包括"复制单元格""填充序列""值填充格式""不带格式填充""等差序列""等比序列"和"序列"等命令，单击选择即可。

② 单击"开始"选项卡"编辑"组中的"填充"按钮，在其下拉列表中有"向下""向右""向上""向左""两端对齐"和"系列"等选项，选择不同的命令可以将内容填充至不同位置的单元格中。

（4）采用自定义序列自动填充数据

虽然 Excel 自带有一些填充序列，如"星期一"到"星期日"等，但用户也可以通过工作表中现有的数据项或自己输入一些新的数据项来创建自定义序列。其操作可以通过单击"开始"选项卡"编辑"组中的"排序和筛选"按钮，在 "排序和筛选"下拉列表中选择"自定义序列"选项。

① 添加自定义序列：在选择"自定义排序"选项后，弹出"排序"对话框，在"次序"下拉列表框中选择"自定义序列"选项，在"自定义序列"对话框中选择"新序列"选项，然后在"输入序列"文本框中输入要定义的序列，最后单击"添加"按钮。

② 更改自定义序列：选中要更改的序列，在"输入序列"文本框中进行改动。

③ 删除自定义序列：选中要删除的序列，单击"删除"按钮。

5.2.4　单元格的编辑与修饰

编辑单元格包括对单元格及单元格内数据的编辑，如修改单元格内容、移动或复制单元格以及插入或删除单元格等。修饰单元格即对单元格进行格式设置，如单元格内数据对齐方式的设置、边框或底纹的添加以及数据字体的设置等。

1. 修改单元格内容

修改单元格中的内容应先选定该单元格，使其成为活动单元格。若是需要完全重新输入，可直接输入新内容；若只是修改部分原内容，则需按【F2】键或双击活动单元格或直接在编辑栏中对数据进行编辑，最后按【Enter】键或【Tab】键表示编辑结束。

2. 移动和复制单元格

① 单元格的移动或复制与 Word 中文本的移动或复制操作类似，但还需要注意以下几点：

在剪切或复制操作后，选定的文本会被闪烁的虚线框包围，在虚线框未消失前可进行多次粘贴操作。

② 若是只需要粘贴一次，可以在目标单元格按【Enter】键代替粘贴操作。

③ 若是通过鼠标拖动的方式进行移动，则在拖动前需将鼠标指向选定区域边框，当鼠标指针显示为"四方向箭头"时才能拖动；在此状况下按住【Ctrl】拖动，则是复制。

④ 若是要将选定单元格整个插入到已有单元格间，则需要按住【Shift】键。

3. 选择性粘贴

除了复制整个单元格外，Excel 还可以选择对单元格中的特定内容或格式进行复制，其操作步骤如下：

对所需单元格执行"复制"操作。

① 选定目标单元格，单击"开始"选项卡"剪贴板"组中的"粘贴"下拉按钮，选择"选择性粘贴"选项，弹出"选择性粘贴"对话框，如图 5-2 所示。

② 选中"粘贴"选项区域中所需选项，再单击"确定"按钮完成操作。

4．插入单元格、行或列

在实际工作中可以根据需要插入单元格、整行或整列。

（1）插入单元格

单击"开始"选项卡"单元格"组中的"插入"下拉按钮，选择"插入单元格"选项。注意：若选定了多个单元格再插入，则插入的新单元格数量与选定的单元格数量相等。插入单元格时应在图5-3所示的"插入"对话框中选择相应的插入方式。

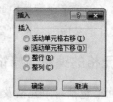

图 5-2　"选择性粘贴"对话框　　　　　　　图 5-3　"插入"对话框

（2）插入行或列

① 单击"开始"选项卡"单元格"组中的"插入"下拉按钮，选择"插入工作表行"或"插入工作表列"选项即可。

② 在"插入"对话框中选择插入方式为"整行"或"整列"。

5．删除与清除单元格、行或列

（1）删除单元格、行或列

删除是指将选定对象从工作表中移走，并相应调整周围的单元格、行或列的位置。其操作方法为：选定需要删除的单元格、行或列，单击"开始"选项卡"单元格"组中的"删除"按钮。

（2）清除单元格、行或列

清除是指将选定的单元格中的内容、格式或批注等取消，但单元格仍保留在工作表中。其操作方法为：选定需要清除的单元格、行或列，单击"文件"选项卡"编辑"组中的"清除"按钮，在弹出的下拉菜单中选择清除的类型即可，如图5-4所示。

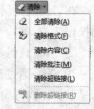

图 5-4　"清除"
下拉菜单

6．单元格的格式设置

单元格的格式设置包括数据类型的设置、对齐方式的设置、字体的设置和边框与底纹的设置等。常用的操作可以在"开始"选项卡中单击相应的按钮完成，更详细的设置则应单击"数字"组右下角的对话框启动器，打开"设置单元格格式"对话框，通过对应的选项卡完成。

（1）设置数字类型

Excel 为用户提供了丰富的数据类型，包括：常规、数值、货币、会计专用、日期、时间、百分比、分数、科学记数、文字、特殊和自定义等。每一种数据类型的格式都可以在"数字"选项卡中进行详细设置，如数值数据可以选择小数点的位数等，如图 5-5 所示。

此外，用户还可以自定义数据类型，使工作表中的内容更加丰富。用户只需在"分类"列表框中选择"自定义"选项，就可以在"类型"列表框中设置自己的数据类型格式了。

（2）设置对齐方式

Excel 中不同的数据类型有各自默认的对齐方式，已在前面的章节中介绍过。用户也可以根据实际情况在"对齐"选项卡中进行重新设置，如图 5-6 所示。

图 5-5　数字类型设置

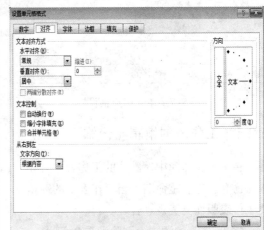

图 5-6　对齐方式设置

数据的对齐分为水平对齐和垂直对齐两种。在水平方向上，包括左对齐、右对齐和居中对齐等，还可以使用缩进功能使内容不紧贴单元格。在垂直方向上，包括靠上对齐、靠下对齐和居中对齐等。

Excel 还为用户提供了单元格内容旋转及文本控制功能。通过"方向"选项区域的设置，可以将选定的单元格内容完成 -90°～+90° 的旋转。通过"文本控制"选项区域的设置，可以完成数据内容的自动换行、多个单元格合并等功能。

（3）设置字体

对一张工作表的各部分的字体做不同的设定，可以使工作表的内容更加清晰。这个设置可以在"字体"选项卡中完成，其设置方式与 Word 中的字体设置类似。

（4）设置边框

工作表虽然是以表格形式出现，但其灰色的网格线在打印时并不会被打印出来。因此，用户在制作电子表格时还需要自行设定表格边框，使打印出来的表格更加美观。边框的设置可以在"边框"选项卡中完成，如图 5-7 所示。其中，"样式"列表框提供了不同边框的线型；"颜色"下拉列表框提供了不同边框的色彩；"预置"选项区域提供了边框应用的位置。需要注意的是，一定要先选择线型、颜色等，再应用到不同的边框位置，否则设置不会生效。

（5）设置底纹图案

为了使工作表各个部分的内容更加醒目、美观，Excel 还提供了对单元格添加底纹图案或背景颜色的功能。该设置可以在"填充"选项卡中完成，如图 5-8 所示。其中，"颜色"列表提供了不同的背景颜色；"图案样式"下拉列表框提供了不同的底纹图案；"图案颜色"下拉列表框提供了多种图案配色方案。

图 5-7　单元格边框设置　　　　　　　　图 5-8　单元格背景填充

5.2.5　工作表的编辑与修饰

在一个工作簿中，默认的工作表只有 3 个，但用户可根据实际需要增添或删除工作表，也可以对已有工作表重命名。当工作表中的数据基本正确后，还要对工作表进行总体的格式设置，以使工作表版面更美观、合理。

1. 工作表的添加、删除和重命名

（1）工作表的添加

在已存在的工作簿中可以添加新的工作表，其操作方法有如下两种：

① 单击"开始"选项卡"单元格"组中的"插入"按钮，在下拉列表中选择"插入工作表"选项，在当前工作表前添加一个新的工作表。

② 右击工作表标签，在弹出的快捷菜单中选择"插入"→"工作表"命令，也会在当前工作表前插入一个新的工作表。

③ 直接单击工作标签栏中的  按钮即会在最后一个工作表后插入一个新的工作表。

（2）工作表的删除

用户可以在工作簿中删除不需要的工作表，其操作方法也有如下两种：

① 单击"开始"选项卡"单元格"组中的"删除"按钮，选择下拉列表中的"删除工作表"→"删除当前活动工作表"选项。

② 右击工作表标签，在弹出的快捷菜单中选择"删除"命令，删除当前工作表。

（3）工作表的重命名

默认情况下，工作表的名称依次为 Sheet1、Sheet2、……，为了方便使用，用户也可以根据工作表内容对其重新命名。其操作方法有如下 3 种：

① 双击需要重命名的工作表标签，输入新的工作表名称。

② 单击"开始"选项卡"单元格"组中的"格式"按钮，选择下拉列表中的"重命名工作

表"选项，此时当前工作表名称将会反色显示，输入新的工作表名称即可。

③ 右击工作表标签，在弹出的快捷菜单中选择"重命名"命令，修改当前工作表名称。

2．工作表的移动或复制

实际应用中，有时需要将一个工作簿上的某工作表移到其他的工作簿中，或者需要将同一工作簿的工作表顺序进行重排，这就需要进行工作表的移动和复制操作。

（1）移动或复制工作表到其他工作簿中

先打开目的工作簿，再切换到待移动工作表，单击"开始"选项卡"单元格"组中的"格式"按钮，选择下拉列表中的"移动或复制工作表"选项，弹出"移动或复制工作表"对话框选择目标工作簿并确定工作表的目标位置即可。

如果是复制而非移动工作表，则应同时选中对话框中的"建立副本"复选框。

（2）在本工作簿中移动或复制工作表

直接用鼠标拖动待移动工作表标签到新位置即可在同一工作簿中移动工作表。而若是在按住【Ctrl】键的同时再拖动工作表标签到新位置则是在同一工作簿中复制工作表。

3．工作表窗口的拆分和冻结

当工作表中数据太多、表格太大时，显示屏只能显示工作表的部分数据，这往往会给操作带来不便。而 Excel 提供的窗口拆分与冻结功能，可以帮助用户在一屏中比较对照工作表中相距较远的数据，使操作更为简便。

（1）拆分工作表窗口

工作表窗口的拆分，就是将工作表窗口分为 2 个或 4 个小窗格，用户可以在任一窗格内通过拖动滚动条查看或编辑工作表的任一区域，且在任一窗格中编辑处理的结果都会保存在该工作表文件中，如图 5-9 所示。

拆分工作表窗口的方法如下：

① 单击"视图"选项卡"窗口"组中的"拆分"按钮，在屏幕中将出现两条拆分线——水平拆分线和垂直拆分线，同时窗口被分为 4 个窗格。拖动拆分线可以改变窗格的大小。

② 双击水平滚动条右端或垂直滚动条顶端的拆分按钮也可以调出水平拆分线和垂直拆分线。

当工作完毕，需要取消工作表窗口的拆分时，可以单击"视图"选项卡"窗口"组中的"拆分"按钮或直接双击拆分线即可还原为一个工作表窗格。

（2）冻结工作表窗口

工作表窗口的冻结就是保证在工作表滚动时某些数据保持位置不变，始终可见，如工作表中的行列标志。冻结后的窗口也会被分为 2 个或 4 个小窗格，如图 5-10 所示。但与拆分不同的是，顶部和左侧窗格会完全或部分冻结。被冻结的数据区域不会随工作表的其他部分一同移动，其中，左上方窗格完全固定；左下方窗格只能垂直滚动；右上方窗格只能水平滚动；右下方窗格未冻结。

① 冻结工作表窗口：选择要冻结的位置，单击"视图"选项卡"窗口"组中的"冻结"按钮，冻结线将会出现在选定单元格的上方和左侧。

图 5-9　窗口拆分效果

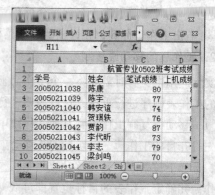

图 5-10　窗口冻结效果

② 取消冻结：单击"视图"选项卡"窗口"组中的"冻结"按钮或直接双击冻结线即可取消冻结。

4．设置工作组

所谓工作组就是将某工作簿中的多张工作表同时选中，形成的工作表集合。利用工作组功能用户只需一次输入，就可以更新工作组中所有工作表相同位置的数据。形成工作组后，在窗口标题栏中会有"［工作组］"标志。其具体操作步骤如下：

① 按住【Ctrl】键，依次单击需要的工作表标签，可以使不连续的工作表形成工作组。

② 单击第一个工作表标签，再按住【Shift】键，单击最后一个工作表标签，可以使连续的工作表形成工作组。

5．工作表的格式设置

用户在完成工作表数据编辑后，还需要对工作表进行格式设置，从而呈现出内容整齐、样式美观、风格明晰的数据表现形式。

（1）工作表列宽与行高的设置

一般的，Excel 的行高会根据单元格里的内容自动调整，但列宽则需要用户手动调整。手动调整列宽或行高的方法如下：

① 利用鼠标：用鼠标拖动行号间或列标间的分隔线即可粗略设置行高或列宽。

② 利用选项卡：在"页面布局"选项卡的"调整为合适大小"组中设置行高或列宽。

（2）条件格式设置

条件格式是指当指定条件为真时，Excel 将自动应用于单元格的格式。例如，需要对某列数据中 60 以下的数值显示为红色，90 以上的数值显示为蓝色，就可以采用条件格式，使系统自动判别数据段，自动设置两种不同的颜色格式。其具体操作步骤如下：

① 选中需要设置条件格式的单元格区域。

② 单击"开始"选项卡"样式"组中的"条件格式"按钮，选择"突出显示单元格规则"→"介于"选项，弹出图 5-11 所示对话框。

③ 分别设置条件及格式，单击"确定"按钮即可。

（3）工作表自动套用格式

为了快速完成工作表修饰，用户也可以利用 Excel 提供的自动套用格式功能，便捷地设置整个工作表格式。

　　Excel 内置了 60 种工作表格式方案，自动套用格式就是利用这些已有方案对工作表中的各个组成部分进行格式设置。其操作方法如下：

　　单击"开始"选项卡"样式"组中的"套用表格格式"按钮，在图 5-12 所示的"套用表格格式"下拉列表中，选择适合的格式样式。

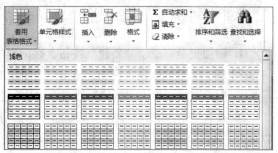

图 5-11　"介于"对话框　　　　　　　　　图 5-12　套用格式下拉列表

5.3　数 据 管 理

　　Excel 提供了强大的数据管理功能，使用户在实际工作中可以及时、准确地处理大量的数据。这些数据在工作表中，常被建立为有结构的数据清单。在数据清单中，用户可以利用记录单添加、删除和查找数据，也可以快捷地进行数据的排序、筛选、分类汇总和数据透视等操作。

5.3.1　数据导入

　　在 Excel 中，获取数据的方式有很多种，除了在工作表中直接输入外，还可以通过导入方式获取外部数据。

　　Excel 能够访问的外部数据库有 Access、Foxbase、FoxPro、Oracle、Paradox、SQL Server 和文本数据库等。无论是导入的外部数据库，还是在 Excel 中建立的工作表，都是按行和列组织起来的信息集合，且每一行称为一个记录，每一列称为一个字段，利用 Excel 提供的数据库工具可以对这些数据源的记录进行查询、排序和汇总等工作。

5.3.2　数据清单

　　数据清单又称工作表数据库，是一种特殊的工作表，可以像数据库一样使用。它采用二维表格结构，由若干数据列组成，每一列具有相同的数据类型，称为字段，且每一列的第一个单元格为列标题，称为字段名；除列标题所在行外，每一行被称为一条记录。在图 5-13 所示的数据清单中，"学号""姓名"等为字段名，每一列为一个字段，共 6 个字段；每一个同学的情况（行）为一条记录，共 11 条记录。

　　数据清单的创建可以通过在工作表中直接输入数据完成，但需要注意：数据清单与其他数据间应至少留出一个空行和空列，而数据清单本身则应避免包括空白行、列，且单元格不能以空格开头。另外，若工作表中已输入了标题行，也可以通过"记录单"来创建数据清单。

添加记录单的方法为：单击"文件"菜单，选择"选项"命令，弹出"Excel 选项"对话框，选择"快速访问工具栏"标签，在"从下列位置选择命令"下拉列表框中选择"不在功能区中的命令"选项，在悬浮菜单中找到"记录单"，然后单击"添加"按钮后单击"确定"选项，即添加在快速工具栏中，单击快速工具栏中的"记录单"，弹出记录单对话框。在图 5-14 中，工作表名为 Sheet1，故弹出的记录单对话框也被命名为 Sheet1，其中学号、姓名和成绩等都是字段名，输入的数据以文本框方式出现，而公式计算的结果则直接显示，如"期末成绩"项。

在记录单中用户可以完成的操作包括：

① 添加记录：单击"新建"按钮，在出现的空白记录中依次输入新记录所包含的信息。按【Enter】键，表示数据输入完毕；单击"关闭"按钮完成新记录的添加并关闭记录单。

② 删除记录：单击"删除"按钮，将从数据清单中删除当前显示的记录。

③ 查看记录：单击"上一条"或"下一条"按钮，依次浏览各记录；若要缩小查看范围，也可以单击"条件"按钮，在出现的空白记录单中，输入相应的查看条件就可以在指定范围内查看记录。

图 5-13　数据清单示例

图 5-14　记录单

5.3.3　数据排序

排序是指依据某列或某几列的数据顺序，重新调整各数据行的位置，数据顺序可以是从小到大，即升序；也可以是从大到小，即降序。各类字符的排序规则是：空格<数字<大写字母<小写字母<汉字。

1. 利用工具按钮进行简单排序

用户只要分别指定关键字及升/降序，就可完成单关键字数据排序操作。具体操作方法为：在数据清单中，单击作为排序依据字段中的任一单元格，单击"开始"选项卡"编辑"组中的"排序和筛选"按钮，选择相应排序方法，即可完成排序操作。

例如，在图 5-13 所示的数据清单中，若要按总成绩从高到低排序，可以单击"期末成绩"单元格，单击"开始"选项卡"编辑"组中的"排序和筛选"按钮，选择"降序"，其结果如图 5-15 所示。

2. 利用菜单命令进行多重条件排序

在排序过程中，若针对给定排序依据有相同的排序记录，用户还可以指定第二个排序依据，进行多重条件排序。这些排序依据依次被称为"主要关键字""次要关键字"和"次要关键字"。

　　多重条件排序的操作方法为：单击"开始"选项卡"编辑"组中的"排序和筛选"按钮，选择"数据"→"自定义排序"选项，弹出"排序"对话框，如图 5-16 所示。分别设置各关键字，单击"确定"按钮完成排序操作。

图 5-15　期末成绩降序排序结果

图 5-16　"排序"对话框

3．排序例题

　　下列数据清单（见表 5-1）中，对"职称"数据项按自定义序列（即教授、高工、副教授、工程师、讲师、研究员、助教、助工）排序。

表 5-1　数 据 清 单

	A	B	C	D	E	F	G	H
1	编号	姓名	性别	出生年月	职称	部门	文化程度	基本工资
2	0103	陈红	女	1976/2/3	助教	网络实验室	大学	270.00
3	0202	冯卫东	男	1960/1/24	讲师	硬件中心	中专	440.00
4	0302	何兵	女	1952/11/23	副教授	软件中心	硕士	560.00
5	0408	景平	女	1950/7/7	研究员	多媒体实验室	大专	500.00
6	0306	吕一平	男	1963/3/12	工程师	软件中心	大学	360.00
7	0102	王军	男	1938/11/23	高工	网络实验室	大学	720.00
8	0107	陶玉蓉	女	1979/7/8	助工	网络实验室	中专	240.00
9	0211	王磊	男	1971/7/26	高工	硬件中心	硕士	480.00
10	0401	吴天明	男	1970/2/3	研究员	多媒体实验室	博士	800.00
11	0412	陈小刚	男	1968/11/23	工程师	多媒体实验室	大学	340.00
12	0104	许梅玉	女	1954/5/7	研究员	网络实验室	大学	500.00
13	0209	杨帆	男	1975/4/26	助工	硬件中心	大专	220.00
14	0210	张华	男	1956/6/9	高工	硬件中心	大学	460.00
15	0305	赵小山	男	1967/7/10	工程师	软件中心	大专	330.00
16	0307	梅小燕	女	1970/7/24	工程师	软件中心	大专	300.00
17	0416	张强	男	1934/12/11	教授	多媒体实验室	大学	820.00
18	0308	杨小兰	女	1954/2/13	副教授	软件中心	大学	500.00
19	0115	朱惠	女	1968/8/12	研究员	网络实验室	博士	600.00

操作步骤：将光标定位在数据清单任一单元格中，单击"开始"选项卡"编辑"组中的"排序和筛选"下拉列表中的"自定义排序"选项，弹出"排序"对话框（见图 5-17），在"次序"下拉列表中选择"自定义序列"选项，弹出"自定义序列"对话框，选择"新序列"选项，在"输入序列"框中输入：教授,高工,副教授,工程师,讲师,研究员,助教,助工（注意项目之间的逗号为英文），单击"添加"按钮，新定义的序列被加在自定义序列中。

图 5-17　"排序"对话框

主要关键字选择"职称"，单击"确定"按钮，完成排序。

5.3.4　数据筛选

对数据进行筛选，就是在数据库中查找满足条件的记录，它是一种用于查找数据的快速方法。使用"筛选"功能可在数据清单中显示满足条件的数据行，而不满足条件的数据行则被暂时隐藏但并非被删除。对记录进行筛选有两种方式："自动筛选"和"高级筛选"。

1. 自动筛选

自动筛选功能是通过筛选按钮进行简单条件的数据筛选。具体操作步骤如下：

① 单击数据清单中任一单元格，单击"数据"选项卡"排序和筛选"组中的"筛选"按钮（默认自动筛选），每个字段名右侧会出现一个筛选按钮，如图 5-18 所示。

② 单击筛选条件对应的筛选按钮，在下拉列表中设置筛选条件，完成筛选操作。

③ 全部：显示所有数据。

④ 任意个数：可在弹出的对话框中选择需要的数据。

⑤ 自定义：设置筛选条件，其对话框如图 5-19 所示。

图 5-18　自动筛选按钮

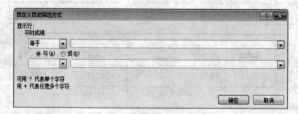

图 5-19　"自定义自动筛选方式"对话框

若要取消自动筛选，可以再次单击"数据"选项卡"排序和筛选"组中的"筛选"按钮，此时，筛选操作被取消，所有数据都显示出来。

2. 自动筛选例题

对表 5-1 所示的数据清单，用自动筛选的方法筛选出 20 世纪 70 年代出生的人。

操作步骤：将光标定位在数据清单任一单元格中，单击"开始"选项卡"编辑"组中的"排序和筛选"下拉列表中的"筛选"选项，每个字段名右侧会出现一个筛选按钮。单击"出生年月"筛选按钮，选择"日期筛选"的"介于"，在两个输入框中分别输入"1970-1-1"与"1979-12-31"，注意两个条件的关系是"与"。筛选后显示 6 条记录，单击"出生年月"字段右侧按钮，可对筛选结果进行排序。

3. 高级筛选

使用自动筛选，可以在数据清单中筛选出符合指定条件的数据。但对于条件复杂的筛选操作，利用高级筛选功能更为有效。具体操作步骤如下：

① 建立条件区域，条件区域一般与数据清单在同一工作表中，且至少与数据清单相隔一行或一列，如图 5-20 所示，表示要筛选的数据是"成绩"和"总成绩"都在 80 以上的同学。

② 单击"数据"选项卡"排序和筛选"组中的"高级"按钮，弹出"高级筛选"对话框，如图 5-21 所示。选择"列表区域"及"条件区域"，单击"确定"按钮，完成高级筛选。

图 5-20　筛选条件设置

图 5-21　"高级筛选"对话框

需要注意的是：若筛选条件在同一行上代表多个条件是"与"的关系；若筛选条件在不同行上代表多个条件是"或"的关系。

若要删除高级筛选，可以单击"数据"选项卡"排序和筛选"组中的"筛选"→"清除"按钮。

4. 高级筛选例题

对表 5-1 所示的数据清单，用高级筛选的方法筛选出 1970 年及以后出生的研究员。

在 J1:K2 区域输入条件：

出生年月	职称
>=1970-1-1	研究员

将光标定位在数据清单中，单击"数据"选项卡"排序和筛选"组中的"高级"按钮，弹出"高级筛选"对话框。方式选择"把筛选结果复制到其他位置"；在列表区域拖选"$A$1:$H$19"，条件区域拖选"$J$1:$K$2"，复制到以"$J$4"为起始位置的区域。最后结果只有"吴天明"一条记录。

5.3.5　分类汇总

分类汇总是在数据清单中快速汇总各项数据的方法。该功能分为两部分操作，一是对数据按指定列（分类字段）排序，即完成分类操作（可以通过排序操作完成）；二是对同类别的数据进行汇总统计（包括求和、求平均值、计数、求最大或最小值等）。

1. 分类汇总操作步骤

① 按分类依据，对数据清单进行排序。

② 单击"数据"选项卡"分级显示"组中的"分类汇总"按钮，弹出"分类汇总"对话框，如图 5-22 所示。其中"分类字段"为分类依据，"汇总方式"为汇总统计算法，"选定汇总项"为选择参加汇总统计的字段，单击"确定"按钮，完成分类汇总操作，如图 5-23 所示。

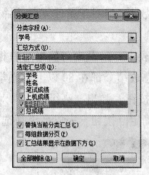

图 5-22 "分类汇总"对话框

1 2 3		A	B	C	D	E	F
	1	班级	姓名	笔试成绩	上机成绩	平时成绩	总成绩
	2	0501班	陈康	80	81	90	82.2
	3	0501班	陈宇	77	83	85	79.8
	4	0501班 平均值			82	87.5	81
	5	0502班	刘国强	80	77	70	77.4
	6	0502班	刘宇	70	62	70	68.4
	7	0502班	刘志强	83	81	85	83
	8	0502班 平均值			73.3333	75	76.27
	9	0503班	鲁凡	71	80	75	73.6
	10	0503班	聂中教	71	80	75	73.6
	11	0503班 平均值			80	75	73.6
	12	总计平均值			77.7143	78.5714	76.86

图 5-23 分类汇总结果

取消分类汇总操作，只需在图 5-22 所示的对话框中单击"全部删除"按钮，屏幕就会回到未分类汇总前的状态。

2. 分类汇总例题

对表 5-1 所示的数据清单，按文化程度求基本工资的平均值。

先按文化程度对数据清单进行排序，再把光标定位于清单中任一位置，单击"数据"选项卡"分级显示"组中的"分类汇总"按钮，弹出"分类汇总"对话框，选项设置如图 5-24 所示，单击"确定"按钮完成。

图 5-24 分类汇总对话框选项

5.3.6 数据透视表

数据透视表是一种可以对大量数据快速汇总和建立交叉列表的交互式表格。它能够对行和列进行转换，以查看源数据的不同汇总结果，还可以根据需要显示区域中的明细数据。数据透视表是一种动态工作表，它提供了一种以不同角度观看数据清单的简便方法。

1. 创建数据透视表

用户可以通过 Excel 创建数据透视表。具体操作步骤如下：

① 单击"插入"选项卡"表格"组中的"数据透视表"按钮，弹出"创建数据透视表"对话框，如图 5-25 所示。

② 选择要分析的数据和放置透视表的位置。选择"选择一个表或区域"单选按钮，然后在"表/区域"文本框中输入源数据所在的位置，或直接在工作表中用鼠标选择所需数据，在"选择放置数据透视表的位置"选项区域中选择"现有工作表"单选按钮，在"位置"文本框中输入放置位置或通过鼠标在工作表中选择放置位置。单击"确定"按钮，如图 5-26 所示。

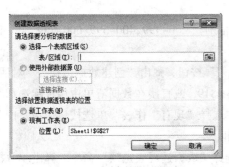

图 5-25　创建数据透视表

图 5-26　透视表窗口

③ 设置数据透视表布局。拖动右侧"选择要添加到报表的字段"列表框中相应字段到"列标签""行标签""报表筛选"或"数值"框中，就可以形成数据透视表，如图 5-27 所示。

2. 编辑数据透视表

作为一种交互式报表，数据透视表可以根据用户需求，重新组织编辑。编辑数据表可通过选中数据表后在功能区增加的"数据透视表工具"选项卡中的工具完成。

利用"数据透视表工具"选项卡中的工具按钮，用户可以完成隐藏或显示明细数据、设置字段汇总方式、设置报告格式等操作。

利用"数据透视表字段列表"窗格（见图 5-26），用户可以拖动其他字段到数据透视表中，以增加数据项，也可以从数据透视表中将已有字段拖出，删除该数据项。

3. 修饰数据透视表

为了使数据透视表变得更加美观，用户还可以对数据透视表进行格式设置。其操作方法为：单击"数据透视表工具"|"设计"选项卡，使用其中的工具进行设计、修饰；或者选中数据透视表并右击，在弹出的快捷菜单中选择"数据透视表选项"命令，弹出"数据透视表选项"对话框（见图 5-28），在其中进行设置。

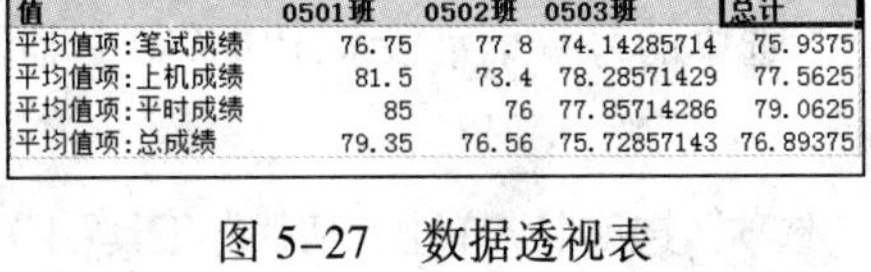

值	列标签			
	0501班	0502班	0503班	总计
平均值项:笔试成绩	76.75	77.8	74.14285714	75.9375
平均值项:上机成绩	81.5	73.4	78.28571429	77.5625
平均值项:平时成绩	85	76	77.85714286	79.0625
平均值项:总成绩	79.35	76.56	75.72857143	76.89375

图 5-27　数据透视表

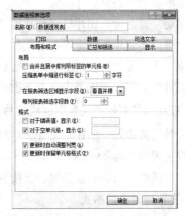

图 5-28　"数据透视表选项"对话框

在制作完成一张工作表后，可将它打印出来。与 Word 文档的打印不同，Excel 工作表因为没有明显的页面分隔，所以在打印之前，首先要设置页面区域和做好分页工作。

4. 数据透视表例题

对表 5-1 所示的数据清单，统计各部门基本工资范围在 200-399、400-599、600-799、800-1000 各范围内的人数。

单击"插入"选项卡"表格"组中的"数据透视表"按钮，弹出"创建数据透视表"对话框。在"选择一个表或区域"文本框中输入 Sheet1!$A$1:$H$19，或直接在数据清单中用鼠标选择所需数据，在"选择放置数据透视表的位置"选项区域中选择"现有工作表"单选按钮，在"位置"文本框中用鼠标选择放置位置 J1，单击"确定"按钮。

右击图 5-26 任一位置，在弹出的快捷菜单中选择"数据透视表选项"命令，弹出"数据透视表选项"对话框，选择"显示"选项卡，选择"经典数据透视表布局"复选框，单击"确定"按钮。把"基本工资"拖到行字段区域，"部门"拖到列字段区域，"姓名"拖到值字段区域。统计方式默认为计数，如果不是计数，右击左上角单元格，在弹出的快捷菜单中选择"值字段设置"命令，可更改统计方式。

右击基本工资下的任一数字，在弹出的快捷菜单中选择"创建组"命令，弹出"组合"对话框，"起始于"文本框输入 0，"终止于"文本框输入 1 000，"步长"文本框输入 200，单击"确定"按钮完成。Excel 2010 增加了数据透视表结果的排序与筛选功能，单击"部门"右侧的按钮可进行排序或筛选操作。

数据透视表功能强大，在值字段区域可对同一字段进行多种汇总，如表 5-1 所示的数据清单，可按职称分类，求不同职称基本工资的平均值、最大值及最小值。行字段为"职称"，列字段无，值字段为"基本工资""基本工资""基本工资"。双击"基本工资"字段名，可修改其汇总方式。也可将多个不同字段放在值字段区域进行汇总。

5.3.7 切片器

切片器实际上就是筛选器，能够快速地筛选数据透视表中的数据，而无须打开下拉列表查找要筛选的项目。创建每个切片器的目的是筛选特定的数据透视表字段，因此很可能会创建多个切片器筛选数据透视表。

创建切片器之后，切片器将和数据透视表一起显示在工作表上，如果有多个切片器，则会分层显示。可以将切片器移至工作表上的另一位置，然后根据需要调整大小。

如果一个报表中包含很多不同的数据透视表，可将在某一个数据透视表中创建的切片器与其他数据透视表共享，而无须为每个数据透视表复制筛选器。

1. 在现有的数据透视表中创建切片器

单击数据透视表中的任意位置，将显示"数据透视表工具"|"选项"和"设计"选项卡。单击"数据透视表工具"|"选项"选项卡"排序和筛选"组中的"插入切片器"按钮，弹出"插入切片器"对话框，勾选数据透视表字段的复选框，则为选中的每一个字段显示一个切片器。

2. 设置切片器的格式

单击要设置格式的切片器，将显示"切片器工具"|"选项"选项卡。单击"切片器工具"|"选项"选项卡"切片器样式"组中所需的样式（见图 5-29）。若要查看所有可用的样式，须单击"其他"按钮▼。

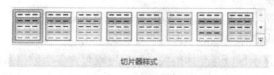

图 5-29　"切片器样式"组

3．使切片器可在另一个数据透视表中使用

单击要在另一个数据透视表中共享的切片器，将显示"切片器工具"|"选项"选项卡。单击"切片器工具"|"选项"选项卡"切片器"组中的"数据透视表连接"按钮，弹出"数据透视表连接"对话框，选中希望切片器在其中可用的数据透视表的复选框。

4．使用另一个数据透视表的切片器

单击"数据"选项卡"获取外部数据"组中的"现有连接"按钮，弹出"现有连接"对话框，在"显示"下拉列表框中选择"所有连接"选项。如果没有看到所需的连接，则可以创建连接。单击"浏览更多"按钮，弹出"选取数据源"对话框，单击"新建源"按钮启动数据连接向导，以便选择要连接到的数据源。选择所需的连接，然后单击"打开"按钮。在"导入数据"对话框的"请选择该数据在工作簿中的显示方式"下选择"数据透视表"选项。

单击要为其插入另一个数据透视表中的切片器的数据透视表中的任意位置，将显示"数据透视表工具"|"选项"和"设计"选项卡。

单击"数据透视表工具"|"选项"选项卡"排序和筛选"组中的"插入切片器"→"切片器连接"选项。在"切片器连接"对话框中，选中要使用的切片器的复选框，单击"确定"按钮。

5.4　图　　表

图表是 Excel 最常用的对象之一，它是依据选定的工作表单元格区域内的数据系列生成的，是工作表数据的图形表示方法。与工作表相比，图表能将抽象的数据形象化，生动地反映出数据的对比关系及趋势，且当数据源发生变化时，图表中对应的数据也会自动更新，操作简便，数据直观，用户一目了然。

5.4.1　图表的组成与分类

1．常用图表类型

Excel 提供了 14 个大类和 10 多种内部自定义图表类型，用户也可以根据实际工作需要，自定义其他的图表类型。绘制图表时一定要依照具体情况选择适当的图表类型。例如，在某商场的销售表中，若要了解商场每月的销售情况，需要分析销售趋势，可以使用折线图；若要分析各大彩电品牌在市场的占有率，应选择饼图，表明部分与整体之间的关系。正确选择图表类型，有利于寻找和发现数据间的相互关联，从而更大限度地发挥数据价值。常用的图表类型包括以下种类：

① 柱形图：用于一个或多个数据系列中的各项值的比较。

② 条形图：实际上是翻转了的柱形图。

③ 折线图：显示一种趋势，是在某一段区间内的相关值。

④ 饼图：着重部分与整体间的相对大小关系，没有 X 轴、Y 轴。

⑤ X Y 散点图：~~~用于科学计算~~~。

⑥ 面积图：显示数据在某一段时间内的累计变化。

⑦ 圆环图：也用来显示部分与整体的关系，但可以包含多个数据系列。

⑧ 雷达图：用于比较若干数据系列的总和值。

⑨ 曲面图：用于寻找两组数据间的最佳组合。

⑩ 气泡图：可看作一种特殊的 X Y 散点图。

⑪ 股价图：用于描绘股票走势，也可以用于科学计算。

⑫ 圆柱图、圆锥图和棱锥图：以立体感更强的三维图形方式表现多个数据间的关系。

2．图表的组成

无论哪种类型的图表都由多个对象组成，只是不同类型的图表，其组成对象会有所差异，但基本都会包括以下几个组成部分：

① 图表区：整个图表及其包含的元素。

② 绘图区：在二维图表中，以坐标轴为界并包含全部数据系列的区域。在三维图表中，绘图区以坐标轴为界包含数据系列、分类名称、刻度线和坐标轴标题。

③ 图表标题：一般情况下，一个图表应该有一个文本标题，它可以自动与坐标轴对齐或在图表顶端居中。

④ 数据系列：图表上的一组相关数据点，取自工作表的某行或某列。图表中的每个数据系列以不同的颜色和图案加以区别，在同一图表上可以绘制一个以上的数据系列。

⑤ 数据标志：根据不同的图表类型，数据标志可以表示数值、数据系列名称和百分比等。

⑥ 坐标轴：为图表提供计量和比较的参考线，一般包括 X 轴、Y 轴。

⑦ 网格线：图表中从坐标轴刻度线延伸开来并贯穿整个绘图区的可选线条系列。

⑧ 图例：是包含图例项和图例项标识的方框，用于标识图表中的数据系列。

⑨ 数据表：在图表下方，以表格的形式显示每个数据系列的值。

5.4.2　图表的创建

Excel 的图表按显示位置不同可分为嵌入式图表和工作表图表（又称独立式图表）。嵌入式图表是位于原始数据工作表中的一个图表对象。工作表图表是独立于数据源工作表而单独以工作表形式出现在工作簿中的特殊工作表，即图表与数据分开，一个图表就是一张工作表。无论哪种图表都与创建它们的工作表数据源相关联，修改工作表数据时，图表会随之自动更新。

现利用例 5-1 介绍如何在工作表中创建图表。

【例 5-1】在图 5-30 所示的工作表中，以选中的数据区域 B2:E5 为数据源，创建嵌入式柱形图。

① 单击"插入"选项卡"图表"组右下角的对话框启动器，弹出"插入图表"对话框，如图 5-31 所示。

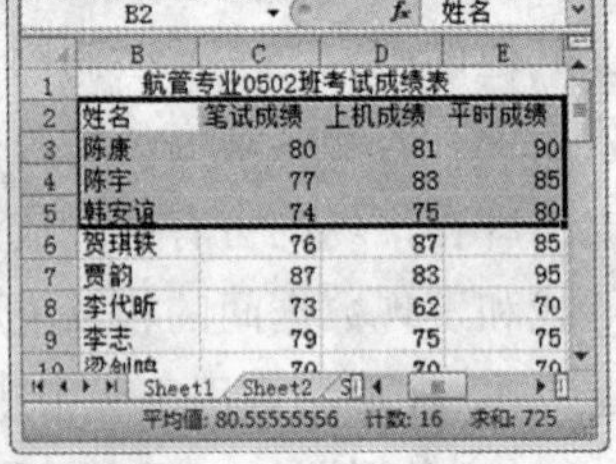

② 选择图表类型。在"插入图表"对话框中选择"柱形图"类

图 5-30　图表数据源

别，然后在右侧列表框中选择"柱形图"类别中的第一张，当前表格上出现空白图表，如图 5-32 所示。

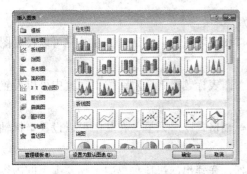

图 5-31　选择图表类型

图 5-32　添加空白图表后

③ 选择图表数据源。在图表空白区右击，在弹出的快捷菜单中选择"选择数据"命令，在编辑框中输入数据源区域，或直接用鼠标在工作表中选取数据区域"$B$2:$F$5"，在"图例项（系列）"编辑框中可以添加、删除、编辑"图例项（系列）"，单击"编辑"按钮可以为数据系列重命名，还可在"水平（分类）轴标签"选项区域中对轴标签源区域进行选择，如图 5-33 所示。

④ 设置图表选项。在"图表工具"|"布局"选项卡中设置图表及坐标轴标题，如本例中在"图表标题"文本框中输入该图表的标题为"成绩表"，在"分类(X)轴"中输入"姓名"，在"数值(Y)轴"中输入"分数"。另外，在"布局"选项卡中还可通过坐标轴、网格线、图例、数据标志和数据表选项卡分别设置图表细节。

⑤ 选择图表位置。把鼠标移动到插入的图表上，当指针变成四方箭头时，移动图表到合适位置，如图 5-34 所示。

图 5-33　选择数据源

图 5-34　"成绩单"图表效果图

5.4.3　图表的编辑与修饰

图表的编辑与修饰是指按用户的要求对图表内容、图表格式、图表布局和外观进行编辑和设置，使图表的显示效果满足用户的需求。图表的编辑一般是针对图表的某个或某些对象进行的，图表的修饰则会直接影响到图表的整体风格。下面简单介绍图表的编辑与修饰：

选中图表后，会显示"图表工具"|"设计""布局""格式"3 个选项卡，如图 5-35 所示，通过各选项卡中的工具，可以进一步编辑与修饰图表。

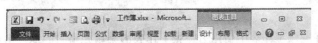

图 5-35　"图表工具"选项卡

常用的对图表的编辑与修饰操作包括：

① 图表区的修饰：双击图表空白处，弹出"图表区格式"对话框，在其中可以设置图表区的填充、字体和其他属性。

② 图表标题的修饰：双击图表标题，弹出"图表标题格式"对话框，在其中可以设置标题的字体与对齐方式等。

③ 坐标轴的修饰：双击坐标轴，弹出"坐标轴格式"对话框，在其中可以设置坐标轴的刻度、字体、数字和对齐方式等。

④ 数据系列的编辑与修饰：右击某数据系列，在弹出的快捷菜单中选择要编辑的内容，如选择"数据系列格式"命令，可以修改数据系列的背景图案、调整系列次序和添加数据标志等；选择"添加趋势线"命令，可以根据实际数据向前或后模拟数据变化趋势等。

⑤ 增加和删除图表数据：单击图表空白处，此时，源数据会被彩色的框线包围，每个框线的 4 个角为选定柄，拖动选定柄包围更多或更少的源数据，图表中的数据就会自动进行增加和删除。

5.5　公式与函数

在实际工作中，往往会有大量数据项是相互关联的，通过规定多个单元格数据间的关联关系，可以实现这些数据的自动计算。公式和函数就是这些关联关系的数学体现，也是 Excel 的核心。在目标单元格中输入正确的公式或函数后，会立即在该单元格中显示出计算结果，且如果改变了工作表中与公式有关或作为函数参数的单元格中的数据，Excel 也会自动更新计算结果，这样就使大量数据的编辑与修改变得更为方便了。

5.5.1　单元格的引用

公式与函数中用到的参数数据有些是用户即时输入的数据，更多的则是使用已有单元格中的数据。这种以已有单元格的地址代表单元格内数据内容的方式称为单元格的引用。掌握并正确使用不同的单元格引用类型是熟练应用公式与函数的基础。

1. 相对引用

相对引用是指在复制或移动公式或函数时，参数单元格地址会随着结果单元格地址的改变而产生相应变化的地址引用方式，其格式为"列标行号"，如 A7、B6 等。

2. 绝对引用

绝对引用是指在复制或移动公式或函数时，参数单元格地址不会随着结果单元格地址的改变而产生任何变化的地址引用方式，其格式为"$列标$行号"，如$A$7、$B$6 等。

3. 混合引用

混合引用是指在单元格引用的两个部分（列标和行号）中，一部分是相对引用，另一部分是绝对引用的地址引用方式，其格式为"列标$行号"或"$列标行号"，如 A$7、$B6 等。

4. 三维引用

三维引用是指在一张工作表中引用另一张工作表的某单元格时的地址引用方式，其格式为"工作表标签名!单元格地址"，如 Sheet1!A7 表示工作表 Sheet1 的 A7 单元格。

5．名称的应用

为了更直观地引用单元格特别是单元格区域，可以给这些单元格一个名称。当公式或函数中引用了该名称时，就相当于引用了这个区域的所有单元格。

在命名时要注意：

① 名称由字母、数字、下画线和小数点组成，且第一个字符必须是字母。

② 名称最多可包含 255 个字符，且不区分大小写。

③ 名称不能与单元格名称相同，即不能是 S5、A7 等。

为单元格或单元格区域命名的操作方法为：选定需要命名的单元格区域，在编辑栏左端的"名称框"中输入该区域的名称，并按【Enter】键确认；或者右击选定区域，在弹出的快捷菜单中选择"定义名称"命令，弹出"新建名称"对话框，在"名称"文本框中输入名称即可。如图 5-36 所示，F3 到 F11 单元格区域就被命名为"score0501"，若某函数中引用了参数"score0501"就相当于引用了从 F3 到 F11 单元格中的所有数据。

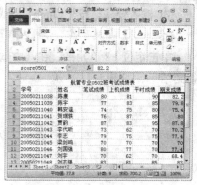

图 5-36　单元格区域的命名示例

5.5.2　公式

公式是用户为了减少输入或方便计算而设置的计算式子，它可以对工作表中的数据进行加、减、乘、除、比较和合并等运算，类似于数学中的一个表达式。

1．公式的组成

在 Excel 中，公式必须以"="开头，由操作数和运算符共同组成，如"=A5+8"。操作数一般为数值、单元格地址、区域名称、函数或其他公式等。运算符则包括 4 个类型：算术运算符、比较运算符、文本运算符和引用运算符。

① 算术运算符：+（加）、-（减）、*（乘）、/（除）、%（百分比）、^（幂指数）。

② 比较运算符：=（等于）、>（大于）、>=（大于等于）、<（小于）、<=（小于等于）、<>（不等于）。

③ 文本运算符：&（连接符），用于将两个文本值连接起来产生一个连续的文本值。例如，"="micro"&"soft""的运算结果为"microsoft"。

④ 引用运算符：冒号"："（区域引用）、逗号"，"（联合引用）、空格"　"（交叉引用）。例如，"C2:C10"表示从 C2 单元格到 C10 单元格之间（包括 C2 和 C10）的所有 9 个单元格；如"C2，C10"表示 C2 单元格和 C10 单元格两个单元格；"A1:A3　A2:C2"表示这两个区域的交集，即只有 A2 单元格。

如果公式中同时应用多种运算符，则按如下的优先级别由高到低依次进行运算：引用运算符 → -（负号）→ %（百分比）→ ^（幂指数）→ *、/（乘、除）→ +、-（加、减）→ &（连接符）→ 比较运算符。

在运算中应注意，若公式中包含相同优先级的运算符，则从左到右进行运算。若要改变低级运算符的运算顺序，则可以用圆括号将其括起来。

2．公式的创建

创建公式类似于一般文本的输入，只是必须以"="作为开头，然后是表达式，且公式中所有的符号都应是英文半角符号。具体操作步骤如下：

① 选定要输入公式的单元格。

② 在单元格或编辑栏中输入"="。

③ 输入公式，按【Enter】键或单击编辑栏左侧的"输入"按钮进行确认。

【例5-2】在某工作表的F2单元格内计算该表中C2、D2和E2三个单元格内数值的平均值。

单击定位F2单元格，在其中输入"=(C2 + D2 + E2)/3"，如图5-37所示，按【Enter】键即可得到结果，如图5-38所示。

图5-37　输入求平均值数据和公式

图5-38　求出平均值结果

3．公式的编辑

（1）查看或修改公式

公式输入完毕后，结果单元格中只显示公式运算结果，若需查看或修改公式，可以双击单元格或在编辑栏中完成操作。

（2）移动或复制公式

移动或复制公式与移动或复制文本类似，需要注意的是：移动公式时，公式中的单元格引用不会发生改变；复制公式时，单元格内的绝对引用也不会发生改变，但相对引用会随着结果单元格的位置变化而变化。

例如，将C1单元格内的公式"=A1+$B$1"复制到C2单元格时，公式就会变为"=A2+$B$1"。

另外，通过填充柄将公式复制到相邻单元格内也是常用的公式复制操作。

5.5.3　函数

函数可以看作预定义好的公式，即对一个或多个执行运算的数据进行指定的计算并返回计算值的公式。其中，进行运算的数据称为函数参数，返回的计算值称为函数结果。为了方便用户使用，Excel提供了大量不同种类的函数，包括：数学和三角函数、统计函数、时间日期函数、逻辑函数、财务函数、文本函数、查找或引用函数和工程函数等。

另外，除了自带的内置函数外，Excel还允许用户根据实际需要自定义函数。

1．函数的格式

Excel函数的基本格式是：函数名(参数1,参数2,参数3,…)。其中，函数名是每一个函数的唯一标志，代表了该函数的功能；参数可以是数字、文本、逻辑值、单元格引用、名称甚至其他公式或函数等。例如，SUM(A5,4)表示A5单元格内的数值与数字4的算数和。

2．函数的调用

函数的使用与公式的使用类似，都必须以"="开头。如果用户熟悉所用函数的格式，可以直接在单元格或编辑栏中输入函数。但更多的用户会选择 Excel 提供的"插入函数"功能，在系统引导下逐步完成函数调用。

插入函数的操作方法为：选定目标单元格；单击"公式"选项卡"函数库"组中的"插入函数"按钮或单击编辑栏左侧的"插入函数"按钮，弹出"插入函数"对话框，如图 5-39 所示；在其中选择所需函数名称，并打开该函数的"函数参数"对话框（以 SUM 函数为例，如图 5-40 所示）；按照参数提示正确选择参数，并完成函数调用。

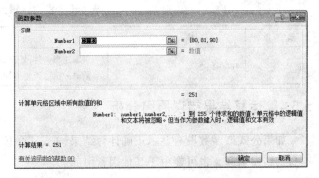

图 5-39　"插入函数"对话框　　　　　　图 5-40　SUM 函数参数对话框

3．常用函数简介

熟练掌握各种常用函数的应用，可以使用户更容易地完成各种复杂的计算。表 5-2～表 5-5 中就是一些常见函数的格式及功能。

表 5-2　常用数学函数

函　　数	格　　式	功　　能	举　　例
ABS	ABS(n)	返回数 n 的绝对值	ABS(-5)
MOD	MOD(n,d)	返回数 n 除以数 d 的余数	MOD(51,6)
SQRT	SQRT(n)	返回数 n 的平方根	SQRT(36)

表 5-3　常用统计函数

函　　数	格　　式	功　　能	举　　例
SUM	SUM(n1,n2,…)	返回所有有效参数之和	SUM
AVERAGE	AVERAGE(n1,n2,…)	返回所有有效参数的平均值	AVERAGE(A1:B2)
MAX	MAX(n1,n2,…)	返回所有有效参数的最大值	MAX(A1:B2,5)
MIN	MIN(n1,n2,…)	返回所有有效参数的最小值	MIN(A1:B2,5)
COUNT	COUNT(n1,n2,…)	返回所有参数中数值型数据的个数	COUNT(A1:F2)
COUNTIF	COUNTIF(n1,n2,…r)	返回参数中满足条件 r 的数据的个数	COUNTIF(C1:C9,>90)
RANK	RANK(n, n1,n2,…)	返回数 n 在参数列表中的排位	RANK(A1,A1:B2)

表 5-4 常用日期函数

函　　数	格　　式	功　　能	举　　例
NOW	NOW()	返回当前日期时间	NOW()
TODAY	TODAY()	返回当天日期	TODAY()
DAY	DAY(d)	返回日期d的日号	DAY(TODAY())
MONTH	MONTH(d)	返回日期d的月份	MONTH(TODAY())
YEAR	YEAR(d)	返回日期d的年份	YEAR(TODAY())
DATE	DATE(y,m,d)	返回由年份y、月份m和日号d设置的日期	DATE(2010,2,9)

表 5-5 常用逻辑函数

函　　数	格　　式	功　　能	举　　例
IF	IF(r,n1,n2)	判断逻辑条件r是否为真，若为真则返回参数n1的值，否则返回n2的值	IF(A1>60,"Y","N")

5.5.4　运算结果错误原因分析

如果公式或函数没有显示正确计算结果，Excel 会显示一个出错值，错误可能是由公式或函数本身的错误引起，也可能由于其他因素引起。

1．常见的出错值及原因

（1）单元格显示"#####！"

出现该出错值表示输入到单元格中的数值太长或计算所产生的结果太长，单元格显示不下。可以通过增加列宽来显示正确结果。

（2）单元格显示"#VALUE！"

出现该出错值表示在公式或函数中使用了错误的参数或运算对象类型。

（3）单元格显示"#DIV/0！"

出现该出错值表示公式或函数中使用了 0 作为除数。

（4）单元格显示"#NAME？"

出现该出错值表示公式或函数中使用了 Excel 不能识别的文本。

（5）单元格显示"#N/A"

出现该出错值表示公式或函数中没有可用数值。

（6）单元格显示"#REF！"

出现该出错值表示公式或函数中引用的单元格无效。

（7）单元格显示"#NUM！"

出现该出错值表示公式或函数中引用的某个数字无效。

（8）单元格显示"#NULL！"

出现该出错值表示指定的数据区域为空集。

2．公式与函数中其他可能导致错误的因素

① 公式与函数中的圆括号没有成对出现。

② 公式与函数中缺少参数或参数过多。

③ 公式与函数嵌套超过 7 级。

5.6　公式与函数的应用

5.6.1　公式的应用

示例：数据清单如表 5-6 所示，分别在 B3 至 E3 单元格中求出第一季度、第二季度、第三季度、第四季度在全年产值中所占的比例。

表 5-6　数据清单列表

	A	B	C	D	E
1	时间	第一季度	第二季度	第三季度	第四季度
2	产值	14061.4	12240.87	19703.22	17402.7
3	比例				

光标定位于 B3 单元格，输入"=b2/sum(h2:e2)"，用填充柄复制公式到 C3 至 E3 单元格中。分母是全年的产值和，引用绝对地址，使公式在被复制的过程中地址不改变。

5.6.2　常用函数的应用

1．left 函数

left 表示从文本字符串中最左边开始提取字符。语法：left(text, [num_chars])，num_chars 表示要提取的字符数，默认值为 1。示例：

```
=left("张学友")            返回值为"张"
=left("欧阳闻樱",2)        返回值为"欧阳"
```

如果单元格 A2 中值是"中华人民共和国"，则=left(A2，4)，返回值为"中华人民"。

2．right 函数

right 表示从文本字符串中最右边开始提取字符。语法：right(text, [num_chars])，num_chars 表示要提取的字符数，默认值为 1。示例：

```
=right("张学友")          返回值为"友"
=right("欧阳闻樱",2)      返回值为"闻樱"
```

3．mid 函数

mid 表示从指定位置开始提取文本字符串中特定数目的字符。语法：MID(text, start_num, num_chars)，start_chars 表示要提取的第一个字符的位置，num_chars 表示要提取字符的个数。如果单元格 A2 中值是某人的身份证号"23150819560804×××"，则=mid("A2,7,8")，返回值为"19560804"。

4．year 函数

year 返回某日期对应的年份。语法：year(serial_number)。serial_number 为一个日期值。如果单元格 A2 中值是某人的出生日期"1989-06-27"，则=year(A2)返回值为 1989。如果计算这人的年龄，则输入=year(now())-year(A2)。

5. if 函数

if 如果指定条件的计算结果为 TRUE，IF 函数将返回某个值；如果该条件的计算结果为 FALSE，则返回另一个值。语法:IF(logical_test, [value_if_true], [value_if_false])。

表 5-7　数　据　清　单

	A	B	C	D	E	F	G	H
1	姓名	出生年月	语文	数学	英语	成绩等级	总分	英语排名
2	杨吉华	1984 年 2 月	90	95	95			
3	王辉	1983 年 5 月	85	96	92			
4	张小茜	1983 年 8 月	78	87	89			
5	刘文魁	1982 年 1 月	97	92	87			
6	俞春波	1984 年 7 月	76	79	84			
7	许文华	1983 年 8 月	80	92	91			
8	陈东来	1982 年 9 月	85	75	72			
9	孙小燕	1984 年 3 月	87	82	83			

示例 1：在表中 F 列求出每个同学的成绩等级，平均 85 分及以上的为优秀，85 分以下的为良好。

光标定位于单元格 F2 中，输入=if(average(c2:e2)>=85,"优秀","良好")。

示例 2：在表中 F 列求出每个同学的成绩等级，平均 60 分以下为不合格，60 分至 90 分为中等，90 分及以上的为优秀。

光标定位于单元格 F2 中，输入=if(average(c2:e2)<60,"不合格",if(average(c2:e2)<90,"中等","优秀"))。

6. countif 函数

countif 函数对区域中满足单个指定条件的单元格进行计数。语法：countif(range, criteria)。criteria 表示条件，表现形式可以为：32、">32"、B4、"苹果"。

示例：在表 5-7 所示的数据清单中，在 G10 单元格数出总分在 250 分及以上的学生个数。

光标定位于 G2，输入=sum(C2:E2)，拖动填充柄，将此公式复制到 G3:G9。光标定位于 G10 单元格，输入=countif(G2:G9,">=250").

7. rank 函数

rank 返回一个数字在数字列表中的排位。语法：rank(number,ref,[order])。number 表示要排位的数，ref 表示数字列表，order 表示排位的方式，0 或省略为降序，不为零按升序排。

示例：在表 5-7 所示的数据清单中，在 H 列求出每位同学英语考试成绩的排名，成绩越高排名越前。

光标定位于单元格 F2 中，输入=rank(e2,e2:e9,0)，填充柄复制公式到其他单元格。这里注意 rank 的第二个参数引用的是绝对地址。

8. vlookup 函数

vlookup 函数搜索某个单元格区域的第一列，然后返回该区域相同行上任何单元格中的值。语法：vlookup(lookup_value, table_array, col_index_num, [range_lookup])。lookup_value 表示

要在区域的第一列中搜索的值；table_array 表示包含数据的单元格区域；col_index_num 表示返回的匹配值的列号；range_lookup 为一个逻辑值，指定希望 vlookup 查找精确匹配值还是近似匹配值。

示例：在表 5-7 所示的数据清单中，找出刘文魁的英语成绩，放在 A10 单元格中。

光标定位于 A10 单元格，输入=vlookup("刘文魁",A2:E9,5,False)。说明：公式与函数中的字符要用双引号，所有符号都是英文标点符号，不要误输入中文标点符号。

5.7　安全和隐私

5.7.1　保护工作表

保护工作表就是保护工作表中的各元素，防止对工作表的行列进行插入、删除和格式修改等操作，以及防止非授权用户更改锁定单元格的内容。其操作方法为：单击"审阅"选项卡"更改"组中的"保护工作表"按钮，弹出"保护工作表"对话框，在其中进行设置，如图 5-41 所示。

为了防止其他人取消对工作表的保护，还可以在"保护工作表"对话框中设置"取消工作表保护时使用的密码"。

图 5-41　保护工作表

5.7.2　保护工作簿

工作簿中的各元素也可以进行保护，以防止非授权用户添加、删除或隐藏工作表等。其操作方法为：单击"审阅"选项卡"更改"组中的"保护工作簿"按钮，弹出"保护结构和窗口"对话框，在其中进行设置，如图 5-42 所示。

与工作表的保护类似，为了防止他人取消对工作簿的保护，可以在"密码"文本框中设置取消工作簿保护时的密码。

图 5-42　保护工作簿

5.7.3　撤销保护

若用户需要取消工作表或工作簿的保护，可以单击"审阅"选项卡"更改"组中的"保护工作簿"按钮，弹出"保护结构和窗口"对话框，在其中进行设置。若设置了取消密码，则还需在弹出的撤销保护提示框中正确输入密码。

5.8　打　　印

5.8.1　设置打印区域与分页

1. 设置打印区域

用户在打印前，首先要对打印的区域进行设置，否则，系统会把整个工作表作为打印区域。

设置页面区域的方法为：

① 在工作表中选定需要打印的区域，单击"文件"菜单，选择"打印"命令，在"设置"选项区域进行相应选择，Excel 就会把选定的区域作为打印区域。

② 在工作表中选定需要打印的区域，在"页面布局"选项卡的"页面设置"组中，可以快速设置纸张方向、纸张大小、打印区域和添加分隔符、添加 Excel 背景、打印标题等，如图 5-43 所示。通过选择"打印内容"列表中的"选定区域"按钮，就可以控制只打印指定的区域。

2. 分页

一个 Excel 工作表可能很大，而用来打印的纸张大小是有限的。

图 5-43　打印设置工具栏

对于超过一页的工作表，系统能够根据已设置的打印纸张自动分页。但为了保证打印内容的完整性和协调性，有时也需要用户对工作表进行强制人工分页。

对工作表进行人工分页，一般就是在工作表中插入分页符。默认情况下，人工分页符显示为蓝色实线，自动分页符显示为蓝色虚线，用户可以在分页预览视图中进行查看。

人工分页符包括垂直分页符和水平分页符。其插入方法为：选定要开始新页的单元格，单击"页面布局"选项卡"页面设置"组中的"分隔符"按钮，选择"插入分页符"选项，此时分页符出现在选定单元格的上方和左侧。

5.8.2　页面设置

工作表在打印前，要进行页面的设置，即对打印页面进行布局和格式的合理安排。用户可以通过单击"文件"菜单，选择"打印"命令，单击"设置"选项区域右下角中"页面设置"按钮，在弹出的对话框中对页面、页边距、页眉/页脚和工作表进行设置。

① "页面"选项卡：用户可以设置纸张大小及打印方向；设置打印的缩放比例、打印质量和起始页码。

② "页边距"选项卡：用户可以设置页边距大小；编辑页眉或页脚的位置；选择打印内容的对齐方式。

③ "页眉/页脚"选项卡：用户可以选择系统预定义的页眉或页脚；也可以通过单击"自定义页眉"或"自定义页脚"按钮，编辑定义新的页眉或页脚。

④ "工作表"选项卡：用户可以选择要打印的区域；设置多页打印时的"标题行"和"标题列"以及指定打印顺序等。

5.8.3　打印预览与打印

1. 打印预览

为了保证打印质量，在打印前，一般都需要先进行打印预览。打印预览可以在屏幕上模拟显示打印结果，这样就可以防止由于没有设置好报表的外观，而使打印的报表作废。打印预览在"文件"菜单→"打印"子菜单的右边区域。

2. 打印

在确认了打印预览效果后，用户可以单击"打印"按钮，开始打印；或者通过打印菜单设置其他打印项。

① "打印机"选项区域：用于选定打印机和设置打印机属性。

② "打印范围"选项区域及"打印内容"选项区域：用于选择打印范围及打印区域。

③ "份数"选项区域：用于选择打印的份数及打印方式。

小　　结

本章概要介绍了几种常用电子表格软件，并着重以应用最为广泛的 Excel 为例，介绍了 Excel 的基础知识，Excel 的工作簿和工作表的基本操作；着重介绍了 Excel 中公式的建立、图表的建立与编辑以及 Excel 提供的数据管理功能，最后介绍了工作表的打印输出。

习　　题

一、选择题

1. 以下文件中，（　　　）是 Excel 文件。
   A. Excel1.docx
   B. file.dot
   C. myfile.xcl
   D. data.xlsx

2. 一个 Excel 文件对应于一个（　　　）。
   A. 工作表
   B. 工作簿
   C. 单元格
   D. 页面

3. 一张 Excel 工作表中最多有（　　　）个单元格。
   A. 65 536 × 65 536
   B. 256 × 256
   C. 1 048 576 × 16 384
   D. 65 536 × 256

4. 工作表中的行号和列标是采用（　　　）。
   A. 行号用字母表示，列标用数字表示
   B. 行号和列标均用数字表示
   C. 行号用数字表示，列标用字母表示
   D. 行号和列标均用字母表示

5. 以下单元格引用中，属于绝对引用的有（　　　）。
   A. $A$2
   B. $A2
   C. B$2
   D. A2

6. 在 Excel 中，输入当天的日期可按（　　　）组合键。
   A. Shift + ;
   B. Ctrl + ;
   C. Shift +:
   D. Ctrl + Shift

7. 直接拖动单元格右下角填充柄，不能实现序列填充的是（　　　）。
   A. 单元格内容为 "a1"
   B. 单元格内容为 "1a"
   C. 单元格内容为 "1"
   D. 单元格内容为 "星期一"

8. 在 Excel 工作表中，如果当前单元格地址为 C6，在工作表第一行前插入一行后，该单元格的地址显示为（　　　）。
   A. D6
   B. C7
   C. D7
   D. C6

9. 在单元格内输入 "AVERAGE(2,4)" 并确定后，会在该单元格显示（　　　）。
   A. 6
   B. 3
   C. AVERAGE(2,4)
   D. 2

10. 在 Excel 中，计算选定列 C3:C7 的最大值，不正确的操作是（　　　）。

    A. 单击列标，在快捷菜单中选择最大值

    B. 单击状态栏，在快捷菜单中选择最大值

    C. 单击"粘贴函数"按钮，在常用函数中选择 MAX

    D. 在编辑栏输入"=MAX(C3:C7)"

11. 在 Excel 中，对工作表的数据进行一次排序，其排序关键字最多可以有（　　　）。

    A. 4个　　　　　　B. 3个　　　　　　C. 2个　　　　　　D. 无数个

12. 在 Excel 工作表中，假设 A2=7，B2=6.3，选择 A2:B2 区域，并将鼠标指针放在该区域右下角填充句柄上，拖动至 E2，则 E2=（　　　）。

    A. 3.5　　　　　　B. 4.2　　　　　　C. 9.1　　　　　　D. 9.8

13. 如果 A1:A5 单元格的值依次为 10、15、20、25、30，则 COUNTIF(A1:A5,">20")等于（　　　）。

    A. 1　　　　　　B. 2　　　　　　C. 3　　　　　　D. 4

14. 若 A1 单元格为数字"3"，B1 单元格为 TRUE，则公式 SUM(A1,B1,2)的计算结果为（　　　）。

    A. 5　　　　　　B. 6　　　　　　C. 2　　　　　　D. 公式错误

15. 在 Excel 中，若单元格中出现一连串的"#######"符号，则表示（　　　）。

    A. 该单元格数据输入错误　　　　　　B. 该单元格宽度不足以显示其内容

    C. 该单元格内是一个错误的公式　　　　D. 以上均不正确

16. 选定当前工作表为 Sheet1 和 Sheet3，若在 Sheet1 工作表的 E2 单元格内输入 a 时，则 Sheet2、Sheet3 工作表内 E2 单元格为（　　　）。

    A. Sheet2 工作表和 Sheet3 工作表的 E2 单元格均为空

    B. Sheet2 工作表的 E2 单元格为 a，Sheet3 工作表的 E2 单元格内容为空

    C. Sheet2 工作表的 E2 单元格为空，Sheet3 工作表的 E2 单元格为 a

    D. Sheet1、Sheet2 工作表的 E2 单元格均为"a"

17. 在 Excel 公式复制时，为使公式中的范围不随新位置而变化必须使用（　　　）。

    A. 绝对引用　　　　　　　　　　　　B. 相对引用

    C. 混合引用　　　　　　　　　　　　D. 3 种引用的结合

18. 在 Excel 中，数据可以按图形方式显示在图表中，当修改工作表中这些数据时，图表（　　　）。

    A. 不会更新　　　　　　　　　　　　B. 使用命令才能更新

    C. 自动更新　　　　　　　　　　　　D. 必须重新设置数据源区域才更新

19. Excel 中"清除"命令按钮的各项菜单中，不能实现（　　　）。

    A. 清除单元格数据的格式　　　　　　B. 清除单元格的批注

    C. 清除单元格中的数据　　　　　　　D. 移除单元格

20. Excel 编辑栏提供（　　　）功能。

    A. 显示工作表名　　　　　　　　　　B. 显示工作簿文件名

    C. 显示当前活动单元格的内容　　　　D. 显示当前单元格的计算结果

二、填空题

1. 在 Excel 中，若在某单元格内输入"(5)"，则会显示为_____。

2. 在 Excel 中，若要在某单元格内显示分数"1/2"应输入_____。

3. 在 Excel 中，在 E5 单元格内输入公式 "=SUM(A$5:D$5)"，向下拖动填充柄后，则在 E7 单元格内的公式为_____。

4. 若要引用 Sheet1 工作表中的 A6 单元格应输入_____。

5. 在 Excel 中的某个单元格中输入文字，若要文字能自动换行，可单击"开始"选项卡_____组中的"自动换行"按钮。

6. 除了直接在单元格中编辑内容外，还可以使用_____进行编辑。

7. 向 Excel 单元格中输入由数字组成的文本数据，应在数字前加_____。

8. 向单元格中输入公式时，公式前应冠以 _____或_____。

9. 公式 SUM("3",2,TRUE)= _____。

10. Excel 单元格中，默认方式下，数值数据_____对齐，日期和时间数据_____对齐，文本数据靠_____对齐，逻辑值_____对齐。

三、判断题

1. 默认情况下，Excel 的默认工作表为 1 个。　　　　　　　　　　　（　　　）

2. 若公式 COUNT(A1:A3)=2，则公式 COUNT(A1:A3,3)=5。　　　　　（　　　）

3. 可以使用填充柄进行单元格复制。　　　　　　　　　　　　　　　（　　　）

4. Excel 工作表中，单元格的地址是唯一的，由所在的行和列决定。　（　　　）

5. Excel 工作表中，单元格的宽度和高度是固定的，不能改变。　　　（　　　）

6. 在 Excel 中，单元格的删除和清除是同一种操作的两种说法。　　　（　　　）

7. 使用 Excel 的分类汇总功能前，应先使用排序功能对分类字段进行排序。（　　　）

8. 在 Excel 中，单元格内输入的字符不能超过单元格宽度。　　　　　（　　　）

9. 某单元格内创建公式完毕后，用户只能查看公式结果而不能再查看公式。（　　　）

10. 在 Excel 的函数中，可以引用本工作簿其他工作表中的单元格数据作为参数。（　　　）

第 6 章 \ PowerPoint 2010 演示文稿软件

本章讲解

演示文稿是应用信息技术，将文字、图片、声音、动画和电影等多种媒体有机结合在一起形成的多媒体幻灯片，广泛应用于会议报告、课程教学、广告宣传、产品演示等方面。学习制作多媒体演示文稿是大学计算机基础课程的一个重要内容。本章首先简要介绍了制作演示文稿的一些软件，然后以 PowerPoint 为例，讲解演示文稿的制作、编辑以及打包等内容。

学习目标

- 了解 PowerPoint 的界面以及功能特点。
- 熟悉 PowerPoint 选项卡各项功能的应用。
- 能够创建 PowerPoint 并对其进行编辑。
- 熟练地应用 PowerPoint 主题功能并能对幻灯片进行美化。
- 能够打包 PowerPoint 演示文稿。

6.1 演示文稿软件概述

演示文稿是由一系列幻灯片组成的，幻灯片是演示文稿的基本演示单位。在幻灯片中可以插入图形、图像、动画、影片、声音、音乐等多媒体素材。

当前，制作演示文稿的软件工具主要有微软公司的 Office 套件之 PowerPoint 软件、金山公司的 WPS Office 套件之 WPS 演示软件和 Apple 公司的 Keynote 软件等。

6.1.1 PowerPoint 软件

PowerPoint 是微软公司 Office 套件中非常出名的一个应用软件，它的主要功能是进行幻灯片的制作和演示，可有效帮助用户演讲、教学和产品演示等，更多地应用于企业和学校等教育机构。最新的 PowerPoint 提供了比以往更多的方法，能够为用户创建动态演示文稿并与访问群体共享。使用令人耳目一新的视听功能及用于视频和照片编辑的新增和改进工具，可以让用户创作更加完美的作品。

Office PowerPoint 2010 与之前版本相比，具有如下新功能。

1. 插入剪辑视频和音频功能

用户可以直接在 PowerPoint 2010 中轻松嵌入和编辑视频，而不需要其他软件。可以剪裁、添加淡化等效果，甚至可以在视频中包括书签以及播放动画。

2．左侧面板的分节功能

PowerPoint 新增加了分节功能。在左侧面板中，用户可以将幻灯片分节，方便地管理幻灯片。

3．广播幻灯片功能

广播幻灯片功能允许其他用户通过互联网同步观看主机的幻灯片播放。

4．过渡时间精确设置功能

为了更加方便地控制幻灯片的切换时间，在 PowerPoint 中切换幻灯片设置摒弃了原来的"快中慢"的设置，变成了精确设置。用户可以自定义精确的时间。

5．录制演示功能

"录制演示"功能可以说是"排练计时"的强化版，它不仅能够自动记录幻灯片的播放时长，还允许用户直接使用激光笔（可用【Ctrl】键+鼠标左键在幻灯片上标记）或传声器为幻灯片加入旁白注释，并将其全部记录到幻灯片中，大大提高了新版幻灯片的互动性。这项功能使得用户不仅能够观看幻灯片，还能够听到讲解等，给用户以身临其境，如同处在会议现场的感受。

6．图形组合功能

制作图形时，可能需要使用不同的组合形式，如联合、交集、打孔和裁切等。在 PowerPoint 中也加入了这项功能，只不过默认没有显示在 Ribbon 工具条中，而设置在了"文件"按钮的选项中。

7．合并和比较演示文稿功能

使用 PowerPoint 中的合并和比较功能，用户可以比较当前演示文稿和其他演示文稿，并可以立即合并它们。

8．将演示文稿转换为视频功能

将演示文稿转换为视频是分发和传递演示文稿的一种新方法。如果希望为同事或客户提供演示文稿的高保真版本（通过电子邮件附件形式、发布到网站，或者刻录 CD 或 DVD），就可以选择将其保存为视频文件。

9．将鼠标转变为激光笔功能

在"幻灯片放映"视图中，只需按住【Ctrl】键，单击鼠标左键，即可开始标记。

6.1.2　WPS 演示软件

WPS Office 套件之幻灯片制作组件称为 WPS 演示，具有与 PowerPoint 相似的功能，可以通过用户界面轻松制作演示文稿，并能兼容 Office PowerPoint 制作的文稿。与 Office PowerPoint 软件相比，WPS 演示具有自己鲜明的一些特点。

1．可扩展的插件机制

WPS 演示软件通过插件机制为广大程序员提供自定义功能的良好嵌入，来扩展 WPS 演示软件的功能（WPS 演示 2012 暂不支持）。

2．特定位置局部放大显示

在播放 WPS 幻灯片过程中，可能会碰到一些听众特别关注的要点，此时为了加强介绍效果，需要临时对 WPS 幻灯片中的这些要点位置进行局部放大显示。

3. 将演示文档转换成 Flash 文件

WPS 演示默认附带了闪播插件（如果没有可以在"工具"→"插件"平台中安装），只要选择"文件"→"输出为 Flash 格式"命令，就可以将演示文稿保存为 Flash 文件，这样即使使用者的计算机中没有字体甚至没有办公软件，也不影响演示正常播放。

4. 直接的加密功能

WPS 提供了直接的文件加密功能，用于保护演示文档版权，使其不被任意修改（PowerPoint 有一个发布为最终版本功能也是不错的保护幻灯片方法）。

5. 方便的网络存储功能

WPS 演示提供了网络存储功能，免费提供 1 GB 存储空间，直接把文档存储在网络中，如果接入网络方便就不必使用 U 盘了。

6.1.3　Keynote 软件

Keynote 软件是 Apple 公司针对 Mac 系统开发的一款制作演示文稿的工具，它支持几乎所有的图片字体，借助 Mac OS X 内置的 Quartz 等图形技术还使得界面和设计更图形化。此外，Keynote 还有真三维转换，幻灯片在切换的时候用户便可选择旋转立方体等多种方式。随着 Apple 的 iOS 系列产品的发展，Keynote 也推出了 iOS 版本，可以通过 iCloud 在 Mac、iPhone、iPad、iPod Touch 以及 PC 之间共享。

相比其他演示软件 Keynote 软件具有以下一些功能特点。

1. 使用简单，轻松入手

第一次使用 Keynote 就会充分体会到它的易用性。增强的主题选取器让用户能预览 44 种 Apple 设计的精美主题，进入一个主题后，来回滑动鼠标便可快速浏览其中每张幻灯片不同的设计排版。选好主题后，只需将幻灯片上面占位符处的文本和图像换成用户自己的内容。

简单易用的工具使用户可以很方便地在幻灯片中添加表格、图表、媒体文件或形状。轻轻一点便可添加表格以及带有动画效果的 3D 图表。使用媒体浏览器，用户可以很方便地将 iPhoto 或 Aperture 图库中的照片、iMovie 文件夹中的影片以及 iTunes 音乐库中的音乐拖放到幻灯片中。

2. 强大的图形处理工具

Keynote 内置的强大图形工具让每张幻灯片都呈现出最佳面貌。即时 Alpha 工具能够快速有效地清除图片的背景，或者以预先画好的形状，如圆形或星形将其遮罩。使用对齐和间距参考线，可以很容易地找到幻灯片的中心，以确认对象是否对齐。添加到幻灯片中的任何对象，包括图像、文本框或形状都能够精确地摆放在理想的位置上。如果需要添加流程图或关系图，那么新增的连接线功能就可以实现。连接线始终被锁定在对象上，对象移动时，其间的连接线也会随对象一起移动。

3. 动画效果

Keynote 内置超过 25 种过渡效果，甚至包括部分 3D 过渡效果，足以将观众的目光锁定在屏幕上。在重复的对象如公司标识上添加全新的神奇移动功能，该对象便能在连续的几张幻灯片中自动变换位置、大小、透明度及旋转角度。

用户可以为幻灯片中的文本和对象添加动画效果，让所要表达的观点更加鲜明有力。例如，将幻灯片中的文字进行渐变、融合并转换成下一张幻灯片的文字，让幻灯片中的内容分文本行、表格行或者图表区域逐一显示，或者一次性从左边进入观众视线或旋转舞入。还可以对效果进行微调，包括调整动画的持续时间以及各个动画效果的先后次序，并规定动画的直线或曲线路径等。

4．灵活的演示方式

借助预演幻灯片显示功能，让演示的节奏更自然流畅。观众在主屏幕上欣赏用户的演示的同时，用户可以在次屏幕上看到当前和下一张幻灯片、讲演者注释以及时钟和计时器。Keynote Remote 通过 Wi-Fi 将 iPod Touch 变成无线遥控器，可以自在地在房间的任何角落进行演示。在使用肖像模式显示时，用户可以看到幻灯片和演讲者注释。

如果用户无法亲自上台，可以利用 Keynote 内置的旁白工具录制画外音，并设定好时间以配合幻灯片中的动画，以及幻灯片之间的过渡效果。这样也不会影响演示的正常进行。

5．兼容共享

Keynote 提供多种方式让用户分享自己创作的演示文稿，还可以打开 Microsoft PowerPoint 文件，将创建的 Keynote 文件存为 PowerPoint 格式。并且，它还可以将演示文稿输出成 QuickTime 影片、PDF、HTML 或图片格式，甚至直接上传到 YouTube。

6.2　PowerPoint 的基本操作

6.2.1　PowerPoint 的启动和退出

1．启动 PowerPoint

可以通过以下几种方式启动 PowerPoint。

① 在 Windows 7 界面下，单击"开始"→"所有程序"→Microsoft Office→Microsoft Office PowerPoint 命令，进入 PowerPoint。

② 在 Windows 桌面上，直接用鼠标双击桌面上的 PowerPoint 快捷方式图标，也可以进入 PowerPoint 的初始界面。

③ 双击一个 PowerPoint 文件，可以在启动 PowerPoint 的同时打开这个演示文稿文件。

2．退出 PowerPoint

PowerPoint 的退出方式与 Windows 中其他应用程序的退出方式基本相同，可以参考 Word 或者 Excel 的退出方法。

6.2.2　PowerPoint 的窗口界面

PowerPoint 的窗口界面由标题栏、快速访问工具栏、选项卡、窗格、状态栏等部分组成，使用方法与 Word 2010 应用程序中相对应部分的使用方法相同。PowerPoint 的工作界面如图 6-1 所示。

图 6-1　PowerPoint 工作界面

1．标题栏

标题栏显示打开的文件名称和软件名称 Microsoft PowerPoint 所组成的标题内容。右边是 3 个窗口控制按钮。

2．选项卡

选项卡包括"文件""开始""插入""设计""切换""动画""幻灯片放映""审阅""视图""加载项"和"帮助"等。

3．窗格

PowerPoint 窗口界面中有幻灯片窗格、幻灯片缩略图窗格和备注窗格。

（1）幻灯片窗格

在 PowerPoint 中打开的第一个窗口有一块较大的工作空间，该空间位于窗口中部，除右侧外其周围有多个小区域。这块中心空间就是幻灯片区域，即"幻灯片窗格"。

（2）幻灯片缩略图窗格

幻灯片窗格左侧是幻灯片缩略图窗格，它是正在使用的幻灯片的缩略图。它的顶端和右下端都有视图切换按钮。在普通视图时，任意选择"幻灯片"选项卡和"大纲"选项卡，均可以单击此处的幻灯片缩略图在幻灯片之间导航。

（3）备注窗格

幻灯片窗格下面是备注窗格，用于输入在演示时要使用的备注。如果需要在备注中加入图形，则必须转入到备注页才能实现。

拖动窗格边框可调整各个窗格的大小。

6.2.3　PowerPoint 的视图方式

视图是 PowerPoint 为用户提供的查看和使用演示文稿的方式。一共有 4 种：普通视图、幻灯片浏览视图、备注页和阅读视图。用户通过单击图 6-1 上所示的视图切换按钮，可以切换不同的视图。

1．普通视图

当 PowerPoint 启动后，一般都进入到普通视图状态。普通视图是最常用的一种视图模式，是一个"三框式"结构的视图。即包含 3 种窗格：幻灯片窗格、幻灯片缩略图窗格和备注窗格。

PowerPoint 将"大纲视图"和"幻灯片视图"组合到普通视图中，通过幻灯片缩略图窗格顶端的视图切换按钮来进行这两种视图界面之间的切换。

（1）大纲视图

单击"幻灯片缩略图窗格"顶端的大纲视图按钮，视图方式切换为大纲视图方式。在左边的窗格内显示演示文稿所有幻灯片上的全部文本，并保留除色彩以外的其他属性。通过大纲视图，可以浏览整个演示文稿内容的纲目结构全局，因此大纲视图是综合编辑演示文稿内容的最佳视图方式。

在大纲视图下，在左边窗格内选中一个大纲形式的幻灯片时，幻灯片窗格则显示该幻灯片的全部详细情况，并且可以对其进行操作。

当切换到大纲视图后，可以通过使用选项卡中的按钮对幻灯片进行操作，也可在幻灯片缩略图窗格中右击，通过弹出的快捷菜单（该菜单包含了以前大纲工具栏里所有工具）对幻灯片进行编辑操作，如图 6-2 所示。

图 6-2　大纲视图快捷菜单

①"升级"：使选择的文本上升一级。例如，第 2 级正文上升为第 1 级正文，第 1 级正文升级后，将成为一张新幻灯片的标题。

②"降级"：作用与"升级"相反。

③"上移"：使选中的文本上移一层。通过上移可以改变页面的顺序，或者改变层次小标题的从属关系。

④"下移"：作用与"上移"相反。

⑤"折叠"：只显示当前的或选择的页面的标题，主体部分被隐去。

⑥"展开"：既显示当前的或者选择的页面的标题，也恢复显示被隐去的主体部分。

⑦"全部折叠"：只显示文稿的全部标题，主体部分全部被隐去。

⑧"全部展开"：恢复显示文稿的全部标题和主体。

⑨"摘要幻灯片"：在当前幻灯片前插入一张"摘要幻灯片"。

⑩"显示格式"：切换文本显示方式，或者显示纯文本，或者显示格式化文本。

（2）幻灯片视图

单击"幻灯片缩略图窗格"顶端的幻灯片视图按钮，视图方式切换为幻灯片视图方式。在左边的窗格内显示演示文稿所有幻灯片的缩略图。

幻灯片的编辑和制作均在普通视图下进行。其中幻灯片的选择、插入、删除、复制一般在普通视图的"幻灯片缩略图窗格"中进行，而每一张幻灯片内容的添加、删除等操作均在"幻灯片窗格"中进行。

2. 幻灯片浏览视图

幻灯片浏览视图是一种观察文稿中所有幻灯片的视图，如图 6-3 所示。在幻灯片浏览视图中，按缩小了的形态显示文稿中的所有幻灯片，每个幻灯片下方显示有该幻灯片的演示特征（如定时、切入等）图标。在该视图中，用户可以检查文稿在总体设计上设计方案的前后协调性，重新排列幻灯片顺序，设置幻灯片切换和动画效果，设置（排练）幻灯片放映时间等。但是要注意的是：在该视图中不能对每张幻灯片中的内容进行操作。

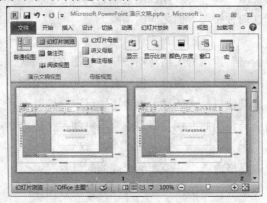

图 6-3　幻灯片浏览视图

3. 幻灯片放映

幻灯片放映就是真实的播放幻灯片，即按照预定的方式一副副动态地显示演示文稿的幻灯片，直到演示文稿结束。

用户在制作演示文稿过程中，可以通过幻灯片放映来预览演示文稿的工作状况，体验动画与声音效果，观察幻灯片的切换效果，还可以配合讲解为观众带来直观生动的演示效果。

4. 备注页

备注页视图是专为幻灯片制作者准备的，使用备注页，可以对当前幻灯片内容进行详尽说明。单击"视图"选项卡"演示文稿视图"组中的"备注页"按钮，可以完整显示备注页。在备注页中，可以添加文本、图形、图像等内容。

6.2.4　演示文稿的基本操作

演示文稿的基本操作包括新建演示文稿和保存演示文稿。

1. 新建演示文稿

在 PowerPoint 的"新建演示文稿"任务窗格中，有 7 种方式可实现演示文稿新建：空白演示文稿、最近打开的模板、样本模板、主题、我的模板、根据现有内容新建和 Office.com 模板，单击以上 7 种方式的任意一种，然后单击"创建"按钮即可新建演示文稿。

（1）新建空演示文稿

新建空演示文稿有两种方式。

① 如果没有打开演示文稿文件，启动 PowerPoint 程序后，系统自动新建一个名称为"演示文稿 1.pptx"的空白演示文稿。

②　在打开的演示文稿文件窗口中要新建空演示文稿，方法是：单击"文件"菜单，选择"新建"命令，选择"可用的模板和主题"列表中的"空白演示文稿"选项，然后单击右边预览窗格中的"创建"按钮，系统即建立一个新的、名称为"演示文稿×"的新演示文稿。×为正整数，系统根据当前打开的演示文稿数量自动确定。

幻灯片版式是 PowerPoint 2010 软件中的一种常规排版的格式，通过幻灯片版式的应用可以更加合理地对文字、图片等进行布局，版式由文字版式、内容版式、文字和内容版式与其他版式这4 个版式组成。

（2）根据模板和主题新建演示文稿

模板和主题决定幻灯片的外观和颜色，包括幻灯片背景、项目符号，以及字形、字体颜色、字号、占位符位置和各种设计强调内容。

PowerPoint 提供多种模板和主题，同时可在线搜索合适模板和主题。此外，用户可以根据自身的需要，自建模板和主题。

根据模板和主题建立新演示文稿的方法是：

单击"文件"菜单，选择"新建"命令，在"可用的模板和主题"和 Office.com 提供的在线模板中选择所需模板，然后在右边的预览窗口中，单击"创建"按钮即可建立一个新的、名称为"演示文稿×"的新演示文稿，×为正整数，系统根据当前打开的演示文稿数量自动确定。

（3）根据现有内容新建演示文稿

单击"文件"菜单，选择"新建"命令，在"可用的模板和主题"列表中选择"根据现有内容新建"选项，弹出"根据现有演示文稿新建"对话框，选择一个存在的演示文稿文件，单击"新建"按钮。打开的演示文稿内容不变，系统将名称自动更改为"演示文稿×"，×为正整数，由系统自动确定。

（4）相册

在 PowerPoint 中，可以快速创建相册，它是一个演示文稿，由标题幻灯片和图形图像集组成，每个幻灯片包含一个或多个图像。可以从图形文件、扫描仪或与计算机相连的数码照相机获取图像。创建相册的操作步骤如下：

①　单击"插入"选项卡"图像"组中的"相册"按钮，弹出"相册"对话框，如图 6-4所示。

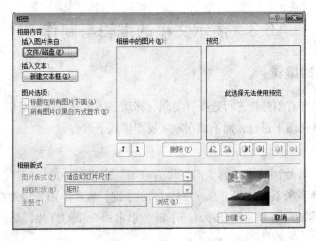

图 6-4　"相册"对话框

② 在"相册"对话框中构建相册演示文稿。可以使用控件插入图片、插入文本框（用于显示文本的幻灯片），预览、修改或重新排列图片，调整幻灯片上图片的布局以及添加标题。

③ 单击"创建"按钮以创建已经构建的相册。

2．保存演示文稿

演示文稿的保存方式与 Word 文档的保存类似。用户可以通过单击"文件"菜单，选择"保存"命令或者"另存为"命令进行保存，PowerPoint 演示文稿可以保存的主要文件格式如表 6-1 所示。

表 6-1　PowerPoint 可以保存的主要文件格式

保存为文件类型	扩展名	用　于　保　存
PowerPoint 演示文稿	.pptx	PowerPoint 演示文稿，默认为支持 XML 的文件格式
启用宏的 PowerPoint 演示文稿	.pptm	包含 Visual Basic for Applications（VBA）（VBA 是 Visual Basic 的宏语言版本，用于编写基于 Windows 的应用程序，内置于多个 Microsoft 程序中）代码的演示文稿
PDF 文档格式	.pdf	由 Adobe Systems 开发的基于 PostScript 的电子文件格式，该格式保留了文档格式并允许共享文件
启用宏的 PowerPoint 放映	.ppsm	包含预先批准的宏的幻灯片放映，可以从幻灯片放映中运行这些宏
PowerPoint 加载项	.ppam	用于存储自定义命令、VBA 代码和特殊功能（如加载项）的加载项
Windows Media 视频	wmv	另存为视频的演示文稿。PowerPoint 演示文稿可按高质量（1024×768，30 帧/秒）、中等质量（640×480，24 帧/秒）和低质量（320×240，15 帧/秒）进行保存
GIF（图形交换格式）	.gif	作为用于网页的图形的幻灯片
JPEG（联合图像专家组）	.jpg	作为用于网页的图形的幻灯片
设备无关位图	.bmp	作为用于网页的图形的幻灯片
大纲/RTF	.rtf	演示文稿大纲为纯文本文档，可提供占用空间更小的文件，并能够和具有不同版本的 PowerPoint 或操作系统的其他人共享不包含宏的文件
PowerPoint 图片演示文稿	.pptx	其中每张幻灯片已转换为图片的 PowerPoint 演示文稿。将文件另存为 PowerPoint 图片演示文稿将减小文件大小

6.3　演示文稿的编辑与制作

6.3.1　演示文稿的编辑

演示文稿的编辑指对幻灯片进行选择、复制、移动、插入和删除等操作。这些操作可以在普通视图、幻灯片浏览视图下进行，而不能在放映视图模式下进行。

1．选择幻灯片

在普通视图和幻灯片浏览视图的"幻灯片缩略图"窗格中，单击幻灯片，则表明选中该幻灯片。如果需要选择多张不连续幻灯片，按住【Ctrl】键，然后单击希望选择的幻灯片即可；如果需要选择多张连续的幻灯片，按住【Shift】键，单击第一张幻灯片，然后单击最后一张幻灯片即可。

2．复制幻灯片

选中需要复制的幻灯片，复制操作可以通过以下 4 种方法实现。

（1）菜单

单击"开始"选项卡"剪贴板"组中的"复制"按钮，然后将光标移动到目标位置，单击"开始"选项卡"剪贴板"组中的"粘贴"按钮。

（2）快捷菜单

右击选中的幻灯片，在弹出的快捷菜单中选择"复制"命令，将光标移动到目标位置，右击并在弹出的快捷菜单中选择"粘贴"命令。

（3）快捷键

按【Ctrl+C】组合键复制，然后将光标移动到目标位置，按【Ctrl+V】组合键粘贴。

（4）拖动鼠标

按住【Ctrl】键，用鼠标拖动选中的幻灯片到目标位置，松开鼠标和【Ctrl】键。

3．移动幻灯片

选中需要移动的幻灯片，移动操作也可以通过以下 4 种方法实现。

（1）菜单

单击"开始"选项卡"剪贴板"组中的"剪切"按钮，然后将光标移动到目标位置，单击"开始"选项卡"剪贴板"组中的"粘贴"按钮。

（2）快捷菜单

右击选中的幻灯片，在弹出的快捷菜单中选择"剪切"命令，将光标移动到目标位置，右击并在弹出的快捷菜单中选择"粘贴"命令。

（3）快捷键

按【Ctrl+X】组合键剪切，然后将光标移动到目标位置，按【Ctrl+V】组合键粘贴。

（4）拖动鼠标

直接用鼠标拖动选中的幻灯片到目标位置，然后松开鼠标。

4．插入幻灯片

插入幻灯片指在已经建立好的演示文稿中添加幻灯片，包括插入新幻灯片和插入其他演示文稿中的幻灯片。添加的幻灯片将被插入到当前演示文稿中正在操作的幻灯片的后面。

（1）插入新幻灯片

插入新幻灯片的操作步骤如下：

① 在普通视图或者幻灯片浏览视图窗口中确定需要插入的幻灯片的位置。

② 单击"开始"选项卡"幻灯片"组中的"新建幻灯片"按钮，或者按【Ctrl+M】组合键，插入一张新的幻灯片。

（2）从其他演示文稿中插入

一般情况下，可以在当前编辑的演示文稿中插入其他演示文稿文件中的一些幻灯片。具体实现过程是：

① 在普通视图或者幻灯片浏览视图窗口中确定需要插入的幻灯片的位置。

② 单击"开始"选项卡"幻灯片"组中的"新建幻灯片"按钮，在弹出的下拉列表框中选择"重用幻灯片"选项。在窗体右边会打开"重用幻灯片"任务窗格。单击"浏览"按钮，在弹出的下拉列表中浏览文件，选择源文件，单击"确定"按钮后，则在预览框中显示源文件的所有幻灯片，如图6-5所示。

③ 选择需要插入的幻灯片后单击，则将源文件的选定幻灯片插入到当前演示文稿编辑状态幻灯片的后面。

5. 删除幻灯片

选中需要删除的幻灯片，可以通过两种方法实现幻灯片删除操作。

（1）快捷菜单

右击选中的幻灯片，在弹出的快捷菜单中选择"删除幻灯片"命令。

（2）【Delete】或【Backspace】键

按【Delete】键或【Backspace】键。

图6-5 选定重用的幻灯片

6.3.2 演示文稿的制作

演示文稿实质上是由一系列幻灯片组成，每张幻灯片都可以有独立的标题、说明文字、数字、图标、图像以及多媒体组件等元素对象。演示文稿的制作，实际上就是对每一张幻灯片内容的具体安排，即对文本、图片、声音、视频和其他对象等元素对象的具体布置。为了使制作的演示文稿更加吸引观众，PowerPoint 允许用户在任意位置插入对象。在内容上，可以添加如 Word（文本、表格）、Excel、图表、组织结构图、图示等对象，在形式上，可以通过超链接功能实现更加合理的演示效果。

在幻灯片中还常包含一些视频、音频、图像、公式和特殊格式的内容（如专门软件制作的图片、图表等），可以通过调用其专用程序来编辑它们，然后将编辑成果插入到幻灯片中。要调用专门程序，只需要单击"插入"选项卡"文本"组中的"对象"→"新建"按钮来实现。插入对象的方式有"新建"和"由文件创建"两种。

1. 插入文本

通常，文本是演示文稿的主体。插入文本是演示文稿最常用的操作。

（1）输入文本

文本必须输入到文本框中，多数幻灯片版式中包含文本框。当用户新建一张幻灯片时，在新建的幻灯片中标题栏占位符、正文占位符处出现的"单击此处添加标题"或者"单击此处添加副标题"，表示用户可添加文本到此处，如图6-6所示。另外，用户也可以自行在幻灯片的任意位置添加文本框，然后在文本框中插入文本。

无论是幻灯片版式上自带的文本框还是用户自己在幻灯片上插入的文本框，文本框的大小、位置、框线颜

图6-6 文本占位符

色等的设定与在 Word 中的相同。

（2）格式化文本

在演示文稿中没有样式，因此，针对选定的文本，字体、字号、对齐方式、行距等需分别设置。当然，用户也可在母版上统一格式化文本，既简便又统一，详见 6.4.1 节。

① 字符格式：对选定需要格式化的文本进行格式化的方法有两种。

- 利用"开始"选项卡中的"字体"组对文字进行如字体、字号以及加粗、倾斜等设定；同时会出现"绘图工具"|"格式"选项卡。
- 右击也会出现文字编辑工具，在弹出的浮动工具栏中对文字进行设定。

② 行距：行距是行与行之间的距离，行距设置可以通过两种方法实现。

- 单击"开始"选项卡"段落"组右下角的对话框启动器，弹出"段落"对话框，对"缩进和间距"以及"中文版式"进行设定。
- 右击并在弹出的快捷菜单中选择"段落"命令，弹出"段落"对话框，可对"缩进和间距"以及"中文版式"进行设定。

注意：默认情况下，"开始"选项卡的"段落"组中不显示"缩进和间距"以及"中文版式"按钮。

③ 对齐方式：设置文本的对齐方式也可以通过两种方法实现。

- 单击"开始"选项卡"段落"组中的"左对齐""居中"和"右对齐"等按钮设定。
- 右击并在弹出的快捷菜单中选择"段落"命令，弹出"段落"对话框，可在"常规"选项卡中选择"左对齐""居中""右对齐""两端对齐"和"分散对齐"选项。

（3）项目符号和编号

在演示文稿中，段落前面添加项目符号或编号，将会使演示文稿更加有条理、易于阅读。在 PowerPoint 中，总共可以有 5 级项目符号，且每一级项目符号都不相同，它们代表了 5 级文字。用户可以通过【Tab】键和【Shift+Tab】组合键改变文字级别。

在创建了项目符号（或编号）文本之后，用户可以更改项目符号（或编号）的外观，如颜色、大小、形状等，还可以更改项目符号（或编号）与文本之间的距离以及使用图形作为项目符号。值得注意的是，如果要更改项目符号（或编号），应选中与此项目符号（或编号）相关的文本，而不是选择项目符号（或编号）本身。

选中与项目符号（或编号）有关的文本后，设置或者更改项目符号（或编号）可以通过以下步骤实现：

① 单击"开始"选项卡"段落"组中的"项目符号"下拉按钮，选择"项目符号和编号"选项，弹出"项目符号和编号"对话框。

② 设置或者更改项目符号：在"项目符号"选项卡中设置项目符号的形状、大小、颜色等，并能自定义项目符号图标。

③ 设置或者更改项目编号：在"编号"选项卡中设置编号的类型、大小、颜色和起始编号等。

2．插入表格

通过单击"插入"选项卡"表格"组中的"表格"按钮，可以插入表格。

3．插入图表

Office 带有创建、编辑图表的专用程序 Microsoft Graph。它是 Office 工具中的一个组件，Office 的组件制作图表时，均是调用它来完成的。因此，在 PowerPoint、Word、Excel 等组件中，制作图表的方法基本相同。差别仅在于调用 Microsoft Graph 的途径不同。

（1）创建图表

创建图表的方法有多种，现介绍通过菜单创建。

通过菜单插入图表的具体操作步骤如下：

① 调用 Graph：在需插入图表的幻灯片上，单击"插入"选项卡"插图"组中的"图表"按钮，在弹出的对话框中选择图表类型，单击"确定"按钮。

② 输入数据：将制作图表所用的数据输入数据表中，一张按默认选项制成的图表即出现在幻灯片上，如图 6-7 所示。

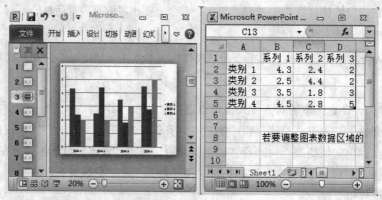

图 6-7　幻灯片图表示意图

（2）编辑图表

无论是用何种方法创建的图表，编辑方法均是相同的。

图表的类型、图表的各个元素、图表的大小均可根据需要进行调整。用户可使用命令、按钮和快捷菜单进行设置。下面以使用快捷菜单为例，说明设置方法。设置需在图表视图中进行，在图表区内双击 Graph 即可启动，进入图表视图。

① 类型选择：图表的类型有柱形图（默认）、条形图、折线图、饼图等。

选择或改变图表类型的方法为：右击图表区域，在弹出的快捷菜单中选择"更改图表类型"命令，然后进行选择。

② 图表元素的增添。组成图表的元素，如图表标题、坐标轴、网格线、图例、数据标签等，用户均可添加或重新设置。

例如，添加标题的方法是：单击"图表工具"|"布局"选项卡"标签"组中的"图表标题"按钮，选择标题属性，然后在标题框中输入图表的标题即可。

③ 图表大小的调整：用鼠标拖动图表区的框线可改变图表的整体大小。改变图例区、标题区、绘图区等大小的方法相同，即在相应的区中单击，边框线出现后，用鼠标拖动框线即可。

　　此外，图表的大小、在幻灯片上的位置（也可用鼠标拖动）等还可以精确设定。方法是：右击图表区域在弹出的快捷菜单中，选择"设置图表区域格式"命令，然后在"位置"和"大小"选项卡中设定。

4．插入组织结构图

　　插入组织结构图的方法为：单击"插入"选项卡"插图"组中的 SmartArt 按钮，在弹出的对话框中选择"层次结构"选项，并选择一种，单击"确定"按钮，在幻灯片中添加一个组织结构图模板，如图 6-8 所示。

图 6-8　插入组织结构图

5．插入音频和视频

　　要使幻灯片在放映时增加视听效果，可以在幻灯片中加入多媒体对象，如音乐、电影等，从而获得满意的演示效果，增强演示文稿的感染力。

　　（1）在幻灯片中插入音频

　　在幻灯片中插入的音频包括文件中的音频、剪贴画音频和录制音频。

　　① 插入文件中的音频。在幻灯片中插入文件中的音频的操作步骤如下：

- 使演示文稿处于"普通视图"方式并选定要插入声音的幻灯片。
- 单击"插入"选项卡"媒体"组中的"音频"下拉按钮，选择下拉列表中的"文件中的音频"选项，弹出"插入音频"对话框，找到要插入的音频。
- 选中要插入的声音文件图标，将其插入到当前幻灯片，这时在幻灯片中可以看到声音图标，同时出现声音播放系统，如图 6-9 所示。

图 6-9　PowerPoint 2010声音播放系统

　　② 剪贴画音频。在幻灯片中插入剪贴画音频的操作步骤与插入文件中的音频的操作步骤基本一致，不同之处在于，在"音频"下拉列表中选择"剪贴画音频"选项，会在窗口右边打开"剪贴画"任务窗格，缩略图上列出了一些音频，也可以选择搜索其他音频，其他步骤一致。

　　③ 录制音频。在幻灯片中插入录制的操作步骤如下：

- 在普通视图中，选定要插入声音的幻灯片。
- 单击"插入"选项卡"媒体"组中的"音频"下拉按钮，选择下拉列表中的"录制音频"选项，弹出"录音"对话框，如图 6-10 所示。

图 6-10　"录音"对话框

- 单击红色"录制"按钮即开始录音，录音完毕后单击"停止"按钮。
- 单击"确定"按钮完成插入录制音频。

　　（2）在幻灯片中插入视频

　　在幻灯片中插入视频的操作步骤与插入音频的操作步骤大体一致，只是选择的是"视频"命令，此外不同就是插入视频中有"来自网站的视频"，要实现该功能只需找到网站视频链接，将其粘贴到"从网站插入视频"对话框中的文本框中，单击"插入"按钮即完成了从网站插入视频。

6. 插入图片、剪切画和相册

图片、剪切画和相册可以直接插入到幻灯片中。其中，形状可直接在幻灯片中绘制。

注意：插入图像文件的格式是有限制的。凡是能在"插入图片"对话框上预览的均能插入，不能以插入文件方式插入图片，但可用复制、粘贴方法插入。

7. 插入超链接

利用超链接，不但可进行幻灯片之间的切换，还可以链接到其他类型的文件。用户可以通过"超链接"命令和"动作按钮"建立超链接。其一般方法是：

① 选中幻灯片中需要插入超链接的对象（文字、图片或者按钮）后，单击"插入"选项中"链接"组中的"超链接"按钮，或右击标志，在弹出的快捷菜单中选择"超链接"命令。

② 在"插入超链接"对话框的"链接到"选项区域有"现有文件和网页""本文档中的位置""新建文档""电子邮件地址"等4种选择。选定其中某一项后，右边的设置项目会作相应的改变。例如，选中"本文档中的位置"后，右侧的设置项目是"请选择文档中的位置"。

设置完成后，单击"确定"按钮。

6.4 演示文稿的美化

完成演示文稿的过程中，对演示文稿的美化是必要的，利用设计模板、母版、配色方案等，设定演示文稿的外观，既能使幻灯片的外观风格统一，又能大大简化编辑工作量。

6.4.1 应用母版

幻灯片母版是存储关于模板信息的设计模板的一个元素，这些模板信息包括字形、占位符大小和位置、背景设计和配色方案等。幻灯片母版的目的是使用户进行全局更改（如替换字形），并使该更改应用到演示文稿中的所有幻灯片。

设计模板：包含演示文稿样式的文件，包括项目符号和字体的类型和大小、占位符大小和位置、背景设计和填充、配色方案以及幻灯片母版和可选的标题母版。

占位符：一种带有虚线或阴影线边缘的框，绝大部分幻灯片版式中都有这种框。在这些框内可以放置标题及正文，或者是图表、表格和图片等对象。

配色方案：作为一套的8种协调色，这些颜色可应用于幻灯片、备注页或听众讲义。配色方案包含背景色、线条和文本颜色以及选择的其他6种使幻灯片更加鲜明易读的颜色。

母版有4种类型：标题母版、幻灯片母版、讲义母版和备注母版。在 PowerPoint 中，"视图"选项卡"母版视图"组中有幻灯片母版、讲义母版和备注母版3种类型，标题母版在幻灯片母版设置时进行添加或者删除。

① 幻灯片母版控制幻灯片上标题和正文文本的格式与类型。

② 标题母版控制标题幻灯片的文本格式和位置。

③ 备注母版用来控制备注页的版式以及备注文字的格式。

④ 讲义母版用于添加或修改在每页讲义中出现的页眉或页脚信息。

1．打开幻灯片母版

在幻灯片母版、标题母版中，通过设置背景效果、标题文本的格式和背景对象、占位符大小和位置以及配色方案等元素，使演示文稿在外观上协调一致。修改幻灯片母版的方法为：打开需修改母版的演示文稿，单击"视图"选项卡"母版视图"组中的"幻灯片母版"按钮。进入幻灯片母版视图。

幻灯片母版上有：自动版式的标题区、对象区、日期区、页脚区、数字区。用户可根据需要修改它们。

2．向幻灯片母版中插入对象

向幻灯片母版中插入的对象，将出现在以该母版为基础创建的每一张幻灯片上。例如，插入剪贴画。

在幻灯片母版视图中，单击"插入"选项卡"图像"组中的"剪贴画"按钮，输入要插入剪贴画关键字，单击搜索，在"剪贴画"任务窗格中选定所需的剪贴画即可。

3．更改文本格式

当更改幻灯片母版中的文本格式时，每一张幻灯片上的文本格式都会随之更改。如果要对正文区所有文本的格式进行更改，则可以首先选择对应的文本框，然后再设置文本的字体、字形、字号、颜色等。如果只改变某一层次的文本的格式，则先选中该层次的文本，然后设置格式。例如，需将第三级文本设置为加粗格式，则先选中母版中的第三级文本，然后单击"格式"组中的"加粗"按钮。

4．母版版式设置

母版版式的设置是指控制母版上各个对象区域是否显示。若不需要，则选中后删除即可。删除后若要恢复，则在"幻灯片母版"选项卡"母版版式"组中选中相应的复选框即可。

5．更改幻灯片背景

改变幻灯片的颜色、图案、阴影或者纹理，即改变幻灯片的背景。更改背景时，既可将改变应用于单独的一张幻灯片，也可应用于全体幻灯片和幻灯片母版。

（1）填充

填充菜单中包括：纯色填充、渐变填充、图片或纹理填充以及图案填充。

如果要更改幻灯片的背景配色方案，在幻灯片视图或母版视图中，单击"幻灯片母版"选项卡"背景"组中的"背景样式"按钮，选择"设置背景格式"选项，弹出"设置背景格式"对话框，在其中选择所需选项，因"填充"工具使用方法比较类似，下面以"纯色填充"为例简单讲解。

① 如果所需要的颜色是属于配色方案中的颜色，则直接选择"背景样式"列表框中的 12 种颜色之一。

② 如果所需要的颜色不属于配色方案，则可单击"填充"选项，然后选择"纯色填充"，在其下"填充颜色"选项卡中单击"漆桶"按钮，然后选定所需要的颜色。

③ 如果要将背景色改成默认值，则单击"自动"。

④ 如果要将上述改变应用于全体幻灯片，则单击"全部应用"按钮；如果要将应用只限于本张幻灯片，则单击"应用"按钮。

（2）图片更正

"图片更正"选项卡提供了"锐化和柔化"功能以及"亮度和对比度"功能，调节方法都是左右滑动均衡器，直到达到满意效果。

（3）图片颜色

"图片颜色"选项卡提供了图片"颜色饱和度""色调"和"重新着色"功能。

（4）艺术效果

"艺术效果"提供了23种不同艺术的背景效果，选择理想的效果，调整透明度和画笔（铅笔）大小，然后单击"全部应用"按钮即完成设置。

6.4.2 应用主题

主题是包含演示文稿样式的文件，包括项目符号和字体的类型和大小、占位符大小和位置、背景设计和填充、配色方案以及幻灯片母版和可选的标题母版。

使用主题，可以使用户设计出来的演示文稿的各个幻灯片具有统一的外观。通过改变主题，可以使文稿有一个全新的面貌。用户在创建了一个全新的文稿后，也可以将它保存下来，作为主题使用。保存为主题的演示文稿可以包含自定义的备注母版和讲义母版。

主题是控制演示文稿统一外观的一种快捷方式。系统提供的主题是由专业人员设计的，因此各个对象的搭配比较协调，配色方案比较醒目，能够满足绝大多数用户的需要。在一般情况下，使用主题建立演示文稿，不用做过多修改。用户既可以在建立演示文稿之前预先选定文稿所用的主题，也可以在演示文稿的编辑过程中更改主题。

1. 更改应用的主题

PowerPoint 允许用户建立演示文稿之后再更改应用的演示文稿主题。具体操作步骤如下：

① 打开需要更改主题的演示文稿，单击"设计"选项卡"主题"组中的"颜色""字体"和"效果"对主题进行修改，如图 6-11 所示。

图 6-11 "主题"组

② 在"主题"组中，选定所需的主题后单击，即可将该主题应用到当前选定的幻灯片上；或者右击"主题"组中的"主题"缩略图，在弹出的快捷菜单中选择"应用于所有幻灯片"或者"应用于选定幻灯片"命令，如图 6-12 所示。

图 6-12 主题应用快捷菜单

2. 自定义模板

为了使用户的文稿具有统一的外观，而且又具有用户的个人色彩，可以在已有的模板基础上添加一些用户自己的东西，然后保存为新的模板供以后调用。

模板文件的扩展名为 ".potx"。

6.4.3　应用幻灯片版式

幻灯片版式指的是幻灯片内容在幻灯片上的排列方式。版式由占位符组成，而占位符可放置文字（标题和项目符号列表等）和幻灯片内容（表格、图表、图片、形状和剪贴画等）。

每次添加新幻灯片时，都可以在"幻灯片版式"任务窗格中为其选择一种版式，也可以选择一种空白版式。

1. 规范应用幻灯片版式

规范的方法：单击"开始"选项卡"幻灯片"组中的"新建幻灯片"下拉按钮，在其下拉列表中选择适合的版式，然后将文字或图形对象添加到版式中的提示框中，也可以在选择完一种版式后再进行更换，方法是：在幻灯片页面旁边右击，在弹出的快捷菜单中选择"版式"命令。

2. 自定义版式结构

微软从 PowerPoint 2007 开始增加了自定义版式功能，并将这一功能与母版功能结合。下面介绍如何自定义版式。

① 进入母版视图：单击"视图"选项卡"母版视图"组中的"幻灯片母版"按钮，进入到母版视图后，会在左侧看到一组母版，其中第一个视图大一些，这是基本版式，其他的是各种特殊形式的版式。

② 创建版式：单击"幻灯片母版"选项卡"编辑母版"组中的"插入版式"按钮，在出现的版式中要添加预设的标题框、图片框、文字框等对象，用于固定页面中各种内容出现的位置。分别选择"文本""图片""图表"等。

③ 建立完成后，单击"幻灯片母版"选项卡"关闭"组中的"关闭母版视图"按钮。回到幻灯片设计窗口，选择已经自定义的版式即可应用。

6.4.4　应用配色方案

配色方案由幻灯片设计中使用的 12 种颜色（用于背景、文本和线条、阴影、标题文本、填充、强调和超链接）组成。演示文稿的配色方案由应用的设计主题确定。

用户可以通过单击"设计"选项卡"主题"组中的"颜色"按钮来查看幻灯片的配色方案。所选幻灯片的配色方案在任务窗格中显示为已选中。

主题包含默认配色方案以及可选的其他配色方案，这些方案都是为该主题设计的。PowerPoint 中默认空白演示文稿也包含配色方案。

可以将配色方案应用于一个幻灯片、选定幻灯片或所有幻灯片以及备注和讲义。

PowerPoint 中配色方案的操作：单击"设计"选项卡"主题"组中的"颜色"按钮，在弹出的下拉列表中选择"新建主题颜色"选项（见图 6-13），弹出"新建主题颜色"对话框，如图 6-14 所示。

图 6-13 标准配色方案   图 6-14 "新建主题颜色"对话框

注意：背景颜色一般不在此处更改。

1．使用标准配色方案

在 PowerPoint 中不同设计模板提供配色方案的数量不同（至少 21 种）。用户可依据不同的情况，选用其中的一种，以保持文稿外观的一致性。

2．自定义配色方案

如果标准配色方案不能满足需要，则用户可自定义（修改标准）配色方案。方法是：

单击"设计"选项卡"主题"组中的"颜色"按钮，在弹出的下拉列表中选择"新建主题颜色"选项，弹出"新建主题颜色"对话框，在其中更改需要的颜色，单击"保存"按钮即完成更改。

6.4.5 添加动画效果

PowerPoint 中可以使幻灯片上的文本、图形、图示、图表和其他对象具有动画效果，这样就可以突出重点、控制信息流，并增加演示文稿的趣味性。

若要简化动画设计，只需将预设的动画方案应用于所有幻灯片中的项目、选定幻灯片中的项目或幻灯片母版中的某些项目上。也可以使用"动画"选项卡中的工具，在运行演示文稿的过程中控制项目在何时以何种方式出现在幻灯片上（如单击鼠标时由左侧飞入）。

自定义动画可应用于幻灯片、占位符或段落（包括单个的项目符号或列表项目）中的项目。除预设或自定义动作路径之外，还可使用进入、强调或退出选项。同样还可以对单个项目应用多个动画，这样就可使项目符号在飞入之后飞出。

大多数动画选项包含可供选择的相关效果。这些选项包含：在演示动画的同时播放声音，在文本动画中可按字母、字或段落应用效果（如使标题每次飞入一个字，而不是一次飞入整个标题）。

可以对单张幻灯片或整个演示文稿中的文本或对象动画进行预览。

下面以"自定义动画"为例，描述添加动画效果的过程。

① 选择要设置动画的对象，然后单击"动画"选项卡"动画"组中的"动画样式"按钮，如图 6-15 所示。

图 6-15　自定义动画

② 单击"动画"选项卡"高级动画"组中的"添加动画"按钮，会出现"进入""强调""退出""动作路径"等 4 种效果大类。

其中："进入"类效果主要设置对象进入主窗口的方式，可以选择能看到的几种进入效果（如劈裂、飞入、弹跳等），选择其中一种效果，可以预览这种效果（选中"自动预览"选项）。

③ 如果在已出现效果中找不到理想的效果，可以选择"其他效果"，如图 6-16 所示。在"其他效果"中，选中"预览效果"（最下边）后，在对话框不遮挡主窗口主要内容的情况下，可以直接预览这种效果。

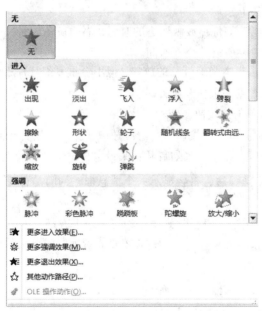

图 6-16　其他动画效果

④ 对于选中对象可以增加"强调""退出"和"动作路径"等效果。值得强调的是，一个对象可以应用多种效果。单击右侧区域倒数第二列的"播放"按钮，即可预览效果。

⑤ 采用同样的方法给其他对象设置动画效果。在主窗口文本框前面可以看到数字序号，它们表示动画播放的先后顺序。

⑥ 放映时，动画播放的次序是按照设置动画的先后顺序（按前面标注的数字序号）播放，如果想要调整顺序可以直接拖动或者利用右侧倒数第三行"重新排序"按钮，选择后进行上下移动，以改变播放顺序。

⑦ 完成动画设置后，可以预览效果。

6.5 演示文稿的放映

演示文稿做好以后，是需要演讲者放映的，根据需要，演讲者可以设置不同的放映方式。在演示文稿放映时，幻灯片之间需要进行切换，因此，还应该设置幻灯片之间的切换方式。

6.5.1 设置切换方式

1. 排练计时

演讲者可以在正式放映演示文稿之前，使用 PowerPoint 提供的计时器进行排练，掌握最理想的放映速度。同时，通过排练也可以检查幻灯片的视觉效果。

排练计时的具体操作步骤如下：

① 在"动画"选项卡的"计时"组中设定放映范围（排练起始点）。

② 单击"幻灯片放映"选项卡"设置"组中的"排练计时"按钮，进入幻灯片时间预排窗口。

③ 在排练窗口的左上角有一个计时器，如图 6-17 所示，上面两
个时间及三个按钮的功能如下：

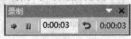

图 6-17　计时器

左边白色的时间表示当前幻灯片放映所需的时间，右边灰色的时
间表示幻灯片集（累计）放映所需的全部时间。

- "重复"按钮 ↺：重复本张幻灯片的放映，但不会重复幻灯片集的放映，时间也将返回本次幻灯片开始放映时刻，重新开始计时。
- "暂停"按钮 ▯▯：单击该按钮，使幻灯片放映暂停。
- "下一项"按钮 ➡：单击该按钮，将继续放映（排练）下一个对象（对象：设定过自定义动画的指下一个项目或下一张幻灯片；未设定自定义动画的指下一张幻灯片）。

④ 在排练结束或中止排练后，将会显示一个消息框，询问是否使用这次排练所记录的放映时间。

⑤ 回到幻灯片浏览视图中，将会看到每张幻灯片左下方都有一个数字，记录着这一张幻灯片放映所需的时间，单位是秒。被隐藏的幻灯片下没有放映时间显示。

2. 设定幻灯片切换效果

设定幻灯片切换效果的具体操作步骤如下：

① 单击"切换"选项卡"切换到此幻灯片"和"计时"组中的相应效果选项，如图 6-18 所示。

② 单击"预览"按钮，可以在主窗口中预览效果。

③ 选择了一种切换效果后，可在"计时"组中设置幻灯片切换的速度（精确到秒）。

④ 在"换页方式"选项区域有两个选项，分别是"单击鼠标时"和"设置自动换片时间"。如果选择前者，那么在幻灯片放映时，只有在单击时才会换页；如果选择后者，并且在其下的文本框中输入换页间隔时间的秒数，在幻灯片放映时将会自动地、每隔几秒放映一张幻灯片。

⑤ 如果希望在幻灯片出现时能给予观众听觉上的刺激，那么就应该使用声音选项。单击"声音"列表框右侧的下拉按钮，然后在声音列表中选择换页时所需的声音效果。这样，在幻灯片放映当中，当这张幻灯片出现在屏幕上时，会发出声音或者播放一段乐曲向观众致意。在"声音"下拉列表框下面有一个选项："播放下一段声音之前一直循环"。如果选中它，声音将会循环播放，直至幻灯片集中有一张幻灯片或一个对象调用了其他的声音文件。借助"计时"组中的"全部应用"按钮可同时设定多张幻灯片的切换效果。

图 6-18　幻灯片切换

6.5.2　设置演示文稿的放映

单击"幻灯片放映"选项卡"设置"组中的"设置放映方式"按钮，弹出"设置放映方式"对话框，在其中进行设置，如图 6-19 所示。

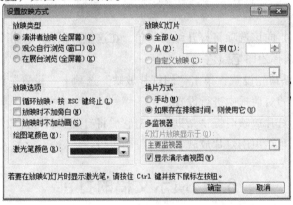

图 6-19　"设置放映方式"对话框

① 在"放映类型"选项区域设定演示文稿的放映方式，即 "演讲者放映（全屏幕）""观众自行浏览（窗口）"和"在展台浏览（全屏幕）"。

② 在"放映幻灯片"选项区域设定是放映全部还是部分幻灯片。

③ 在"换片方式"选项区域设定是人工放映还是使用排练时间进行放映。

6.5.3　启动放映

演示文稿启动放映有多种方法。按【F5】键幻灯片即从头开始放映；在"幻灯片放映"按钮栏中有 4 种幻灯片放映方式："从头开始""从当前幻灯片开始""广播幻灯片""自定义幻灯片放映"。在幻灯片放映时，用户可以随意地控制放映的流程：在屏幕上任意处右击，将弹出一个快捷菜单，用户使用它可以控制放映的过程。该快捷菜单各项命令的功能如图 6-20 所示。

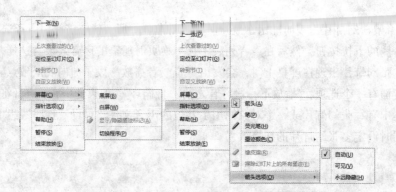

图 6-20　放映快捷菜单及其子菜单

① "下一张"：选择该命令，可以继续放映下一张幻灯片。

② "上一张"：选择该命令，可以返回到上一张幻灯片中。

③ "上次查看过的"：放映第二张幻灯片后才被高亮显示，单击可回到上次查看过的幻灯片，并且开始放映。

④ "定位至幻灯片"：指向该选项，将打开级联菜单。级联菜单中列出文稿中的所有幻灯片，用户可快速跳到任何一张幻灯片。

⑤ "屏幕"：指向该选项将打开级联菜单，允许用户暂停放映幻灯片、黑屏显示和擦除幻灯片上的笔记。

⑥ "指针选项"：指向该选项将打开级联菜单，在这里可以做一些指针或其他与指针有关的动作，"墨迹颜色"是选择绘图笔颜色。

⑦ 绘图笔颜色可以预先设置：单击"幻灯片放映"选项卡"设置"组中的"设置幻灯片放映"按钮，然后在弹出的对话框中进行设置。

⑧ "帮助"：在幻灯片放映时提供帮助。单击它后将打开"幻灯片放映帮助"对话框。

⑨ "结束放映"：可结束幻灯片放映，返回编辑窗口。

6.6　演示文稿的打包

演示文稿制作完毕后，有时候会在其他计算机上放映，而如果所用计算机未安装 PowerPoint 软件或者缺少幻灯片中使用的字体等，那么就无法放映幻灯片或者放映效果不佳。另外，由于演示文稿中包含相当丰富的视频、图片、音乐等内容，小容量的磁盘存储不下，这时就可以把演示文稿打包到 CD 中，便于携带和播放。如果用户的 PowerPoint 的运行环境是 Windows 7，就可以将制作好的演示文稿直接刻录到 CD 上，制作的演示 CD 可以在 Windows 98 SE 及以上环境播放，而无须 PowerPoint 主程序的支持。但是要注意，需要将 PowerPoint 的播放器 pptview.exe 文件一起打包到 CD 中。

1. 选定要打包的演示文稿

一张光盘中可以存放一个或多个演示文稿。打开要打包的演示文稿，单击"文件菜单，选择"保存并发送"命令，在"文件类型"选项区域中单击"将演示文稿打包成 CD"选项，然后单击"打包成 CD"按钮，弹出"打包成 CD"对话框，这时打开的演示文稿就会被选定并准备打包了，如图 6-21 所示。

　　如果需要将更多演示文稿添加到同一张 CD 中，将来按设定顺序播放，可单击"添加"按钮，弹出"添加文件"对话框，在其中找到其他演示文稿，这时窗口中的演示文稿文件名就会变成一个文件列表，如图 6-22 所示。

| 图 6-21　打包成 CD | 图 6-22　添加多个文件后的对话框 |

　　如需调整播放列表中演示文稿的顺序，选中文稿后单击窗口左侧的上下箭头即可。重复以上步骤，多个演示文稿即添加到同一张 CD 中了。

2. 设置演示文稿打包方式

　　如果用户需要在没有安装 PowerPoint 的环境中播放演示文稿，或需要链接或嵌入 TrueType 字体，单击图 6-22 中的"选项"按钮，弹出"选项"对话框，如图 6-23 所示。其中"包含这些文件"选项区域中有两个复选框：

　　① 链接的文件：如果用户的演示文稿链接了 Excel 图表等文件，就要选中"链接的文件"复选框，这样可以将链接文件和演示文稿共同打包。

　　② 嵌入的 TrueType 字体：如果用户的演示文稿使用了不常见的 TrueType 字体，最好将"嵌入的 TrueType 字体"复选框选中，这样能将 TrueType 字体嵌入演示文稿，从而保证在异地播放演示文稿时的效果和设计效果相同。

　　若用户的演示文稿含有商业机密，或不想让他人执行未经授权的修改，可以输入"打开每个演示文稿时所用密码"或"修改每个演示文稿时所用密码"。上面的操作完成后单击"确定"按钮返回到图 6-22 所示对话框，就可以准备刻录 CD 了。

3. 刻录演示 CD

　　将空白 CD 盘插入刻录机，单击图 6-22 中的"复制到 CD"按钮，就会开始刻录进程。稍等片刻，一张专门用于演示 PPT 文稿的光盘就做好了。将复制好的 CD 插入光驱，稍等片刻就会弹出 Microsoft Office PowerPoint Viewer 对话框，单击"接受"按钮接受其中的许可协议，即可按用户先前设定的方式播放演示文稿。

4. 把演示文稿复制到文件夹

　　如果使用的操作系统不是 Windows 7，或不想使用 Windows 7 内置的刻录功能，也可以先把演示文稿及其相关文件复制到一个文件夹中。这样用户既可以把它做成压缩包发送给别人，也可以用其他刻录软件自制演示文稿光盘。

　　把演示文稿复制到文件夹的方法与打包到 CD 的方法类似，按上面介绍的方法操作，完成前两步操作后，不单击图 6-21 或图 6-22 中的"复制到 CD"按钮，而是单击其中的"复制到文件夹"按钮，在弹出的对话框中输入文件夹名称和复制位置（见图 6-24），单击"确定"按钮即可将演示文稿和 PowerPoint Viewer 复制到指定位置的文件夹中。

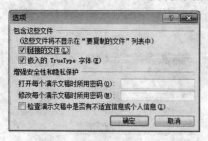

图 6-23 "选项"对话框

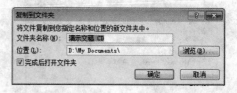

图 6-24 "复制到文件夹"对话框

复制到文件夹中的演示文稿可以这样使用：一是使用 Nero Burning ROM 等刻录工具，将文件夹中的所有文件刻录到光盘。完成后只要将光盘插入光驱，就可以像 PowerPoint 复制的 CD 那样自动播放。假如用户将多个演示文稿所在的文件夹刻录到 CD，只要打开 CD 上的某个文件夹，运行其中的"play.bat"就可以播放演示文稿了。如果用户没有刻录机，也可以将文件夹复制到闪存盘、移动硬盘等移动存储设备，播放演示文稿时，运行其中的"play.bat"即可。

小　结

本章首先介绍了演示文稿的几个制作工具软件。然后以 PowerPoint 为例，介绍了 PowerPoint 窗口的基本界面，各个视图的功能；PowerPoint 演示文稿的编辑，文本、艺术字、图表等对象的插入、格式化等操作，以及演示文稿的美化以及放映的方法。最后简要介绍了演示文稿的打包。

习　题

一、选择题

1. PowerPoint 演示文稿文件的扩展名是（　　）。
   A．.docx　　　　　　　B．.pptx　　　　　　　C．.xlsx　　　　　　　D．.jpg
2. 下列不是 PowerPoint 视图的是（　　）。
   A．普通视图　　　　　B．幻灯片视图　　　　　C．备注页视图　　　　D．大纲视图
3. 如要终止幻灯片的放映，可直接按（　　）键。
   A．【Ctrl + C】　　　　B．【Esc】　　　　　　　C．【End】　　　　　　D．【Alt + F4】
4. 下列操作中，不能退出 PowerPoint 的操作是（　　）。
   A．单击"文件"菜单，选择"关闭"命令
   B．单击"文件"菜单，选择"退出"命令
   C．按【Alt + F4】组合键
   D．双击 PowerPoint 窗口的控制菜单图标
5. 在 PowerPoint 中，可使用（　　）选项卡的"背景"组中的工具改变幻灯片的背景。
   A．开始　　　　　　　B．切换　　　　　　　　C．设计　　　　　　　D．审阅

6. PowerPoint 窗口下拉菜单中呈灰色状态显示的命令表示（　　　）。
  A. 没有安装该命令 　　　　　　　　　　　B. 当前状态下不能执行
  C. 显示方式不对 　　　　　　　　　　　　D. 正在使用

7. 下面关于 PowerPoint 的正确描述是（　　　）。
  A. 电子数据表格软件 　　　　　　　　　　B. 文字处理软件
  C. 演示文稿制作软件 　　　　　　　　　　D. 数据库管理软件

8. 需要在 PowerPoint 演示文稿中添加一页幻灯片时，可单击（　　　）按钮。
  A. 新建文件 　　　B. 新幻灯片 　　　C. 打开 　　　D. 复制

9. PowerPoint 可以在（　　　）视图中选择已经插入的对象。
  A. 幻灯片 　　　B. 备注页 　　　C. 幻灯片浏览 　　　D. 大纲

10. PowerPoint 在（　　　）视图下可以在同一屏上浏览到多张幻灯片。
  A. 大纲 　　　B. 幻灯片浏览 　　　C. 幻灯片 　　　D. 幻灯片母版

11. PowerPoint 演示文稿"幻灯片放映"选项卡中有一个"隐藏幻灯片"按钮，选中一张幻灯片
    后，单击"隐藏幻灯片"按钮，这张幻灯片将会（　　　）。
  A. 消失 　　　B. 被删除 　　　C. 在放映时被跳过 　　　D. 放映时照常显示

12. PowerPoint 演示文稿改变幻灯片的颜色、图案、阴影或者纹理可以通过"设计"选项卡"背
    景"组中的"背景样式"按钮实现，更改背景时，（　　　）。
  A. 既可将改变应用于单独的一张幻灯片，也可应用于全体幻灯片和幻灯片母版
  B. 只可将改变应用于单独的一张幻灯片，不能应用于全体幻灯片和幻灯片母版
  C. 可将改变应用于一张幻灯片，也可应用于全体幻灯片，不能应用于幻灯片母版
  D. 既可将改变应用于一张幻灯片，也可应用于幻灯片母版，不能应用于全体幻灯片

13. "填充"对话框中包含"纯色填充""渐变填充""图片或纹理填充""图案填充"和"隐藏背
    景图形"5 个选项卡。这 5 个选项卡的设置（　　　）发生作用。
  A. 不能同时（重叠） 　　　　　　　　　　B. 能同时（重叠）
  C. "过渡"和"纹理"可以重叠 　　　　　　D. "纯色填充"和"隐藏背景图形"可以重叠

14. PowerPoint 里面的对象，如图片、文字等，（　　　）按顺序设置不同的动画效果，以便播放
    时按演讲者的意愿进行播放。
  A. 不能 　　　B. 均可以 　　　C. 部分能 　　　D. 以上都不对

15. 在 PowerPoint 演示文稿中，单击"幻灯片放映"选项卡"设置"组中的"排练计时"按钮，
    弹出幻灯片时间预排对话框，排练窗口的左上角有一个计时器，上面两个时间的意义是
    （　　　）。
  A. 左边白色的时间表示当前幻灯片放映所需的时间，右边灰色的时间表示幻灯片集（累计）
     放映所需的全部时间
  B. 右边白色的时间表示当前幻灯片放映所需的时间，左边灰色的时间表示幻灯片集（累计）
     放映所需的全部时间
  C. 左边白色的时间表示当前系统时间，右边灰色的时间表示幻灯片集（累计）放映所需的
     全部时间
  D. 左边白色的时间表示幻灯片集（累计）放映所需的全部时间，右边灰色的时间表示系统时间

16. PowerPoint 演示文稿中可以设置超链接，不能链接到的目标是（　　　）。
    A. 另一个演示文稿　　　　　　　　　　B. 本计算机上的某个文档
    C. 幻灯片中的某个对象　　　　　　　　D. 本幻灯片中的某一张幻灯片

17. PowerPoint 演示文稿中按（　　）键幻灯片即从头开始放映。
    A.【F3】　　　　　　B.【F4】　　　　　　C.【F5】　　　　　　D.【F6】

18. PowerPoint 中被建立了超链接的文本将变成（　　　）。
    A. 斜体的　　　　　　B. 黑体的　　　　　　C. 带下画线的　　　　　　D. 凸出的

19. PowerPoint 中"文件"菜单中的"保存"命令的快捷键是（　　　）。
    A.【Ctrl+P】　　　　B.【Ctrl+O】　　　　C.【Ctrl+S】　　　　D.【Ctrl+N】

20. 有关幻灯片中文本框的描述不正确的是（　　　）。
    A. "垂直文本框"的含义是文本框高的尺寸比宽的尺寸大
    B. 文本框的格式可以自由设置
    C. 复制文本框时，文本框中的内容一同被复制
    D. 设置文本框的格式不影响其内的文本格式

21. 添加与编辑幻灯片"页眉与页脚"操作的命令位于（　　　）选项卡中。
    A. 视图　　　　　　B. 格式　　　　　　C. 插入　　　　　　D. 动画

二、填空题

1. PowerPoint 有＿＿＿＿、＿＿＿＿和＿＿＿＿3 种视图。
2. 启动 PowerPoint 程序后，最左边的窗格是＿＿＿＿窗格。
3. 选择连续多张幻灯片时，用鼠标选中第一张幻灯片，然后按住＿＿＿＿键，再用鼠标选择最后一张幻灯片。
4. 演示文稿母版包括幻灯片母版、＿＿＿＿和＿＿＿＿3 种。
5. "幻灯片设计"任务包括设计模板、＿＿＿＿和动画方案。

三、判断题

1. 幻灯片上的对象可以设置多个动画。　　　　　　　　　　　　　　　　　（　　）
2. 在幻灯片浏览视图中，可以编辑幻灯片上的内容。　　　　　　　　　　　（　　）
3. 当幻灯片进行放映时，可以添加墨迹标记。　　　　　　　　　　　　　　（　　）
4. 隐藏幻灯片后，该幻灯片在放映时放映不出来，则该幻灯片被删除了。　　（　　）
5. 使用设计模板建立新的演示文稿时，模板格式不能修改。　　　　　　　　（　　）
6. 通过"文件"菜单插入幻灯片时，只能将源演示文件的所有幻灯片全部插入到当前演示文稿中。　　　　　　　　　　　　　　　　　　　　　　　　　　　　　　　（　　）
7. 标题母版的作用是控制幻灯片上的标题和正文的格式与类型。　　　　　　（　　）
8. 在幻灯片上插入的音乐不可以循环播放。　　　　　　　　　　　　　　　（　　）
9. 动画效果只能针对文本框设置，不能针对文本本身设置。　　　　　　　　（　　）
10. 幻灯片放映时，可以随时切换到任意放映位置。　　　　　　　　　　　（　　）

第 7 章　计算机网络与 Internet

本章讲解

以 Internet 为代表的计算机网络是现代信息社会最重要的基础设施之一，它已渗透到社会的各个领域，成为国家进步和社会发展的基本要素，是未来知识经济的基础载体和支撑环境。计算机网络及其应用的水平已成为衡量一个国家基本国力和经济竞争力的重要标志。本章主要介绍计算机网络基础知识、局域网技术、Internet 的服务功能及应用、信息检索的基本知识、搜索引擎的使用、数据库的检索。

学习目标

- 了解计算机网络的发展、组成、分类及互联网的应用等基本知识。
- 理解计算机网络协议、IP 地址及域名系统的概念。
- 掌握计算机网络的概念、功能及信息检索的方法。

7.1　计算机网络概述

计算机网络自 20 世纪 60 年代产生以来，经过半个世纪特别是最近 20 多年的迅猛发展，已越来越多地被应用到政治、经济、军事、生产、教育、科学技术及日常生活等各个领域。它的发展，给人们的日常生活带来了很大的便利，缩短了人际交往的距离，甚至人们已经把地球称为"地球村"。

7.1.1　计算机网络的定义

计算机网络是利用通信线路将具有独立功能的计算机连接起来，并以功能完善的网络软件实现信息交换和网络资源共享的系统。从以上定义可以看出，计算机网络是建立在通信网络的基础上，是以资源共享和在线通信为目的的。一般而言，计算机网络涉及以下问题：

1. 传输介质

连接两台或两台以上的计算机需要传输介质。传输介质可以是同轴电缆、双绞线和光纤等有线介质，也可以是微波、激光、红外线、通信卫星等无线介质。

2. 通信协议

计算机之间要交换信息、实现通信，彼此之间需要有某些约定和规则，即网络协议。目前有很多网络协议，大部分是国际标准化组织制定的公共网络协议，也有一些是大型的计算机网络生产厂商自己制定的。

3．网络硬件设备

不在同一个地理位置的计算机系统要实现数据通信、资源共享，需要各种网络连接设备把各个计算机连接起来，如中继器、Hub、交换机、网卡、路由器等。此外，还需要服务器、工作站、防火墙等硬件设备。

4．网络管理软件

目前网络管理软件相当多，包括各种网络应用软件、网络操作系统等。网络操作系统是网络中最重要的系统软件，是用户与网络资源之间的接口，承担着整个网络系统的资源管理和任务分配。目前，网络操作系统主要有 UNIX 和微软的 Windows NT。

5．网络管理人员

这类人又称网络工程师，他们的主要任务是对网络进行设计、管理、监控、维护、查杀病毒等，保证网络系统能够正常有效地运行。

7.1.2 计算机网络的产生和发展

计算机网络的产生主要来源于计算机的发展，在 20 世纪 50 年代，计算机的生产数量很少，造价昂贵，没有操作系统及管理软件，根本形成不了规模性的计算机网络。随着计算机应用的扩展，在 20 世纪 60 年代，面向终端的计算机通信网得到了很大的发展。在专用的计算机通信网中，最著名的是美国的半自动地面防空系统 SAGE，它被誉为计算机通信发展史上的里程碑。该系统将远距离的雷达和其他设备的信息，通过通信线路汇集到一台旋风型计算机上，第一次实现了远距离的集中控制和人机对话。从此，计算机网络开始逐步形成，并得到迅猛发展。对计算机网络发展起巨大推动作用的另一个技术是报文分组交换（Packet Switching）技术。研究分组交换技术的典型性代表是美国国防部高级研究计划局（Advanced Research Project Agency，APRA）的 ARPANET。1969 年 12 月，美国第一个使用分组交换技术的 ARPANET 投入运行。ARPANET 的成功使计算机网络的概念发生了根本变化，由面向终端的计算机网络转变为以通信子网为中心的网络。

1．计算机终端网络

计算机终端网络产生在以主机为中心面向终端的 20 世纪 50 年代，其特征是计算机与远程终端的数据通信，又称分时多用户联机系统或具有通信功能的多机系统，是网络的雏形。实际上它是以单个计算机为中心的远程联机系统，这样的系统中除了一台中心计算机，其余都是不具备自主处理功能的终端。在系统中主要是终端和中心计算机的通信。基本模式是：终端—通信线路—计算机系统（面向终端的计算机通信），如图 7–1 所示。

2．计算机通信网络

计算机通信网络主要产生在以通信子网为中心的 20 世纪 60～70 年代，其特征是计算机网络成为以公用通信子网为中心的计算机—计算机的通信。

随着计算机终端网络的发展，一些大公司、企业、事业部门和军事部门之间，通过通信线路，将多个计算机终端网络系统连接起来，形成了以传递信息为主要目的的计算机通信网络。这是互联网的开始。其基本模型是：计算机—计算机系统。在主计算机前设置了前端处理器 FEP（又称通信控制处理机 CCP）。前端处理器分工完成全部的通信任务，而让主机专门进行数据处理。在终端较集中的地区设置线路集中器，通过低速线路连接若干终端，再用高速线路把集中器和主计算机的前端处理器 FEP 连接在一起，如图 7-2 所示。

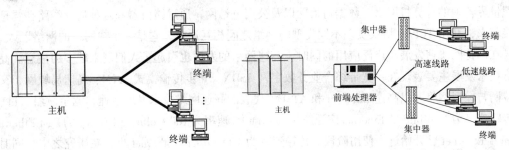

图 7-1 具有通信功能的批处理系统　　图 7-2 具有 CCP 的面向终端的通信系统

3．以共享资源为主的标准化网络

计算机标准化网络主要产生在 20 世纪 80 年代，其特征是网络体系结构和网络协议的国际标准化。

随着网络的发展，人们开始认识到第二代计算机网络的不足，经过若干年卓有成效的研究，人们开始采用分层方法解决网络中的各种问题。这期间，一些公司开发出自己的网络产品，如 IBM 的 SNA（系统网络体系）、DEC 的 DNA 等。国际标准化组织（ISO）提出了开放系统互连参考模型（Open System Interconnection/Reference Model，OSI/RM）。该模型定义了异种机联网应遵循的框架结构。"七层模型"很快得到了国际认可，并被许多厂商接受。由此计算机网络的发展进入了一个全新的阶段，如图 7-3 所示。

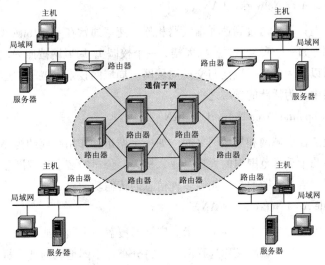

图 7-3 计算机网络示意图

第三代计算机网络是开放式和标准化的网络，它具有统一的网络体系结构并遵循国际标准协议。标准化使第三代计算机网络对不同的计算机都是开放的，因而进一步扩大了网络中各种资源共享的范围。

4．网络互连和高速计算机网络

20 世纪 80 年代末，局域网技术发展成熟，出现光纤及高速网络技术、多媒体网络、智能网络，整个网络就像一个对用户透明的大的计算机系统，计算机网络发展成以因特网（Internet）为代表的互联网。因特网是全球最大最具影响力的计算机互连网络，也是世界范围的信息资源上心，它把世界各地的计算机网络、数据通信网以及公用电话网，通过路由器和各种通信线路在物理上连接起来，利用 TCP/IP 协议实现不同类型的网络之间相互通信，它是一个"网络的网络"。

在因特网飞速发展与广泛应用的同时，高速网络的发展也引起了人们越来越多的注意。高速网络技术发展主要表现在：宽带综合业务数字网 ISDN、异步传输模式 ATM、高速局域网、交换局域网与虚拟网络。以高速 Ethernet 和 ATM 为代表的高速网络技术发展迅速，竞争激烈。目前，在传输速率为 10 Mbit/s 的 Ethernet 广泛应用的基础上，速率为 100 Mbit/s 与 1 Gbit/s 的 Fast Ethernet、Gigabit Ethernet 已开始进入使用阶段。传输速率为 10 Gbit/s 的 Ethernet 也正在研究之中。同时，交换式局域网与虚拟局域网技术的发展十分迅速，基于光纤通信技术的宽带城域网与宽带接入网技术也成为当前研究、应用与产业发展的热点问题之一。

因特网的广泛应用和网络技术的快速发展，使得网络计算技术成为未来几年里重要的网络研究与应用领域。移动计算网络、网络多媒体计算、网络并行计算、网格计算、存储区域网络等各种网络计算技术正在成为新的网络研究与应用的热点问题。

7.1.3 计算机网络的分类

计算机网络种类繁多，性能各异，根据不同关系原则，可以划分不同的计算机网络。按网络的地理覆盖范围可分为以下 3 种：

1. 局域网（Local Area Network，LAN）

局域网一般用微型计算机通过高速通信线路相连（速率通常在 10 Mbit/s 以上），但在地理上则局限在较小的范围（如一个实验室、一幢大楼、一个校园）。局域网按照采用的技术、应用范围和协议标准的不同可以分为共享局域网与交换局域网。局域网技术发展非常迅速，并且应用日益广泛，是计算机网络中最为活跃的领域之一。

2. 城域网（Metropolitan Area Network，MAN）

城域网的作用范围在广域网和局域网之间，如一个城市，作用距离约为 5～50 km。城域网设计的目标是要满足几十千米范围内的大量企业、机关、公司的多个局域网互连的需求，以实现大量用户之间的数据、语音、图形与视频等多种信息的传输功能。

3. 广域网（Wide Area Network，WAN）

广域网的作用范围通常为几十到几千千米。广域网覆盖一个国家或地区，或横跨几个洲，形成国际性的远程网络。所以广域网又称远程网。它将分布在不同地区的计算机系统互连起来，达到资源共享的目的。

几种网络的性能比较如表 7-1 所示。

表 7-1 网络分类性能比较

网络分类	传输距离/km	范围	传输速率
局域网 LAN	<2	办公室、大楼园区	1 Mbit/s～2 Gbit/s
城域网 MAN	<10	城市	<155 Mbit/s
广域网 WAN	>10	省、国家、地区	<45 Mbit/s

7.1.4 计算机网络的功能

1．资源共享

资源共享是计算机网络最有吸引力的功能之一。在计算机网络中，有许多昂贵的资源，如大型数据库、高性能计算机等，其不可能为每一个用户所拥有，所以必须实行资源共享。资源共享包括：

① 软件资源共享，如应用程序、数据等。数据文件和应用程序可以由多名用户使用。这种共享可以高效地利用硬盘空间，也能够使多用户项目的协作更加轻松。

② 硬件资源共享。在网络中，经常会共享一些连接到计算机上的硬件设备，以此来增加硬件的使用效率和减少硬件的投资，如网络打印机、大型磁盘阵列等。

2．数据通信

通信和数据传输是计算机网络另一项主要功能，用以在计算机系统之间传送各种信息。利用该功能，地理位置分散的生产单位和业务部门可通过计算机网络连接在一起进行集中控制和管理。另外，也可以通过计算机网络传送电子邮件，发布新闻消息和进行电子数据交换，极大地方便了用户，提高了工作效率。

3．提高可靠性

安全可靠性是计算机网络得以正常运转的保障。在一个系统内，若单个部件和计算机暂时失效，就必须通过替换的办法来维持系统继续运行，如单机硬盘崩溃，就要更换新的硬盘，若事先未备份，该硬盘上的数据就会全部丢失。但在计算机网络中，每种资源，特别是一些重要的数据和资料，可以存放在多个地点，方便用户通过多种途径访问这些资源。建立网络之后，可以方便地通过网络进行信息的转储和备份，从而避免了单点失效对用户产生的影响，大大提高了系统的可靠性。

4．分布处理

单机的处理能力是有限的，且由于种种原因，计算机之间的忙闲程度是不均匀的。从理论上讲，在同一网内的多台计算机可以通过协同操作和并行处理来增强整个系统的处理能力，并使网内各计算机负载均衡。这样一方面可以通过计算机网络将不同地点的主机或外设采集到的数据信息送往一台指定的计算机，在此计算机上对数据进行集中和综合处理，通过网络在各计算机之间传送原始数据和计算结果；另一方面，当网络中某台计算机任务过重时，可将任务分派给其他空闲的计算机，使多台计算机相互协作、均衡负载、共同完成任务。

例如，在军事指挥系统中，计算机网络可以使大范围内的多台计算机协同工作，对收集到的可疑信息进行处理，及时发出警报，从而使最高决策机构迅速采取有效措施。

7.1.5 计算机网络的组成与结构

1．计算机网络的组成

在逻辑功能上，计算机网络可以分为资源子网和通信子网两部分，如图 7-4 所示。通信子网相当于通信服务提供者，资源子网相当于通信服务使用者。

（1）资源子网

资源子网负责全网的数据处理业务，向网络用户提供各种网络资源与网络服务。它由主计算机系统、终端、终端控制器、联网外设、各种软件资源与信息

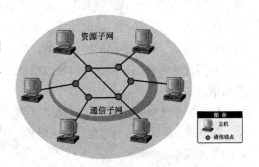

图 7-4　计算机网络的组成

资源组成。

（2）通信子网

通信子网由通信介质、通信设备组成，完成网络数据传输、转发等通信处理任务。

2．计算机网络的体系结构

计算机网络是由多个计算机和各类终端通过通信线路连接起来的复合系统。在不同计算机系统之间，相互通信的计算机必须高度协调工作，但通过协调方式进行通信的任务是十分复杂的。为了实现这一复杂的任务，把总任务分解成不同层次的子任务，一方面明确各层次的功能；另一方面规定隶属于不同计算机系统的各个相同层次中对等成分间通信的规则，这就是计算机网络的体系结构。

（1）标准组织和通信标准

由于计算机网络的开放性，通信网络软硬件开发厂商的不同导致许多不同网络标准的出现。为了推进各厂商不同软硬件的兼容性和互操作性，必须建立共同遵循的特定规章和准则，如定义硬件接口、通信协议和网络体系结构。这些标准可以分为 4 个主要类别：国家的、地区的、国际的和工业专业的。

① 国家标准化组织，他们通常负责制定国家的标准，参加国家之间的国际活动。比较知名的国家标准化组织有：美国国家标准协会 ANSI、英国标准协会 BSI、法国标准化组织协会 AFNOR、德国标准协会 DIN。

② 地区标准化组织，他们的活动局限于特定的地理区域。比较知名的有：欧洲邮政和电报委员会 CEPT、欧洲标准化委员会 CEN、欧洲计算机制造商协会 ECMA。

③ 国际标准化组织，他们主要负责推动全球范围内使用的标准。如国际标准化组织 ISO、国际电信联盟 ITU 及其前身国际电话电报咨询委员会 CCITT。

④ 工业和专业的标准化组织，他们的活动局限于成员感兴趣的领域，但通常会影响其他领域。比较知名的有：电子工业协会 EIA、电信工业协会 TIA、电气和电子工程师协会 IEEE、网络工程任务组 IETF。

（2）OSI/RM 参考模型

开放系统互连参考模型是由国际标准化组织制定的标准化开放式计算机网络层次结构模型，又称 ISO/OSI 参考模型。"开放"这个词表示能使任何两个遵守参考模型和有关标准的系统进行互连。

OSI 包括了体系结构、服务定义和协议规范 3 级抽象。OSI 的体系结构定义了一个 7 层模型，用以进行进程间的通信，并作为一个框架来协调各层标准的制定；OSI 的服务定义描述了各层所提供的服务，以及层与层之间的抽象接口和交互用的服务原语；OSI 各层的协议规范，精确地定义了应当发送何种控制信息及何种过程来解释该控制信息。

OSI 参考模型共分 7 层：物理层、数据链路层、网络层、传输层、会话层、表示层和应用层，如图 7-5 所示。

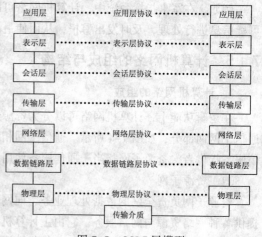

图 7-5 OSI 7 层模型

① 物理层：定义物理传输介质提供的物理连接。

② 数据链路层：实现数据的可靠传输。

③ 网络层：为网络选择最佳路径，负责建立、维护和终止连接。

④ 传输层：为收、发双方提供传输。

⑤ 会话层：对数据传输进行管理，起协调作用。

⑥ 表示层：处理两个通信系统中交换信息的表示方法。

⑦ 应用层：计算机网络与用户的接口，为用户提供各种直接的服务。

7.2 局 域 网

7.2.1 局域网概述

局域网，顾名思义，是局部区域的计算机网络，是处于同一建筑、同一大学或方圆几千米范围内的专用网络。局域网常被用于连接公司办公室或工厂里的个人计算机和工作站，以便共享资源（如打印机）和交换信息，它由连接各个 PC 以及各工作站所需的软件和硬件组成，主要功能是实现资源共享、信息交换、均衡负荷和综合信息服务等。一般来说，LAN 具有和其他网络在范围、传输技术以及拓扑结构 3 方面不同的特征。

从覆盖的范围来讲，LAN 的覆盖范围比较小，通常为一个单位所拥有，可以是一个办公室、一座建筑或者是几千米地域范围的校园。因此，LAN 所涉及的地理范围、传输距离和站点数目均有限，这就意味着即使在最坏情况下，网内数据的传输时间也是有限的。由此可以预先知道传输的最大时间，并通过某些设计方法，简化网络的管理。

一般来说，局域网有如下特点：

① 为一个单位所拥有，且地理范围和站点数目均有限。

② 所有站点共享较高的总带宽（即较高的数据传输速率）。

③ 较低的时延和误码率。

④ 各站点为平等关系而不是主从关系。

⑤ 能进行广播（一站向其他所有站发送）或多播（Multicast）（一站向多个站发送，又称为组播）。

当然，一个工作在多用户系统下的小型计算机，也可以进行以上工作。二者相比，局域网具有如下一些主要优点：

① 能方便地共享昂贵的外围设备、主机以及软件、数据，即从一个终端可访问全网。

② 便于系统的扩展和逐渐地演变。

③ 提高了系统的可靠性、可用性和残存性。

④ 响应速度较快。

⑤ 各设备的位置可灵活调整和改变，有利于数据处理和办公自动化。

7.2.2 局域网的拓扑结构

拓扑（Topology）是将各种物体的位置表示成抽象位置。在网络中，拓扑形象地描述了网络的安排和配置，包括各结点和结点间的相互关系。

　　拓扑结构往往与传输介质和介质访问控制技术密切相关，它影响着整个网络的设计、功能以及费用等各方面。网络拓扑类型主要有星状、总线状、环状和树状等。

1. 星状拓扑结构

　　星状拓扑结构是目前在局域网中应用最为普遍的一种，在企业网络中几乎都是采用这一方式。星状网络几乎是 Ethernet（以太网）网络的专用拓扑结构，它的各工作站结点设备通过一个网络集中设备（如集线器或者交换机）连接在一起，各结点呈星状分布，如图 7-6 所示。星状拓扑结构具有结构简单，易于扩展，容易实现，传输速率较高等优点。

2. 总线状拓扑结构

　　总线状拓扑结构比较简单，其中所有设备都直接与一条称为公共总线的传输介质相连，如图 7-7 所示。总线状拓扑结构具有组网费用低，网络用户扩展较灵活，维护较容易等优点。

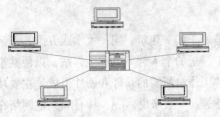

图 7-6　星状拓扑结构

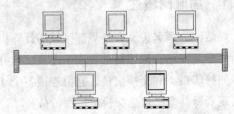

图 7-7　总线状拓扑结构

3. 环状拓扑结构

　　环状拓扑结构主要应用于令牌网中，其中各设备是直接通过电缆来串接的，最终形成一个闭合环。整个网络发送的信息在该环中传递，通常把这类网络称为"令牌环网"，如图 7-8 所示。环状拓扑结构具有网络实现非常简单，传输速度较快等优点。

4. 树状拓扑结构

　　树状网络可以看成是由多个星状网络按层次方式排列构成的，如图 7-9 所示。结点按层次连接，信息交换主要在上下结点之间进行，相邻结点或同层结点之间一般不进行数据交换。树状拓扑结构具有连接简单，维护方便等优点。

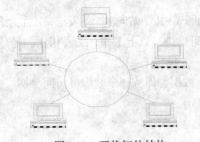

图 7-8　环状拓扑结构

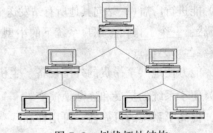

图 7-9　树状拓扑结构

7.2.3　局域网共享上网

　　随着 Internet 在全球的广泛推广和普遍使用，用户的数量迅速增加，Internet 成为全球继电话、传真等传统通信手段以外的全新通信方式，而且其应用范围和深度更是传统通信方式所无法比拟的。人们可以通过 Internet 快速发送电子邮件、传递文件、查找资料、推广产品、进行电子商贸等，Internet 已经成为现代生活和工作不可或缺的组成部分。目前，办公室上网主要采用共享上网方式，即多个用户共享一条上网线路与 Internet 连接。共享上网从技术角度一般分为"硬件共享上网"和"软件共享上网"两种。

1．硬件共享上网

硬件共享上网一般利用"路由"硬件设备实现，通过内置的硬件芯片完成 Internet 与局域网之间的数据包交换，实质是在芯片中固化了共享上网软件。由于硬件的工作不依赖于操作系统，所以稳定性较好，但是可更新性差，因此硬件共享上网方式一般多为企业级选用。

硬件共享上网是大中型网络应用中较广泛的一种，一般网吧大多采用这种方式，但随着 ADSL 宽带用户的增多，家庭用户共享硬件上网也变得越来越常见。共享硬件上网虽然投资大，但上网的稳定性、速度及管理优于软件共享上网。设置硬件上网的方式主要有两种：一是设置 ADSL Modem 共享上网，二是通过设置宽带路由器上网。两种方式的上网原理是一样的，都是通过设置设备的路由功能实现共享上网，但在性能上有一定的区别。对于 ADSL Modem 来说，并非每一款都具有路由功能，并且 ADSL Modem 的路由所支持的计算机数目有限，一般支持 5～10 台计算机的连接，当连接的计算机数目过多，就会出现 ADSL Modem 性能不稳定的现象。而宽带路由器一般可支持 50～100 台计算机连接，所以网吧和中小型企业一般选用宽带路由器共享上网。两者的设置方法非常相似，其详细说明可参考设备说明书。

2．软件共享上网

软件共享上网是在局域网中的一台具有互联网连接线路的计算机上安装共享上网软件来实现整个局域网共享 Internet。软件共享上网的优势在于花费低廉，有些共享上网软件甚至是免费的，同时软件更新速度较快，可以较快地适应互联网新的接入技术和应用协议。缺点是需要专门使用一台计算机作为共享上网的服务器。软件共享上网方式依赖于操作系统，所以稳定性比硬件共享上网差。尽管如此，软件共享上网方式还是普通网民最为流行的共享上网方式，特别适用于家庭用户和小型企业级用户。

该方式共享上网的软件大体可以分为两大类：一类是网关类软件（Gate Way），另一类是代理服务器软件（Proxy Server）。这两类软件都能实现局域网共享上网的目的，但两者在实现过程中的设置略有不同。

（1）利用网关类软件实现共享上网

网关类软件中较出名的有 SyGate 和 Winroute，这两款软件各有优点，其中 SyGate 更胜一筹。SyGate 软件是一款支持多用户访问 Internet 的软件，通过一台计算机，共享一个 Internet 连接达到上网的目的，而且 SyGate 能在目前诸多流行的操作系统上运行，支持多种 Internet 连接。

（2）利用代理服务器共享上网

代理服务器软件的品种非常多，由于其强大的管理功能，赢得了很多用户的青睐，其中被广泛应用的有 Wingate、Winproxy、Ccproxy 等。在这些软件中，Wingate 的功能最全面，但设置较复杂。

7.3　Internet 基础

Internet 是全世界最大的国际性计算机互连网络，它将不同地区而且规模大小不一的网络采用公共的通信协议（TCP/IP 协议集）互相连接起来。进入 Internet 的个人和组织能在 Internet 上获取信息，也能互相通信，享受连入其中的其他网络提供的信息服务。当前 Internet 已广泛应用于教育科研、政府军事、娱乐商业等许多领域，成为人们生活中最理想的信息交流工具（电子邮件、视频），理想的学习场所（电子书库、BBS 交流、远程教学），多彩多姿的娱乐世界（电影、音乐、旅游咨询），理想的商业天地（电子商务）。Internet 还在不断地变化、发展，正逐步虚拟现实的世界，形成一个崭新的信息社会。

7.3.1　Internet 的发展

1．Internet 的诞生

Internet 起源于 20 世纪 60 年代末美苏冷战时期。当时，美国国防部为了保证美国本土防卫力量和海外防御武装在受到前苏联第一次核打击以后仍然具有一定的生存和反击能力，认为有必要设计出一种分散的指挥系统：它必须能够经受住故障的考验而维持正常工作，一旦发生战争，当网络的某一部分因遭受攻击而失去工作能力时，网络的其他部分应当能够维持正常通信。为了对这一构思进行验证，1969 年，美国国防部高级研究计划署 ARPA 资助建立了 ARPANET，它把美国几所著名大学的计算机主机连接起来，采用分组交换技术，通过专门的通信交换机和专门的通信线路相互连接。这就是最早出现的计算机网络，也被公认为 Internet 的雏形。

ARPANET 建立初期只有 4 个结点，由于可靠性高，它的规模迅速扩张，不久就从夏威夷到瑞典，横跨西半球。1972 年，在美国华盛顿举行的第一届计算机通信国际会议上，ARPANET 首次与公众见面。

1983 年，ARPA 把 TCP/IP 协议集作为 ARPANET 的标准协议，其核心就是 TCP（传输控制协议）和 IP（网际协议）。后来，该协议集经过不断研究、试验和改进，成为 Internet 的基础。现在判断一个网络是否属于 Internet，主要看它在通信时是否采用 TCP/IP 协议集。

1985 年，美国国家科学基金会 NSF（National Science Foundation）认识到计算机网络对科学研究的重要性，接管 ARPANET，斥巨资建立起六大超级计算机中心，用高速通信线路把它们连接起来。这就构成了当时全美的 NSFNET（国家科学基金网）骨干网。NSFNET 是一个三级计算机网络，以校园网为基础，通过校园网形成区域性网络，再互连为全国性广域网，覆盖了全美主要的大学和研究所。之后，随着越来越多的计算机，包括德国、日本等外国的计算机接入 NSFNET，一个基于美国、连接世界各地网络的广域网逐步发展，最终形成了国际互联网。

1990 年 6 月，鉴于其实验任务已经完成，在历史上起过重要作用的 ARPANET 正式退役，而由它演变而来的 Internet 却逐步发展为全球最大的互连网络。

2．Internet 的发展

1992 年，由于 Internet 用户数量急剧增加，连通机构日益增多，应用领域也逐步扩大，Internet 协会 ISOC（Internet Society）应运而生。该组织是一个非政府、非营利的行业性国际组织，以制定 Internet 相关标准、开发与普及 Internet 及与之相关的技术为宗旨。

今天，作为规模最大的国际性计算机网络，Internet 已连接了几十万个网络、几十亿台主机。同时，Internet 的应用也渗透到了各个领域，从学术研究到股票交易、从学校教育到娱乐游戏、从联机信息检索到在线居家购物。

当然，由于 Internet 存在着技术上和功能上的不足，加上用户数猛增，1996 年起，美国的一些研究机构和大学提出研制新一代 Internet 的设想，即 NGI（Next Generation Internet），并于 2001 年正式启动了第二代 Internet 的研究。其目标是提高传输速率及使用更先进的网络服务技术和开发更多带有革命性的应用，如远程医疗、远程教育等。

3．Internet 在中国

在我国，Internet 曾被称为网间网、网际网、互连网、互联网。1987 年 7 月，国家科学技术名词审定委员会推荐译名为"因特网"。与世界上一些发达国家相比，我国 Internet 起步较晚，但发展速度却非常快。其发展历程如下：

1986 年，北京计算机应用技术研究所与德国卡尔斯鲁厄大学（University of Karlsruhe）合作启动了国际互联网项目 CANET（中国学术网，Chinese Academic Network）。1987 年 9 月 14 日，在德国和中国间建立了 E-mail 连接，正式建成国际互联网电子邮件结点，并自北京向德国卡尔斯鲁厄大学发出第一封电子邮件：*Across the Great Wall，we can reach every corner in the world*，（越过长城，走向世界），揭开了中国人使用互联网的序幕。

1988 年，中科院高能物理所采用 X.25 协议通过西欧 DECNET，实现了计算机国际远程连网以及与欧洲和北美地区的电子邮件通信。 1990 年，中国正式在 INTERNIC（Stanford Research Institute's Network Information Center）注册了中国的顶级域名 cn。

1993 年 3 月，高能物理所租用了一条 64 kbit/s 卫星线路与斯坦福大学联网。这条专线是中国连入 Internet 的第一根专线。1994 年 4 月，中国向美国 NSF 提出连入 Internet 的要求得到认可，同时 64 kbit/s 国际专线开通，实现了与 Internet 的全功能连接。从此我国被国际上正式承认为拥有全功能 Internet 的国家。

1994 年 5 月高能物理所建立了中国第一台 Web 服务器，推出中国第一个网站"中国之窗"，与分布在全国各地的多家网络公司有着密切的合作联系，在国内外有着十分重要的影响。

1997 年，我国 Internet 事业步入高速发展阶段。同年 6 月，国家批准中科院组建中国互联网络信息中心 CNNIC。该中心每年发布两次中国互联网发展状况统计报告。2010 年 1 月，在《第 25 次中国互联网络发展状况统计报告》中显示，截至 2009 年 12 月 31 日，我国网民总人数达到 3.84 亿人，目前我国互联网普及率为 28.9%，高于世界平均水平。手机网民大幅增长，达到 2.33 亿人，且农村网民突破 1 亿。

1997 年 10 月，我国的四大骨干网实现互连互通。

① 中国科技网 CSTNET（China Science and Technology Network）：非营利、公益性网络，其服务主要包括网络通信服务、信息资源服务、超级计算机服务和域名注册服务。中国科技网作为最早进入 Internet 并拥有丰富信息资源的国家级科技信息网，对我国网络事业的发展起到了积极的推动作用。

② 中国教育和科研计算机网 CERNET（China Education and Research Network）：非营利性网络，主要为学校、科研和学术机构及政府部门服务。它是中国第一个覆盖全国的自行设计和建设的大型计算机网络，由国家投资建设，教育部负责管理，清华大学、北京大学、中国电子科技大学等十所高校承担建设和管理。目前已有 800 多所大学和中学的局域网连入其中。

③ 中国公众互联网 CHINANET：由中国邮电部主建及经营管理，它是面向社会公开，服务于社会公众的大规模的网络基础设施和信息资源的集合，它的基本功能就是要保证大范围的国内

用户之间的高质量互通，进而保证国内用户与国际 Internet 的高质量互通。

④ 国家公用经济信息通信网暨金桥网 CHINAGBN（China Golden Bridge Network）：是面向企业的网络基础设施，是中国可商业运营的公用互联网。据计划，金桥网将建立一个覆盖全国，并与 500 个中心城市，12 000 个大型企业，100 个重要企业集团相连接的国家公用经济信息通信网。

7.3.2　TCP/IP 参考模型与协议

20 世纪 80 年代，OSI 试图达到一个理想境界，即全世界的网络都遵循这个标准。但是 OSI 协议实现起来过分复杂，运行效率较低，层次划分也并不太合理，且在该标准制定出来的时候，Internet 已在全世界覆盖了相当大的范围，但却几乎找不到什么厂家生产出符合 OSI 标准化的商用产品。因此，Internet 所用的 TCP/IP 协议成为既成事实的网络工业标准。

TCP/IP 是 Internet 通信协议集（或称为协议栈）的总称，由于 Internet 服务的复杂性，该协议集包含上百个通信协议，如文件传输协议 FTP、简单邮件传输协议 SMTP 等。而 TCP 和 IP 本身只是该协议集中最基本的两个协议，即 TCP（Transmission Control Protocol，传输控制协议）和 IP（Internet Protocol，网际协议）。

TCP/IP 也是层次化协议，与 OSI 7 层模型不同，它分成 4 个层次：网络接口层、网际层、传输层和应用层，如图 7-10 所示。

① 网络接口层：对应 OSI 的物理层和数据链路层，完成对实际的网络媒体的管理，定义如何使用实际网络来传送数据。

② 网际层：使用 IP 协议，负责提供基本的数据包传送功能，让每一个数据包都能够到达目的主机（但不检查是否被正确接收）。

③ 传输层：提供结点间的数据传送服务，如 TCP 协议、UDP 协议（User Datagram Protocol 用户数据报协议）、ICMP 协议（Internet Control Messages Protocol，因特网控制报文协议）等，确保数据已被送达并接收。

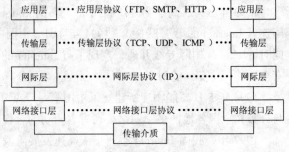

图 7-10　TCP/IP 四层模型

④ 应用层：对应 OSI 的应用层、表示层、会话层，为用户提供各种服务，如简单电子邮件传输（SMTP）、文件传输（FTP）、远程登录（Telnet）等。

支持 Internet 的操作系统都采用 TCP/IP 协议，如常用的操作系统 Windows、Linux 和 UNIX 都内嵌了该协议和附加的实用子程序，故在连网时用户可直接使用。

7.3.3　IP 地址

在 Internet 上连接的所有计算机，从大型机到微机都是以独立的身份出现，称为主机。为了实现各主机间的通信，每台主机都必须有唯一的网络地址，这个地址称为 IP 地址（IP Address）。它与硬件地址（即 MAC 地址）不同，硬件地址是物理网络使用的与具体网络设备（如网卡）有关的数据链路层地址，是一个 48 位地址，设备一出厂就被固化在其中。

目前，IP 地址由 32 位二进制构成，如湛江师范学院的 IP 地址为：11001010 11000000 10001111

00001001。为了便于记忆，这些二进制位被分为 4 组，每组 8 位即一个字节，并用圆点进行分隔，每个字节的数值范围是 0 ~ 255。这种写法被称为点分十进制表示法，如上文提到的 IP 地址可写为 202.192.143.9，如图 7-11 所示。

32 位的 IP 地址由两部分组成，如图 7-12 所示。

① 网络标识 Network ID：标识主机连接到的网络的网络号；

② 主机标识 Host ID：标识某网络内某主机的主机号。

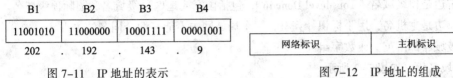

| | B1 | B2 | B3 | B4 | |
| 11001010 | 11000000 | 10001111 | 00001001 |

202 . 192 . 143 . 9

| 网络标识 | 主机标识 |

图 7-11　IP 地址的表示　　　　　　　图 7-12　IP 地址的组成

网络按规模大小主要可分为 3 类，在 IP 地址中，由网络 ID 的前几位进行标识，分别称为 A 类、B 类、C 类，如表 7-2 所示。另外，还有两类：D 类地址为网络广播使用；E 为地址保留为实验使用。

表7-2　IP地址的分类

类　　型	网络 ID	第 一 字 节	主机 ID	最大网络数	最大丰机数
A 类	B1，且以 0 起始	1～127	B2 B3 B4	127	16 777 214
B 类	B1 B2，且以 10 起始	128～191	B3 B4	16 256	65 534
C 类	B1 B2 B3，且以 110 起始	192～223	B4	2 064 512	254

IP 地址规定，全为 0 或全为 1 的地址另有专门用途，不分配给用户。

① A 类地址：网络 ID 为 1 字节，其中第 1 位为 0，可提供 127 个网络号；主机 ID 为 3 字节，每个该类型的网络最多可有主机 16 777 214 台，用于大型网络。

② B 类地址：网络 ID 为 2 字节，其中前 2 位为 10，可提供 16 256 个网络号；主机 ID 为 2 字节，每个该类型的网络最多可有主机 65 534 台，用于中型网络。

③ C 类地址：网络 ID 为 3 字节，其前 3 位为 110，可提供 2 064 512 个网络号；主机 ID 为 1 字节，每个该类型的网络最多可有主机 254 台，用于较小型网络。

所有的 IP 地址都由 NIC 负责统一分配，目前全世界共有 3 个这样的网络信息中心，INTERNIC：负责美国及其他地区；ENIC：负责欧洲地区；APNIC：负责亚太地区。因此，我国申请 IP 地址要通过 APNIC。用户在申请时要考虑 IP 地址的类型，然后再通过国内的代理机构提出申请。

今天的 Internet 协议被称为 IPv4（IP version 4），即 IP 协议第 4 版，在其 32 位的地址空间中，约有 43 亿个地址可用，但这与现在入网的机器数及人口数相比，其比例还比较小，所以正面临着 IP 资源危机。因此在第二代 Internet 的研究中，着手研发第 6 版 IP 协议，即 IPv6。IPv6 具有 128 位地址空间，字段与字段之间用冒号 ":" 分隔。到今天，IPv6 技术设计已经完成，但更换所有基于 IPv4 的网络设备却不是一件容易的事。

7.3.4　域名系统

数字形式的 32 位 IP 地址让人难以记忆，即便是十进制的 4 个字段记忆也并不太容易。若用一些含有一定意义的易于记忆的名字来标识计机则具比较方便。因此，1983 年起 Internet 规定了一套命名机制——域名系统（Domain Name System，DNS）。按该机制定义的名字称为域名（Domain Name）。

域名系统采用层次树状结构，由若干分量组成，各分量间也用圆点分隔，其结构如下：

主机名. 三级域名. 二级域名. 顶级域名

例如，湛江师范学院的域名为 www.zhjnc.edu.cn。

① 最右边是顶级域名（Top-level Domain），包括国家或地区顶级域名和国际顶级域名。

② 最左边是主机名，用于标识计算机，一个局域网中不能有两个同名的主机。

③ 每级域名都由英文或数字组成。

常见的域名代码如表 7-3 所示。

表7-3　常见域名代码

域 名 代 码	国家或地区名称	域 名 代 码	机 构 名 称
.cn	中国	.com	商业机构
.us	美国	.edu	教育机构
.uk	英国	.net	网络服务机构
.de	德国	.gov	政府机构
.jp	日本	.int	国际机构
.fr	法国	.org	非营利组织

然而，尽管应用程序允许用户使用域名，但基本的网络协议却使用 IP 地址。这要求在进行计算机间通信以前，需将域名转换成对应的 IP 地址。负责完成域名到 IP 地址转换的主机称为域名服务器（DNS Server），根据域名确定 IP 地址的过程称为域名解析。域名数据库并没有完全集中在单一的机器上，而是分布在 Internet 上，形成一个树形结构，当一个应用程序需要进行转换时，它成为 DNS 的客户，向域名服务器发送一个转换请求，服务器根据客户提供的域名找到相应的 IP 地址，并将 IP 地址作为应答信息，传回给应用程序，若该服务器不能完成转换，则它也将成为另一服务器的客户，这个过程一直到转换完成。

域名和 IP 地址是两种标识 Internet 中主机的方法，它们具有对应关系。一台主机只能有一个 IP 地址，而一个 IP 地址则可以对应多个域名。

据《第 25 次中国互联网络发展状况统计报告》的统计，目前，我国域名总数达到 1 682 万个，年增长率高达 190.4%，增长的主要拉动来自国家顶级域名 ".cn"，cn 域名数量已达到 1 200 万个；其下的网站数量首次突破百万达到 100.6 万个，在 150 万的网站总量中 "三分天下占其二"。

7.3.5　Internet 的接入技术

随着互联网在国内的广泛普及，人们对网络已经不再陌生。追求上网的超快速度是现在网民们的共同梦想。传统的 Modem 接入方式已经远远无法满足广大网民对网络信息获取的巨大需求，普及宽带接入呼声高涨。目前的宽带接入方式主要有 ISDN、ADSL、Cable Modem、STB 机顶盒以及 DDN 专线、ATM（异步传输模式）网、宽带卫星接入等几种，但就家庭用户而言，只有前 4 种可以采用。

1. Modem 接入

目前我国有上亿的网民（而且还在以惊人的速度飞速增长），其中相当部分都是通过 Modem 拨号接入 Internet 的。Modem 接入是众多上网方式中比较便宜的一种方案，但也是目前速度最慢、最落伍的一种。优点主要有：只要有电话线的地方，就可以上网，不需要特别铺设线路，也不需在电信局申请；硬件设备单一，接入方式简单，应用支持广泛。缺点主要有：速度慢，最高只有 56 kbit/s，而且 Modem 利用的是电话局的普通用户双绞线，线路噪声大、误码率高；容易受环境干扰，时有断线的故障发生；无法实现局域网的建设和网络设备及专线资源共享；用户需分别支付上网费和电话费，上网时造成电话长期占线。

2. ISDN 接入

ISDN（Integrated Services Digital Network，综合数字业务网）是以综合数字电话网（IDN）为基础发展而成的，能够提供端到端的数字连接。它是在现有的市话网基础上构造的纯数字方式的"综合业务数字网"，能为用户提供包括话音、数据、图像和传真等在内的各类综合业务。

3. ADSL 接入

近几年来，用户接入的广阔市场越来越成为各 ISP 争夺的阵地，用户接入网（从本地电话局到用户之间的部分）是电信网的重要组成部分，也是电信网的窗口。为实现用户接入网的数字化、宽带化，用光纤作为用户线是用户网今后发展的必然方向。目前，接入层技术方案以光纤接入网为主，使光纤进一步向用户靠近，便于为用户提供高质量的综合业务。但用户网仍以现有铜线环路为主。而过渡性宽带接入技术中，不对称数字用户环路（Asymmetrical Digital Subscriber Loop，ADSL）是最具有竞争力的一种。ADSL 的主要特点是速率高；ADSL 上网收费低；安装快捷方便等。

4. Cable Modem 接入

Cable Modem 即电缆调制解调器，是利用有线电视闭路线来上网，一般的连接方式为：一端与计算机相连，一端与闭路电视插座相连。Cable Modem 的特点是接入速率高，容易接入 Internet，不需要拨号和等待登录，用户可以随意发送和接收数据，不占用任何网络和系统资源，没有距离限制，覆盖的地域很广。

5. DDN 专线接入

数字数据网络（Digital Data Network，DDN）是随着数据通信业务的发展而迅速发展起来的一种新型网络。DDN 的主干网传输媒介有光纤、数字微波、卫星信道等； DDN 传输的数据具有质量高、速度快、网络时延小等一系列优点，特别适合于计算机主机之间、局域网之间、计算机主机与远程终端之间的大容量、多媒体、中高速通信的传输。

6. 无线接入

无线接入技术是指在终端用户和交换机之间的接入网部分全部或部分采用无线传输方式，为用户提供固定或移动的接入服务的技术。作为有线接入网的有效补充，它有系统容量大，话音质量与有线一样，覆盖范围广，系统规划简单，扩容方便，可加密码或用 CDMA 增强保密性等技术特点，可解决边远地区、难于架线地区的信息传输问题，是当前发展最快的接入技术。

7.4 Internet 的应用

Internet 之所以发挥了如此大的作用，主要就是因为它具有极高的工作效率、丰富的信息资源和服务资源。它向用户提供的各种功能称为"Internet 服务"或"Internet 应用"。目前，主要的服务大致可分为 3 类：信息查询与发布，主要指 WWW 服务等；信息交流，主要指电子邮件服务、新闻组服务、电子公告板服务、即时通信服务等；资源共享，主要指远程登录服务和文件传输服务等。

7.4.1 Internet 基础应用

1. World Wide Web

World Wide Web 称为全球信息网，简称 3W 或 WWW，又称万维网。它是一个基于超文本查询方式的信息检索服务工具，可以为网络用户提供信息的查询和浏览服务。

WWW 将位于 Internet 上不同地点的相关数据信息有机地组织在一起，提供友好的信息查询接口，用户仅需要提出查询要求，而到什么地方查询及如何查询则由 WWW 自动完成。因此，通过 WWW，一个不熟悉网络使用的人也可以很快成为 Internet 行家。以下为几个常用的术语和概念。

① 超文本（Hypertext）：非线性文本，不同于标准文本的按顺序定位，它通过链接其他文本的方式突破了线性方式的局限。超文本可看成超媒体的子集，而超媒体还包括图形、图像、声音、视频、动画等多种媒体形式。

② 超文本置标语言（Hypertext Markup Language，HTML）：不能算是一种程序设计语言，而是一种标记格式，用于编写 Web 网页。HTML 文档是一个由标签组成的 ASCII 码文件，扩展名为".html"或".htm"，可由浏览器解释执行。它的一般书写格式如下：

<标签名>　　内容　　</标签名>

③ 超文本传输协议（Hypertext transfer Protocol，HTTP）：网页访问所需的通信协议。采用请求/响应模型，由客户端向服务器发送一个请求，包含请求的方法、地址、协议版本、客户信息等；服务器以一个状态行作为响应，返回相应的内容包括消息协议的版本、成功或者错误编码、服务器信息及可能的实体内容等。

④ 统一资源定位（Uniform Resource Locator，URL）：给网络资源的位置提供一种抽象的识别方法，从而使系统能对资源进行各种操作（如存取、更新、查找属性等）；URL 由 3 部分组成：传输协议（即访问方式）、地址标识服务器名称、在该服务器上定位文件的全路径名。URL 的访问方式除了 HTTP 协议外，还可以是 FTP 或 Telnet 等协议。

⑤ 浏览器：指可以显示网页服务器或者文件系统的 HTML 文件内容，并让用户与这些文件交互的一种软件。常见的浏览器如 Microsoft 的 IE（Internet Explorer，见图 7-13）、腾讯的 TT（Tencent Traveler）等。现在的浏览器作用已不再局限于网页浏览，还包括信息搜索、文件下载、音乐欣赏、视频点播等。

2. 电子邮件（E-mail）

E-mail 是电子邮件（Electronic Mail）的简写。它是一种快速、简洁、低廉的信息交流方式，也是网络的第一个应用。与电话相比，电子邮件无须主叫和被叫双方同时在场；与信件相比，电子邮件更为方便且几乎没有时间延迟。因其具有其他通信工具无法比拟的优越性，E-mail 成为

Internet 上最频繁的应用之一。

图 7-13　Internet Explorer 10.0 界面

电子邮件系统采用简单邮件传输协议（Simple Message Transfer Protocol，SMTP）发送邮件，采用邮政协议（Post Office Protocol，POP3）接收邮件。和普通信箱类似，收发电子邮件必须注册一个电子信箱（E-mail Box），用来标识发信人或收信人的地址，其格式为：用户名@邮件服务器名，如 youjian @ 163.com。需要注意的是，同一个邮件服务器中的各个用户名必须是唯一的。

一般来说，Internet 上的大型网站都提供了电子信箱服务，如 163.net、sina.com、hotmail.com 等。信箱分为收费和免费两种，人们大量使用免费的 E-mail。

通常，电子邮件服务可以通过浏览器完成，也可以通过专门的电子邮件服务软件完成，如 Outlook Express、Foxmail（见图 7-14）等。

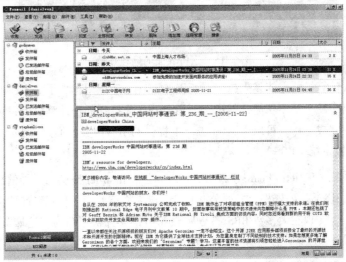

图 7-14　Foxmail 界面

3．文件传输 FTP

文件传输服务得名于其所用的文件传输协议 FTP。它提供交互式的访问，允许用户在计算机之间传送文件，且文件的类型不限，如文本文件、二进制可执行文件、声音文件、图像文件、数据压缩文件等。

运用这个服务，用户可以直接进行任何类型文件的双向传输，其中将文件传送给 FTP 服务器称为上传；而从 FTP 服务器传送文件给用户称为下载。一般在进行 FTP 文件传送时，用户要知道 FTP 服务器的地址，且还要有合法的用户名和口令。现在，为了方便用户传送信息，许多信息服务机构都提供匿名 FTP（Anonymous FTP）服务。用户只需以 Anonymous 作为用户名登录即可。但匿名用户通常只允许下载文件，而不能上传文件。

文件传输服务也可以通过浏览器或专门的 FTP 软件完成，目前，常见的客户端 FTP 软件有 CuteFTP 和 LeapFTP。

4．远程登录

远程登录是除 FTP 外另一种远程查询或信息检索的方式，所采用的通信协议为 Telnet。用户可将自己的计算机连接到远程大型计算机上，一旦连接成功，自己的计算机就仿佛是这些远程大型计算机上的一个终端，自己就仿佛坐在远程大型机的屏幕前一样输入命令，运行大型机中的程序，如图 7-15 所示。

图 7-15　字符界面的远程登录

由于现在个人计算机的性能越来越强，所以 Telnet 已经越用越少了。但 Telnet 仍然有很多优点，如用户计算机中缺少某项功能，就可以利用 Telnet 连接到远程计算机上，利用远程计算机上的功能来协助用户完成工作，可以说，Internet 上提供的所有服务，通过 Telnet 都可以使用。

5．电子公告板系统（BBS）

电子公告板系统（Bulletin Board Service，BBS）也是 Internet 提供的一种信息交流服务。它在 Internet 上开辟了一块类似公告板形式的公共场所，供人们彼此交流信息。这种交流的方式通常是公开的，没有保密性。现在大多数 BBS 都是基于 Web 的，并被冠名为"论坛"。

6．即时通信

即时通信，是指能够即时发送和接收因特网消息的业务，近几年来发展迅速，功能也日益丰富，逐渐集成了电子邮件、博客、音乐、电视、游戏和搜索等多种功能。目前，即时通信不再是一个单纯的聊天工具，它已经发展成集交流、资讯、娱乐、搜索、电子商务、办公协作和企业客户服务等为一体的综合化信息平台。

网络视频会议是即时通信的一个基本应用，使在不同地点的人员"面对面"地交流；网络电话——IP 电话是它的另一个应用，它通过网络传输语音，具有价格低廉、没有严格意义上的地域限制等优点。另外，实时通信也是应用最广泛的交流方式，如腾讯公司的 QQ、微信等。

7. 博客

自 2002 年起，博客作为一种新的网络交流形式，发展相当迅速。它的全名应是 Web log，即"网络日志"，后来缩写为 BLOG。它是以网络作为载体，能简易便捷地发布用户个人心得，及时有效轻松地与他人进行交流，集丰富多彩的个性化展示于一体的综合性平台。它通常由简短且经常更新的帖子所构成。其中的内容包罗万象，从对其他网站的超链接和评论，到个人日记、照片、诗歌、散文、小说等。

8. 网上娱乐

计算机与网络技术的发展不仅为人们的工作、生活带来便利，也渗透到了传统的娱乐方式中，并开辟了一块新的娱乐天地。如网上电影，可以使人们了解最新电影动态，随时欣赏电影，甚至先睹"大片"风采；网上音乐，使人们可以更快捷地找到并聆听各人喜欢的音乐；网络游戏，作为计算机游戏的延展，游戏者不再孤军奋战，而是通过线路紧紧相连，在虚拟世界里尽情遨游。

7.4.2　Internet 高级应用

1. 电子商务

随着计算机的广泛应用，网络的普及和成熟，电子安全交易协议的制定及政府的支持与推动，一种新型的商业运营模式悄然兴起，当前已成为最热门的技术，并带来了巨大的效益，这就是电子商务（Electronic Commerce）。它通常是指利用简单、快捷、低成本的电子通信方式进行的商务活动，这种活动利用网络的方式将顾客、销售商、供货商和雇员联系起来。

电子商务是 Internet 的直接产物，Internet 本身所具有的开放性、全球性、低成本、高效率的特点，也成为其内在特征。作为商业运营手段，它所具有的突出的优越性是传统媒介手段根本无法比拟的。

① 电子商务将传统的商务流程电子化，一方面可以大量减少人力、物力，降低成本；另一方面突破了时间和空间的限制，使得交易活动可以随时随地进行，提高了效率。

② 电子商务所具有的开放性和全球性的特点，为企业创造了更多的贸易机会。

③ 电子商务使得中小企业有可能拥有和大企业一样的信息资源，从而提高了中小企业的竞争能力。

④ 电子商务革新了传统流通模式，减少了中间环节，使生产者和消费者的直接交易成为可能。通过互联网，商家之间可以直接交流、谈判、签合同，消费者也可以把自己的反馈建议反映到企业或商家的网站，而企业或者商家则要根据消费者的反馈及时调整产品种类，提高服务品质，做到良性互动。

中国的电子商务始于 1997 年。如果说美国的电子商务是"商务推动型"，那么中国的电子商务则更多的是"技术拉动型"。在美国，电子商务实践早于电子商务概念，企业的商务需求"推动"了网络和电子商务技术的进步，并促成电子商务概念的形成。在中国，电子商务概念先于电子商务应用与发展，网络和电子商务的技术需要不断"拉动"企业的商务需求，进而推动中国电子商务的应用与发展。

电子商务的主要内容包括：

（1）虚拟银行

虚拟银行是指利用虚拟信息处理技术所创建的电子化银行。通过模拟银行大楼、银行营业大厅、银行服务大厅、银行办公业务房间和走廊通路等，使客户在网络空间中，具有亲临真实银行之感，而且服务质量较高。

（2）网上购物

网上购物是指通过互联网检索商品信息，并通过电子订单发出购物请求，然后凭私人账号，由厂商通过邮政或快递的方式送货上门。

（3）网络广告

网络广告是指运用专业的广告横幅、文本链接、多媒体等方法，在互联网刊登或发布广告，通过网络传递到互联网用户的一种高科技广告运作方式。

在整个电子商务处理过程中，主要有两种类型：

（1）B2B（Business to Business）

B2B 指的是企业对企业的电子商务，即企业与企业之间通过互联网进行产品、服务及信息的交换，包括：发布供求信息，订货及确认订货，支付过程及票据的签发、传送和接收，确定配送方案并监控配送过程等。B2B 的典型是阿里巴巴、中国制造网等。

（2）B2C（Business to Customer）

B2C 指的是企业对消费者的电子商务，即企业通过互联网为消费者提供一个新型的购物环境——网上商店，消费者通过网络在网上购物、在网上支付。作为我国最早产生的电子商务模式，B2C 的典型是 8848 网上商城。

电子商务是一个发展潜力巨大的市场。它使企业拥有了一个商机无限的网络发展空间，提高了企业的竞争力，也为广大消费者提供了更多的消费选择。

2. 电子政务

电子政务（E-Government）是指政府机构运用计算机、网络和通信等现代信息技术手段，借助 Internet 实现组织机构和工作流程的优化和重组，超越时间、空间和部门分隔的限制，建成一个精简、高效、廉洁、公平的政府运作模式，全方位地向社会提供优质、规范、透明和符合国际水准的管理和服务。

从其概念中，不难看出电子政务具有如下特点：

① 电子政务的核心是政务，政府的两大职能是管理和服务，电子政务是一种提高政府工作效率的手段。

② 电子政务是对政府组织机构和流程的优化和重组，而不是简单的流程电子化。

③ 电子政务提供跨越空间、时间和部门限制的沟通和协作渠道，用于提高政府的管理水平和服务水平。

④ 电子政务必须规范、透明，符合国际标准，它要求政府必须转变职能，符合 WTO 规范。

通过电子政务可实现政府办公自动化、政府部门间的信息共建共享、政府实时信息发布、各级政府间的远程视频会议、公民网上查询政府信息、电子化民意调查和社会经济统计等。

一般，电子政务可分为以下 3 类：

① 政府间的电子政务 G2G（Government to Government）：是各级各地政府、不同政府部门之间的电子政务。它包括电子法规政策系统、电子公文系统、电子司法档案、电子财政管理系统、电子办公系统、电子培训系统、业绩评估系统。

② 政府–企业间的电子政务 G2B（Government to Business）：是政府通过电子网络系统进行电子采购与招标，方便快捷地为企业提供各种信息服务，促进企业发展。它包括电子采购与招标、电子税务、电子证照办理、信息咨询服务、中小企业电子服务。

③ 政府–公民间的电子政务 G2C（Government to Citizen）：是政府通过电子网络系统为公民提供各种服务。它包括教育培训服务、就业服务、电子医疗服务、社会保险网络服务、公民信息服务、交通管理服务、公民电子税务、电子证件服务。

7.5　网络新技术

7.5.1　虚拟局域网（VLAN）

在局域网中，各站点共享传输信道所造成的信道冲突和广播风暴是影响网络性能的重要因素。为解决广播风暴问题，网桥和路由器被广泛应用于局域网中，从而产生了虚拟局域网。

1．虚拟局域网的定义

VLAN 由传统网络 LAN 概念引申而来，但却与传统网络有本质的区别。VLAN 是指通过软件策略将一组物理上彼此分开的用户和服务器按性质及需要分成若干个"逻辑工作组"，每一个"逻辑工作组"称为虚拟局域网，它的逻辑划分与物理位置无关。

2．虚拟局域网的分类

VLAN 主要分为两种：基于交换式以太网的 VLAN 和基于 ATM 网络的 VLAN。

在交换式以太网中，利用 VLAN 技术，可以将由交换机连接成的物理网络划分成多个逻辑子网，即一个 VLAN 中的站点所发送的广播数据包仅转发至属于同一 VLAN 的站点。

在 ATM 网络中，由于 ATM 网络和传统网络在数据交换形式、数据帧格式以及网络地址格式等方面有很大的差异，因此必须解决 ATM 和传统网络的结合问题。目前解决这一问题主要通过局域网仿真和 IPOA 技术，在由局域网仿真技术构成的 ELAN（仿真局域网）和 IPOA 技术构成的 LIS（逻辑地址组）的基础之上实现了 VLAN。

3．虚拟局域网的应用价值

VLAN 的应用价值主要包括：

① 增加网络连接的灵活性。

② 控制网络上的广播风暴。

③ 增加网络的安全性。

④ 增加集中化的管理控制。

7.5.2 IPv6

现有的互联网是在 IPv4 协议的基础上运行，IPv6 是下一版本的互联网协议，它的提出最初是因为随着互联网的迅速发展，IPv4 定义的有限地址空间将被耗尽，地址空间的不足必将影响互联网的进一步发展。为了扩大地址空间，拟通过 IPv6 重新定义地址空间。

1．IPv6 的特点

IPv4 采用 32 位地址长度，只有大约 43 亿个地址，而 IPv6 采用 128 位地址长度，几乎可以不受限制地提供地址。按保守方法估算 IPv6 实际可分配的地址，整个地球每平方米面积上可分配1 000 多个地址。在 IPv6 的设计过程中除了一劳永逸地解决地址短缺问题以外，还考虑了在 IPv4 中解决不好的其他问题。

2．IPv6 的优势

IPv6 的优势表现在以下几方面：
① 扩大地址空间。
② 提高网络的整体吞吐量。
③ 改善服务质量（QoS）。
④ 保证更好的安全性。
⑤ 实现更好的多播功能。

7.5.3 组播技术

近年来，随着 Internet 的迅速普及和发展，在 Internet 上产生了许多新的应用，其中不少是高带宽的多媒体应用，如网络视频会议、网络音频、视频广播、股市行情发布、多媒体远程教育等。由于多媒体信息量大，这就带来了带宽的急剧消耗和网络拥挤问题。为解决这个问题，人们提出了组播技术。

1．组播技术的定义

IP 通信的一个领域是单播，传统的点对点单播通信，在发送方和每一接收方需要单独的数据通道；在 IP 通信另一个领域是广播，源主机向一个网段中的所有 IP 主机发送 IP 信息包，IP 网络的主机（包括路由器）都能识别以 IP 广播地址作为目标地址的信息包，一个子网中的所有 IP 主机都接收地址为本子网的广播地址的信息包。

在 IP 通信中，发送者只希望一部分主机接收信息，这样的单源、多目的的通信方式称为多点通信，通常只在分叉的时候复制信息，这种方式称为组播（Multicast）。

2．组播技术的特点

组播技术的特点包括：
① 减少网络上传输的信息包的总量。
② 提高数据传送效率。
③ 降低主干网出现拥塞的可能性。

3．组播技术的应用

目前组播技术应用的增长十分快速，而且这种趋势正在加快，但是 IP 组播仍然是一项新出现的技术，虽然组播具有很大的优点和长处，但是和所有新技术一样，有其自身的局限性和一些问题，因此在组播领域还需要进行大量的工作。组播技术主要应用包括信息发布、视频会议、远程学习等多个方面。

7.5.4 移动 IP 技术

1. 移动 IP 技术的定义

移动 IP 技术是移动结点（计算机/服务器/网段等）以固定的网络 IP 地址，实现跨越不同网段的漫游功能，并保证了基于网络 IP 的网络权限在漫游过程中不发生任何改变。移动 IP 应用于所有基于 TCP/IP 协议集的网络环境中，它为人们提供了无限广阔的网络漫游服务。

2. 移动 IP 的关键技术

移动 IP 的关键技术包括：

① 代理搜索：是计算结点用来判断自己是否处于漫游状态。

② 转交地址：是移动结点移动到外网时从外代理处得到的临时地址。

③ 登录：是移动结点到达外网时进行一系列认证、注册、建立隧道的过程。

④ 隧道：是家代理与外代理之间临时建立的双向数据通道。

7.5.5 海计算

海计算通过在物理世界的物体中融入计算与通信设备以及智能算法，让物物之间能够互连，在事先无法预知的场景中进行判断，实现物物之间的交互作用。海计算一方面通过强化融入在各物体中的信息装置，实现物体与信息装置的紧密融合，有效地获取物质世界信息；另一方面通过强化海量的独立个体之间的局部即时交互和分布式智能，使物体具备自组织、自计算、自反馈的海计算功能。海计算模式倡导由多个融入了信息装置、具有一定自主性的物体，通过局部交互而形成具有群体智能的物联网系统。

7.6 信 息 检 索

信息社会给人们带来了浩如烟海的信息，令人们享受不尽，同时也感到无所适从。如何从信息大潮中获取有价值的东西，成了人们面临的迫切问题。信息检索能力的高低，决定了人们后天发展的潜力。掌握各种文献的检索方法，也就掌握了获取知识的窍门，提高了综合能力，并对人们的生活产生极大的帮助。

7.6.1 信息检索的概念

1. 信息检索

信息检索（Information Retrieval）是指将杂乱无序的信息有序化以形成信息集合，并根据需要从信息集合中查找出特定信息的过程，全称是信息存储与检索（Information Storage and Retrieval）。

① 信息的存储主要是指对一定范围内的信息进行筛选、描述其特征，加工使之有序化形成信息集合，即建立数据库，这是检索的基础。

② 信息的检索是指平用   应的方法与策略从数据库中查找出所需信息，这是检索的目的，是存储的反过程。

信息检索的实质是将用户的检索标识与信息集合中存储的信息标识进行比较与选择（或称为匹配（Matching）），当用户的检索标识与信息存储标识匹配时，信息就会被查找出来，否则就查不出来。匹配有多种形式，既可以是完全匹配，也可以是部分匹配，这主要取决于用户的需要。

2. 信息检索系统

任何具有信息存储与检索功能的系统，均可以称为信息检索系统。从狭义上讲，信息检索系统可以理解为一种可以向用户提供信息检索服务的系统。

7.6.2 信息检索的类型

检索系统按照检索功能划分，可以分为：书目检索系统和事实数据检索系统。书目检索系统的作业对象是各种检索工具、书目数据库，检索结果是相关文献的线索。事实数据检索系统的作业对象是各种参考工具、源数据库，检索结果是有关的事实和数据。

检索系统按照检索手段划分，可以分为：手工检索系统和计算机检索系统。手工检索系统是以手工方式存储和检索信息的系统。检索时使用各种纸质工具，检索入口少、速度慢、效率较低。计算机检索系统是用计算机进行信息存储和检索的系统。检索时可以同时对多种数据库进行操作，检索灵活、检索入口多、速度快、效率高。以下是这几种检索系统的特性比较，如表 7-4 所示。

表 7-4　检索系统特性比较

分类 特性	手 工 检 索	计算机检索		
		光盘检索	联机检索	网络检索
组成	纸质书刊、资料	计算机硬件、检索软件、信息存储数据库、通信网络	中央服务器、检索软件、联机检索、通信网络	中央服务器、通信网络、用户终端、网络数据库
优点	直观，信息存储与检索费用低	设备简单，检索费用低，检索技术容易掌握	检索范围广泛，检索速度快，检索功能强，及时性好	检索方法简单，检索较灵活、方便，及时性好，费用低
缺点	检索入口少、速度慢、效率低	更新不够及时	检索技术复杂，设备要求高、检索费用昂贵	返回信息量大，对特定用户有用的信息少

7.6.3 检索方法

1. 漫游法

① 偶然发现。这是在因特网上发现、检索信息的原始方法，即在日常的网络阅读、漫游过程中，意外发现一些有用信息。这种方式目的性不强，具有不可预见性和偶然性。

② 顺"链"而行。指用户在阅读超文本文档时，利用文档中的链接从一个网页转向另一相关网页。此方法类似于传统手工检索中的"追溯检索"，即根据文献后所附的参考文献追溯查找相关的文献，从而不断扩大检索范围。这种方法可能在较短的时间内检出大量相关信息，也可能偏离检索目标而一无所获。

2．直接查找法

直接查找法是已经知道要查找的信息可能存在的地址，而直接在浏览器的地址栏中输入其网址进行浏览查找的方法。此方法适合于经常上网漫游的用户。其优点是节省时间、目的性强、节省费用，缺点是信息量少。

3．搜索引擎检索法

该方法是最为常规、普遍的网络信息检索方法。搜索引擎是提供给用户进行关键词、词组或自然语言检索的工具。用户提出检索要求，搜索引擎代替用户在数据库中进行检索，并将检索结果提供给用户。它一般支持布尔检索、词组检索、截词检索、字段检索等功能。利用搜索引擎进行检索的优点是：省时省力，简单方便，检索速度快、范围广，能及时获取新增信息。其缺点是：由于采用计算机软件自动进行信息的加工、处理，且检索软件的智能性不高，造成检索的准确性不理想，与人们的检索需求及对检索效率的期望有一定差距。

4．网络资源指南检索法

该方法是利用网络资源指南进行查找相关信息的方法。网络资源指南类似于传统的文献检索工具——书目之书目（Bibliography of Bibliographies），或专题书目，在国外又称 Web of Webs，Webliographies，其目的是可实现对网络信息资源的智能性查找。它们通常由专业人员在对网络信息资源进行鉴别、选择、评价、组织的基础上编制而成，对于有目的的网络信息检索具有重要的指导作用。其局限性在于：由于其管理、维护跟不上网络信息的增长速度，使得其收录范围不够全面，新颖性、及时性不够强。

7.6.4　搜索引擎

1．搜索引擎

搜索引擎（Search Engine）是指根据一定的策略、运用特定的计算机程序搜集互联网上的信息，在对信息进行组织和处理后，为用户提供检索服务的系统。

搜索引擎一般由 3 部分组成：

① 搜索器：负责收集信息的程序，其功能是在互联网中漫游，发现和搜集信息，也被称为 Robot、Spider、Crawler 或 Wanderer。

② 索引数据库：理解搜索器搜索到的信息，从中抽取出索引项，生成文档库的索引表，建立数据库。

③ 用户检索界面：通常是搜索引擎的主页，用于接纳用户查询并显示查询结果。

2．搜索方法

搜索引擎种类繁多，搜索方法也很多，不同的搜索方式，搜索效果也不同。

① 简单搜索（Simple Search）：这是最基本的搜索方式，只需在检索界面输入一个关键字，提交搜索引擎进行查询即可（见图 7-16）。

② 词组搜索（Phrase Search）：在检索界面输入两个或多个关键字，以空格间隔，表示关键字之间是"与"的逻辑关系（见图 7-17）。

图7-16　简单搜索

图7-17　词组搜索

③ 语句搜索（Sentence Search）：在检索界面输入自然语句进行查询（见图7-18）。

④ 目录搜索（Catalog Search）：不需要搜索任何字句，它是建立在已根据内容分好类的 Web 地址数据库基础上的，所有内容都被编成树状目录结构，用户搜索时可按主题类别进行浏览（见图7-19）。

图7-18　语句搜索

图7-19　目录搜索

目前，常用的搜索引擎如表7-5所示。

表7-5　常用搜索引擎

英文搜索引擎	中文搜索引擎
Yahoo!：http://www.yahoo.com	百度：http://www.baidu.com
HotBot：http://www.hotbot.com	Google：http://www.google.com.hk
Lycos：http://www.lycos.com	

7.6.5　网络数据库检索

随着互联网的扩展和升级，网络数据库迅猛发展。查阅网络版的电子期刊或其他文献时，可根据信息资源的数据结构，分为全文检索和文摘检索。

1. 全文数据库检索（如中国期刊全文数据库 CNKI）

中国期刊网（http://www.cnki.net）是我国最大的全文期刊数据库，是目前世界上最大的连续动态更新的中国期刊全文数据库。其中收录从 1994 年至今（部分刊物回溯至 1979 年，部分刊物回溯至创刊）的期刊总计万余种。内容涉及自然科学、工程技术、人文与社会科学等各个领域，用户遍及全球各大国家和地区，实现了我国知识信息资源在互联网条件下的社会化共享与国际化传播。

CNKI 全文数据库的文件以 ".caj" 格式输出，因此需要特定的阅读软件 CAJViewer 进行浏览。

CNKI 不是免费站点，用户必须先付费获取账号和密码，否则只能浏览一些免费信息，如文献摘要、专利信息等，而不能阅读全文或下载文件。

CNKI 检索范围包括十大专辑：理工 A、理工 B、理工 C、农业、医药卫生、文史哲、政治军事与法律、教育与社会科学综合、电子技术与信息科学、经济与管理，共 168 个专题。检索条件包括检索词、检索项、模式、时间、范围、记录数和排序等 7 个选择项。其中，检索词是用户必须输入的关键字，其余 6 项可以使用默认值。

2. 刊约文摘型网络数据库检索（如美国的工程索引 EI）

工程索引 EI（the Engineering Index）是由美国工程信息中心（the Engineering Information Inc）编辑出版的工程技术领域的综合性检索工具。1884 年创刊，每年摘录世界工程技术期刊 3 000 种，还有会议文献、图书、技术报告和学位论文等，报道文摘约 15 万条，内容包括全部工程学科和工程活动领域的研究成果。

EI 覆盖了工程技术的各个分支学科，如土木工程、能源、环境、地理和生物工程，电气、电子和控制工程，化学、矿业、金属和燃料工程，机械、自动化、核能和航空工程，计算机、人工智能和工业机器人等。出版形式有 EI 印刷版、EI 网络版和 EI Compendex 光盘。

很多学校都购买了 EI 网络版，可以直接访问 http://www.engineeringvillage2.org.cn。

EI 摘录质量较高，文摘直接按字顺排列，索引简便实用，且数据每周更新，确保了用户可以跟踪其所在领域的最新进展。

小　结

本章简要介绍了计算机网络的基础知识和应用、局域网技术、Internet 基础和它的应用及信息检索的基本知识。重点是计算机网络的定义、组成及计算机网络的功能；难点是网络协议、层次结构等。希望通过本章的学习，能够掌握计算机网络的基本概念、功能、拓扑结构等；了解物理网络的基本知识，如局域网的组成、网络互连设备。掌握 Internet 的基本应用，如网上浏览、信息查询、收发电子邮件等。掌握信息检索的方法，如搜索引擎的使用、网络数据库的检索，并应用到实际生活中。

习　题

一、选择题

1. 计算机网络的目标是（　　　）。
   A. 运算速度快　　　　　　　　　　　　B. 提高计算机使用的可靠性
   C. 将多台计算机连接起来　　　　　　　D. 共享软件、硬件和数据资源

2. 一个计算机网络被构建之后，实现网络上的资源共享，需要通过（　　　）来完成。
   A. 网络协议　　　　B. OSI 模型　　　　C. 网络软件　　　　D. 网络服务

3. 管理和构成局域网的各种配置方式叫做网络的（　　　）结构。
   A. 星形　　　　　　B. 拓扑　　　　　　C. 分层　　　　　　D. 以太网

4. 按照网络所覆盖的地域，可以将网络分为广域网、（　　　）和局域网。

    A. 公共电话 　　　　　　B. 以太网 　　　　　C. 令牌网 　　　　　D. 城域网

5. Internet 是网络的网络。在我国，它的正式名称为（　　　）。

    A. 互联网 　　　　　　B. 互连网 　　　　　C. 因特网 　　　　　D. 万维网

6. 因特网的基础是 TCP/IP 协议，它是一个（　　　）。

    A. 单一的协议 　　　　B. 两个协议 　　　　C. 三个协议 　　　　D. 协议集

7. 在因特网的通信中，TCP 协议负责（　　　）。

    A. 数据传送到目的主机 　　　　　　　　B. 寻找数据到达目的地的主机

    C. 网络连接与数据传输 　　　　　　　　D. 打包发送、接收解包，控制传输质量

8. 在因特网的通信中，IP 协议负责（　　　）。

    A. 数据传送到目的主机 　　　　　　　　B. 寻找数据到达目的地的主机

    C. 网络连接负责数据传输 　　　　　　　D. 发送数据打包、接收解包，控制传输质量

9. 在因特网中，IP 协议负责网络的传输，对应于 ISO 网络模型中的（　　　）。

    A. 应用层 　　　　　　B. 网络接口层 　　　C. 传输层 　　　　　D. 网络层

10. IP 地址标识连入因特网的计算机，任何一台入网的计算机都需要有（　　　）个 IP 地址。

    A. 1 　　　　　　　　　B. 2 　　　　　　　C. 3 　　　　　　　D. 4

11. Web 是因特网中最为丰富的资源，它是一种（　　　）。

    A. 信息查询方法 　　　　　　　　　　　B. 搜索引擎

    C. 文本信息系统 　　　　　　　　　　　D. 综合信息服务系统

12. 根据 IP 协议对因特网网络地址的划分，C 类地址最多能够有（　　　）台主机。

    A. 253 　　　　　　　B. 254 　　　　　　C. 255 　　　　　　D. 256

13. 通过 FTP 进行上传文件到 FTP 服务器，需要使用（　　　）。

    A. 用户名 　　　　　　B. 匿名 　　　　　　C. 密码 　　　　　　D. 用户名和密码

14. 因特网服务中的实时通信也称为即时通信，它是指可以在因特网上在线进行（　　　）。

    A. 语音聊天 　　　　　B. 视频对话 　　　　C. 文字交流 　　　　D. 以上都是

15. 搜索引擎被称为因特网服务的服务，使用搜索引擎可以进行分类查询和（　　　）。

    A. 模糊查询 　　　　　B. 指定查询 　　　　C. 关键字查询 　　　D. 任意方法查询

二、填空题

1. 从计算机网络组成的角度看，计算机网络从逻辑功能上可分为＿＿＿＿和＿＿＿＿子网。

2. 按网络覆盖范围来分，网络可分为＿＿＿＿、＿＿＿＿和＿＿＿＿。

3. 为进行网络中的数据交换而建立的规则、标准或约定即为＿＿＿＿。

4. TCP/IP 体系共有 4 个层次，它们是＿＿＿＿、＿＿＿＿、＿＿＿＿和＿＿＿＿。

5. 最基本的网络拓扑结构有 4 种，它们是＿＿＿＿、＿＿＿＿、＿＿＿＿和＿＿＿＿。

6. 在 Internet 中 URL 的中文名称是＿＿＿＿。

7. WWW 客户机与 WWW 服务器之间的应用层传输协议是＿＿＿＿。

8. Internet 中的用户远程登录，是指用户使用＿＿＿＿命令，使自己的计算机暂时成为远程计算机的一个仿真终端。

9. 在一个网络中负责主机 IP 地址与主机名称之间的转换协议称为＿＿＿＿。

10. FTP 能识别的两种基本的文件格式是_____文件和_____文件。

三、判断题

1. 传输层不仅存在于主机中，在通信子网中（路由器）也有传输层。 （　　）
2. IP 协议不仅能将数据报送到目的主机，也能决定将数据报送给主机中的哪个应用进程。
　（　　）
3. IP 地址的主机地址部分不能全为 1。 （　　）
4. 局域网通常使用广播技术来代替存储转发的路由选择。 （　　）
5. 两台使用 SMTP 协议的计算机通过因特网实现连接之后，便可进行邮件交换。 （　　）

四、简答题

1. 什么是计算机网络？计算机网络的基本功能是什么？
2. 什么是拓扑结构？计算机网络拓扑结构有哪些？
3. OSI 的网络互连协议分为哪 7 层？
4. 什么是局域网？它与广域网的主要区别是什么？
5. 什么是 URL？它由哪几部分组成？每部分的作用是什么？

第 8 章　网页制作与网站建设基础

本章讲解

因特网的发展和普及使人们能方便地获取信息与交流沟通，充分享受各类网络应用与资源服务。随着 Web 2.0 时代的全面进入，博客（Blog）、简易信息聚合（RSS）、百科全书(Wiki)、社会网络（SNS）与即时信息（IM）等技术已被广泛使用。网页和网站作为网络应用服务平台，其实现技术对初学者来说是颇为重要的入门级课程。网站的创建并不是由单一软件制作而成，而是需要各种技术配合完成，所以在建立网站前，首先要了解网站环境配置、网页设计方法以及各类开发软件。本章主要介绍网页与网站的基础知识与基本概念，重点介绍 HTML 的特点与结构，并利用网页制作工具说明网页制作和网站建设的基本流程和具体方法。

学习目标

- 了解网页和网站的概念、网站建设流程、网站开发软件。
- 理解静态网页和动态网页的浏览过程。
- 掌握 HTML 基本结构和语法，能用 HTML 编辑简单网页。

8.1　网页及网页制作

网页（Web Page）是按照网页文档规范编写的一个或多个文件，能在 WWW 上传输，提供各类信息资源服务，并被浏览器解释显示。早期的网页多由超文本标记语言编写而成，随着 Web 技术发展，利用嵌入程序或多媒体元素，能有效实现用户与网页的交互功能。网页是网站的基本信息单元，通常把网站的入口网页或起始网页称为主页（Home Page），通过页面的超链接将无序网页有效组织起来。

8.1.1　网页基本元素

一般来说，组成网页的元素包括文本、图像和动画、音频和视频、超链接、表格、表单、导航栏，以及特殊效果等。以湛江师范学院主页为例，其包含的各种网页元素如图 8-1 所示。网页基本元素的编辑与应用涉及多媒体技术，本教程在第 10 章作进一步阐述。

1. 文本

文本一直是人类最重要的信息载体与交流工具，网页中的信息也以文本为主。文本虽不及图像丰富多彩、惹人注目，但却能准确地表达信息的内容和含义。网页中的文本具有多种属性，通过对字体、字形、字号、颜色和底纹等属性设置达到美化页面布局的效果，突显重要内容。在浏览器中，默认的中文字体为宋体，英文字体为 Times New Roman。也就是说，如果没有设置任何字体，网页中的文字将以这两种字体显示。

图 8-1 网页元素概览

2. 图像和动画

图像在网页中具有提供信息、展示作品、装饰网页、表达个人情感和风格的作用。在网页中使用的图像文件主要有 JPEG、GIF 和 PNG 三种格式，其中使用最广泛的是 JPEG 和 GIF 两种格式，JPEG 格式可以支持真彩色和灰度图像，GIF 格式只能存储 256 色的图像。

网页动画能有效增强页面感染力，许多网站广告都采用动画形式以吸引浏览者的注意力。常见的动画主要包括 GIF 动画和 Flash 动画，其中 GIF 动画是用多张 GIF 图像合成的多帧动画，所以同 GIF 图像一样只有 256 种颜色，而 Flash 动画采用矢量绘图技术，生成带有声音及交互功能的复杂动画。另外，使用动画还可以输出更多的内容，如当前流行的网页游戏等。

3. 音频和视频

音频是多媒体网页的重要组成部分，通常分为声音和 MIDI 音乐两类。适用于网页的声音文件种类较多，常见格式有 MIDI、WAV 和 MP3 等。设计者在使用这些音频文件时，需要对文件的格式、大小和音质等属性进行分析和处理。很多浏览器不用插件也可以支持 MIDI 和 WAV 格式的文件，而 MP3 格式的声音文件则需要专门的浏览器或插件才能播放。

视频文件的使用让网页变得非常精彩并且富有动感，利用插件技术向网页中插入视频较为方便快捷。常见的视频格式包括 MPEG、AVI 和 DivX 等。

4. 超链接

超链接通常是指从一个网页到另一个网页或本网页中不同位置之间的链接，也可以链接到一幅图片、一个电子邮件地址、一个文件（如多媒体文件或者 Office 文档）或一个应用程序。通过单击、光标划过等动作触发超链接后，可以从当前位置跳转到指定目标，并根据目标类型关联适合的软件打开或运行。

5. 表格

通常使用表格来控制网页的页面布局和信息定位。这包括两方面：一是使用行和列的形式布局文本和图像，以及其他的列表化数据；二是可以使用表格精确控制各种网页元素在网页中出现的位置，此时，表格在浏览器里面不显示。

6．表单

表单是网站浏览者与管理者进行交互的主要窗口，通常用来接收浏览者在浏览器端的输入，然后将这些信息发送到目标端。目标既可以是文本文件、网页、电子邮件，也可以是服务器端的应用程序。表单由具有不同功能的表单域组成，最简单的表单也要包含一个输入区域和一个提交按钮。常见的表单有用户注册表单、搜索表单、调查表单和用户反馈表单等。

7．导航栏

导航栏是设计者在规划站点结构、开始设计主页时必须考虑的一项内容。导航栏的作用就是让浏览者在浏览站点时，不会因为迷路而中止访问。事实上，导航栏就是一组超链接，其目标就是本站点的主页以及其他重要网页。在设计站点中的网页时，可以在站点的每个网页上都显示一个导航栏，这样，浏览者就可以方便地在站点的各个网页之间切换。一般情况下，导航栏应放在较引人注目的位置，通常是在网页的顶部或一侧。导航栏既可以是文本链接，也可以是图像链接。

8．特殊效果

网页中除了以上几种最基本的元素之外，还有一些其他的常用元素，如悬停按钮、Java 特效、ActiveX 特效等。这些特效不仅能点缀网页，使网页更活泼有趣，而且在网上娱乐、电子商务等方面也有着不可忽视的作用。

8.1.2 静态网页与动态网页

1．静态网页

静态网页通常以 HTML 文件来表现，该文件使用 HTML 编写而成。文件扩展名通常是".html"或者".htm"。

当客户端浏览器发送 HTTP 请求给 WWW 服务器，服务器查找到需要的超文本文件后，不加处理直接将该文件传送给客户端，静态网页的浏览过程如图 8-2 所示。在客户端浏览器显示的页面是由网页设计者先制作完成后，存放在服务器上的静态网页。静态网页只是网站页面的静态发布。

图 8-2　静态网页浏览过程

制作静态网页主要是用 HTML 编写，如果配合客户端脚本语言 JavaScript，还能产生丰富的动态页面效果，从而满足大多数个人网站的需求。静态网页一般用于网页内容长期不变的网站页面设计。

2．动态网页

动态网页并不是指网页上显示内容是活动的，即视觉上的"动态效果"，而是用户与网页能进行交互，网页或者网页上某一个栏目所显示的内容随用户的需求而动态改变。动态网页有两种实现技术，即客户端动态技术和服务器端动态技术。

（1）客户端动态技术

客户端动态技术不需要与服务器进行交互，实现动态功能的代码通常采用脚本语言的形式直接嵌入到网页中，服务器把网页发送给客户后，网页在客户端浏览器中直接响应用户的动作，有些应用还需要浏览器安装组件支持。常见的客户端动态网页技术包括 JavaScript、VBScript、JavaApplet、DHTML、ActiveX、Flash 和 VRML 等。其中，DHTML 是一种能够控制网页中各个 HTML 元素使之发生变换的动态技术，通过这种变换能产生各种特效。例如，在网页上单击不同的按钮时，光标产生不同颜色和形状的变化。DHTML 在实现时并不是独立的，通常需要和脚本语言、层叠样式表（Cascading Style Sheets，CSS）等配合使用。

（2）服务器端动态技术

服务器端动态技术与网页上的各种动画、滚动字幕等视觉上的"动态效果"没有关系，而是指这种网页事先并不存在，当用户访问时由 WWW 服务器实时生成的网页。这种网页的实现技术有 CGI、ASP、ASPX、JSP、PHP、Java 和 AJAX 等。服务器端动态技术需要服务器和客户端的共同参与，用户通过浏览器发出页面请求后，服务器根据 URL 携带的参数运行服务器端程序，产生结果页面，然后将该页面传送到客户端，如图 8-3 所示。

图 8-3　动态网页浏览过程

动态网页一般涉及数据库操作，如查询、添加、删除、更新等，都需要设计服务器端动态程序，并构建容错机制，以保证网站交互性和安全性。

目前，大部分网页都使用这两种动态网页技术，网页也越来越丰富多彩。因特网上常见的计数器、聊天室、BBS、博客、电子商务等服务都必须得到动态网页技术的支持。

8.1.3　网页制作基础知识

浏览器中显示的内容都是服务器响应客户端的 URL 请求后传回的。服务器根据 URL 的参数，找到指定的网页文件或者生成网页文件，然后传回给客户端，并在客户端浏览器中显示。因此，无论是静态网页还是动态网页，都需要事先进行制作，制作好的静态网页或者动态网页模板存放在服务器端。本节主要介绍静态网页的制作过程。

1．网页制作考虑因素

设计网页时，需要考虑一些因素，如网页文件大小、网页色彩搭配和分辨率等。

（1）传输速率

在网页制作中使用过多、过大的图形图像文件，会增加网页的传输时间，因此必须考虑适合的文件格式，并且适量使用。

（2）色彩与分辨率

每台计算机设定的显示色彩与分辨率各有不同，依照自己的计算机上的色彩或分辨率所设计的网页对浏览者而言未必就能达到最佳效果。因此，可以在网页中标注出推荐的最佳色彩与最佳分辨率。

（3）字形

不同的字形可以让网页中的文字效果多一些变化，但必须考虑浏览者的计算机是否安装有相应的字体，否则将无法在浏览者的网页上显现预期效果。在使用特殊字形时，可将文字处理成图像来显示，以便达到预期显示效果。

2．网页框架与布局

在浏览网页时，用户可以看到不同形式的版面。因此，制作网页时，为了更合理地在浏览器中输出内容，需要对制作的网页界面进行布局。一般情况下，有"上–左中右–下""上–左右–下""左–右"等网页版面布局形式，如图 8-4 所示。

  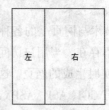

图 8-4　网页布局的常见形式

在制作网页之前，需要对整个网页布局进行设计和规划，这与网站的主题有关。在可视化网页设计工具软件中，都带有网页框架模板，设计者可以在新建网页时选择使用。

3．网页发布

整个网站的网页制作好后，需要发布到 WWW 服务器上，以供用户访问。

（1）准备工作

① 网页测试：一般情况下，一个网站会有几十个网页文件以及很多的超链接。因此，把制作好的网站网页上传到 WWW 服务器之前，需要对整个网站网页进行多项测试，尤其要验证网页之间链接的正确性，以保证用户能正常浏览。

对于一些应用型网站，还需要进行数据库连接测试、软件模块功能测试等。

② 网站空间准备：对于需要发布的网页文件必须上传到 WWW 服务器上，因此，在 WWW 服务器上需要有一个空间用来存放制作好的网页文件。对于个人主页，一般上传到免费的个人主页空间网站。而对于政府部门、科研院所和大型企业单位，一般都由自己的硬件服务器提供 WWW 服务，制作好的网页只需要上传到该服务器即可。

③ 选择发布工具：网页发布实际上是把制作好的网页文件上传到提供 WWW 服务的硬件服务器上。因此，从本质上讲就是文件的复制和粘贴。复制文件可以采用如 Windows 资源管理器、FTP 程序等工具。需要注意的是，上传文件时一定要使用能够上传文件夹的文件传输工具。

（2）上传网页

做好网页上传准备工作后，就可以上传网页了。使用 FTP 工具上传网页时，需要设置上传账号和密码，然后使用 FTP 工具软件连接到 WWW 服务器，直接把本地网站目录拖动到 FTP 工具软件所显示的远程目录下，则 FTP 软件会自动开始上传。

如果使用可视化网页开发工具对当前站点的网页文件进行上传，将更为简单。通过单击网页上传按钮即可进行，不过，要传到远程 WWW 服务器前，需要选择"FTP 上传"选项。

4．网页制作语言

网页制作语言主要包括：

（1）HTML

超文本置标语言（Hyper Text Markup Language，HTML）是 WWW 上用于描述文本、色彩、布

局等网页元素的标记语言，是网页制作的基础。其具体内容在 8.2 节作详细介绍。

目前，使用较多的 HTML 版本为 HTML 5，它是用于取代 HTML 4.01 和 XHTML 1.0 的标准版本。HTML 5 仍处于发展阶段，但大部分浏览器已经支持 HTML 5 技术。

（2）XML

可扩展置标语言（Extensible Markup Language，XML）是一种可用来标记数据、定义数据类型的结构性标记语言。用户可以定义各种标识来描述信息中的元素，然后通过分析程序进行处理，使信息能"自我描述"。XML 与 HTML 的区别在于前者的核心是数据，后者主要用于显示数据，并且从语法上来说，HTML 大小写不敏感，而 XML 区分大小写。

（3）ASP

动态服务器页面（Active Server Pages，ASP）是由微软公司开发，可以与数据库和其他程序进行交互，是一种简单、方便的编程工具，其文件扩展名是".asp"。ASP 是一种服务器端脚本编写环境，采用 VBScript 或 JavaScript 作为脚本引擎。ASP 网页可以包含 HTML 标记、普通文本、脚本命令以及 COM 组件等，利用它可以向网页中添加交互式内容（如在线表单），也可以创建使用 HTML 网页作为用户界面的 Web 应用程序。

（4）ASP.NET

ASP.NET 是 Web 服务器端脚本编程的全新技术，不能简单地理解为 ASP 的更新版本，不能向后兼容 ASP。它是一种已经编译的、基于.NET 环境并可以使用任何与.NET 兼容的语言（如 C#、VB.NET）构造的 Web 应用程序。

（5）PHP

超文本预处理语言（Hypertext Preprocessor，PHP）是一种在服务器端执行的 HTML 文档嵌入式脚本语言。其大量地借用 C、Java 和 Perl 语言的语法，并耦合 PHP 自己的特性，使 Web 开发者能够快速地写出动态页面。PHP 支持目前绝大多数数据库。另外，PHP 是完全免费的，可以从 PHP 官方站点（http://www.php.net）自由下载，并可以不受限制地获得源码，甚至可以加进自己需要的特色。

（6）JSP

JSP（Java Server Page）是 Sun 公司推出的跨平台动态页面开发语言，JSP 可以在 Serverlet 和 JavaBean 的支持下，完成功能强大的站点程序。使用 JSP 技术，Web 页面开发人员可以使用 HTML 或者 XML 标识来设计和格式化最终页面，使用 JSP 标识或脚本来产生页面上的动态内容。

（7）VRML

虚拟现实建模语言（Virtual Reality Modeling Language，VRML）是一种面向对象的用于描述三维场景建模的语言。用户可在三维虚拟现实场景中实时漫游，VRML 2.0 在漫游过程中还可能受到重力和碰撞的影响，并可和物体产生交互动作，选择不同视点等。浏览 VRML 的网页需要安装相应的插件，利用经典的三维动画制作软件 3ds Max，可以简单、快速地制作出三维模型。

（8）Java Applet

Java Applet 是用 Java 语言编写的小应用程序，可以直接嵌入网页中，实现图形绘制、文本控制、影音播放以及人机交互等功能。当用户使用支持 Java 的浏览器访问含有 Java Applet 的网页时，将下载 Applet 到本地计算机上执行，其执行速度不受网络带宽限制。

（9）JavaScript

JavaScript 是一种基于对象和事件驱动的客户端脚本语言，编写较为容易。JavaScript 语言是通过嵌入或整合在标准 HTML 中实现的，也就是说，JavaScript 的程序是直接加入在 HTML 文档中的，当浏览器读取到 HTML 文件中的 JavaScript 程序时，会立即解释并执行有关的操作，而无须编译器，其运行速度比 Java Applet 快得多。JavaScript 是制作动态网页必不可少的元素。在网页上经常看到的动态按钮、滚动字幕，绝大多数是使用 JavaScript 技术制作的。

（10）CSS

层叠样式表（Cascading Style Sheets，CSS）和 HTML 一样也是一种标记语言，甚至很多属性都来源于 HTML。利用 CSS 技术，可以有效地对页面的布局、字体、颜色、背景和其他效果实现更加精确的控制。CSS3 是 CSS 技术的升级版本，CSS3 语言开发是朝着模块化发展的，常见模块包括盒子模型、列表模块、超链接方式、语言模块、背景和边框、文字特效、多栏布局等。

（11）DHTML

DHTML 的全称为 Dynamic HTML，也就是常说的动态 HTML。很多人都误会 DHTML 是一种语言，其实 DHTML 仅仅是一个概念——通过各种技术的综合发展而得以实现的概念。这些技术包括 JavaScript、VBScript、DOM（Document Object Model，文件目标模块）、Layers（层）和 CSS 等。DHTML 的目的在于加强网页交互性；对用户的操作在本地就可做实时处理，从而得到更快的用户响应；使网页的界面更丰富多变，使页面设计者可以随心所欲地表达自己的构思。

8.2　HTML 简介

HTML 是网页设计的基本语言，该语言编写的文件称为 HTML 文件。它是由多个标记组成的一种文本文件，可用于说明文字、图像、表格、动画、超链接等网页元素，通过文本编辑器创建的 HTML 页面可在互联网上展示，并且能跨平台、跨浏览器使用。

8.2.1　HTML 术语

1. 元素

HTML 是构成 HTML 文本文件的主要内容，包括文本、文本格式、段落、段落格式、表格、表格单元格、超链接、图片和声音等。这些元素必须由 HTML 标签进行定义，浏览器根据这些标签定义才能判断网页元素属于哪一类，该如何显示。HTML 元素由 HTML 标签进行定义。

HTML 元素有以下一些特点：

① 每个 HTML 元素都有一个元素名，如 body、h1、p、br。

② 开始标签是被括号包围的元素名，如<html>。

③ 结束标签是被括号包围的斜杠和元素名，如</html>。

④ 元素内容位于开始标签和结束标签之间，如恭喜！。

⑤ 某些 HTML 元素没有结束标签，如<hr>。

2. 标签

HTML 标签用来定义 HTML 元素，由尖括号"<"">"和所包围元素的名称组成。

HTML 标签有以下特点：

① HTML 标签是成对出现，如和。

② 位于起始标签和终止标签之间的文本是元素的内容。

③ HTML 标签对大小写不敏感，如<b>和<B>的作用是相同的。

3．属性

属性是为 HTML 元素提供的附加信息。在一般情况下，HTML 属性指 HTML 标签的属性。属性总是以名称/值对的形式出现，如 name="value"。属性总是在 HTML 元素的开始标签中规定。

【例 8-1】属性举例。

<h1>标签表示定义标题的开始。

<h1 align="center">标签的 align 属性是对标题文本"对齐方式"的指定。表示标题 h1 在浏览器显示的时候居于窗口正中。

8.2.2　基本结构

HTML 文档的基本结构主要包括文档的开始和结尾、头部和主体 3 部分。

【例 8-2】HTML 文档的基本结构。

```
<html>
<head>
<meta http-equiv="Content-Type" content="text/html;charset=gb2312">
<title>文档标题</title>
</head>
<body>
<p>文档主体</p>
</body>
</html>
```

例 8-2 中，<html>…</html>为文档的开始和结尾；<head>…</head>为头部，可在该标签间定义文档属性（<meta>）和文档标题（<title>…</title>）；<body>…</body>为主体部分，文档的文字、图像、动画以及表格等元素均放在该标签间。

8.2.3　常用标签

1．基本标签

HTML 基本标签包括 HTML 文档起始、主体、头部和标题等。部分 HTML 基本标签如表 8-1 所示。

表 8-1　部分 HTML 基本标签

标　签　名　称	功　能　描　述	标　签　名　称	功　能　描　述
<html>	定义 HTML 文档	 	插入折行
<body>	定义文档的主体	<hr>	定义水平线
<h1> to <h6>	定义标题 1 ~ 标题 6	<!-->	定义注释
<p>	定义段落		

创建基本标签的语法如下：

<元素名称>正文</元素名称>

例如，定义文档主体，用<body>…</body>来实现。

2．特殊信息标签

<meta>标签通常处于<head>…</head>之间，用于存储特殊信息，如预设文档字符集、页面更

新频率以及一些脚本语言。

3．文本格式标签

浏览网页时，能够看到不同的文本拥有不同的颜色、字体大小、字符加粗、字符倾斜等格式属性，它们由 HTML 文本格式标签控制。部分 HTML 文本格式标签如表 8-2 所示。

表 8-2　部分文本格式标签

标 签 名 称	功 能 描 述	标 签 名 称	功 能 描 述
<b>	定义粗体文本	<strong>	定义加重语气
<big>	定义大号字	<sub>	定义下标字
<em>	定义着重文字	<sup>	定义上标字
<i>	定义斜体字	<ins>	定义插入字
<small>	定义小号字	<del>	定义删除字

创建文本格式标签的语法如下：

`<文本格式元素名称>正文</文本格式标签元素名称>`

例如，"<b>你好！</b>"定义的文本元素表示"你好！"文本在浏览器显示时加粗。

4．超链接标签

HTML 使用<a>（锚）标签和 href 属性来创建与另一个文档的链接。锚可以指向网络中的任何资源，如一个 HTML 页面、一幅图像、一个声音或视频文件等。

创建锚标签的语法如下：

`<a href="url">超链接标签</a>`

<a>用来创建锚，href 属性用于定位需要链接的文档，锚的开始标签和结束标签之间的文字作为超链接内容显示。

超链接标签还有 target 属性，用来指明超链接所指向的目标文件的打开方式。

【例 8-3】超链接标签举例。

建立一个名称为"超链接标签举例.html"的文件，文件内容如图 8-5（a）所示。使用浏览器浏览时，显示效果如图 8-5（b）所示。"超链接标签"将被浏览器显示为超链接默认模式，即蓝色字体加下画线。当光标移动到该文字时，将变为手的形状。

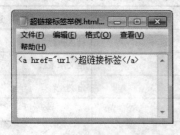
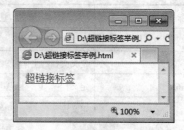

（a）超链接标签代码　　　　　　　　　　　　　　（b）浏览效果

图 8-5　超链接标签举例

5．表格标签

表格标签<table>用来定义网页上的表格元素。每个表格均有若干行（由<tr>标签定义），每行被分割为若干单元格（由<td>标签定义）。字母 tr 指表格行（table row），字母 td 指表格数据（table data），即数据单元格的内容。数据单元格可以包含文本、图像、列表、段落、表单、水平线和表格等。表格标签如表 8-3 所示。

表 8-3 表格标签

标签名称	功能描述	标签名称	功能描述
<table>	定义表格	<thead>	定义表格的页眉
<caption>	定义表格的标题	<tbody>	定义表格的主体
<th>	定义表格的表头	<tfoot>	定义表格的页脚
<tr>	定义表格的行	<col>	定义用于表格列的属性
<td>	定义表格单元	<colgroup>	定义表格列的组

创建表格标签的语法如表 8-4 所示。

表 8-4 创建表格标签的语法

语法	功能描述
<table>	表格定义开始
<tr>	行定义开始
<td>单元格数据放在此处</td>	单元格定义
</tr>	行定义结束
</table>	表格定义结束

【例 8-4】表格标签举例。

建立一个名称为"表格举例.html"的文件，文件内容如图 8-6（a）所示。用浏览器浏览时，显示效果如图 8-6（b）所示。td 标签中的内容在浏览器中将以表格显示。

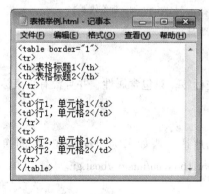

（a）表格标签代码   （b）浏览效果

图 8-6 表格标签举例

6. 列表标签

在某些网页中，一些条目显示项目符号或者编号，是通过 HTML 列表标签来定义的。HTML 列表标签包含有序列表、无序列表和自定义列表 3 类标签。列表标签如表 8-5 所示。

表 8-5   列 表 标 签

标 签 名 称	功 能 描 述	标 签 名 称	功 能 描 述
<ol>	定义有序列表	<dl>	定义自定义列表
<ul>	定义无序列表	<dt>	定义自定义列表项
<li>	定义列表项	<dd>	定义自定义列表项的描述

有序列表的列表项目用数字进行标记。有序列表始于<ol>标签，每个列表项始于<li>标签，列表项位于<ol>和</ol>之间。

无序列表的列表项目用粗体圆点或者其他符号进行标记。无序列表始于<ul>标签。每个列表项始于<li>，列表项位于<ul>和</ul>之间。

自定义列表不仅仅是一列项目，而且也是项目及其注释的组合。

自定义列表以<dl>标签开始。每个自定义列表项以<dt>开始。每个自定义列表项的描述以<dd>开始。

【例 8-5】列表标签举例。

建立一个名称为"列表举例.html"的文件，文件内容如图 8-7（a）所示。当使用浏览器浏览时，将在浏览器中显示效果如图 8-7（b）所示。

（a）列表标签代码   （b）列表标签效果

图 8-7   列表标签举例

7．图像标签

在 HTML 中，图像使用<img>标签定义。<img>是空标签，只包含属性，并且没有结束标志标签。定义图像标签的语法是：

```
<img src="url">
```

src 是图像标签的源属性，其值是图像的 URL 地址。假如名为 "boat.gif" 的图像位于 www.163.com 的 images 目录中，那么其 URL 为 http://www.163.com/images/boat.gif。

浏览器将图像显示在文档中图像标签出现的地方。

8．表单标签

表单是一个包含表单元素的区域。表单元素是允许用户在表单中（如文本域、下拉列表框、单选按钮和复选框等）输入信息的元素。

在 HTML 中，表单使用<form>标签定义，其语法是：

```
<form>表单内容</form>
```

多数情况下被用到的表单标签是输入标签<input>。输入类型是由类型属性（type）定义的，经常被用到的输入类型如下：

（1）文本域（Text Fields）

当用户要在表单中输入字母、数字等内容时，就会用到文本域。例如，以下代码：

```
<form>
    姓名: <input type="text" name="firstname">
    性别: <input type="text" name="sex">
</form>
```

在浏览器中显示效果如图 8-8 所示。

注意：表单本身并不可见，并且在大多数浏览器中，文本域的默认宽度是 20 字符。

（2）单选按钮（Radio Buttons）

当用户从若干给定的选项中选取其一时，就会用到单选按钮。例如，以下代码：

```
<form>
    <input type="radio" name="sex" value="male">男
    <input type="radio" name="sex" value="female">女
</form>
```

在浏览器中显示效果如图 8-9 所示。

图 8-8　文本域举例　　　　　　　　　　图 8-9　单选按钮举例

（3）复选框（Checkboxes）

当用户从若干给定的选项中选取一个或多个选项时，会用到复选框。例如，以下代码：

```
<form>
    <input type="checkbox" name="bike">
    自行车
    <input type="checkbox" name="car">
    小汽车
</form>
```

在浏览器中显示效果如图 8-10 所示。

（4）动作属性（Action）和确认按钮

当用户单击"确认"按钮时，表单的内容会被传送到另一个文件。表单的动作属性定义了目的文件的文件名。由动作属性定义的文件通常会对接收到的输入数据进行相关处理。例如，以下代码：

```
<form name="input" action="form_action.asp" method="get">
    用户姓名:
    <input type="text" name="user">
    <input type="submit" value="确认">
</form>
```

在浏览器中显示效果如图 8-11 所示。

如果在"用户姓名"下面的文本框内输入几个字母，并且单击"确认"按钮，那么输入的数据会被传送到名为 form_action.asp 的页面，并根据该页面的设置显示输入的结果。

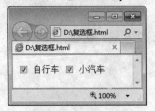

图 8-10 复选框举例

图 8-11 动作属性和确认按钮举例

表单标签如表 8-6 所示。

表 8-6 表 单 标 签

标 签 名 称	功 能 描 述	标 签 名 称	功 能 描 述
\<form\>	定义供用户输入的表单	\<select\>	定义一个选择列表
\<input\>	定义输入域	\<optgroup\>	定义选项组
\<textarea\>	定义文本域（一个多行的输入控件）	\<option\>	定义下拉列表中的选项
\<label\>	定义一个控制的标签	\<button\>	定义一个按钮
\<fieldset\>	定义域		

9. 背景和颜色标签

网页的背景和颜色配置通过\<body\>标签的两个配置背景的属性来完成。背景可以使用颜色或者图像。颜色由一个十六进制符号来定义，由红色、绿色和蓝色的值组成（RGB）。每种颜色的最小值是 0（十六进制：#00），最大值是 255（十六进制：#FF）。例如，\<body bgcolor="#000000"\>用于设置当前编辑网页的背景色为黑色。\<body background="clouds.gif"\>表示将图片 clouds.gif 作为当前编辑网页的背景。使用背景图片时需要考虑加载时间、图文搭配和显示效果等因素。

10. 字符实体标签

一些字符在 HTML 中有特殊的含义，如小于号（<）用于定义 HTML 标签的开始。如果希望浏览器正确显示这些字符，则必须在 HTML 源码中插入字符实体。

字符实体由 3 部分构成：连接符号（&）、实体名称和分号（;）或者"#"、实体编号和分号（;）。例如，要在 HTML 文档中显示小于号，需要写成"\<"或者"\<"。

实体名称容易记忆，只是并不是所有的浏览器都支持最新的实体名称，然而几乎所有的浏览器都支持实体编号。另外，实体对大小写敏感。

表 8-7 列出了一些常用的字符实体。

表 8-7 一些常用的字符实体

显示结果	描 述	实体名称	实体编号	显示结果	描 述	实体名称	实体编号
	空格	\	\	£	镑	\£	\£
<	小于号	\<	\<	¥	人民币	\¥	\¥
>	大于号	\>	\>	§	节	\§	\§
&	和号	\&	\&	©	版权	\©	\©

续表

显示结果	描　述	实体名称	实体编号	显示结果	描　述	实体名称	实体编号
"	引号	&quot;	&#34;	®	注册商标	&reg;	&#174;
'	撇号	&apos;	&#39;	×	乘号	&times;	&#215;
¢	分	&cent;	&#162;	÷	除号	&divide;	&#247;

【例 8-6】用 HTML 进行综合网页设计。

HTML 代码如图 8-12（a）所示，其中列举了网页的部分元素，在浏览器中显示效果如图 8-12（b）所示。

（a）HTML 综合示例代码

（b）HTML 综合示例效果

图 8-12　HTML 综合示例

通过纯文本编辑软件（如记事本、EditPlus 等）编写 HTML 代码制作网页，工作量巨大，可读性不强，容易出错。可视化网页编辑工具使网页制作变成了一项轻松的工作。常用的可视化网页编辑工具有微软网页编辑软件（如 Microsoft Office SharePoint Designer 2010）和 Adobe 网页编辑软件（如 Adobe Dreamweaver CS6）。这两款可视化工具都可以自动将设计的网页页面转换成 HTML 代码。

8.3　网站及网站建设

网站又称站点，是指在因特网上，根据一定的规则，使用 HTML 或其他工具制作的用于展示特定内容的相关网页的集合。人们可以通过网站发布信息或提供网络服务，也可以通过浏览器获取信息和享受网络服务。

8.3.1　构成元素

因特网的信息提供者（如商家、单位、机构、部门、组织和个人等）通常将需要提供的信息分门别类，保存到若干网页中。然后将这些网页组织起来，并建立一个包含主要分类信息的网页，利用超链接技术，把各个分类与其对应的详细信息页面联系起来。每一个网页都保存为一个文件，存储在因特网 WWW 服务器（又称 Web 服务器）中，用户通过在浏览器中输入域名（或站点服务器名称），即可访问到该网站所对应的主页，然后通过单击超链接，即可访问到所有的信息。

由此可见，一个网站是由域名、空间、WWW 服务、网页文件和网站程序等构成。

1. 域名

域名用于指定网站在因特网上的逻辑位置，与 IP 地址相对应，与 URL 相关联。URL 由 4 部分组成，即协议、站点服务器（域名或 IP 地址）、路径和文件名称，如图 8-13 所示。其中，站点服务器的名称 "www.microsoft.com" 就是域名。

http://www.microsoft.com/frontpage/productinfo/default.htm

协议　　站点服务器　　　　　　路　径　　　文件名称

图 8-13　URL 格式

2. 空间

网站空间是存储网页文件、网站程序和应用服务等资源的物理环境，常见的网站空间包括虚拟主机、虚拟空间、独立服务器、云主机及虚拟专用服务器（Virtual Private Server，VPS）等。虚拟主机是在物理服务器上划分出一定的磁盘空间供用户放置站点、应用组件资源，并提供必要的文件、数据和网络传输服务。利用虚拟主机技术可以把一台互联网上的服务器划分成多个"虚拟"服务器，每个虚拟主机具有独立的域名和应用服务（如 WWW、FTP、E-mail、DNS 等）。

3. WWW 服务

WWW 服务是因特网上提供响应浏览器请求，并把网页传输到指定浏览器的服务平台。它能够执行浏览器发出的获取指定网址（或 URL）的请求，把该网址指定的网页文件从服务器端下载到浏览器所在的计算机。WWW 服务软件有 Apache（Apache HTTP Server）、Tomcat、微软的 IIS（Internet Information System）、IBM 的 WebSphere、Oracle 的 WebLogic 等。

4. 网页文件

网页文件是指用浏览器可以打开的一种文件，多以 ".html" ".htm" ".asp" ".jsp" ".php" ".aspx" 等为扩展名。这些网页文件有机组织在一起，存放在安装 WWW 服务的计算机虚拟主机目录下。

5. 网站程序

网站程序多为 B/S（Browser/Server）结构，由编程语言编写而成，并被浏览器解释后执行，用于展示网站信息和提供用户服务。

8.3.2　环境搭建

通常情况下，网站服务器等硬件设备比较昂贵，维护成本比较高，所以，一般租用网站服务商提供的网站空间的方式创建网站。将服务器的运行维护交由服务商完成，设计者只负责信息的采集、网页制作与发布。而对于大型企事业单位和政府部门而言，通常由专门的服务器提供信息服务。

本节所介绍的网站创建，只包括域名注册、WWW 服务平台搭建和网站制作，不包括硬件部分的建设。

1. 域名注册

目前，政府机构、高校、企业几乎都有各自的网站。在访问这些网站时，都要通过网站域名作为访问入口，所以建站第一步需要申请一个域名。例如，网易公司的域名是 www.163.com 等。

要获取一个域名，需要按照互联网管理的相关条例进行注册。域名注册遵循先申请先注册原则，管理机构对申请人提出的域名是否违反了第三方的权利不进行任何实质审查。每个域名都是独一无二的，不可重复的，域名是一种相对有限的资源。

2．WWW 服务平台搭建

WWW 服务器为用户访问网站提供了技术基础。在互联网上，WWW 服务器基于不同的操作系统，采用不同的信息服务平台。目前，比较流行的是基于 Windows 的 IIS 和基于 Linux（UNIX）的 Tomcat。

在 Windows 2000 以后的个人版系统中，IIS 作为操作系统的一个组件，在安装操作系统时，可以进行选择性安装。安装好 IIS 组件后，在控制面板里面就会显示 IIS 管理的图标。在 Windows 服务器版中，IIS 在操作系统安装时进行默认安装。

下面，在 Windows 7 的 IIS 7.0 环境下，介绍 WWW 服务器创建过程。

【例 8-7】创建网站示例。

（1）确定网站目录

在带有 IIS 的计算机的任一磁盘上创建一个文件夹，并在该文件夹下用文本编辑器建立一个文件，该文件保存为 ".html" 或 ".htm" 格式。本例中，在 F 盘建立 website 文件夹，并创建一个 index.htm 的文件，如图 8-14 所示。该文件代码如下：

```
<html>
    <head>
        <title>我的主页</title>
    </head>
    <body>
        <b>您好！</b>
        <p>这是我的第一个网页。</p>
    </body>
</html>
```

（2）创建网站

① 打开 Internet 信息服务。单击 "开始" → "所有程序" → "管理工具" → "Internet 信息服务（IIS）管理器" 命令，打开 "IIS 管理器" 窗口，在 "操作" 区域单击 "查看网站" 链接切换到网站操作界面，如图 8-15 所示。

图 8-14　创建网站目录和文件

图 8-15　查看网站

② 添加网站。在图 8-15 中单击 "网站" 图标，打开图 8-16 所示界面。然后单击 "添加网站" 按钮，弹出网站属性对话框，在其中可以设置网站名称、应用程序池、物理路径（即文件存

储主目录)、身份验证、绑定 IP 地址 (或端口)、主机名等内容。在本例中创建网站名称为 myweb、应用程序池默认、物理路径为 F 盘 website 文件夹、绑定 IP 地址为 http://127.0.0.1:80 (即本机地址) 的新建站点，单击"确定"按钮关闭该对话框，如图 8-17 所示。

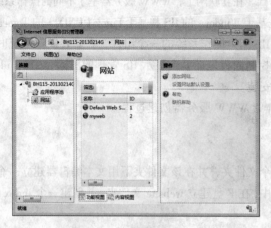

图 8-16　添加网站

图 8-17　添加网站设置界面

（3）浏览效果

选择新增的 myweb 站点，单击"内容视图"按钮，切换后可以看到 index.htm 文件，选中该文件后在"操作"区域单击"浏览"按钮，或右击"index.htm"文件，在弹出的快捷菜单中选择"浏览"命令，可以关联浏览器预览效果，如图 8-18 和图 8-19 所示。

图 8-18　网站浏览示意图 1

图 8-19　网站浏览示意图 2

至此，本地网站创建完毕。其他的网站创建过程与此类似，只是需要详细配置，并且更加复杂，用户需要进一步的学习。

8.3.3　建站流程

网站制作是一个系统工程，具有特定的流程，只有遵循这个流程，才能设计出一个较完善的网站。

（1）确定主题

网站主题是网站所包含的主要内容，一个网站必须要有一个明确的主题。只有确定了网站的主题和浏览网页的对象，才能在网页内容选取、美工设计和栏目划分等方面做到合理，以增强网站吸引力。

（2）准备素材

确定网站主题后，需要围绕主题准备素材。素材准备得越充分，网站制作就越容易。素材通常是与网站主题相关的文字、图像、动画、音频和视频资料等，然后再进行编辑修改，以符合网站建设的要求。

（3）规划网站

网站设计是否成功，很大程度上取决于设计者的规划水平。网站规划包含的内容很多，如网站结构、栏目设置、网站风格、颜色搭配、版面布局、多媒体技术应用等。对于基于 Web 的管理信息系统（Management Information System，MIS）之类的网站，网站规划更加复杂，涉及企事业单位的信息化建设层面，需要管理高层专门决策规划。

（4）网页制作

网页制作即选择一个适当的网页制作工具制作网站的网页，根据需要调整网页布局、添加内容。目前，很多大型门户网站或者企业网站都需要完成若干企业应用和商业逻辑，单独页面无法完成，通常会设计到编程和其他技术手段。现在一般采用 Java 制作高效运行的企业管理网站。

（5）网站发布

网站制作完成后，需要发布到 WWW 服务器上才能够在因特网上被浏览。利用 FTP 工具，可以方便快捷地把制作好的网站资源发布到 WWW 服务器上供用户访问。

8.4 常用工具介绍

网页实质为文本文件，其制作可以在纯文本编辑软件中进行。但对于那些对计算机或 HTML 不太熟悉的设计者来说，要想用 HTML 制作出理想的网页，显然是一件很头疼的事。随着可视化编程和多媒体技术的发展，FrontPage、Dreamweaver、Fireworks 等开发工具让网页制作变得更为容易。表 8-8 列举了常用的网页制作及网页元素编辑工具。

表 8-8 一些常用的网页制作工具

功　能	常　用　软　件
网页设计	FrontPage、Dreamweaver、EditPlus
图形图像处理	Photoshop、Fireworks、CorelDRAW
动画制作	Flash、3ds Max、Ulead GIF Animator
音频编辑	GoldWave、Adobe Audition

8.4.1 网页设计软件

1. FrontPage 简介

FrontPage 是微软公司开发的网页制作工具，其界面风格与其他 Windows 应用程序的界面风格类似。作为 Microsoft Office 家族的一员，FrontPage 的界面、功能与 Word 非常相似，它还可以与其他组件无缝融合。此外，FrontPage 还提供了相当数量的模板和向导，使初学者能够非常容易地设计出美观实用的网页。

FrontPage 不仅是一个非常简单的网页编辑工具，还是一个功能强大的站点建设、发布管理工具，它可以采用多种形式来查看和调整站点网页之间的组织关系。FrontPage 通过额外产生的文件来记录站点内所有网页的链接关系，当某个网页文件的名字发生改变时，所有链接到这个文件的超链接会自动更新。FrontPage 不仅能管理本地站点，还能管理远程站点。用户只需在本地对网页进行编辑，FrontPage 会跟踪用户编辑过的文件，在发布时，它会自动将修改过的网页进行发布，未编辑过的网页可由用户决定是否再次向服务器发送。

微软公司在 2006 年底停止提供 FrontPage 软件，取而代之的是 Microsoft Office SharePoint Designer 2007，但它并不是 FrontPage 的简单升级版本。该软件基于 SharePoint 技术创建，用于自定义 Microsoft SharePoint 网站并生成启用工作流的应用程序，操作界面同 FrontPage 类似。

2. Dreamweaver 简介

Dreamweaver 是一款专业的网页制作和网站管理软件，利用它可以轻而易举地制作出跨平台的动感网页。Dreamweaver 具有灵活编写网页的特点，不但将世界一流水平的"设计"和"代码"编辑器合二为一，而且在设计窗口中还精化了源代码，能帮助用户按工作需要定制自己的用户界面。该软件具有强大的多媒体处理功能，可以方便地插入 Java、Flash、Shockwave、ActiveX 以及其他媒体文件。在设计 DHTML 和 CSS 方面表现得极为出色，它利用 JavaScript 和 DHTML 代码轻松地实现网页元素的动作和交互操作。同时，还提供行为和时间线两种控件产生交互式响应和进行动画处理。

Dreamweaver 内建图形编辑引擎可以实现网页页面编辑时对图片的直接处理，而不需要再调用专门的图片处理工具，这样减少了图片处理时间，使得图片效果更加美观。它提供的站点管理功能可以方面地对本地站点文件进行管理，使用方法类似于 Windows 的资源管理器。在完成对站点文件的编辑后，还可以用其将本地站点上传到因特网上。

2013 年 Adobe 公司发布了最新版本 Dreamweaver CC，可以满足用户制作高品质网页的需要，并且支持 HTML 5，受到广大设计者的喜爱。

8.4.2 图形图像处理软件

1. Fireworks 简介

Fireworks 是 Adobe 公司推出的一款网页图像制作软件，它能很好地创建和优化 Web 图像，快速构建网站与 Web 界面原型。该软件不仅具备矢量图和位图的编辑功能，还提供了一个预先构建资源的公共库，可与 Adobe 的其他软件（如 Photoshop、Illustrator、Dreamweaver 与 Flash 等）集成开发，大大降低了网络图像编辑的难度。使用 Fireworks 不仅可以轻松制作出动感十足的 GIF 动画，还可以出色地完成图像切割、动态按钮制作、动态翻转图效果等。Fireworks 的方便之处在于可将很多图形图像的效果直接生成 HTML 代码，嵌入到现有网页中或作为单独页面呈现。

2. Photoshop 简介

Photoshop 是 Adobe 公司推出的一款功能十分强大的专业图像处理软件，主要用于处理以像素构成的数字图像，同时也涉及图形、文字、视频等领域。从功能上看，该软件可分为图像编辑、图像合成、校色调色及特效制作等方面内容，其软件包括很多用于编辑图像和绘制图像的工具以及特效滤镜，并且支持随时增加修改，使编辑功能得到有效提升与灵活扩展。Photoshop 的最新版本可同时兼容 Mac OS 和 Windows 平台，具备新的 Mercury 图形引擎，增加了如裁剪工具、3D 功能、修补工具等新功能，便于更好地编辑和管理数字图片。

8.4.3　动画制作软件

Flash 也是 Adobe 公司的产品，是目前最流行的网页交互动画制作软件，它是基于矢量的具有交互性的图形编辑和二维动画制作软件，具有强大的功能。其优点主要表现在矢量动画上，不管怎样放大、缩小，动画还是清晰可见。同时，用 Flash 制作的文件较小，便于在因特网上传输，而且它采用了流技术，只要下载一部分，就能欣赏动画，而且能一边播放一边传输数据。交互性更是 Flash 动画的迷人之处，可以通过单击按钮、选择菜单来控制动画的播放。正是有了这些优点，才使 Flash 日益成为网络多媒体的主流。

8.5　网页制作实例

在了解网页基础知识和网页制作软件后，下面以图 8-20 所示的网页为例，说明网页设计的基本流程和制作方法。通常来说，先制作网站的首页，以此作为浏览网站的索引，再通过超链接将网站各类资源与其关联，方便用户访问。

1．建立网站文件夹

在 F 盘下新建一个名为 website 的文件夹，并在其中创建一个名为 images 的子文件夹。images 文件夹专门用来存放图片，它和制作的其他网页文件都存放在 website 文件夹下。需要注意的是，网站文件夹中的所有文件名一定要用英文名，包括 HTML 文件名、图片文件名等。因为，尽管中文名称的网页文件在网页设计者的计算机上测试能正常显示，但在上传到服务器后，这些中文命名的文件有可能会找不到。所以做网页时要养成用英文或数字命名的习惯。

图 8-20　网页示例效果

2．收集素材

在制作网页之前，收集一些有用的资源，如文本、图片、音视频等素材，以便加工后用于网页制作。平时在浏览网页时，也要善于收集网上的文字、图片及创意效果等，这些资源往往是很好的网页素材。对于加工后的源文件务必妥善保存，以便日后文件的修改及网页更新。

3．网页制作详细过程

在 Adobe Dreamweaver CS5 编辑环境下，网页制作的详细过程如下：

（1）启动 Dreamweaver 程序

双击桌面上的 Adobe Dreamweaver CS5.exe 图标，或者通过 Windows 开始菜单打开程序。程序运行后的操作界面如图 8-21 所示。

（2）新建站点

为了有效地编辑网页和管理网站，需要新建一个站点，将包括网页在内的各种资源存放在站点里，同时建立与远程服务器的数据交换以便于网站发布。具体操作步骤如下：

图 8-21　Adobe Dreamweaver CS5 软件界面

　　① 选择"站点"→"新建站点"命令，弹出"站点设置对象"对话框，选择"站点"选项卡，在右侧输入站点名称和本地站点存放路径，如图 8-22 所示。

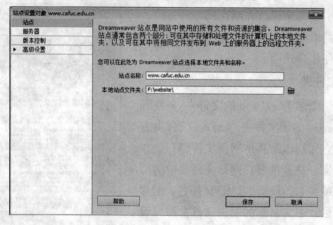

图 8-22　"站点设置对象"对话框

　　② 单击图 8-23（a）中的"服务器"选项卡，可设置远程服务器参数，单击"+"添加新服务器，打开图 8-23（b）所示对话框。在基本设置中，包括了服务器名称的定义，FTP 等多种连接方法以及相应的连接地址、身份认证方式，用户在基本配置完成后单击"测试"按钮验证连接是否成功。还可以在更多选项或者"高级"选项中配置更为详细的参数。

（a）新建服务器界面

（b）参数设置界面

图 8-23　添加服务器

③ 单击图 8-23（b）中的"保存"按钮，一个最基本的站点创建完成。站点中还可设置版本控制、本地信息、遮盖等高级属性。

（3）制作网页

站点创建完成后，可以在 Dreamweaver 编辑环境中创建或编辑站点中的网页。根据图 8-20 显示效果，网页包含标题、图片、文本、表格、超链接和水平分隔线等网页元素。从网页布局上讲，可以利用表格及表格的嵌套进行版式布置。所需图片可利用图形图像编辑软件处理成适合尺寸，将其复制到站点的 images 文件夹中，并准备好文本等其他资源文件，具体过程如下：

① 新建网页。选择"文件"→"新建"命令，在弹出的对话框中选择页面类型为 HTML（见图 8-24），单击"创建"按钮新建一个空白网页，将其保存为 index.html。

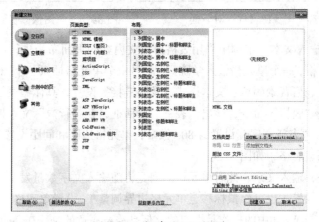

图 8-24　新建 HTML 网页

② 编辑标题。网页标题将在浏览器标题栏中显示，新建网页标题默认为"无标题文档"，可在打开的 index.html 编辑区的"标题"文本框中输入"欢迎来到中国民航飞行学院！"，然后按【Enter】键，完成网页标题的添加，如图 8-25 所示。

③ 插入图片。通过选择"插入"→"图像"命令，或将软件视图转换为"经典"模式，在菜单栏下的常用工具栏中单击"插入图像"按钮，如图 8-26 所示。

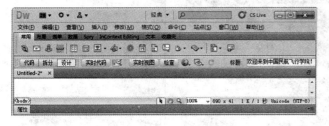

图 8-25　添加网页标题

图 8-26　插入图像

在弹出的"选择图像源文件"对话框中选择 images 文件夹的 top.jpg 文件，如图 8-27 所示。

图像插入后会弹出图 8-28 所示的"图像标签辅助功能属性"对话框，其作用是在浏览网页时当鼠标指针指向对应的图片时，在鼠标指针位置会弹出一个包含转换文本内容的文本显示区域，可设置属性或跳过，该参数不影响图像的插入。标题图片插入后的效果如图 8-29 所示。

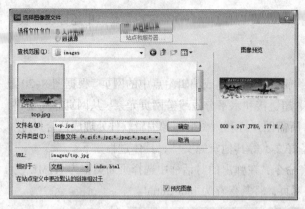

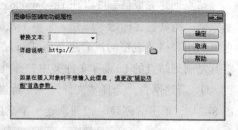

图 8-27 "选择图像源文件"对话框　　　　图 8-28 "图像标签辅助功能属性"对话框

④ 插入表格和输入文本。本例中采用表格对正文内容的页面布局进行设置，基本思路是创建一个 1 行 2 列的表格，一个单元格输入学院概况，另一个单元格插入一个 10 行 1 列的表格输入二级学院，其中涉及表格背景颜色、文本样式以及超链接等设置，具体做法如下：

选择"插入"→"表格"命令，弹出"表格"对话框，在"行数"文本框中输入 1，在"列数"文本框中输入 2，"表格宽度"设置为 800 像素，单元格边距和间距设置为 0，其他项默认，单击"确定"按钮创建表格，如图 8-30 所示。

选择左侧单元格，输入文字，此时单元格的列宽将随输入文字数量发生变化，在属性栏中设置单元格宽度为 500 像素（也可将鼠标移至单元格边界调整），设置单元格背景颜色为#FFFFCC。网页中文字的输入，与 Word 中的操作是类似的。但是需要注意的是，Dreamweaver 中的【Enter】键相当于分段，行间空隙比较大；【Shift+Enter】组合键相当于分行，行间空隙比较小，根据需要灵活使用。字体样式、文字大小、颜色等属性的调整可切换至属性栏的 CSS 后进行调整，如图 8-31 所示。当新建或更改 CSS 规则时，会弹出图 8-32 所示的对话框。

图 8-29 插入图像后的效果　　　　　　图 8-30 "表格"对话框

选择右侧单元格，设置背景颜色为#9999FF，然后选择"插入"→"表格"命令，在原单元格中嵌套一个 10 行 1 列、列宽 200 像素的表格，输入文本，设置 CSS 样式，方法同上，参数如图 8-33 所示。

图 8-31　表格与文本属性编辑

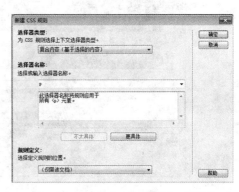

图 8-32　"新建 CSS 规则"对话框

图 8-33　嵌套表格编辑

⑤ 设置超链接。选中"飞行技术学院",将属性栏 CSS 按钮切换回 HTML 按钮,在链接处输入 URL 地址,利用"指向文件"或"浏览文件"也可进行超链接的设置。设置了超链接的文字默认为蓝色带下画线字体,如需更改其样式可在 CSS 样式中修改,如图 8-34 所示。

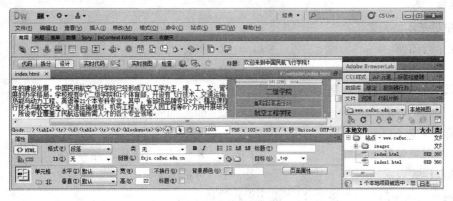

图 8-34　设置超链接

⑥ 插入 HTML 对象。横向分隔条是网页元素中的水平线,属于 HTML 对象。通过选择"插入"→"HTML"→"水平线"命令,即可在网页中添加横向分隔线,如图 8-35 所示。

⑦ 网站信息录入。在网站的底部,通常会录入标签信息、建议分辨率等信息,如图 8-35 所示。

图 8-35　水平线及网站信息

　　网页制作完成后，要及时保存网页，按【F12】键可在浏览器中预览网页效果。Dreamweaver
功能十分强大，需要更深入的学习。

小　　结

　　本章介绍了网页和网站的基本概念、网页类型、HTML、网页制作技术、网站建设流程以及
制作网页的工具。网页制作是一个循序渐进的过程，可以从最简单的 HTML 网页入手，制作一个
实验性的网页；然后使用 Dreamweaver 制作一个包含图片、文字和表格等元素的网页。并以此为
基础，根据个人喜好及实际需要，向网络编程的方向发展，学习 ASP 等编程语言，也可以向信息
制作的方向发展，锻炼自己在网站策划及信息采集方面的技能。

习　　题

一、选择题

1. 网页中最基本的元素是（　　　）。
   A. 文字与图像　　　　　　　　　　　B. 声音
   C. 视频　　　　　　　　　　　　　　D. 超链接
2. 下面属于静态网页的文件是（　　　）。
   A. index.doc　　　　　B. index.asp　　　　　C. index.html　　　　　D. index.jsp
3. CSS 的含义是（　　　）。
   A. 文档对象模型　　　　　　　　　　B. 客户端脚本程序语言
   C. 级联样式表　　　　　　　　　　　D. 可扩展置标语言
4. 关于网页制作中的"超链接"，以下说法正确的是（　　　）。
   A. 超链接就是将当前文件中的部分内容与链接对象合并
   B. 超链接是指用物理设备将硬件连通
   C. 超链接就是联网
   D. 超链接可以链接到一个网站

5. DHTML 是指（　　　）。

    A. 动态超文本置标语言　　　　　　　　B. 声音文件格式

    C. 静态超文本置标语言　　　　　　　　D. 图形文件格式

6. 下面关于 HTML 说法错误的是（　　　）。

    A. HTML 的意思是"超文本置标语言"　　B. HTML 是用于编写网页的统一的语言规范

    C. 设计者经常用记事本编写网页　　　　D. 网页的头标记是 head

7. 超链接应该使用的标记是（　　　）。

    A. <title>　　　　　　B. <body>　　　　　　C. <head>　　　　　　D. <a>

8. 表格标记中表示行的标记是（　　　）。

    A. <table>　</table>　　B. <th>　</th>　　C. <tr>　</tr>　　D. <td>　</td>

9. 完整的 URL 为（　　　）。

    A. IP 地址@域名

    B. 用户名@域名

    C. 协议名称：//服务器 IP 地址 ｜服务器域名/路径/文件标识

    D. 域名@用户名

10. 构成 Web 站点的最基本的单位是（　　　）。

    A. 网站　　　　　　B. 主页　　　　　　C. 网页　　　　　　D. 文字

11. 想要在新浏览器窗口中打开超链接页面，应将链接对象的"目标（target）"属性设为（　　　）。

    A. _parent　　　　　B. _blank　　　　　C. _self　　　　　　D. _top

12. 下面语言中，属于解释执行的是（　　　）。

    A. C++　　　　　　B. Delphi　　　　　C. Javascript　　　　D. Java

13. 制作网站，首先应（　　　）。

    A. 准备素材　　　　B. 确定主题　　　　C. 制作网页　　　　D. 确定网站结构

14. 下面说法错误的是（　　　）。

    A. 规划目录结构时，应该在每个主目录下都建立独立的 images 目录

    B. 在制作网站时应突出主题色

    C. 人们通常所说的颜色，其实指的就是色相

    D. 为了使站点目录明确，应该采用中文目录

15. 下面（　　　）是用于网页编辑的软件。

    A. Flash　　　　　　B. Dreamweaver　　　C. Photoshop　　　　D. CuteFTP

二、填空题

1. 在 Web 站点中，网页是一种用＿＿＿＿＿语言描述的超文本。

2. 网页的标题是在＿＿＿＿＿标记符中的文字。

3. HTML 的基本标记有＿＿＿＿＿、＿＿＿＿＿、＿＿＿＿＿和＿＿＿＿＿。

4. 网页采用 HTML 编写，在＿＿＿＿＿协议支持下运行。

5. 网页通过＿＿＿＿＿指明其所在的位置。

6. 网站通过＿＿＿＿＿提供用户在不同的内容之间切换浏览。

7. CSS 技术能够有效地对页面的布局、＿＿＿＿＿、＿＿＿＿＿、＿＿＿＿＿和其他效果实现更加精

确的控制。

8. 可视化网页制作工具 Dreamweaver 的文件编辑区由 3 部分组成：_____、拆分和_____。

9. 网页制作好后，需要进行测试，测试包括网页兼容性测试和_____。

10. 字符实体由 3 部分构成：_____、_____和分号（;）。

三、判断题

1. 网页是通过 C/S 模式进行浏览的。　　　　　　　　　　　　　　　　　　（　　）

2. 可视化网页制作工具只能制作静态网页，不能制作动态网页。　　　　　　（　　）

3. HTML 是网页制作的基本语言，但是随着技术的发展，可以被 Java 语言代替。（　　）

4. 域名作为网站的一项，是缺一不可的。　　　　　　　　　　　　　　　　（　　）

5. mailto:webmaster@www.cafuc.edu.cn 作为超链接地址能被浏览器所识别。（　　）

四、简答题

1. 网页元素有哪些？

2. 静态网页与动态网页有何区别？

3. 什么是 HTML 的标签和元素？二者有什么区别？

4. 常用的页面标记有哪些？

5. 表格主要由哪些元素组成？创建表格需要用到哪些标记？

第9章 网络信息安全

本章讲解

随着信息时代的来临，网络已经完全融入人们的生活，并成为其不可分割的一部分。然而事情总归有其两面性，在人们享受网络带来的便利生活的同时，也不可避免的会面临网络所带来的负面影响，如信息的泄露、病毒的泛滥等。这些都事关信息安全，因此必须发展信息安全技术以确保网络信息的安全。网络安全是一门涉及计算机科学、网络技术、通信技术、密码技术、信息安全技术、应用数学、数论、信息论等多种学科的综合性科学。全书从 3 个角度介绍计算机网络安全技术：计算机网络安全理论、网络安全技术和常用网络安全攻防工具。这 3 方面内容均来自实际的工程以及课堂的实践，并通过网络安全攻防体系结合在一起。

学习目标

- 了解网络信息安全的基本概念。
- 了解网络信息安全的技术。
- 掌握网络信息安全攻防工具的使用方法。

9.1 信息安全概述

在网络发展的今天，共享信息成为一种基本需求。信息安全实质上主要体现为网络信息的安全，这使得信息安全的概念所赋予的范围更广，内容更丰富，系统更复杂。

9.1.1 信息安全基本概念

1. 信息安全的定义

信息安全是一门涉及计算机科学、网络技术、通信技术、密码技术、信息安全技术、应用数学、数论、信息论等多种学科的综合性学科。

信息安全指的是在网络环境下信息系统中的数据受到指定保护，不受偶然的或者恶意的原因而遭到破坏、更改、泄露，使系统能够连续可靠正常地运行，或者破坏后还能迅速恢复正常使用的安全过程。信息安全反映出有用信息的本身使用价值以及在收集、存储、传送、交换、加工处理过程中的保密程度要求。

2. 信息安全的目标

所有的信息安全技术都是为了达到一定的安全目标，其核心包括保密性、完整性、可用性、可控性和不可否认性 5 个安全目标。

① 保密性：是指阻止非授权的主体阅读信息。它是信息安全一诞生就具有的特性，也是信息

安全主要的研究内容之一。更通俗地讲，就是说未授权的用户不能够获取敏感信息。对纸质文档信息，我们只需要保护好文件，不被非授权者接触即可。而对计算机及网络环境中的信息，不仅要制止非授权者对信息的阅读，也要阻止授权者将其访问的信息传递给非授权者，防止信息被泄露。

② 完整性：是指防止信息被未经授权的篡改。它是保护信息使其保持原始状态，从而使信息保持其真实性。如果这些信息被蓄意地修改、插入、删除等，形成虚假信息将带来严重的后果。

③ 可用性：是指授权主体在需要信息时能及时得到服务的能力。可用性是在信息安全保护阶段对信息安全提出的新要求，也是在网络化空间中必须满足的一项信息安全要求。

④ 可控性：是指对信息和信息系统实施安全监控管理，防止非法利用信息和信息系统。

⑤ 不可否认性：是指在网络环境中，信息交换的双方不能否认其在交换过程中发送信息或接收信息的行为。

信息安全的保密性、完整性和可用性主要强调对非授权主体的控制，而对授权主体的不正当行为如何控制呢？信息安全的可控性和不可否认性恰恰是通过对授权主体的控制，实现对保密性、完整性和可用性的有效补充，主要强调授权用户只能在授权范围内进行合法的访问，并对其行为进行监督和审查。

3. 信息安全的原则

为了达到信息安全的目标，各种信息安全技术的使用必须遵守一些基本的原则。

① 最小化原则。受保护的敏感信息只能在一定范围内被共享。履行工作职责和职能的安全主体，在法律和相关安全策略允许的前提下，为满足工作需要，仅被授予其访问信息的适当权限，称为最小化原则。敏感信息的"知情权"一定要加以限制，是在"满足工作需要"前提下的一种限制性开放。

② 分权制衡原则。在信息系统中，对所有权限应该进行适当的划分，使每个授权主体只能拥有其中的一部分权限，使他们之间相互制约、相互监督，共同保证信息系统的安全。如果一个授权主体分配的权限过大，无人监督和制约，就隐含了"滥用权力""一言九鼎"的安全隐患。

③ 安全隔离原则。隔离和控制是实现信息安全的基本方法，而隔离是进行控制的基础。信息安全的一个基本策略就是将信息的主体与客体分离，按照一定的安全策略，在可控和安全的前提下实施主体对客体的访问。

在这些基本原则的基础上，人们在生产实践过程中还总结出了一些实施原则，它们是基本原则的具体体现和扩展。包括：整体保护原则、谁主管谁负责原则、适度保护的等级化原则、分域保护原则、动态保护原则、多级保护原则、深度保护原则和信息流向原则等。

4. 信息安全的重要性

信息作为一种资源，它的普遍性、共享性、增值性、可处理性和多效用性，使其对于人类具有特别重要的意义。信息安全的实质就是要保护信息系统或信息网络中的信息资源免受各种类型的威胁、干扰和破坏，即保证信息的安全性。信息安全是任何国家、政府、部门、行业都必须十分重视的问题，是一个不容忽视的国家安全战略。

9.1.2 信息安全面临的威胁

由于计算机网络技术的飞速发展，依赖计算机网络系统完成传送、存储和处理信息的作用明显加强。如今，网上银行、网上电子商务、网上电子政务等形式层出不穷，网上的数据流、信息流和资金流已成为当今网络世界不可缺少的部分。随之而来的网络信息安全问题也更加突出。当前信息安全面临的主要威胁表现为：

① 信息泄露：信息被泄露或透露给某个非授权的实体。

② 破坏信息的完整性：数据被非授权地进行增删、修改或破坏而受到损失。

③ 拒绝服务：对信息或其他资源的合法访问被无条件地阻止。

④ 非法使用（非授权访问）：某一资源被某个非授权的人，或以非授权的方式使用。

⑤ 窃听：用各种可能的合法或非法的手段窃取系统中的信息资源和敏感信息。例如，对通信线路中传输的信号搭线监听，或者利用通信设备在工作过程中产生的电磁泄露截取有用信息等。

⑥ 业务流分析：通过对系统进行长期监听，利用统计分析方法对诸如通信频度、通信的信息流向、通信总量的变化等参数进行研究，从中发现有价值的信息和规律。

⑦ 假冒：通过欺骗通信系统（或用户）达到非法用户冒充成为合法用户，或者特权小的用户冒充成为特权大的用户的目的。假冒攻击是黑客经常使用的攻击手段之一。

⑧ 旁路控制：攻击者利用系统的安全缺陷或安全性上的脆弱之处获得非授权的权利或特权。例如，攻击者通过各种攻击手段发现原本应保密，但是却又暴露出来的一些系统"特性"，利用这些"特性"，攻击者可以绕过防线守卫者侵入系统的内部。

⑨ 授权侵犯：被授权以某一目的使用某一系统或资源的某个人，却将此权限用于其他非授权的目的，又称"内部攻击"。

⑩ 特洛伊木马：软件中含有一个觉察不出的有害的程序段，当它被执行时，会破坏用户的安全。这种应用程序称为特洛伊木马（Trojan Horse）。

⑪ 陷阱门：在某个系统或某个部件中设置的"机关"，使得在特定的数据输入时，允许违反安全策略。

⑫ 抵赖：这是一种来自用户的攻击，如否认自己曾经发布过的某条消息、伪造一份对方来信等。

⑬ 重放：出于非法目的，将所截获的某次合法的通信数据进行复制，进而重新发送。

⑭ 计算机病毒：一种在计算机系统运行过程中能够实现传染和侵害功能的程序。

⑮ 人员不慎：一个授权的人为了某种利益，或由于粗心，将信息泄露给一个非授权的人。

⑯ 媒体废弃：信息被从废弃的磁介质或打印过的存储介质中获得。

⑰ 物理侵入：侵入者绕过物理控制而获得对系统的访问。

⑱ 窃取：重要的安全物品，如令牌或身份卡被盗。

⑲ 业务欺骗：某一伪造的系统或系统部件欺骗合法的用户或系统自愿地放弃敏感信息等。

9.1.3 信息安全策略

信息安全策略是指为保证提供一定级别的安全保护所必须遵守的规则。实现信息安全，不但需要依靠先进的技术，而且也得依靠严格的安全管理、法律约束和安全教育，主要有：

① 自动图文档加密：能够智能识别计算机所运行的涉密数据，并自动强制对所有涉密数据进行加密操作，而不需要人的参与。体现了安全面前人人平等，从根源解决信息泄密。

② 先进的信息安全技术是网络安全的根本保证。用户对自身面临的威胁进行风险评估，决定其所需要的安全服务种类，选择相应的安全机制，然后集成先进的安全技术，形成一个全方位

的安全系统。

③ 严格的安全管理：各计算机网络使用机构、企业和单位应建立相应的网络安全管理办法，加强内部管理，建立合适的网络安全管理系统，加强用户管理和授权管理，建立安全审计和跟踪体系，提高整体网络安全意识。

④ 制定严格的法律、法规：计算机网络是一种新生事物，它的许多行为无法可依，无章可循，导致网络上计算机犯罪处于无序状态。面对日趋严重的网络犯罪，必须建立与网络安全相关的法律、法规，使非法分子慑于法律，不敢轻举妄动。

⑤ 安全操作系统：给系统中的关键服务器提供安全运行平台，构成安全 WWW 服务、安全FTP 服务、安全 SMTP 服务等，并作为各类网络安全产品的坚实底座，确保这些安全产品的自身安全。

9.1.4　信息安全等级与标准

1. 国际和国外信息安全标准

国际上的信息安全标准主要由国际标准化组织（ISO）来制定，另外也由国际电信联盟（ITU）及电气和电子工程师学会（IEEE），以及欧洲计算机制造商协会（ECMA）和 Internet 体系结构委员会（IAB）等来制定。国外的标准主要介绍信息安全领域领先的美国标准，美国标准是由美国国防部（DOD）制定的可信计算机系统评价准则（TCSEC），又称橙皮书。在该准则中，对可信计算机系统的等级由低到高作了分类：D 级、C1 级、C2 级、B1 级、B2 级、B3 级、A 级。

（1）D 级

D 级是最低的安全级别，拥有这个级别的操作系统就像一个门户大开的房子，任何人都可以自由进出，是完全不可信的。

（2）C1 级

C 级有两个安全子级别：C1 和 C2。C1 级，又称选择性安全保护系统，它描述了一种典型的用在 UNIX 系统上的安全级别。这种级别的系统对硬件有某种程度的保护：用户拥有注册账号和口令，系统通过账号和口令识别用户是否合法，并决定用户对程序和信息拥有什么样的访问权，但硬件受到损害的可能性仍然存在。

（3）C2 级

除了 C1 级包含的特性外，C2 级应具有访问控制环境权力。该环境具有进一步限制用户执行某些命令或访问某些文件的权限，而且还加入了身份认证功能。

（4）B1 级

B 级中有 3 个级别：B1、B2 和 B3。B1 级即标志安全保护，是支持多级安全（如秘密和绝密）的第一个级别，这个级别说明处于强制性访问控制之下的对象，系统不允许文件的拥有者改变其许可权限。

（5）B2 级

B2 级又称结构保护，它要求计算机系统中所有的对象都要加上标签，而且给设备（磁盘、磁带和终端）分配单个或多个安全级别。它是提供较高安全级别的对象与较低安全级别的对象相互通信的第一个级别。

（6）B3 级

B3 级又称安全域级别，使用安装硬件的方式来加强域的安全，如内存管理硬件用于保护安全域免遭无授权访问或其他安全域对象的修改。

（7）A 级

A 级又称验证设计，是当前橙皮书的最高级别，它包括了一个严格的设计、控制和验证过程。与前面所提到的各级别一样，该级别包含了较低级别的所有特性。

2. 我国信息安全标准化工作

中国已经发布实施《计算机信息系统　安全保护等级划分准则》（GB 17859—1999）。这是一部强制性国家标准，也是一种技术法规。它是在参考了 DOD 5200.28-STD 和 NCSC-TC-005 的基础上，从自主访问控制、强制访问控制、标记、身份鉴别、客体重用、审计、数据完整性、隐蔽信道分析、可信路径和可恢复等 10 个方面将计算机信息系统安全保护等级划分为 5 个级别的安全保护能力：

（1）第一级：用户自主保护级

本级的可信计算通过隔离用户与数据，使用户具备自主安全保护的能力。它具有多种形式的控制能力，对用户实施访问控制，即为用户提供可行的手段，保护用户和用户组信息，避免其他用户对数据的非法读/写与破坏。

（2）第二级：系统审计保护级

这一级除具备第一级所有的安全功能外，要求创建和维护访问的审计跟踪记录，使所有用户对自己的合法性行为负责。

（3）第三级：安全标记保护级

本级的可信计算具有系统审计保护级的所有功能。此外，还需以访问对象的安全级别限制访问者的访问权限，实现对访问对象的强制访问。为此需要提供有关安全策略模型、数据标记以及主体对客体强制访问控制的非形式化描述，具有准确地标记输出信息的能力，消除测试发现的任何错误。

（4）第四级：结构化保护级

本级的计算机信息系统可信计算建立于一个明确定义的形式化安全策略模型之上，将所要求的第三级系统中的自主和强制访问控制扩展到所有主体与客体。此外，还要考虑隐蔽信道。本级的可信计算必须结构化为关键保护元素和非关键保护元素；可信计算的接口也必须明确定义，使它的设计与实现能经受更充分的测试和更完整的复审；加强了鉴别机制；支持系统管理员和操作员的职能；提供可信设施管理；增强了配置管理控制。系统具有相当的抗渗透能力。

（5）第五级：访问验证保护级

本级的可信计算应满足引用监视器需求。访问监控器仲裁主体对客体的全部访问。访问监控器本身是抗篡改的；必须足够小，能够分析和测试。

9.2　网络信息安全技术

要保证网络信息的安全，先进的信息安全技术是其根本的保证，下面介绍常用的网络信息安全技术。

9.2.1 访问控制技术

1．访问控制技术概述

（1）访问控制的定义

访问控制是指按用户身份及其所归属的组别来限制用户对某些信息项的访问，或限制对某些控制功能的使用。访问控制通常用于系统管理员控制用户对服务器、目录、文件等网络资源的访问。

（2）访问控制的功能

访问控制的功能主要有：

① 防止非法主体进入受保护的网络资源。

② 允许合法用户访问受保护的网络资源。

③ 防止合法用户对受保护的网络资源进行非授权的访问。

（3）访问控制的作用

访问控制对机密性、完整性起直接的作用。对于可用性，访问控制通过对以下信息的有效控制来实现：谁可以颁发影响网络可用性的网络管理指令；谁能够使用资源以达到占用资源的目的；谁能够获得可以用于拒绝服务攻击的信息。

2．访问控制的类型

访问控制可分为自主访问控制和强制访问控制两大类。

（1）自主访问控制

自主访问控制（DAC）是指用户有权对自身所创建的访问对象（文件、数据表等）进行访问，并可以将这些对象的访问权授予其他用户和从授予权限的用户收回其访问权限。

（2）强制访问控制

强制访问控制（MAC）是指由系统（通过专门设置的系统安全员）对用户所创建的对象进行统一的强制性控制，按照规定的规则决定哪些用户可以对哪些对象进行何种操作类型的访问，即使是创建者用户，在创建一个对象后，也可能无权访问该对象。

3．访问控制策略

访问控制策略是网络安全防范和保护的主要策略，其任务是保证网络资源不被非法使用和非法访问，它通过软硬件的低层设计来实现。访问控制机制与策略独立，可允许安全机制的重用。一般来说有以下一些实现策略：

① 入网访问控制：控制能否入网来控制对网络的访问。

② 网络权限限制：通过对具体的网络访问权限设置来控制对网络的访问，如管理员和普通用户对网络资源的访问权限是大不相同的。

③ 目录级安全控制：当使用文件、目录和网络设备时，网络系统管理员应给文件、目录等指定访问属性。

④ 属性安全控制：控制属性的修改。

⑤ 网络服务器安全控制：网络允许在服务器控制台上执行一系列操作。

⑥ 网络监测和锁定控制策略：网络管理员应能够对网络实施监控。网络服务器应对用户访问网络资源的情况进行记录。

⑦ 网络端口和结点的安全控制：网络中服务器的端口往往使用自动回呼设备、静默调制解

调器加以保护并以加密的形式来识别结点的身份。

⑧ 防火墙控制：即通过在防火墙中设置相应的访问权限来控制访问，在本章后续的小节中将具体介绍。

9.2.2　数据加密技术

1．加密技术基本概念

数据加密技术又称密码学，它是一门历史悠久的技术，目前仍是计算机系统对信息进行保护的一种最可靠的办法。它利用密码技术对信息进行交换，实现信息隐蔽，从而保护信息的安全。

考虑到用户可能试图旁路系统的情况，如物理地取走数据库，在通信线路上窃听等。对付这样的威胁最有效的方法就是数据加密，即以加密格式存储和传输敏感数据。

数据加密的术语有：明文，即原始的或未加密的数据。通过加密算法对其进行加密，加密算法的输入信息为明文和密钥；密文，明文加密后的格式，是加密算法的输出信息。加密算法是公开的，而密钥则是不公开的。密文不应为无密钥的用户理解，用于数据的存储以及传输。加密以及解密过程如图 9-1 所示。

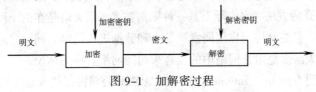

图 9-1　加解密过程

这里举例说明。

【例 9-1】明文为字符串：CIVIL AVIATION FLIGHT UNIVERSITY （为简便起见，假定所处理的数据字符仅为大写字母和空格）。假定密钥为 N，取 N=2；加密算法为：将明文每一个字母用字母表中它后面的第 N 个字母来替换，空格不变。则得到新的密文字符串：

EKXKN CXKCVKQP HNKIJV WPKXGTUKVA

如果给出密钥，该例的解密过程很简单。问题是对于一个恶意攻击者来说，在不知道密钥的情况下，利用相匹配的明文和密文获得密钥究竟有多困难？对于上面的简单例子，答案是相当容易的，但是，复杂的加密模式是很容易设计出来的。因此，理想的情况是采用的加密模式使得攻击者为了破解所付出的代价应远远超过其所获得的利益。实际上，该模式适用于所有的安全性措施。这种加密模式的最终目标是：即使是该模式的发明者也无法通过相匹配的明文和密文获得密钥，从而也无法破解密文。

2．传统对称密码技术

传统加密方法有两种：替换和置换。例 9-1 采用的就是替换的方法：使用密钥将明文中的每一个字符转换为密文中的一个字符。而置换仅将明文的字符按不同的顺序重新排列。单独使用这两种方法的任意一种都是不够安全的，但是将这两种方法结合起来就能提供相当高的安全程度。所谓对称密码技术指的是加密及解密使用同一密钥，并且加密与解密算法大致相同。

在对称密码技术中，数据加密标准（Data Encryption Standard，DES）是最典型并使用最为广泛的加密算法。该算法采用了传统的替换和置换技术，它由 IBM 制定，并在 1977 年成为美国官方加密标准。在以后的很长时间里也实际成为全世界的加密标准。

3. 现代非对称密码技术（公开密钥加密）

多年来，许多人都认为 DES 并不是真的很安全。事实上，即使不采用智能的方法，随着快速、高度并行的处理器的出现，强制破解 DES 也是可能的。"公开密钥"加密方法使得 DES 以及类似的传统加密技术过时了。公开密钥加密方法中，加密算法和加密密钥都是公开的，任何人都可将明文转换成密文。但是相应的解密密钥是保密的（公开密钥方法包括两个密钥，分别用于加密和解密），而且无法从加密密钥推导出，因此，即使是加密者也无法执行相应的解密。

公开密钥加密思想最初是由 Diffie 和 Hellman 提出的，最著名的是 Rivest、Shamir 以及 Adleman 提出的，现在通常称为 RSA（以 3 个发明者名字的首字母命名）的公钥算法。

9.2.3 防火墙技术

1. 防火墙的定义

防火墙是汽车中一个部件的名称。在汽车中，利用防火墙把乘客和引擎隔开，以便汽车引擎一旦失火，防火墙不但能保护乘客安全，而同时还能让司机继续控制引擎。在计算机术语中，当然就不是这个意思了，可以类比来理解，在网络中，所谓"防火墙"，是指一种将内部网和公众访问网（如 Internet）分开的方法，它实际上是一种隔离技术。防火墙是在两个网络进行通信时执行的一种访问控制尺度，它能允许用户"同意"的人和数据进入网络，同时将用户"不同意"的人和数据拒之门外，最大限度地阻止网络中的黑客来访问网络。换句话说，如果不通过防火墙，公司内部的人就无法访问 Internet，Internet 上的人也无法和公司内部的人进行通信。

2. 防火墙的功能

防火墙具有很好的保护作用。入侵者必须首先穿越防火墙的安全防线，才能接触目标计算机。用户可以将防火墙配置成许多不同的保护级别，高级别的保护可能会禁止一些服务，如视频流等，但这样可以更好地保护系统的安全。

典型的防火墙具有以下 3 方面的基本特性：

① 内部网络和外部网络之间的所有网络数据流都必须经过防火墙。这是防火墙所处网络的位置特性，同时也是一个前提。因为只有当防火墙是内、外部网络之间通信的唯一通道，才可以全面、有效地保护企业内部网络不受侵害。

② 只有符合安全策略的数据流才能通过防火墙。防火墙最基本的功能是确保网络流量的合法性，并在此前提下将网络的流量快速地从一条链路转发到另外一条链路上去。

③ 防火墙自身应具有非常强的抗攻击免疫力。这是防火墙之所以能担当企业内部网络安全防护重任的先决条件。防火墙处于网络边缘，它就像一个边界卫士一样，每时每刻都要面对黑客的入侵，这样就要求防火墙自身要具有非常强的抗击入侵本领。它之所以具有这么强的本领，首先防火墙操作系统本身是关键，只有自身具有完整信任关系的操作系统才可以谈论系统的安全性。其次就是防火墙自身具有非常低的服务功能，除了专门的防火墙嵌入系统外，再没有其他应用程序在防火墙上运行。当然这些安全性也只能说是相对的。

3. 防火墙的优点

① 防火墙能强化安全策略。

② 防火墙能有效地记录 Internet 上的活动。

③ 防火墙限制暴露用户点。防火墙能够用来隔开网络中一个网段与另一个网段。这样，能够防止一个网段的问题通过整个网络进行传播。

④ 防火墙是一个安全策略的检查站。所有进出的信息都必须通过防火墙，防火墙便成为安全问题的检查站，使可疑的访问被拒绝于门外。

4. 防火墙的类型

从所采用的技术上看，防火墙有 6 种基本类型：包过滤型、代理服务器型、电路层网关型、应用层网关型、自适应代理技术型以及混合型。

（1）包过滤型防火墙

包过滤型防火墙中的包过滤器一般安装在路由器上，工作在网络层。它基于单个包实施网络控制，根据所收到的数据包的源地址、目的地址、TCP/UDP、源端口号及目的端口号、包出入接口、协议类型和数据包中的各种标志位等参数，与用户预定的访问控制表进行比较，决定数据是否符合预先制定的安全策略，决定数据包的转发或丢弃，即实施信息过滤。实际上，它一般允许网络内部的主机直接访问外部网络，而外部网络上的主机对内部网络的访问则要受到限制。

这种防火墙的优点是简单、方便、速度快、透明性好，对网络性能影响不大，但缺乏用户日志（Log）和审计信息（Audit），缺乏用户认证（CA）机制，不具备审核管理，且过滤规则的完备性难以得到检验，复杂过滤规则的管理也比较困难。因此，包过滤型防火墙的安全性较差。

（2）代理服务器型防火墙

代理服务器型防火墙通过在主机上运行的服务程序，直接面对特定的应用层服务，因此又称应用型防火墙。其核心是运行于防火墙主机上的代理服务进程，该进程代理用户完成 TCP/IP 功能，实际上是为特定网络应用而连接两个网络的网关。

对每种不同的应用（E-mail、FTP、Telnet、WWW 等）都应用一个相应的代理服务。外部网络与内部网络之间想要建立连接，首先必须通过代理服务器的中间转换，内部网络只接受代理服务器提出的要求，而拒绝外部网络的直接请求。代理服务可以实施用户论证、详细日志、审计跟踪和数据加密等功能和对具体协议及应用的过滤。

这种防火墙能完全控制网络信息的交换，控制会话过程，具有灵活性和安全性，但可能影响网络的性能，对用户不透明，且对每一种服务器都要设计一个代理模块，建立对应的网关层，实现起来比较复杂。

（3）电路层网关型防火墙

电路层网关在网络的传输层上实施访问控制策略，在内、外网络主机之间建立一个虚拟电路进行通信，相当于在防火墙上直接开了个口子进行传输，不像应用层防火墙那样能严密地控制应用层的信息。

（4）应用层网关型防火墙

应用层网关使用专用软件转发和过滤特定的应用服务，如 Telnet 和 FTP 等服务连接。这是一种代理服务，代理服务技术适应于应用层，它由一个高层的应用网关作为代理器，通常由专门的硬件来承担。代理服务器在接受外来的应用控制的前提下使用内部网络提供的服务。也就是说，它只允许代理的服务通过，即只有那些被认为"可依赖的"服务才允许通过防火墙。应用层网关有登记、日志、统计和报告等功能，并有很好的审计功能和严格的用户认证功能，应用层网关的安全性高，但它要为每种应用提供专门的代理服务程序。

（5）自适应代理技术型防火墙

自适应代理技术是一种新颖的防火墙技术，在一定程度上反映了防火墙目前的发展动态。该技术可以根据用户定义的安全策略，动态适应传送中的分组流量。如果安全要求较高，则安全检查应在应用层完成，以保证代理防火墙的最大安全性；一旦代理明确了会话的所有细节，其后的数据包就直接到达速度快得多的网络层。该技术兼备了代理技术的安全性和其他技术的高效率。

（6）混合型防火墙

各种类型的防火墙，各有其优缺点。当前的防火墙产品，已不是单一的包过滤型或代理服务型防火墙，而是将各种安全技术结合起来，形成一个混合的多级的防火墙系统，以提高防火墙的灵活性和安全性。

9.2.4　入侵检测技术

1．入侵检测概述

入侵检测（Intrusion Detection）是对入侵行为的检测。它通过收集和分析网络行为、安全日志、审计数据、其他网络上可以获得的信息以及计算机系统中若干关键点的信息，检查网络或系统中是否存在违反安全策略的行为和被攻击的迹象。入侵检测作为一种积极主动的安全防护技术，提供了对内部攻击、外部攻击和误操作的实时保护，在网络系统受到危害之前拦截和响应入侵，因此被认为是防火墙之后的第二道安全闸门，在不影响网络性能的情况下能对网络进行监测。

入侵检测通过执行以下任务实现：监视、分析用户及系统活动；系统构造和弱点的审计；识别反映已知进攻的活动模式并向相关人士报警；异常行为模式的统计分析；评估重要系统和数据文件的完整性；操作系统的审计跟踪管理，并识别用户违反安全策略的行为。

入侵检测是防火墙的合理补充，帮助系统对付网络攻击，扩展了系统管理员的安全管理能力（包括安全审计、监视、进攻识别和响应），提高了信息安全基础结构的完整性。

入侵检测技术是为了保证计算机系统的安全而设计与配置的一种能够及时发现并报告系统中未授权或异常现象的技术，是一种用于检测计算机网络中违反安全策略行为的技术。进行入侵检测的软件与硬件的组合便是入侵检测系统。

2．入侵检测技术的分类

入侵检测系统所采用的技术可分为特征检测与异常检测两种。

（1）特征检测

特征检测（Misuse Detection）假设入侵者活动可以用一种模式来表示，系统的目标是检测主体活动是否符合这些模式。它可以将已有的入侵方法检测出来，但对新的入侵方法无能为力。其难点在于如何设计模式既能够表达"入侵"现象又不会将正常的活动包含进来。

（2）异常检测

异常检测（Anomaly Detection）的假设是入侵者活动异常于正常主体的活动。根据这一理念建立主体正常活动的"活动简档"，将当前主体的活动状况与"活动简档"相比较，若违反其统计规律，则认为该活动可能是"入侵"行为。异常检测的难题在于如何建立"活动简档"以及如何设计统计算法，从而不把正常的操作作为"入侵"或忽略真正的"入侵"行为。

3．入侵检测系统的工作步骤

对一个成功的入侵检测系统来讲，它不但可使系统管理员时刻了解网络系统（包括程序、文件和硬件设备等）的任何变更，还能给网络安全策略的制订提供指南。更为重要的一点是，它应该管理、配置简单，从而使非专业人员非常容易地获得网络安全。而且，入侵检测的规模还应根据网络威胁、系统构造和安全需求的改变而改变。入侵检测系统在发现入侵后，会及时做出响应，包括切断网络连接、记录事件和报警等。一般的工作步骤如下：

（1）信息收集

入侵检测的第一步是信息收集，内容包括系统、网络、数据及用户活动的状态和行为。而且，需要在计算机网络系统中的若干不同关键点（不同网段和不同主机）收集信息，这除了尽可能扩大检测范围外，还有一个重要的因素就是：从一个来源的信息有可能看不出疑点，但从几个来源的信息的不一致性却是可疑行为或入侵的最好标识。

主要有以下几类信息的收集：

① 系统和网络日志文件。

② 目录和文件中的不期望的改变。

③ 程序执行中的不期望行为。

④ 物理形式的入侵信息。

（2）信号分析

对上述 4 类收集到的有关系统、网络、数据及用户活动的状态和行为等信息，一般通过 3 种技术手段进行分析：模式匹配、统计分析和完整性分析。其中前两种方法用于实时的入侵检测，而完整性分析则用于事后入侵检测。

① 模式匹配。模式匹配就是将收集到的信息与已知的网络入侵和系统误用模式数据库进行比较，从而发现违背安全策略的行为。该过程可以很简单（如通过字符串匹配以寻找一个简单的条目或指令），也可以很复杂（如利用正规的数学表达式来表示安全状态的变化）。该方法的一大优点是只需收集相关的数据集合，显著减少系统负担，且技术已相当成熟。它与病毒防火墙采用的方法一样，检测准确率和效率都相当高。但是，该方法存在的弱点是需要不断地升级以对付不断出现的黑客攻击手法，不能检测到从未出现过的黑客攻击手段。

② 统计分析。统计分析方法首先给系统对象（如用户、文件、目录和设备等）创建一个统计描述，统计正常使用时的一些测量属性（如访问次数、操作失败次数和延时等）。测量属性的平均值将被用来与网络、系统的行为进行比较，任何观察值在正常值范围之外时，就认为有入侵发生。例如，统计分析可能标识一个不正常行为，因为它发现一个在晚八点至早六点不登录的账户却在凌晨两点试图登录。其优点是可检测到未知的入侵和更为复杂的入侵，缺点是误报、漏报率高，且不适应用户正常行为的突然改变。

③ 完整性分析。完整性分析主要关注某个文件或对象是否被更改，这经常包括文件和目录的内容及属性。完整性分析利用强有力的加密机制，称为消息摘要函数（如 MD5），它能识别哪怕是很微小的变化。其优点是不管模式匹配方法和统计分析方法能否发现入侵，只要是成功的攻击导致了文件或其他对象的任何改变，它都能够发现。缺点是一般以批处理方式实现，不用于实时响应。尽管如此，完整性检测方法仍然是网络安全产品的必要手段之一。

总之，入侵检测作为一种积极主动的安全防护技术，提供了对内部攻击、外部攻击和误操作的及时保护，在网络系统受到危害之前拦截和响应入侵。从网络安全立体纵深、多层次防御的角度出发，入侵检测理应受到人们的高度重视。

9.2.5　认证技术

1. 数字签名与数字证书概述

数字签名（Digital Signature，又称公钥数字签名、电子签章）是一种类似写在纸上的普通的物理签名，但是使用了公钥加密领域的技术来实现，用于鉴别数字信息的真伪。数字签名不是指将签名扫描成数字图像，或者用触摸板获取的签名，更不是落款。简单地说，所谓数字签名就是附加在数据单元上的一些数据，或是对数据单元所作的密码变换。这种数据或变换允许数据单元的接收者用以确认数据单元的来源和数据单元的完整性并保护数据，防止被人（如接收者）进行伪造。它是对电子形式的消息进行签名的一种方法，一个签名消息能在一个通信网络中传输。数字签名技术是在网络系统虚拟环境中确认身份的重要技术，完全可以代替现实过程中的"亲笔签字"，在技术和法律上有保障。

为了保证互联网上电子交易及支付的安全性、保密性等，防范交易及支付过程中的欺诈行为，必须在网上建立一种信任机制。这就要求参加电子商务的买方和卖方都必须拥有合法的身份，并且在网上能够有效无误地被进行验证。数字证书是一种权威性的电子文档。它提供了一种在 Internet 上验证身份的方式，其作用类似于司机的驾驶执照或日常生活中的身份证。它是由一个权威机构——CA 证书授权（Certificate Authority）中心发行的，人们可以在互联网交往中用它来识别对方的身份。

2. 数字签名的原理和特点

（1）数字签名的原理

每个人都有一对"钥匙"（数字身份），其中一个只有他/她本人知道（密钥），另一个是公开的（公钥）。签名的时候用密钥，验证签名的时候用公钥。又因为任何人都可以落款声称他/她就是你，因此公钥必须向接受者信任的人（身份认证机构）来注册。注册后身份认证机构给用户发数字证书。对文件签名后，发送者将此数字证书连同文件及签名一起发给接受者，接受者向身份认证机构求证是否真的是用发送者的密钥签发的文件。

（2）数字签名的特点

① 鉴权。公钥加密系统允许任何人在发送信息时使用公钥进行加密，数字签名能够让信息接收者确认发送者的身份。当然，接收者不可能百分之百确信发送者的真实身份，而只能在密码系统未被破译的情况下才有理由确信。

鉴权的重要性在财务数据上表现得尤为突出。举个例子，假设一家银行将指令由它的分行传输到它的中央管理系统，指令的格式是(a,b)，其中 a 是账户的账号，而 b 是账户的现有金额。这时一位远程客户可以先存入 100 元，观察传输的结果，然后接二连三地发送格式为(a,b)的指令。这种方法称为重放攻击。如果没有数字签名，那么该客户的账户上的金额将不断地攀升。

② 完整性。传输数据的双方都希望确认消息未在传输的过程中被修改。加密使得第三方想要读取数据十分困难，然而第三方仍然能采取可行的方法在传输过程中修改数据。一个通俗的例子就是同形攻击：回想一下，还是上面的那家银行从它的分行向它的中央管理系统发送格式为(a,b)

的指令，其中 a 是账号，而 b 是账户中的金额。一个远程客户可以先存 100 元，然后拦截传输结果，再传输(a,b³)，这样他就立刻变成百万富翁了。

③ 不可抵赖。在密文背景下，抵赖这个词指的是不承认与消息有关的举动（即声称消息来自第三方）。消息的接收方可以通过数字签名来防止所有后续的抵赖行为，因为接收方可以出示签名来证明信息的来源。

3．数字证书的原理与特点

（1）数字证书的原理

数字证书里存有很多数字和英文，当使用数字证书进行身份认证时，它将随机生成 128 位的身份码，每份数字证书都能生成相应但每次都不可能相同的数码，从而保证数据传输的保密性，即相当于生成一个复杂的密码。数字证书绑定了公钥及其持有者的真实身份，它类似于现实生活中的居民身份证，所不同的是数字证书不再是纸质的证照，而是一段含有证书持有者身份信息并经过认证中心审核签发的电子数据，可以更加方便灵活地运用在电子商务和电子政务中。

（2）数字证书的特点

数字证书的颁发过程一般为：用户首先产生自己的密钥对，并将公共密钥及部分个人身份信息传送给认证中心。认证中心在核实身份后，将执行一些必要的步骤，以确信请求确实由用户发送而来，然后，认证中心将发给用户一个数字证书，该证书内包含用户的个人信息和他的公钥信息，同时还附有认证中心的签名信息。用户就可以使用自己的数字证书进行相关的各种活动。数字证书由独立的证书发行机构发布。数字证书各不相同，每种证书可提供不同级别的可信度。可以从证书发行机构获得自己的数字证书。

9.2.6 黑客与网络攻防技术

1．黑客的定义

"黑客"一词是由英语 Hacker 音译出来的，是指专门研究、发现计算机和网络漏洞的计算机爱好者。他们伴随着计算机和网络的发展而成长。黑客对计算机有着狂热的兴趣和执着地追求，他们不断研究计算机和网络知识，发现计算机和网络中存在的漏洞，喜欢挑战高难度的网络系统并从中找到漏洞，然后向管理员提出解决和修补漏洞的方法。

黑客不干涉政治，不受政治利用，他们的出现推动了计算机和网络的发展与完善。黑客所做的不是恶意破坏，他们是一群纵横于网络上的"大侠"，追求共享、免费，提倡自由、平等。黑客的存在是由于计算机技术的不健全，从某种意义上来讲，计算机的安全需要更多黑客去维护。

但是到了今天，黑客一词已经被用于那些专门利用计算机进行破坏或入侵他人的代言词，对这些人正确的叫法应该是 Cracker，有人也翻译成"骇客"，也正是由于这些人的出现玷污了"黑客"一词，使人们把黑客和骇客混为一谈，黑客被人们认为是在网络上进行破坏的人。因此，现在的黑客有了正邪之分，如果不从事破坏活动的就是正派的，而从事破坏活动的就变成了邪派的黑客。

2．黑客的主要行为

（1）学习技术

互联网上的新技术一旦出现，黑客就必须立刻学习，并用最短的时间掌握这项技术，这里所说的掌握并不是一般的了解，而是阅读有关的"协议"、深入了解此技术的机理，否则一旦停止学习，那么依靠他以前掌握的内容，并不能维持他的"黑客身份"超过一年。

（2）伪装自己

黑客的一举一动都会被服务器记录下来，所以黑客必须伪装自己使得对方无法辨别其真实身份，这需要有熟练的技巧，用来伪装自己的 IP 地址、使用跳板逃避跟踪、清理记录扰乱对方线索、巧妙躲开防火墙等。

（3）发现漏洞

漏洞对黑客来说是最重要的信息，黑客要经常学习别人发现的漏洞，并努力寻找未知漏洞，并从海量的漏洞中寻找有价值的、可被利用的漏洞进行试验，当然他们最终的目的是通过漏洞进行破坏或者修补这个漏洞。黑客对寻找漏洞的执着是常人难以想象的，从一次又一次的黑客实践中，黑客也用自己的实际行动向世人印证了这一点——世界上没有"不存在漏洞"的程序。在黑客眼中，所谓的"天衣无缝"不过是"没有找到"而已。

（4）利用漏洞

对于正派黑客来说，漏洞要被修补；对于邪派黑客来说，漏洞要用来搞破坏。而他们的基本前提是"利用漏洞"，黑客利用漏洞可以做下面的事情：

① 获得系统信息：有些漏洞可以泄露系统信息，暴露敏感资料，从而进一步入侵系统。

② 入侵系统：通过漏洞进入系统内部或取得服务器上的内部资料或完全掌管服务器。

③ 寻找下一个目标：一个胜利意味着下一个目标的出现，黑客应该充分利用自己已经掌管的服务器作为工具，寻找并入侵下一个系统。

④ 做一些好事：正派黑客在完成上面的工作后，就会修复漏洞或者通知系统管理员，作出一些维护网络安全的事情。

⑤ 做一些坏事：邪派黑客在完成上面的工作后，会判断服务器是否还有利用价值。如果有利用价值，他们会在服务器上植入木马或者后门，便于下一次来访；而对没有利用价值的服务器他们决不留情，系统崩溃会让他们感到无限的快感。

3．网络攻防技术

针对日益泛滥的黑客攻击，必须采取一些行之有效的手段来进行防范。一般来说，黑客防范技术和工具主要包括：防火墙、安全扫描、评估分析、入侵检测、网络陷阱、备份恢复和病毒防范等。下面介绍几种具体的黑客防范技术：

（1）针对密码破解的防范技术

尽量经常变更密码，不要所有地方都使用同一个密码，设置密码时要让自己容易记住而别人难以猜测，如位数要足够长、大小写混合等；不要把密码写下来，不要告诉别人，不要让他人看见，不要把密码存在网页和文件或者 Modem 的字符串存储器中。

（2）针对 IP 欺骗的防范技术

如果是来自网络外部的 IP 欺骗，可以在局域网的对外路由器里设置不允许声称来自内部网的数据，同时配置好防火墙。如果是来自于网络内部，那就不易防范了，一般可以采用监控的方法，用 NETLOG 或者类似的监控工具来检查外接口上的数据包，如果发现数据包的源地址和目的地址都是内部的地址，就说明有黑客要开始攻击系统了，需加以防范。

（3）针对电子邮件攻击的防范技术

针对假冒的或者陌生的邮件，不要轻易打开，不能按照黑客的指示去做，而是通过正常的渠道来证实邮件的真伪，如电话询问等。电子邮件轰炸是一种常见的攻击手段，如果发现有邮件服务器被攻击的现象，如收发邮件变慢或者根本不能收发，则应该马上采取措施查明攻击源，并立即调整防火墙的配置，杜绝来自源头的数据包。

在防范黑客攻击的手段中，防火墙和入侵检测是极其有效的，前面已经介绍过了，在这里不再复述。总之，魔高一尺，道高一丈，总会找到防范黑客的最新技术手段，使得网络尽量安全。

9.3　实体安全与硬件防护技术

9.3.1　实体安全技术

1. 影响实体安全的主要因素

我们在关注网络信息安全技术的同时，也应该把月光投入到计算机网络的实体安全当中来。对于一个网络信息系统来说，即使信息安全技术再高明，如果系统中的实体也就是计算机网络出了问题，这个系统同样是不安全的。影响计算机网络实体安全的主要因素包括：

① 计算机及其网络系统自身存在的脆弱性因素。

② 各种自然灾害导致的安全问题。

③ 由于人为的错误操作及各种计算机犯罪导致的安全问题。

2. 实体安全的内容

对于网络实体来说，它的安全内容主要包括：环境安全、设备安全、存储媒体安全、硬件防护等。而人们日常接触得最多的就是计算机机房，在这里讨论下计算机机房场地环境的安全防护，它主要包括以下内容：

（1）计算机机房场地环境的安全要求

机房建筑和结构从安全的角度，应该考虑：

① 电梯和楼梯不能直接进入机房。

② 建筑物周围应有足够亮度的照明设施和防止非法进入的设施。

③ 外部容易接近的进出口，周边应有物理屏障和监视报警系统，窗口应采取防范措施，必要时安装自动报警设备。

④ 机房进出口须设置应急电话。

⑤ 机房供电系统应将动力照明用电与计算机系统供电线路分开，机房及疏散通道应配备应急照明装置。

⑥ 计算机中心周围 100 m 内不能有危险建筑物。

⑦ 进出机房时要更衣、换鞋，机房的门窗在建造时应考虑封闭性能。

⑧ 照明应达到规定标准。

（2）设备防盗

早期的防盗，采取增加质量和胶粘的方法，即将设备长久固定或粘接在一个地点。现在主要依靠视频监视系统，它是一种更为可靠的防护设备，能对系统运行的外围环境、操作环境实施监控（视）。对重要的机房，还应采取特别的防盗措施，如值班守卫，出入口安装金属防护装置保护安全门、窗户。

（3）防静电措施

静电是由物体间的相互摩擦、接触而产生的。静电产生后，由于它不能泄放而保留在物体内，产生很高的电位（能量不大），而静电放电时发生火花，将造成火灾或损坏芯片。计算机信息系统的各个关键电路，诸如 CPU、ROM、RAM 等大都采用 MOS 工艺的大规模集成电路，对静电极为敏感，容易因静电而损坏。这种损坏可能是不知不觉造成的。机房内一般应采用乙烯材料装修，避免使用挂毯、地毯等容易产生静电的材料。

（4）电源防护

电源保护装置有金属氧化物可变电阻（MOV）、硅雪崩光电二极管（SAZD）、气体放电管（GDT）、滤波器、电压调整变压器（VRT）和不间断电源（UPS）等。

另外，还应包括紧急情况下的供电。对于重要的计算机机房应配置预防电压不足的设备，这种设备有 UPS 和应急电源两种。

（5）接地与防雷

计算机房的接地系统是指计算机系统本身和场地的各种接地的设计和具体实施。而防雷措施指的是机房的外部防雷应使用接闪器、引下线和接地装置，吸引雷电流，并为其泄放提供一条低阻值通道。

机房的内部防雷主要采取屏蔽、等电位连接、合理布线或防闪器、过电压保护等技术措施以及拦截、屏蔽、均压、分流、接地等方法，达到防雷的目的。

9.3.2 电磁防护和硬件防护

1. 电磁防护

由于电磁的辐射特点，使得入侵者可以很容易地捕捉电磁的辐射（如屏幕的辐射、传输线路的辐射等），然后通过某些技术手段还原出原始的信息；另外，入侵者也可以通过电磁干扰破坏原始信息，这样，信息系统就变得很不安全了。因此必须采取一定的措施对电磁进行防护，包括防止电磁的泄露和电磁的干扰。

目前主要防护措施有两类：一类是对传导发射的防护，主要采取对电源线和信号线加装性能良好的滤波器，减小传输阻抗和导线间的交叉耦合；另一类是对辐射的防护，为提高电子设备的抗干扰能力，除在芯片、部件上提高抗干扰能力外，主要的措施有屏蔽、隔离、滤波、吸波、接地等。其中屏蔽是应用得最多的方法。

2. 硬件防护

硬件是计算机系统的基础。硬件防护一般是指在计算机硬件（CPU、存储器、外设等）上采取措施或通过增加硬件来防护，如计算机加锁，加专门的信息保护卡（如防病毒卡、防拷贝卡），加插座式的数据变换硬件（如安装在并行口上的加密狗等），输入/输出通道控制，以及用界限寄存器对内存单元进行保护等措施。

9.4 计算机病毒及防治

9.4.1 计算机病毒的基本知识

1．病毒的定义

计算机病毒最早出现在 20 世纪 70 年代 David Gerrold 的科幻小说 *When H.A.R.L.I.E. was One* 中。1984 年南加利福尼亚大学的 Fred Cohen 在其博士论文《计算机病毒：理论与实验》中，首次提出"计算机病毒"是"一种能把自己（或经演变）注入其他程序的计算机程序"，这是计算机病毒的最早的科学定义。在一般教科书及通用资料中"计算机病毒"被定义为：利用计算机软件与硬件的缺陷，由被感染机内部发出的破坏计算机数据并影响计算机正常工作的一组指令集或程序代码。

在《中华人民共和国计算机信息系统安全保护条例》中对计算机病毒进行了明确定义："计算机病毒，是指编制或者在计算机程序中插入的破坏计算机功能或者毁坏数据，影响计算机使用，并能自我复制的一组计算机指令或者程序代码。"

2．计算机病毒的产生

病毒不是来源于突发或偶然的原因。一次突发的停电和偶然的错误，会在计算机的磁盘和内存中产生一些乱码和随机指令，但这些代码是无序和混乱的，病毒则是一种比较完美的、精巧严谨的代码，按照严格的秩序组织起来，与所在的系统网络环境相适应和配合起来，病毒不会通过偶然形成，并且需要有一定的长度，这个基本的长度从概率上来讲是不可能通过随机代码产生的。现在流行的病毒是由人为故意编写的，多数病毒可以找到作者和产地信息，从大量的统计分析来看，病毒作者主要情况和目的是：一些天才的程序员为了表现自己和证明自己的能力；出于对上司的不满、为了好奇、为了报复、为了祝贺和求爱、为了得到控制口令、为了软件拿不到报酬预留的陷阱等。当然也有因某些需求而专门编写的，其中也包括一些病毒研究机构和黑客的测试病毒。

3．计算机病毒的特点

计算机病毒具有以下几个特点：

（1）寄生性

计算机病毒寄生在其他程序之中，当执行这个程序时，病毒就起破坏作用，而在未启动这个程序之前，它是不易被人发觉的。

（2）传染性

计算机病毒不但本身具有破坏性，更有害的是具有传染性，一旦病毒被复制或产生变种，其速度之快令人难以预防。传染性是病毒的基本特征。计算机病毒会通过各种渠道从已被感染的计算机扩散到未被感染的计算机，在某些情况下造成被感染的计算机工作失常甚至瘫痪。与生物病毒不同的是，计算机病毒是一段人为编制的计算机程序代码，这段程序代码一旦进入计算机并得以执行，它就会搜寻其他符合其传染条件的程序或存储介质，确定目标后再将自身代码插入其中，达到自我繁殖的目的。只要一台计算机染毒，如不及时处理，那么病毒会在这台计算机上迅速扩散，其中的大量文件（一般是可执行文件）会被感染。而被感染的文件又成了新的传染源，再与其他机器进行数据交换或通过网络接触，病毒会继续进行传染。

（3）潜伏性

有些病毒像定时炸弹一样，让它什么时间发作是预先设计好的。如黑色星期五病毒，不到预定时间一点都觉察不出来，等到条件具备的时候一下子就爆炸开来，对系统进行破坏。一个编制精巧的计算机病毒程序，进入系统之后一般不会马上发作，可以在几周或者几个月内甚至几年内隐藏在合法文件中，对其他系统进行传染，而不被人发现，潜伏性愈好，其在系统中的存在时间就会愈长，病毒的传染范围就会愈大。

（4）隐蔽性

计算机病毒具有很强的隐蔽性，有的可以通过病毒软件检查出来，有的根本就查不出来，有的时隐时现、变化无常，这类病毒处理起来通常很困难。

（5）破坏性

计算机中毒后，可能会导致正常的程序无法运行，计算机内的文件被删除或受到不同程度的损坏，通常表现为增加、删除、修改、移动。有的病毒会损坏计算机的硬件系统达到更大的破坏作用。

（6）计算机病毒的可触发性

病毒因某个事件或数值的出现，诱使病毒实施感染或进行攻击的特性称为可触发性。为了隐蔽自己，病毒必须潜伏，少做动作。如果完全不动，一直潜伏的话，病毒既不能感染也不能进行破坏，便失去了杀伤力。病毒既要隐蔽又要维持杀伤力，它必须具有可触发性。病毒具有预定的触发条件，这些条件可能是时间、日期、文件类型或某些特定数据等。病毒运行时，触发机制检查预定条件是否满足，如果满足，启动感染或破坏动作，使病毒进行感染或攻击；如果不满足，则病毒继续潜伏。

4．计算机病毒的分类

根据多年对计算机病毒的研究，按照科学的、系统的、严密的方法，计算机病毒的分类如下：

（1）按照计算机病毒存在的媒体进行分类

根据病毒存在的媒体，病毒可以划分为网络病毒、文件病毒、引导型病毒。网络病毒通过计算机网络传播感染网络中的可执行文件，文件病毒感染计算机中的文件（如 com、exe、docx 等），引导型病毒感染启动扇区（Boot）和硬盘的系统引导扇区（MBR），还有这 3 种情况的混合型，如多型病毒（文件和引导型）感染文件和引导扇区两种目标。

（2）按照计算机病毒传染的方法进行分类

根据病毒传染的方法可分为驻留型病毒和非驻留型病毒，驻留型病毒感染计算机后，把自身的内存驻留部分放在内存（RAM）中，这一部分程序挂接系统调用并合并到操作系统中去，它处于激活状态，一直到关机或重新启动。非驻留型病毒在得到机会激活时并不感染计算机内存。一些病毒在内存中留有小部分，但是并不通过这一部分进行传播，这类病毒也被划分为非驻留型病毒。

（3）根据病毒破坏的能力进行分类

① 无害型：除了传染时减少磁盘的可用空间外，对系统没有其他影响。

② 无危险型：这类病毒仅仅是减少内存、显示图像、发出声音及同类音响。

③ 危险型：这类病毒在计算机系统操作中造成严重的错误。

④ 非常危险型：这类病毒删除程序、破坏数据、清除系统内存区和操作系统中重要的信息。

5．计算机病毒的传播途径

计算机病毒之所以称为病毒是因为其具有传染性的本质。传统渠道通常有以下几种：

（1）通过软盘或 U 盘

通过使用外界被感染的软盘或 U 盘，例如，不同渠道来的系统盘、来历不明的软件、游戏盘等是最普遍的传染途径。由于使用带有病毒的软盘或者 U 盘，使机器感染病毒发病，并传染给未被感染的"干净"的盘。大量的软盘、U 盘交换，合法或非法的程序复制，不加控制地随便在机器上使用各种软件造成了病毒感染、泛滥蔓延的温床。

（2）通过硬盘

通过硬盘传染也是重要的渠道，由于带有病毒机器移到其他地方使用、维修等，将干净的硬盘传染并再扩散。

（3）通过光盘

因为光盘容量大，存储了海量的可执行文件，大量的病毒就有可能藏身于光盘，对只读式光盘，不能进行写操作，因此光盘上的病毒不能清除。

（4）通过网络

这种传染扩散极快，能在很短时间内传遍网络上的机器。随着 Internet 的风靡，病毒的传播又增加了新的途径，它的发展使病毒可能成为灾难，病毒的传播更迅速，反病毒的任务更加艰巨。Internet 带来两种不同的安全威胁：一种威胁来自文件下载，这些被浏览的或是被下载的文件可能存在病毒；另一种威胁来自电子邮件，大多数 Internet 邮件系统提供了在网络间传送附带格式化文档邮件的功能，因此，遭受病毒的文档或文件就可能通过网关和邮件服务器涌入企业网络。网络使用的简易性和开放性使得这种威胁越来越严重。

9.4.2　计算机病毒的防治

1．计算机病毒的防范

计算机病毒随时都有可能入侵计算机系统，因此，用户应提高对计算机病毒的防范意识，不给病毒以可乘之机。在计算机的具体使用中应做到以下几点：

① 经常对操作系统下载补丁，以保证系统运行安全。有很多病毒利用系统漏洞或者系统和应用软件的弱点进行传播，尽管反病毒软件能保护用户不会被病毒侵害，但是，及时安装操作系统中最新发现的漏洞的补丁，仍然是一个极好的安全措施。

② 不使用来历不明的软件，特别不能使用来历不明的杀毒软件。计算机应安装真正有效的防毒软件，并经常进行升级。

③ 新购买的计算机要在使用之前首先进行病毒检查，以免机器带毒。

④ 准备一张干净的系统引导盘，并将常用的工具软件复制到该盘上，加以保存。此后一旦系统受病毒侵犯，我们就可以使用该盘引导系统，然后进行检查、杀毒等操作。

⑤ 对外来程序要使用查毒软件进行检查（包括从硬盘、软盘、局域网、因特网、E-mail 中获得的程序），未经检查的可执行文件不能复制到硬盘，更不能使用。

⑥ 一定要将硬盘引导区和主引导扇区备份下来，并经常对重要数据进行备份。这个措施不能防止计算机被病毒感染，但是假如计算机被病毒感染，并且病毒已经完全破坏了用户数据，备份措施可以使用户的重要数据得以保存下来。

⑦ 随时注意计算机的各种异常现象（如速度变慢，弹出奇怪的文件，文件尺寸发生变化，

内存减少等），一旦发现，应立即用杀毒软件仔细检查。

⑧ 综合各种杀毒技术。同样是杀毒软件，不同的软件都有各自的优缺点，因此不要总是局限在一种杀毒工具上。

2．计算机病毒的解决办法

① 在杀毒之前，要先备份重要的数据文件。

② 启动反病毒软件，并对整个硬盘进行扫描。

③ 发现病毒后，一般应用反病毒软件清除文件中的病毒，如果可执行文件中的病毒不能被清除，一般应将其删除，然后重新安装相应的应用程序。同时，还应将病毒样本送交反病毒软件厂商的研究中心，以供详细分析。碰到实在杀不了的病毒，只有格式化硬盘并重装操作系统。

④ 某些病毒在 Windows 状态下无法完全清除（如 CIH 病毒就是如此），此时应采用事先准备的干净的系统引导盘引导系统，然后在 DOS 下运行相关杀毒软件进行清除。

9.5 网络信息安全法规与计算机职业道德

9.5.1 网络信息安全立法现状

1．法律体系初步构建，但体系化与有效性等方面仍有待进一步完善

据相关统计，截至 2008 年，我国与信息安全直接相关的法律有 65 部，涉及网络与信息系统安全、信息内容安全、信息安全系统与产品、保密及密码管理、计算机病毒与危害性程序防治、金融等特定领域的信息安全、信息安全犯罪制裁等多个领域，从形式看，有法律、相关的决定、司法解释及相关文件、行政法规、法规性文件、部门规章及相关文件、地方性法规与地方政府规章及相关文件多个层次。与此同时，与信息安全相关的司法和行政管理体系迅速完善。但整体来看，与美国、欧盟等国家与地区比较，我国在相关法律方面还欠体系化、覆盖面与深度。缺乏相关的基本法，信息安全在法律层面的缺失对于信息安全保障形成重大隐患。

2．相关系列政策推出，与国外也有异曲同工之处

从政策来看，美国信息安全政策体系值得国内学习与借鉴。美国在信息安全管理以及政策支持方面走在全球的前列：

① 制定了从军政部门、公共部门和私营领域的风险管理政策和指南。

② 形成了军、政、学、商分工协作的风险管理体系。

③ 国防部、商务部、审计署、预算管理等部门各司其职，形成了较为完整的风险分析、评估、监督、检查问责的工作机制。

3．信息安全标准化工作得到重视，但标准体系尚待发展与完善

信息安全标准是我国信息安全保障体系的重要组成部分，是政府进行宏观管理的重要依据。从国家意义上来说，信息安全标准关系到国家的安全及经济利益，标准往往成为保护国家利益、促进产业发展的一种重要手段。近年来，我国信息安全标准化工作取得了显著成就，围绕信息安全保障体系建设，以信息安全技术、机制、服务、管理和评估为重点，发布多项信息安全国家标准，但是标准体系尚待发展与完善。

9.5.2　我国网络信息安全的相关政策法规

　　我国制定的重要的有关信息安全的法律法规很多，这里简单列举几个：《中华人民共和国计算机信息网络国际联网管理暂行规定》《中华人民共和国计算机信息系统安全保护条例》《中华人民共和国电信条例》《计算机软件保护条例》《中华人民共和国标准法》《商用密码管理条例》《中华人民共和国刑法》等。

　　我国信息技术安全标准化技术委员会（CITS）主持制定了 GB 系列的信息安全标准，对信息安全软件、硬件、施工、检测、管理等方面有几十个主要标准。例如，《信息技术设备　安全　第 1 部分：通用要求》(GB 4943.1—2011))；《信息处理系统　开放系统互连　基本参考模型　第 2 部分：安全体系结构》(GB/T 9387.2—1995)；《信息技术　安全技术　带消息恢复的数字签名方案》(GB 15851—1995) 等。但总体而言，我国的信息安全标准体系目前仍处于发展和建立阶段，基本上是引用与借鉴了国际以及先进国家的相关标准。因此，我国在信息安全标准组织体系方面还有待于进一步发展与完善。

9.5.3　计算机职业道德规范

　　当前计算机犯罪和违背计算机职业规范的行为非常普遍，已成为严重的社会问题，不仅需要加强计算机从业人员的职业道德教育，而且也要对每一位公民进行计算机职业道德教育，增强人们遵守计算机道德规范意识。提倡计算机的职业道德不仅有利于计算机信息系统的安全，而且有利于整个社会中的个体利益的保护。应注意的计算机职业道德规范主要有以下几个方面：

1．知识产权

　　1990 年 9 月我国颁布了《中华人民共和国著作权法》，把计算机软件列为享有著作权保护的作品；1991 年 6 月，颁布了《计算机软件保护条例》，规定计算机软件是个人或者团体的智力产品，同专利、著作一样受法律保护，任何未经授权的使用、复制都是非法的，按规定要受到法律的制裁。人们在使用计算机软件或数据时，应遵照国家有关法律规定，尊重其作品的版权，这是使用计算机的基本道德规范。具体是：

　　① 应该使用正版软件，坚决抵制盗版，尊重软件作者的知识产权。

　　② 不对软件进行非法复制。

　　③ 不要为了保护自己的软件资源而制造病毒保护程序。

　　④ 不要擅自篡改他人计算机内的系统信息资源。

2．计算机安全

　　计算机安全是指计算机信息系统的安全。计算机信息系统是由计算机及其相关的和配套的设备、设施（包括网络）构成的，为维护计算机系统的安全，防止病毒的入侵，用户应该注意：

　　① 不要蓄意破坏和损伤他人的计算机系统设备及资源。

　　② 不要制造病毒程序，不要使用带病毒的软件，更不要有意传播病毒给其他计算机系统（传播带有病毒的软件）。

　　③ 要采取预防措施，在计算机内安装防病毒软件；要定期检查计算机系统内文件是否有病毒，如发现病毒，应及时用杀毒软件清除。

　　④ 维护计算机的正常运行，保护计算机系统数据的安全。

⑤ 被授权者对自己享用的资源负有保护责任，口令密码不得泄露给外人。

3．网络行为规范

计算机网络正在改变着人们的行为方式、思维方式乃至社会结构，它对于信息资源的共享起到了无与伦比的巨大作用，并且蕴藏着无尽的潜能。但是网络的作用不是单一的，在它广泛的积极作用背后，也有使人堕落的陷阱，这些陷阱产生着巨大的反作用。其主要表现在：网络文化的误导，传播暴力、色情内容；网络诱发的不道德和犯罪行为；网络的神秘性"培养"了计算机"黑客"；等等。

各个国家都制定了相应的法律法规，以约束人们使用计算机以及在计算机网络上的行为。例如，我国公安部公布的《计算机信息网络国际联网安全保护管理办法》中规定任何单位和个人不得利用国际互联网制作、复制、查阅和传播下列信息：

① 煽动抗拒、破坏宪法和法律、行政法规实施的。

② 煽动颠覆国家政权，推翻社会主义制度的。

③ 煽动分裂国家、破坏国家统一的。

④ 煽动民族仇恨、破坏国家统一的。

⑤ 捏造或者歪曲事实，散布谣言，扰乱社会秩序的。

⑥ 宣扬封建迷信、淫秽、色情、赌博、暴力、凶杀、恐怖，教唆犯罪的。

⑦ 公然侮辱他人或者捏造事实诽谤他人的。

⑧ 损害国家机关信誉的。

⑨ 其他违反宪法和法律、行政法规的。

但是，仅仅依靠制定一项法律来制约人们的所有行为是不可能的，也是不实际的。相反，社会依靠道德来规定人们普遍认可的行为规范。在使用计算机时应该抱着诚实的态度、无恶意的行为，并要求自身在智力和道德意识方面取得进步。应做到以下几点：

① 不能利用电子邮件作广播型的宣传，这种强加于人的做法会造成别人的信箱充斥无用的信息而影响正常工作。

② 不应该使用他人的计算机资源，除非得到了准许或者作出了补偿。

③ 不应该利用计算机去伤害别人。

④ 不能私自阅读他人的通信文件（如电子邮件），不得私自复制不属于自己的软件资源。

⑤ 不应该到他人的计算机里去窥探，不得蓄意破译别人口令。

9.6　常用安全工具软件

9.6.1　国内外著名杀毒软件

1．国产杀毒软件

国产杀毒软件主要的厂商是瑞星公司、360公司以及金山公司。

（1）瑞星杀毒

瑞星公司是中国最早的计算机反病毒公司。它所研发的瑞星杀毒软件是基于新一代虚拟机脱壳引擎、采用三层主动防御策略开发的新一代信息安全产品。最新的版本是瑞星杀毒软件 V17。

针对互联网上大量出现的恶意病毒、挂马网站和钓鱼网站等，瑞星"智能云安全"系统可自动收集、分析、处理，完美阻截木马攻击、黑客入侵及网络诈骗，为用户上网提供智能化的整体上网安全解决方案。

（2）金山毒霸

金山毒霸（Kingsoft Anti-Virus）是金山软件股份有限公司研制开发的高智能反病毒软件。融合了启发式搜索、代码分析、虚拟机查毒等反病毒技术，同时具有病毒防火墙实时监控、压缩文件查毒、查杀电子邮件病毒等多项功能。最新的版本是金山毒霸 2017 版。

（3）360 杀毒

360 杀毒是奇虎公司研发的一款免费的云安全杀毒软件。正是由于 360 杀毒率先提出全免费、永久免费的概念，使得 360 系列安全产品异军突起，迅速占领了市场，在个人版杀毒市场份额大幅领先。360 杀毒具有以下优点：查杀率高、资源占用少、升级迅速等。最新的版本是 360 杀毒 5.0 版。

2. 国外杀毒软件

国外的杀毒软件有很多，这里介绍一下以前用户使用的比较多的卡巴斯基杀毒软件和迈克菲杀毒软件。

（1）卡巴斯基（Kaspersky）

卡巴斯基总部设在俄罗斯首都莫斯科，Kaspersky Labs 是国际著名的信息安全领导厂商。公司为个人用户、企业网络提供反病毒、防黑客和反垃圾邮件产品。卡巴斯基反病毒软件易于安装和设置，不仅适用于初级用户，而且软件的高度灵活性和易于调整性也同样满足专业用户的需求。但是，在卡巴斯基运行时会占用许多的系统内存导致计算机运行速度变慢。

卡巴斯基的主要功能有：文件反病毒、邮件反病毒、Web 反病毒和主动防御。

（2）迈克菲（McAfee）

McAfee 是网络安全和可用性解决方案的领先供应商，创建出了一流的计算机安全解决方案，可以阻止网络上的入侵，并保护计算机系统免受下一代混合型攻击和威胁。其提供的产品包括针对家庭用户的 VirusScan Plus 和 McAfee Internet Security Suite，以及针对企业级客户的 McAfee VirusScan Enterprise。McAfee VirusScan Enterprise 是一项针对个人计算机和服务器的创新技术。它可前瞻性地阻止和清除恶意软件，扩展抵御新的安全风险的范围，并降低应对病毒爆发所需的成本。VirusScan Enterprise 结合了先进的防病毒、防火墙以及入侵防护技术，可以拦截各种威胁。通过先进的启发式检测和常规检测，它还可以发现新的未知病毒，甚至可以发现隐藏在压缩文件中的病毒。

由于 McAfee VirusScan Enterprise 性能出色，并且资源占用率低，所以推荐大家使用 McAfee VirusScan Enterprise，在运行时不会导致系统变慢。

9.6.2　安全防护软件

1. 360 安全卫士

360 安全卫士是当前比较受用户欢迎的上网必备安全软件。不但永久免费，还独家提供多款著名杀毒软件的免费版。它拥有木马查杀、恶意软件清理、漏洞补丁修复、计算机全面体检等多种功能。目前木马威胁之大已远超病毒，360 安全卫士运用云安全技术，在杀木马、防盗号、保护网银和游戏的账号密码安全、防止计算机变肉鸡等方面表现出色，被誉为"防范木马的第一选择"。同时，它自身非常轻巧，还具备开机加速、垃圾清理等多种系统优化功能，可大大加快计算机运行速度，内含的 360 软件管家还可帮助用户轻松下载、升级和强力卸载各种应用软件。

2. 超级兔子

超级兔子是一个完整的系统维护工具，可以清理大多数的文件、注册表里面的垃圾，同时还有强力的软件卸载功能，专业的卸载可以清理一个软件在计算机内的所有记录。超级兔子共有八大组件，可以优化、设置系统大多数的选项，打造一个属于自己的 Windows。超级兔子上网精灵具有 IE 修复、IE 保护、恶意程序检测及清除工能，还能防止其他人浏览网站，阻挡色情网站，以及端口的过滤等。

小　结

本章讲述了网络信息安全的概念以及网络信息安全关键技术；结合实际，描述了计算机用户在计算机中需要注意的实体安全与硬件防护问题；并在此基础上介绍了计算机病毒的概念以及防治、网络信息安全法规，并对社会热点问题计算机职业道德进行了比较详细的阐述。在应用软件和实用方面，除了介绍常用的杀毒软件外，还进一步讨论了极具实用性的安全防护软件和防火墙软件。其中信息安全技术和计算机病毒是本章的难点，需要重点掌握。

习　题

一、选择题

1. 所有的信息安全技术都是为了达到一定的安全目标，具体包括（　　）。
   ①保密性；　　　　　　②完整性；　　　　　　③可用性；　　　　　　④可控性；
   A. ①②④　　　　　　B. ①②③　　　　　　C. ②③④　　　　　　D. ①②③④

2. 访问控制的功能不包括（　　）。
   A. 防止非法主体进入受保护的网络资源
   B. 允许合法用户访问受保护的网络资源
   C. 防止合法用户对受保护的网络资源进行非授权的访问
   D. 防止合法用户对授权网络资源的访问

3. 威胁计算机信息系统安全的因素不包括（　　）。
   A. 互联网具有的非安全性　　　　　　　　B. 操作系统存在的安全问题
   C. 传输线路的安全问题　　　　　　　　　D. 计算机病毒的破坏

4. 入侵检测系统的信息收集中不包括（　　）。
   A. 系统和网络日志　　　　　　　　　　　B. 程序执行中的不期望行为
   C. 物理形式的入侵信息　　　　　　　　　D. 黑客的个人信息

5. 为了防止电子商务中的抵赖问题，应采用（　　　　）。
　　A. 信息认证技术　　　　B. 数据加密技术　　　　C. 防火墙技术　　　　D. 数字签名技术
6. 计算机软件著作权法保护的内容不包括（　　　　）。
　　A. 程序　　　　　　　　B. 文档　　　　　　　　C. 构思　　　　　　　D. 产品说明书
7. 下列软件中不属于安全工具的是（　　　　）。
　　A. 金山毒霸 2008　　　B. 天网防火墙　　　　　C. 360 安全卫士　　　D. WinRAR
8. 计算机病毒是（　　　　）。
　　A. 程序　　　　　　　　B. 密码　　　　　　　　C. 可以传染给人类的　D. 不存在的
9. 计算机病毒的特征不包括（　　　　）。
　　A. 自我复制能力　　　　B. 保密性　　　　　　　C. 夺取系统控制权　　D. 破坏性
10. 与信息安全没有直接关系的法律法规是（　　　　）
　　A. 中华人民共和国著作权法　　　　　　　　　B. 计算机软件保护条例
　　C. 商用密码管理条例　　　　　　　　　　　　D. 中华人民共和国宪法

二、填空题

1. 信息安全是一门涉及计算机科学、_____、_____、_____、信息安全技术、应用数学、数论、信息论等多种学科的综合性学科。
2. 计算机系统安全定义为多个级别，_____级是最低的安全级别；_____级是最高的安全级别。
3. 访问控制可分为_____和_____两大类。
4. 所谓"防火墙"，是指一种将_____和_____分开的方法，它实际上是一种隔离技术。
5. 入侵检测系统所采用的技术可分为_____与_____两种。
6. 黑客的主要行为包括_____、_____、_____和_____。
7. 电磁防护的主要防护措施有两类：一类是_____；另一类是_____。
8. 计算机病毒的传播途径有_____、_____、_____、_____和_____。
9. 病毒有 6 个主要特点：_____、_____、_____（写出其中 3 个）。
10. 1991 年 6 月，我国颁布了《计算机软件保护条例》，规定计算机软件是个人或者团体的_____，同_____一样受法律的保护，任何未经授权的使用、复制都是非法的，按规定要受到法律的制裁。

三、判断题

1. 为了保证信息安全，只要有先进的信息安全技术就可以了。　　　　　　　　　（　　）
2. 对数据加密以后，可以保证数据的绝对安全。　　　　　　　　　　　　　　　（　　）
3. 防火墙是在两个网络进行通信时执行的一种访问控制尺度，它能允许用户"同意"的人和数据进入网络，同时将用户"不同意"的人和数据拒之门外，最大限度地阻止网络中的黑客来访问自己的网络。　　　　　　　　　　　　　　　　　　　　　　　　　　　　　（　　）
4. 有了防火墙，就可以保证网络的绝对安全了。　　　　　　　　　　　　　　　（　　）
5. 数字签名技术完全可以代替现实过程中的"亲笔签字"，在技术和法律上有保障。（　　）
6. 所有的黑客行为都是具有破坏性的。　　　　　　　　　　　　　　　　　　　（　　）
7. 病毒有可能来源于突发或偶然的原因，是随机产生的一段计算机代码。　　　　（　　）

8. 对于网络用户来说，不能私自阅读他人的通信文件（如电子邮件）。 （ ）

四、简答题

1. 何谓信息安全，它的主要目标是什么？
2. 简述访问控制实现的策略。
3. 简述数据加密技术。
4. 简述入侵检测技术。
5. 何谓"黑客"？其主要行为是什么？

第 10 章　多媒体技术基础

本章讲解

随着计算机网络技术的发展和信息化进程的推进，传统的信息处理方式和表现手段因多媒体技术的日新月异和广泛应用得以改良和发展，从早期对文本、图形、图像、音频、视频等多媒体信息处理到近年来对数据管理与检索、交互模式与接口、生物特征身份识别等新兴技术的研究，其应用已经逐渐融入计算和通信构建的信息空间中，并且在应用数量和类型上日益丰富，在社会需求上更加贴近生活，让人们以更加自然的方式与计算机进行交互与沟通。本章主要介绍多媒体信息处理技术，着重讲述多媒体的概念、图形、图像、动画、音频和视频等多媒体信息处理的基础知识和基本方法，最后介绍常用的多媒体作品制作工具。

学习目标

- 了解多媒体技术的特性及应用领域。
- 了解多媒体计算机的标准和构成。
- 理解多媒体的相关概念。
- 理解多媒体素材的基本概念和数字化方法。

10.1　概　　述

多媒体技术是现代计算机技术的重要发展方向，与通信技术、网络技术的融合与发展打破了时空和环境的限制，涉及计算机出版业、远程通信、家用电子音像产品，以及电影与广播等领域，从根本上改变了人们的生活方式和现代社会的信息传播方式。

10.1.1　基本概念

1. 媒体

媒体（Medium）是指信息传递和存储的载体。或者说，媒体是信息的存在形式和表现形式。简单地说，媒体就是人与人之间交流思想和信息的中介物。在计算机领域中，媒体有两种含义：一是指信息的物理载体（即存储和传递信息的实体），如书本、磁盘、光盘、磁带和半导体存储器等；二是指信息的表现形式（或者说传播形式），如数字、文字、声音、图像、视频和动画等。多媒体技术中的媒体，通常是指后者，即计算机不仅能处理文字、数值之类的信息，还能处理声音、图形、电视图像等各种不同形式的信息。

2. 媒体的类型

按照国际电信联盟（International Telecommunication Union，ITU）对媒体所作的定义，通常可

以将媒体分为以下几类：

（1）感觉媒体（Perception Medium）

感觉媒体能够直接作用于人的感官，使人产生感觉，如语言、声音、图像、气味、温度、质地等。

（2）表示媒体（Representation Medium）

表示媒体是加工、处理和传输感觉媒体而构造出来的媒体，如语言编码、文本编码和图像编码等。

（3）呈现媒体（Presentation Medium）

呈现媒体的作用是将感觉媒体信息的内容呈现出来。其分为两种，一种是输入呈现媒体，如键盘、摄像机、光笔、传声器等；另一种是输出呈现媒体，如显示器、扬声器、打印机等。

（4）存储媒体（Storage Medium）

存储媒体用于存放经过数字化后的媒体信息，以便计算机随时进行处理，如硬盘、U盘、光盘等。

（5）传输媒体（Transmission Medium）

传输媒体用来将媒体从一处传送到另一处，是信息通信的载体，如通信线缆、光纤、电磁空间等。

人们通常说的媒体是指感觉媒体，但计算机所处理的媒体主要是表示媒体。

3．多媒体与多媒体技术

多媒体（Multimedia）一般理解为多种媒体（如文本、图形、图像、音频、动画、视频等）的综合集成与交互，也是多媒体技术的代名词。

按照与时间的相关性，可以将多媒体分成两类，即静态媒体和流式媒体。静态媒体是与时间无关的媒体，如文本、图形、图像；流式媒体是与时间有关的媒体，如音频、动画、视频，该类媒体有实时和同步等要求。

多媒体技术是利用计算机对数字化的多媒体信息进行分析、处理、传输以及交互性应用的技术。目前，多媒体技术的研究已经进入稳定期。从多媒体数据进行处理的目标上来看，多媒体的研究方向从以发展为重点，向着发现、传输与理解并重发生着改变。部分应用技术逐渐成为研究热门，相关技术领域的发展将持续活跃。可以说，多媒体技术的发展改善了人机交互手段，更接近自然的信息交流方式。

4．常见的媒体元素

（1）文本

文本是指以文字或特定的符号来表达信息的方式。文字是具有上下文关系的字符串组成的一种有结构的字符集合。符号是对信息的抽象，用于表示各种语言、数值、事物或事件。文本是使用最悠久、最广泛的媒体元素。文本分为格式化文本和非格式化文本。格式化文本可以进行格式编排，包括各种字体、尺寸、颜色、格式及段落等属性设置，如".docx"文件；非格式化文本的字符大小是固定的，仅能以一种形式和类型使用，不具备排版功能，如".txt"文件。

（2）图形

图形又称矢量图形，是计算机根据一系列指令集合绘制的几何信息，如点、线、面的位置、形状、色彩以及一些特殊效果。图形的最大优点表现在缩放、旋转、移动等处理过程中不失真，具有很好的灵活性，但其描述的对象轮廓不是非常复杂，色彩也不是很丰富。

（3）图像

图像是指由输入设备捕获的实际场景画面或以数字化形式存储的真实影像。计算机经过逐行、逐列采样，并用许多点（像素点）阵表示并存储的点位图称为数字图像，又称位图。位图图像适合表现层次和色彩比较丰富、包含大量细节的图像，但存储信息较多，占用空间较大。

（4）音频

音频包括声音和音乐。声音包括人说话的声音、动物鸣叫声等自然界的各种声音；而音乐是有节奏、旋律或和声的人声或乐器音响等配合所构成的一种艺术。声音和音乐在本质上是相同的，都是具有振幅和频率的声波。

（5）动画

动画是指采用图形图像处理技术，借助于计算机编程或动画制作软件等手段，生成一系列可供实时演播的连续画面的技术。计算机动画的实质是若干幅时间和内容连续的静态图像的顺序播放，运动是其主要特征。用计算机实现的动画有两种，一种是造型动画，另一种是帧动画。

（6）视频

视频是若干幅内容相互联系的图像连续播放形成的。视频主要来源于用摄像机拍摄的连续自然场景画面。视频与动画一样是由连续的画面组成的，只是画面图像是自然景物的图像而已。计算机处理的视频信息是全数字化的信号，在处理过程中要受到电视技术的影响。

10.1.2　主要特征

由多媒体技术的定义可知，多媒体技术具有以下特性：

1. 多样性

所谓"多样性"是指信息媒体多样化。多样性指两个方面，一是信息媒体的多样性，即信息媒体包括文本、图形、图像、音频、动画和视频等。另外一方面，多样性表示了多媒体计算机在处理输入的信息时，不仅仅是简单地获取和再现信息，还能够根据人的构思和创意，对信息进行变换、组合和加工，从而大大丰富和增强信息的表现力，达到更生动、更活泼、更自然的效果。

2. 集成性

集成性是指以计算机为中心综合处理多种信息媒体，体现在信息集成性和技术集成性两方面。信息集成性是指将多种不同的媒体信息有机地组合成为一个完整的多媒体信息，这种集成包括信息的多通道统一获取、多媒体信息的统一存储和组织，以及多媒体信息表现合成等方面。技术集成性是指处理各种媒体的设备和设施的集成，以计算机为中心，综合处理文本、图形、图像、动画、音频和视频等多种信息媒体。

3. 交互性

交互性是多媒体计算机技术最突出的特性。所谓交互性是指用户可以对计算机应用系统进行交互式操作，从而更有效地控制和使用信息。这种特性可以增强用户对信息的理解和注意力，延长信息保留的时间。用户借助交互式的沟通，可以按照自己的意愿学习、思考和解决问题。从用户角度来讲，交互性是多媒体技术中最重要的一个特性。它改变了以往单向的信息交流方式，用户不再像看电视、听广播那样被动地接收信息，而是能够主动地与计算机进行交流。

4．实时性

多媒体系统中音频、动画和视频等信息媒体具有很强的实时性。在多媒体系统中，文本、图形和图像等媒体是静态的，与时间无关，而音频、动画和视频则是实时的。多媒体系统提供了对这些强实时性媒体的实时处理能力，也就意味着多媒体系统在处理这类信息时有严格的时序要求和很高的速度要求。

10.1.3　应用领域

随着社会的不断进步和发展，以及计算机技术和网络技术的全面普及，多媒体已逐渐渗透到社会的各个领域，在文化教育、技术培训、电子图书、旅游娱乐、商业及家庭等方面，已如潮水般地出现了大量的以多媒体技术为核心的多媒体产品，备受用户欢迎。

多媒体技术的应用主要包括以下几个方面：

1．教育与培训

多媒体技术用于教育和培训，特别适合于计算机辅助教学（CAI）。教师通过交互式的多媒体辅助教学方式，可以激发学生的学习兴趣和主动性，改变传统灌输式的课堂教学和辅导方式。学生通过多媒体辅助教学软件，可进行自我测试、自我强化，从而提高自学能力。多媒体技术与计算机网络的结合还可应用于远程教学，从而改变传统集中、单向的教学方式，对教育内容以及教育方式方法、教育机构变革、教育观念更新均将产生巨大影响。

2．电子出版物

伴随着多媒体技术的发展，出版业突破了传统出版物的种种限制进入了新时代。多媒体技术使静止枯燥的读物变成了融合文字、图像、音频和视频的休闲享受；同时，存储方式的改进也使出版物的容量增大而体积大大减小。

3．娱乐应用

精彩的游戏和风行的 VCD、DVD 都可以利用计算机的多媒体技术来展现，计算机产品与家电娱乐产品的区别越来越小。视频点播（Video on Demand，VOD）也得到了广泛应用，电视节目中心将所有的节目以压缩后的数据形式存入数据库，用户只要通过网络与中心相连，就可以在家里按照指令菜单调取任何一套节目或调取节目中的任何一段，实现家庭影院般的享受。

4．视频会议

视频会议的应用是多媒体技术最重大的贡献之一。该应用使人的活动范围扩大而距离更近，其效果和方便程度比传统的电话会议优越得多。通过网络技术和多媒体技术，视频会议系统使两个相隔万里的与会者能够像面对面一样随意交流。

5．咨询演示

在旅游、邮电、交通、商业、宾馆等公共场所，通过多媒体技术可以提供高效的咨询服务。在销售、宣传等活动中，使用多媒体技术能够图文并茂地展示产品，从而使客户对商品能够有一个感性、直观的认识。

6．艺术创作

多媒体系统具有视频绘图、数字视频特技、计算机作曲等功能。利用多媒体系统创作音像，不仅可以节约大量人力、物力，而且为艺术家提供了更好的表现空间和更大的艺术创作自由度。

7．模拟训练

利用多媒体技术丰富的表现形式和虚拟现实技术，研究人员能够设计出逼真的仿真训练系统，如飞行模拟训练等。训练者只需要坐在计算机前操作模拟设备，就可得到如同操作实际设备一般的效果，不仅能够有效地节省训练经费、缩短训练时间，还能够避免一些不必要的损失。

10.2　多媒体计算机

多媒体计算机（Multimedia PC，MPC）是指能够综合处理文本、图形、图像、音频、动画和视频等多种媒体信息，使多种媒体建立联系并具有交互能力的计算机。

在组成多媒体计算机的硬件方面，除传统的硬件设备之外，通常还需要增加 CD-ROM 驱动器、视频卡、声卡、扫描仪、摄像机和音箱等多媒体设备。这些设备用于实现多媒体信息的输入/输出、加工变换、传输、存储和表现等任务。

多媒体计算机相比一般的通用计算机而言，其功能和用途更加丰富。多媒体计算机给人们的工作和学习提供了全新而快捷的方式，为生活和娱乐增添了新的乐趣。

10.2.1　多媒体计算机标准

MPC 是多媒体技术发展的必然结果。MPC 不仅指多媒体计算机，而且还是由多媒体市场协会制定出来的多媒体计算机所需的软/硬件规范标准。其规定多媒体计算机硬件设备和操作系统等量化指标，并且制定高于 MPC 标准的计算机部件的升级规范。最新的 MPC 规定了多媒体计算机的软/硬件配置，其典型配置如表 10-1 所示。就目前而言，普通 MPC 的配置已经完全超过了这一标准，并且还将迅速发展，MPC 只是规定了多媒体计算机系统的最低要求。

表 10-1　MPC-LEVEL4 标准

硬 件 设 备	MPC 标准
CPU	Pentium 133 或 200
RAM	16 MB 或更多
外存	3.5 英寸 1.44 MB 软驱、1.6 GB 以上的硬盘
显卡	图形分辨率 1280×1024/1600×1200/1900×1200，24/32 位真彩色
声卡	16 位立体声、带波表 44.1/48 kHz
视频设备	Modem 卡、视频采集卡、特级编辑卡和视频会议卡
I/O 接口	串口、并口、MIDI 接口和游戏棒接口
显示器	38～43 cm
CD-ROM 驱动器	4 倍速以上的 CD-ROM 光驱

10.2.2　多媒体计算机系统构成

一个完整的多媒体计算机系统由多媒体计算机硬件系统和多媒体计算机软件系统两部分组成。

多媒体硬件系统主要在计算机上要配置相各种外围设备，以及与各种外围设备连接的控制接口卡（其中包括多媒体实时压缩和解压缩电路，如显卡、声卡等）。

多媒体软件系统构建于多媒体硬件系统之上，包括多媒体驱动软件、多媒体操作系统、多媒体数据处理软件、多媒体创作工具软件和多媒体应用软件等。

1．多媒体计算机的硬件组成

多媒体硬件系统包括计算机硬件、音频/视频处理器、音频/视频等多种媒体输入/输出设备及信号转换装置、通信传输设备及接口装置等。其中，最重要的是根据多媒体技术标准而研制生成的多媒体信息处理芯片和板卡、光盘存储器（CD/DVD-ROM）等。多媒体硬件系统的基本构成如图 10-1 所示。

数字音频处理的支持是多媒体计算机的重要内容，音频处理设备（即声卡）具有 A/D 和 D/A 音频信号的转换功能，可以合成音乐、混合多种声源，还可以外接 MIDI 电子音乐设备。在声卡上连接的音频输入/输出设备包括传声器、音频播放设备、MIDI 合成器、扬声器等。

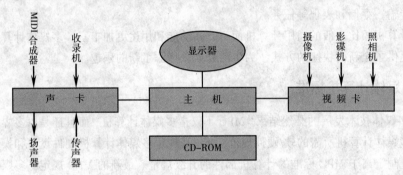

图 10-1　多媒体硬件系统的构成

视频卡可细分为视频捕捉卡、视频处理卡、视频播放卡及 TV 编码器等专用卡，其功能是连接摄像机、VCD 影碟机、TV 等设备，以便获取、处理和表现各种动画和数字化视频媒体。视频卡通过插入主板扩展槽中与主机相连。视频卡上的输入/输出接口可以与摄像机、影碟机、照相机和电视机等设备相连。视频卡采集来自输入设备的视频信号，并完成由模拟量到数字量的转换与压缩，将视频信号以数字化形式存入计算机中。

光盘存储器由 CD-ROM/DVD-ROM 驱动器和光盘片组成。光盘片是一种大容量的存储设备，可存储任何多媒体信息。CD-ROM/DVD-ROM 驱动器用来读取光盘上的信息。

图形加速卡又称显卡，其主要作用是对图形函数进行加速计算和处理。显卡拥有自己的图形函数加速器和显存，专门用来执行图形加速任务，因此可以大大减少 CPU 所处理的图形函数的时间，让 CPU 执行更多的其他任务，从而提高计算机的整体性能和多媒体的功能。

2．多媒体计算机的软件组成

多媒体软件系统是支持多媒体系统运行、开发的各类软件和开发工具，以及多媒体应用软件的总称。多媒体软件可以划分为不同的层次或类别，如图 10-2 所示。

图 10-2　多媒体软件系统图

多媒体驱动软件是指多媒体计算机软件中直接和硬件打交道的软件。其完成设备的初始化、各种设备操作及设备的关闭等。驱动软件一般常驻内存，每种多媒体硬件需要一个相应的驱动软件。

多媒体操作系统，或称为多媒体核心系统（Multimedia Kernel System），是具有实时任务调度、多媒体数据转换和同步控制、对多媒体设备的驱动和控制，以及图形用户界面管理等多媒体功能的操作系统。多媒体操作系统可分为两类，一类是为特定的交互式多媒体系统使用的多媒体操作系统，如 Philips 和 Sony 公司联合推出的 CD-RTOS 多媒体操作系统；另一类是通用的多媒体操作系统，如微软的 Windows 系统、苹果的 Mac 系统等。

多媒体数据处理软件是在多媒体操作系统之上开发的，能够编辑和处理多媒体信息的应用软件。常见的图形图像编辑软件有 CorelDRAW、Photoshop 等，音频编辑软件有 Adobe Audition、GoldWave 等，动画编辑软件有 Flash、3ds Max 等，非线性视频编辑软件有 Premiere、EDIUS 等。

多媒体创作软件是帮助开发者制作多媒体应用软件的工具，如 Authorware、Director 等。能够对多媒体素材进行控制和管理，并按要求连接成完整的多媒体应用软件。

多媒体应用软件是在多媒体硬软件平台上设计开发的，根据多媒体系统终端用户要求而定制的应用软件或面向某一领域的专业应用软件系统。它是面向各种应用的软件系统，用于解决实际问题。用户可以通过简单的操作，直接进入和使用该应用系统，实现其功能。

多媒体计算机软件系统主要由以上层次组成。其核心是多媒体操作系统，关键是多媒体驱动软件和多媒体创作工具。

10.2.3　多媒体信息数据压缩

多媒体系统需要将不同的媒体数据表示成统一的信息流，然后对其进行变换、重组和分析处理，以便进一步存储、传送、输出和交互控制。多媒体的关键技术主要集中在数据压缩/解压缩技术、多媒体专用芯片技术、大容量的多媒体存储设备、多媒体系统软件技术、多媒体通信技术和虚拟现实技术等方面。其中，使用最为广泛的是数据压缩/解压缩技术。

1. 多媒体数据压缩编码的重要性

信息的表示主要分为模拟方式和数字方式。在多媒体技术中，信息均采用数字方式。多媒体系统的重要任务是将信息在模拟量和数字量之间进行自由转换、存储和传输，即将图形、图像、音频、动画和视频等多种媒体转化成数字计算机所能处理的数字信息。但数字化后的音频和视频等媒体信息的数据量非常大，这对当前硬件技术所能提供的计算机存储资源和网络带宽有很高的要求，成为阻碍人们有效获取和利用信息的一个瓶颈问题。要使这些媒体在计算机中能够应用，关键问题是如何减少巨大的数据量，以减少占用的存储空间和数据传送量，并使原来的声音和图像不失真，解决这些问题的方法就是要对音视频的数据进行大量的压缩，然后存储。在播放时，用压缩的数据进行传输以减少数据传送量，接收后再对传送的数据进行解压缩，以便复原，使播放的图像如同原来采样时的一样（失真小，使人的听/视觉不能明显地觉察出来）。

一方面从目前多媒体与计算机技术的发展来看，多媒体数据量越来越大，对数据传输和存储要求越来越高，数字化的媒体信息数据以压缩形式存储和传输将是唯一的选择；另一方面，多媒体数据确实有很大的压缩潜力，数据中存在很多冗余，包括空间冗余、时间冗余、知识冗余、视觉冗余、听觉冗余和结构冗余等。因此，在允许一定限度失真的前提下，数据压缩技术是一个行之有效的方法，也是研究多媒体系统的关键技术。

衡量数据压缩技术的好坏有 3 个重要的指标：一是压缩比要大，即压缩前后所需的信息存储量之比要大；二是实现压缩的算法要简单，压缩、解压缩速度快，尽可能地做到实时压缩/解压缩；三是恢复效果要好，要尽可能地恢复原始数据。

2．数据压缩技术的分类

数据压缩技术的分类方法很多，如果按照原始数据与解压缩得到的数据之间有无差异，可以将压缩技术分为无损压缩和有损压缩两类。

无损压缩又称无失真压缩，该方法利用数据的统计冗余进行压缩而不会产生失真，即压缩前和解压缩后的数据完全一致。无损压缩的压缩率受到数据统计冗余度的理论限制，一般为 $2:1 \sim 5:1$。该类方法广泛用于文本数据、程序代码和某些要求不丢失信息的特殊应用场合的图像数据（如指纹图像、医学图像等）压缩。但由于压缩比的限制，仅使用无损压缩方法不可能解决图像和数字视频的存储和传输问题。常用的无失真压缩编码有哈夫曼编码、行程长度编码等。

有损压缩又称有失真压缩，解压缩后的数据与原来的数据有所不同，但一般不影响人对原始资料所表达信息的理解。例如，图像和声音中包含的数据往往多于人们的视觉系统和听觉系统所能接收的信息，丢掉一些数据而不至于对声音或图像所表达的意思产生误解，因此可以采用有损压缩，所损失的部分是少量不敏感的数据信息，却换来了较大的压缩比。有损压缩广泛应用于语音、图像和视频数据的压缩。常用的有损压缩编码技术有预测编码、变换编码、模型编码和混合编码（JEPG——静态图像压缩编码的国际标准、MPEG——运动图像压缩编码的国际标准）。

10.3　多媒体素材及数字化

多媒体素材指的是文本、图形、图像、动画、音频和视频等不同种类的媒体信息，它们是多媒体产品中的重要组成部分。准备媒体素材包括对上述各种媒体数据的采集、输入、处理、存储和输出等过程，与之相对应的软件称为多媒体素材制作软件。

10.3.1　文本素材及数字化

1．文本的概念

在多媒体技术出现之前，文本是人们使用计算机交流的主要手段。在多媒体广泛应用的今天，文本也是应用最多、最重要的媒体元素之一。人们通常把文字、数字、符号等统称为文本，它们既是文字处理的基础，也是多媒体应用的基础。在计算机中，文本的呈现方式有两种：一种是文本方式，另一种是图形图像方式。两者的区别主要在于生成文字的软件不同。文本方式多使用文字处理软件（如 Word、WPS、Excel 等）来制作数据、帮助、说明等文本文档；而图形图像方式则是采用图形图像处理软件（如 Windows 画笔、Photoshop、CorelDRAW 等）制作的用于表现文本形态的图像文档，这种多彩靓丽的呈现方式更能提高多媒体作品的感染力。

2．文本素材获取

文本素材的获取方式主要分为直接获取和间接获取两种。直接获取是指通过键盘输入或复制到文字编辑软件或多媒体制作软件的文字工具中，通常在获取少量文本素材的情况下使用。间接获取是指借助外围设备将文本素材输入，如利用扫描仪、照相机、传声器等导入文本素材，通常应用在获取大量文本素材的情况下。

（1）键盘输入

计算机键盘输入是文本素材采集的主要方法。在计算机中，文本的处理进程是分步进行的，每一步都要符合编码规范。

（2）手写识别

利用电磁感应手写板、压感式手写板、触摸屏、触控板、超声波笔等手写输入设备进行文本输入，就像在纸上写字，但在写字板上书写的文字要经选择确认后才能输入。通过手写识别技术，可将在手写设备上书写时产生的有序轨迹信息转化为汉字内码。这种方式是人机交互最自然、最方便的手段之一，可取代键盘、鼠标等传统输入方式，在平板电脑、智能手机等设备中应用较多。

（3）语音识别

将要输入的文字内容用规范的语音朗读出来，通过传声器等输入设备传输到计算机中，由语音识别系统对语音进行识别，将语音转换为对应文字，完成文字的输入。语音输入的识别率不算太高，对发音的准确性要求比较高，常用软件有 IBM ViaVoice 汉语语音识别系统、汉王语音录入系统、Speech SDK 微软语音识别系统等。

（4）数字图像输入/光学字符识别

将印刷品中的文字以图像的方式扫描到计算机中，再用光学字符识别（OCR）软件将图像中的文字识别出来，并转换为文本格式的文件。

（5）互联网获取

从互联网上可以搜索到许多有用的文本素材，在不侵犯版权的情况下，可以从互联网 HTML 页面上复制或下载".doc"".pdf"".caj"等文本文档。当然，并不是所有的互联网文本资源都是开放的，某些文档文件可能受到版权保护，不允许选取复制或下载。

10.3.2　图形图像素材及数字化

1．图形图像的概念

（1）图形

图形通常指由外部轮廓线条构成的矢量图，计算机用一系列指令集合来描述图形的几何形态，如点、直线、曲线、圆、矩形等。矢量图在显示时需要相应的软件读取和解释这些指令，并将其转变为屏幕上所显示的形状和颜色。如图 10-3 所示，一幅矢量图形中的汽车车灯是由一个圆的数学描述绘制而成的，这个圆按某一半径绘制，放在特定的位置并填以相应颜色。移动车灯、调整其大小或更改其颜色时不会降低图形的品质。

矢量图形与分辨率无关，也就是说，可以将它们缩放到任意尺寸，可以按任意分辨率打印，而不会丢失细节或降低清晰度。由于大多数情况下不用对图上的每一点进行量化保存，因此需要的存储量较小。但计算机在图形的还原显示过程中需要对指令进行解释，因此需要大量的运算时间。矢量图形目前主要用于二维计算机图形学领域，是艺术家能够在栅格显示器上生成图像的方式之一，同时在工程制图领域的应用也相当广泛。

（2）图像

图像又称位图，是由很多像素组合而成的平面点阵图，在空间和亮度上都已经进行了离散化。可以把一幅位图图像看成一个矩阵，矩阵中的任一元素对应图像中的一个点，相应的值表示该点的灰度或颜色等级。如图 10-4 所示，一幅位图图像中的汽车车灯是由该位置的像素拼合在一起组成的。

图 10-3　放大前后的矢量图形对比　　　　图 10-4　放大前后的位图图像对比

位图图像与分辨率有关，也就是说，它们包含固定数量的像素。因此，如果在屏幕上对它们进行缩放或以低于创建时的分辨率来打印它们，将丢失其中的细节，并会呈现锯齿状。采用这种方式处理图像可以使画面很细腻，颜色也比较丰富，但文件所需的存储空间一般较大。图像非常适合于包含有明度、饱和度、色相等大量细节的画面，如照片、绘画及印刷品等。

（3）图形与图像的区别

根据图形与图像的概念不难发现，虽然两者在呈现效果上有很多共同点，但从内部结构上看却有较大不同，主要表现在：

① 存储方式：图形存储的是画图的函数；图像存储的则是像素的位置信息和颜色信息以及灰度信息。

② 缩放失真：图形在进行缩放时不会失真，可以适应不同的分辨率；图像放大时会失真，整个图像由很多像素组成。

③ 处理方式：对图形可以进行旋转、扭曲、拉伸等处理；对图像可以进行对比度增强、边缘检测等处理。

④ 算法区别：对图形可以用几何算法来处理；对图像可以用滤波、统计的算法。

⑤ 其他区别：图形不是主观存在的，而是根据客观事物特征计算生成的；图像则是对客观事物的真实描述。

2. 图形图像的显示属性

图形和图像在计算机中的显示效果与显示器的显示分辨率、图像分辨率、图像深度及显卡的性能有关。

（1）像素

像素（Pixel）是图像处理中最基本的单位，在位图中每一个栅格就是一个像素，每个像素点可以表现出不同的颜色和亮度。计算机的显示器就是通过很多这样横向和纵向的栅格来显示图像的。在单位面积内的像素越多，图像的显示效果就越好。

（2）分辨率

分辨率是指单位长度内包含的像素数量。常见的分辨率有图像分辨率、显示器分辨率等。

图像分辨率是每英寸包含的像素数，通常用像素/英寸（pixel per inch，ppi）表示。图像的分辨率越高，图像的质量就越高，但计算机对其处理速度就相对较慢。图像分辨率的设定要根据实际使用的要求来定，如果只是一般的屏幕显示，那么满足一般显示器的要求就可以了；如果是用于精美的印刷品，就要根据具体的印刷设备的分辨率来决定。

在打印时，高分辨率的图像比低分辨率的图像包含的像素更多，因此像素点更小。例如，分辨率为 72 ppi 的 1 英寸 ×1 英寸的图像总共包含 5 184 个像素（72 像素宽 ×72 像素高=5 184 像素）。同样是 1 英寸 ×1 英寸，分辨率为 300 ppi 的图像总共包含 90 000 个像素。与低分辨率的图像相比，高分辨率的图像通常可以显现出更多的细节和更细致的颜色过渡。但是，提高低分辨率图像的分辨率并不会对图像品质有多少改善，因为那样只是将原来的像素信息扩散到更多的像素中。

显示器分辨率是指显示屏上每单位长度内能显示的点的数目，单位是（dot per inch，dpi）。显示器分辨率的高低是由显示器的性能和显卡的性能决定的，一般的计算机显示器的分辨率为 72 dpi。一幅同样分辨率的图像在不同分辨率的显示器上显示的效果是有差异的。

（3）像素大小

像素大小是位图图像高度和宽度的像素数量。图像在屏幕上的显示大小取决于图像像素的大小以及显示器的大小和设置。

例如，15 英寸显示器通常在水平方向显示 800 像素，在垂直方向显示 600 像素。尺寸为 800 像素 ×600 像素的图像将布满此小屏幕。在像素大小设置为 800×600 或更大的显示器上，同样的图像（尺寸为 800×600 像素）仍将布满屏幕，但每个像素看起来更大。将这个大显示器的设置更改为 1 024×768 像素时，图像会以较小尺寸显示，并且只占据部分屏幕。

（4）图像深度

图像深度（又称图像灰度、颜色深度）是指一幅位图图像中最多能使用的颜色数。由于每个像素上的颜色被量化后将用颜色值来表示，所以在位图图像中每个像素所占位数就被称为图像深度。若每个像素只有一位颜色位，则该像素只能表示亮或暗，这就是二值图像。若每个像素有 8 位颜色位，则在一副图像中可以有 256 种不同的颜色。若每个像素具有 16 位颜色位，则可使用的颜色数达 2^{16} = 65 536 种。

常见的图像深度种类有 1 位、4 位、8 位、16 位、24 位和 32 位等，通常来说，32 位的像素深度已足够。

（5）显示深度

显示深度表示显示器上每个像素用于显示颜色的二进制数字位数。若显示器的显示深度小于数字图像的深度，就会使数字图像颜色的显示失真。

（6）文件的大小

图形与图像在计算机中都要以文件的方式存储，其文件的大小（又称数据量）是指在存储设备上存放整幅图像所需的字节数（B），反映了图像所需数据存储空间的大小。计算公式如下：

$$文件字节数=像素总数×图像深度/8$$

例如，一幅 800×600 像素的 256 色图像需存储空间的大小为：800×600×8/8=480 000 B

高分辨率的图像能够产生更多的细节和更微妙的颜色变化。图像分辨率和图像尺寸的值一起决定文件的大小及输出质量，该值越大图像文件所占用的磁盘空间也就越多。图像分辨率和比例关系影响着文件的大小，即文件大小与其图像分辨率的平方成正比。

3．图形图像文件的常见格式

要进行数字图形图像处理，涉及相关数据的存储。图形图像的存储格式可根据不同的应用环境、处理软件等因素有多样的选择。下面简要介绍几种常见的图形图像文件格式。

（1）BMP（Bitmap）格式

BMP 是一种与设备无关的图像文件格式，其文件扩展名为 ".bmp"。BMP 是 Windows 所用的基本位图格式，Windows 软件的图像资源大多以 BMP 格式存储。多数图形图像软件，特别是 Windows 环境下运行的软件，都支持这种格式。BMP 文件所占用的存储空间较大。

（2）GIF（Graphics Interchange Format）格式

GIF 是由 CompuServe 公司在 1987 年为了制定彩色图像传输协议而开发的，文件扩展名为 ".gif"。在一个 GIF 文件中可以存放多幅彩色图像，如果把一个文件中的多幅图像数据逐幅读出并显示到屏幕上，就可以构成一种简单的动画。GIF 适用于表现一些网络上的小图片，如 Logo 等。

（3）JPEG/JPG（Joint Photographic Experts Group）格式

JPEG 是联合图像专家组制定的第一个压缩静态数字图像国际标准，JPEG 格式的扩展名为 ".jpg"。以 JPEG 格式存储的文件是其他类型图像文件的几十分之一，是目前比较流行的一种图像格式。

（4）TIFF/TIF（Tagged Image File Format）格式

TIFF 是标记图像文件格式的缩写，文件扩展名为 ".tif" 或 ".tiff"。TIFF 格式是为了存储黑白图像、灰度图像和彩色图像而定义的存储格式，已成为出版多媒体 CD – ROM 的一个重要文件格式，在 Macintosh 系统和 Windows 系统中移植 TIFF 文件非常便捷。

（5）SWF（Shockwave Format）格式

SWF 格式是利用 Flash 制作出的一种动画格式，其文件扩展名为 ".swf"。这种格式的动画图像能够用比较小的体积来表现丰富的多媒体形式。已成为网上动画的事实标准。

（6）PSD（Photoshop Document）格式

PSD 格式是 Adobe 公司的图像处理软件 Photoshop 的专用格式，其文件扩展名为 ".psd"。PSD 文件格式专用性较强，一般作为一种过渡文件格式使用。

（7）TGA（Tagged Graphics）格式

TGA 格式是由 Truevision 公司为其显卡开发的一种图像文件格式，其文件扩展名为 ".tga"。TGA 容易与其他格式的文件互相转换，属于一种图形、图像数据的通用格式。

（8）CDR 格式

CDR 格式是 Corel 公司开发的图形图像软件 CorelDRAW 的专用图形文件格式，其文件扩展名为 ".cdr"。CDR 格式在兼容性上较差，只能在 CorelDRAW 应用程序中使用。

4．图形图像素材获取

图形与图像统称为静图，是多媒体作品软件制作中常用的素材，其获取方法有所不同。

图形素材获取方法包括：直接使用图形素材库资源、用工具软件（如 CorelDRAW、AutoCAD 等）直接绘制图形素材。

图像素材的获取方法包括：直接使用图像素材库资源、从屏幕上抓取图像获取素材、使用扫描仪获取图像素材、使用数码照相机获取图像素材、使用软件（如 Windows 画图、Photoshop、Fireworks 等）直接绘制图像素材。

10.3.3　音频素材及数字化

1．音频的概念

（1）音频

音频通常分为声音和 MIDI 音乐两类，声音是指通过声音录入设备录制的原始声音，反映了声音的真实状况；而 MIDI 音乐则是一种音乐演奏指令序列，相当于乐谱，可以利用声音输出设备或与计算机相连的电子乐器进行演奏。

声音是由空气振动产生的物理波，其包含频率和振幅两个基本参数。频率描述了振动的快慢，频率越高，声音越尖锐。振幅描述了振动的强弱，振动越强，引起的声压变化越大，声音就越大。但人耳是一个非常复杂的系统，对声音的强弱感觉并不是成线性的，大体上与声压的对数成比例。为了适应人类听觉的特性和计量的方便，一般都用声压的有效值或音强值取对数来表示声音的强弱，单位为分贝（dB）。

不同频率的声音给人的主观感觉是不同的，对于高于 20 kHz 和低于 20 Hz 的声音，无论其强度多高，一般人都不能听见。通常认为 20 Hz～20 kHz 是人类的听觉频带，而 200 Hz～20 kHz 的信号称为音频信号。高于 20 kHz 的声音称为超音，低于 20 Hz 的声音称为次音。

（2）模拟信号与数字信号

在时间上和幅值上都连续变化的信号称为模拟信号，在时间上和幅值上都是离散的信号称为数字信号，如图 10-5 所示。

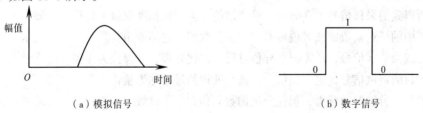

（a）模拟信号　　　　　　　　　　　（b）数字信号

图 10-5　模拟信号及数字信号的模型

能够被人的听觉系统所感知并被人们接受的声音就是一种模拟信号，实际声场中声音强弱的变化达 120 dB，而磁带录音机等传统的模拟音响设备采用模拟信号处理方式上，记录和重放音频信号，其动态范围较小，一般不会超过 60 dB，显然不能满足实际声场声音变化的动态范围；并且由于失真、噪声和电动机转速不匀等原因，重放效果大打折扣。而在数字音响设备中，即使从记录到重放的过程中有失真和噪声，只要重放时设备能够识别码的长短或脉冲的有无，即可再现出原来的信号。另外，从与计算机的兼容性方面考虑，多媒体是以计算机控制为基础的，而计算机、机□和存储的都是数）信息，即0、1信号，所以在多媒体系统中，传统的模拟音频、视频信号必须是数字信号，即必须进行数字化处理。

2. 音频信号的数字化方法

将模拟信号转变成数字信号的处理过程称为模拟信号的数字化。模拟音频信号的数字化需要3个步骤：采样、量化和编码。以适当的时间间隔观测模拟信号波形幅值的过程称为采样；将采样时刻的信号幅值归整（四舍五入）到与其最接近的整数标度称为量化；将量化后的整数，用一个二进制数码序列来表示称为编码。

（1）采样

音频信号不仅在幅度取值上是连续的，而且在时间上也是连续的，如图 10-5（a）所示。采样就是每隔一定的时间间隔 T 在时间上连续的音频信号抽取瞬时幅值的过程，也称为抽样。采样后所得到的一串在时间上离散的序列信号称为样值序列信号或采样信号，如图 10-6 所示。

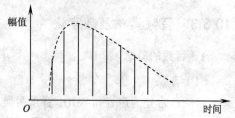

图 10-6　模拟音频信号的采样

采样过程中两次采样的时间间隔大小 T 称为采样周期；$1/T$ 称为采样频率，表示单位时间内的采样次数。

显然，为了使采样值真实地反映被采样信号变化的情况，相邻两次采样的时间间隔应尽可能短，即采样频率应尽量高，则对信号的描述越细腻、越接近真实信号；但一味提高采样频率，将导致数据量增大，给后续的数据处理带来困难。另外，采样频率还与被测信号的变化速度有关，如在过短的时间里反复测量普通病人体温或是河流水位的变化是完全没有必要的。这就是说，采样频率的选择必须考虑被采样信号变化的快慢程度，采样频率是一个相对值。

在计算机多媒体音频处理中，采样频率通常有 3 种，一般人的语音使用 11.025 kHz 的采样率，要达到音乐效果采样频率需选择 22.05 kHz 的采样频率，而要获取高保真的 CD 音质效果则需要选用 44.1 kHz 的采样频率。

（2）量化

采样所得到的采样信号虽在时间上是离散的，但它在幅度取值上仍连续，即它可以是输入模拟信号幅值中的任意幅值，或者说可有无限多种取值，它不能用有限个数字来表示，因此仍属模拟信号。要成为数字信号，还需把采样值进行离散化处理，将幅值为无限多的连续信号变换成幅值为有限数目的离散信号，这一幅值上离散化处理的过程称为量化。

量化就是"分级"的意思，量化分级的数目称为量化级数，而表示该级数的二进制的位数称为量化位数。当量化位数为 n 时，量化级数为 2^n 级。对于满幅度模拟信号，量化级数越多，量化后的样值越接近真实值，但每一样值的量化位数也随着增加，从而数据量加大。因此量化位数的选择应综合考虑信号的质量和数据量的大小。

（3）编码

模拟信号经过采样和量化以后，在时间上和幅度取值上都变成了离散的数字信号。如果量化级数为 N，则信号幅度上有 N 个取值，形成有 N 个电平值的多电平码。但这种具有 N 个电平值的多电平码信号在传输过程中会受到各种干扰，并会产生畸变和衰减，接收端难以正确识别和接收。

由于二进制码具有抗干扰能力强的优点，且容易产生，所以在多媒体应用中，一般都采用二进制码，只要系统能识别出是 0 还是 1 即可。

多媒体信息的数字化是整个多媒体技术的基础。在多媒体信息中，音/视频信息所占的比重非常大，因此如何把模拟的音/视频信号转变为数字化形式的编码也就成为多媒体技术中研究的一个重点问题。把模拟的音/视频信号转变为数字化形式的编码的过程称为音/视频信号的模/数转换（A/D）。本章对音频信号的数字化过程作简要说明，视频信号的 A/D 转换过程与音频信号基本类似。

3．音频文件的常见格式

模拟波形声音被数字化后以音频文件的形式存储到计算机中。常见的音频文件格式主要有以下几种：

（1）WAV 格式文件

WAV 是微软公司开发的一种波形声音文件格式，其扩展名为“.wav”。波形音频文件 WAV 是真实声音数字化后的数据文件，来源于对声音模拟波形的采样，标准格式化的 WAV 文件的采样频率为 44.1 kHz。在波形声音的数字化过程中若使用不同的采样频率，将得到不同的采样数据。以不同的精度把这些数据以二进制码存储在磁盘上，就产生了声音的 WAV 文件。这种波形文件是最早的数字音频格式，被 Windows 平台及其应用程序广泛支持。WAV 格式的音质与 CD 相差无几，但 WAV 格式对存储空间需求太大，不便于交流和传播，多用于存储简短的声音片断。

（2）MIDI 格式文件

乐器数字接口（Musical Instrument Digital Interface，MIDI）是数字音乐/电子合成乐器的统一国际标准。在 MIDI 文件中，只包含产生某种声音的指令，计算机将这些指令发送给声卡，声卡按照指令将声音合成出来，MIDI 声音在重放时可以有不同的效果，这取决于音乐合成器的质量。相对于保存真实采样数据的声音文件，MIDI 文件显得更加紧凑，其文件尺寸非常小。

（3）CD-DA 格式文件

光盘数字音频文件（Compact Disk-Digital Audio，CD-DA）是数字音频光盘的一种存储格式，专门用来记录和存储音乐。CD 唱盘是利用激光将 0、1 数字位转换成微小的信息凹凸坑制作在光盘上。它可以提供高质量的音源，而且无须硬盘存储声音文件，声音直接通过 CD-ROM 驱动器特殊芯片读出其内容，再经过 D/A 转换，把它变成模拟信号输出播放。

（4）MPEG 音频文件格式

动态图像专家组（Moving Picture Experts Group，MPEG）代表运动图像压缩标准。这里的音频文件格式是指 MPEG-1 标准中的音频部分，即 MPEG-1 音频层（MPEG-1 Audio Layer）。MPEG-1 音频文件的压缩是一种有损压缩，根据压缩质量和编码复杂程度的不同可分为 3 层（MPEG-1 Audio Layer 1/2/3），分别对应 MP1、MP2 和 MP3 这 3 种声音文件，MP3 是采用 MPEG-1 Layer 3 标准对 WAVE 音频文件进行压缩而成的，是现在广泛流行的声音文件格式。因其压缩率大，在网络可视电话通信方面应用广泛，但和 CD 唱片相比，音质不能令人非常满意。

4．音频素材获取方法

在多媒体节目中，声音是必要的媒体元素。音频素材的获取主要通过以下两种方法：

（1）使用音频素材库资源

许多出版商出版了声音素材库，如 CD-ROM 光盘收集了大量的 WAV、MID 或 MP3 格式的声音文件，内容范围很广。用户可直接使用以上这些光盘上的音频素材，但要找到完全符合要求的声音文件也不太容易。一般可以先找到与要求相接近的声音，再通过音频编辑软件加以处理后使用。

（2）使用多媒体计算机获取音频素材

可以使用多媒体计算机将来自录音、录像磁带的模拟声音转换为数字音频文件，或者通过话筒录制数字音频文件。最简单的方法是采用 Windows 自带的"录音机"软件录制声音，并进行简单的声音编辑。

10.3.4 动画素材及数字化

1. 动画的概念

动画也是在人类生活中普遍存在的一种媒体。究竟什么是动画？简单说，动画就是使一幅幅图像"活"起来的过程。医学证明，人类的眼睛在分辨视觉信号时，会产生视觉暂留现象（又称余晖效应），也就是当一幅画面或者一个物体的景象消失后，在眼睛视网膜上所留的映像还能保留大约 1/24 s 的时间。动画、电视、电影等就是利用了人眼的这一特性，快速地将相互关联的若干幅静止图像显示出来，以欺骗眼睛造成动画的效果。组成动画的每一个静态画面称为"帧"（Frame）。动画的播放速度通常称为帧速率（frames per second，fps），即每秒播放的帧数表示。要生成平滑连贯的动画效果，帧速率一般不低于 8 fps，否则可能出现停顿现象。通常电影的帧速率为 24 fps，电视的帧速率为 25 fps（PAL 制式）或 30 fps（NTSC 制式）。

2. 计算机动画的种类

从画面对象的透视效果看，可以分为二维动画和三维动画。

（1）二维动画

二维动画显示平面图像，画面构图比较简单，通常由线条、圆弧及样条曲线等基本图元构成，色彩使用大面积着色。二维动画中所有物体及场景都是二维的，不具有深度感，只能由创作人员根据画面的内容来描绘三维效果，不能自动生成三维透视图。

根据二维动画的制作方式，又可分为逐帧动画和渐变动画。

① 逐帧动画就是在时间帧上逐帧绘制帧内容，连续多帧播放生成动画。该方式由于每秒动画都需要 16 帧以上的画面，因而制作动画的工作量巨大。

② 渐变动画在制作过程中只需要制作构成动画的几个关键帧，而关键帧之间的帧则是由计算机软件根据预选方式及两端的关键帧自动计算生成的。包括运动渐变动画和开关渐变动画。在运动渐变动画中，可以改变实例、群组和文本等的位置、大小和旋转角度等属性，也可以使对象沿着路径进行运动。在开关渐变动画中，可以改变矢量图形的形状。无论是哪种渐变动画，只要定义动画开始和结束两个关键帧中的内容即可，动画中各个过渡帧中的内容由动画制作软件（如 Flash）自动生成。

（2）三维动画

三维动画则显示立体图像，与二维动画相比，三维模型还增加了对于深度（远近）的自动生成与表现手段，还具有真实的光照效果和材质感，因而更接近人眼对实际物体的透视感觉，成为三维真实感动画。目前，这种动画已成为广泛应用的媒体类型。

3．动画文件的常见格式

（1）GIF 文件格式

图形交换格式是一种高压缩比的彩色图像文件格式，主要用于图像文件的网络传输。考虑到网络传输中的实际情况，GIF 图像格式除了一般的逐行显示方式之外，还增加了渐显方式，也就是说，在图像传输过程中，用户可以先看到图像的大致轮廓，然后随着传输过程的继续而逐渐看清图像的细节部分，从而适应了用户的观赏心理，这种方式以后也被其他图像格式所采用，如 JPEG/JPG 等。最初，GIF 只是用来存储单幅静止图像，称 GIF87a，后来，又进一步发展成为 GIF89a，可以同时存储若干幅静止图像并进而形成连续的动画。目前因特网上大量采用的彩色动画文件多为这种格式的 GIF 文件。

（2）FLC 文件格式

FLC 文件是 Autodesk 公司在其出品的 2D、3D 动画制作软件中采用的彩色动画文件格式。其中，FLI 是最初的基于 320×200 像素分辨率的动画文件格式，属于较低分辨率的文件格式，而 FLC 是 FLI 的进一步扩展，采用了更高效的数据压缩技术，其分辨率也不再局限于 320×200 像素，是一种可使用各种画面尺寸及颜色分辨率的动画格式。

（3）SWF 文件格式

Flash 动画近年来在网页中得以广泛应用，是目前最流行的二维动画技术。用它制作的动画文件，可以嵌入 HTML 文件中，也可以单独使用，或以 OLE 对象的方式出现在各种多媒体创作系统中。SWF 文件的存储量很小，易于在网络上传输，具有丰富的影音效果和很强的交互功能。

10.3.5　视频素材及数字化

1．视频的概念

视频信息是一组静态画面信息的集合，若干有联系的图像数据连续播放便形成了视频，与加载的同步声音共同呈现动态的视觉和听觉效果。

计算机视频可来自录像带、摄像机等视频信号源的影像，但由于这些视频信号的输出大多是标准的彩色电视信号，要将其输入计算机不仅要有视频捕捉，实现由模拟向数字信号的转换，还要有压缩、快速解压缩及播放的相应的软硬件处理设备。将模拟视频信号经模数转换和彩色空间变换转换成数字计算机可以显示和处理的数字信号，称为视频模拟信息的数字化。

2．视频文件的常见格式

（1）RM 文件格式

RM 文件是 RealNetworks 公司开发的一种新型流式视频文件格式，主要用来在低速率的广域网上实时传输活动视频影像，可以根据网络数据传输速率的不同而采用不同的压缩比率，从而实现影像数据的实时传送和实时播放。RM 文件除了可以以普通的视频文件形式播放之外，还可以与 RealServer 服务器相配合，在数据传输过程中边下载边播放视频影像，而不必像大多数视频文件那样，必须先下载然后才能播放。

（2）AVI 文件格式

AVI 是音频视频交错（Audio Video Interleaved）的英文缩写，它是 Microsoft 公司开发的数字音频与视频文件格式，现在已被多数操作系统直接支持。AVI 格式允许视频和音频交错在一起同步播放，用不同压缩算法生成的 AVI 文件，必须使用相应的解压缩算法才能播放出来。AVI 文件目前主要应用在多媒体光盘上，用来保存电影、电视等各种影像信息，有时也出现在 Internet 上，供用户下载、欣赏新影片的精彩片断。

（3）MPEG 文件格式

MPEG 文件格式是运动图像压缩算法的国际标准，它采用有损压缩方法减少运动图像中的冗余信息，同时保证每秒 30 帧的图像动态刷新率，已被几乎所有的计算机平台共同支持。MPEG 的平均压缩比为 50：1，最高可达 200：1，压缩效率非常高，同时图像和声音的质量也非常好，在计算机中有统一的标准，并且兼容性相当好。

（4）MOV/QT 文件格式

MOV/QT 文件是苹果公司开发的一种音频、视频文件格式，用于保存音频和视频信息，具有先进的视频和音频功能，被所有主流计算机平台支持。MOV/QT 以其领先的多媒体技术和跨平台特性、较小的存储空间要求、技术细节的独立性以及系统的高度开放性，得到业界的广泛认可，已成为数字媒体软件技术领域的事实上的工业标准。

10.4 常用工具及制作流程

随着多媒体技术的不断发展，知识信息的记载、传播都产生了巨大的变化。多媒体技术可以帮助人们捕获生活中精彩的片段、珍贵的时刻，创作出丰富多彩的多媒体作品。利用多媒体制作工具制作各种多媒体作品已经成为多媒体技术应用的重要领域之一。多媒体作品软件开发工具分为两大类，一类是多媒体素材编辑软件，另一类是多媒体作品创作编辑软件。

10.4.1 常用工具简介

多媒体素材编辑软件的主要功能是对文本、图形、图像、声音、动画和视频等进行采集和编辑，常用工具软件如表 10-2 所示。

表 10-2　常用多媒体素材编辑软件

软件功能	常用软件	软件功能	常用软件
文本编辑	MS Office Word、Acrobat、iWork	音频编辑	Adobe Audition、GoldWave
图形编辑	CorelDRAW、AutoCAD、Illustrator	动画编辑	Flash、3ds max、Maya
图像编辑	Photoshop、Fireworks、Pixelmator	视频编辑	会声会影、Premiere、EDIUS

1. 图形图像编辑软件

（1）CorelDRAW 简介

CorelDRAW 是加拿大 Corel 公司开发的一个基于矢量绘图和图像编辑的图形图像软件。强大的功能、简介的界面操作环境使其广泛应用于广告设计、插画设计、标志制作、版面设计以及分色输出等诸多领域，是创建矢量图形的首选工具。

1989 年，CorelDRAW 1.0 问世，引入全色矢量插图和版面设计程序，尽管软件功能比较简单，但填补了矢量图形处理软件领域的空白。经过 20 多年的发展，Corel 公司陆续推出了十几个升级版本，软件功能日趋完善和强大，在 CorelDRAW 12 之后推出了 CorelDRAW X 系列，目前最新版本为 CorelDRAW X6。使用 CorelDRAW 编辑的图形默认为 CDR 文件，也可根据需要导出为 JPG、PDF、BMP 等其他文件格式。

（2）Photoshop 简介

Photoshop 是目前一款专业的图像处理软件，其功能强大、界面友好、简单实用，在平面设计、数字影像、广告设计、艺术文字、网页制作和界面设计等诸多领域应用广泛，受到设计者普遍欢迎。

Photoshop 1.0 版本是由美国 Adobe 公司于 1990 年推出，经过不断升级，软件功能和用户界面不断提升。2002 年发布 7.0 版本，相对于前面版本，在软件功能和界面环境等方面都做了较多优化，被视为经典版本。此后，Adobe 公司推出了 Photoshop CS 系列，目前最新版本为 Photoshop CS6（13.0）。此次，Photoshop CS6 系列整合了 Adobe 专有的 Mercury 图像引擎，其最新的内容识别技术可帮助用户更加精准地完成图片编辑。另外，还为用户提供了一些新的选择工具和全新的软件 UI，用户可完全摆脱代码的束缚而创造属于自己的 HTML 5 标准网页。使用 Photoshop 编辑的文件默认为 PSD 文档，只有在对应版本的 Photoshop 软件中才能正常编辑。

2．动画编辑软件

（1）二维动画编辑

Flash 是目前流行的网页动画制作软件，凭借易操作、体积小、适合网络传输、交互性强及其良好的经济性等特点，被广泛应用于网站制作、功能演示、在线游戏、网络动画和教学辅助等领域。

Flash 是由美国 Macromedia 公司发布的交互式矢量图和 Web 动画标准，第一个版本是由 Macromedia 公司于 1996 年发布。2005 年 12 月，Macromedia 被 Adobe 公司收购，旗下的网页三剑客（Dreamweaver、Fireworks、Flash）也归属到 Adobe 公司。Macromedia 被收购后，Adobe 推出的第一个版本为 Flash CS，后来相继发布了 5 个版本，到 2012 年发布了最新版本 Flash Professional CS6。它的出现，为创建数字动画、交互式 Web 网站、桌面应用程序以及手机应用程序开发提供了功能全面的创作和编辑环境。Flash 的源文件为 FLA 格式，只能用对应版本或更高版本的 Flash 软件打开。通常来讲，我们看到的 Flash 动画是输出的 Flash 影片，即 SWF 文件，该类型文件必须有 Flash 播放器（包括各类浏览器，视频播放器）才能正常播放，且播放器的版本不能低于 Flash 程序自带播放器的版本。

（2）三维动画编辑

3ds Max 是美国 Autodesk 公司推出的一款基于 PC 系统的三维动画渲染和制作软件。自问世以来，广泛应用于影视特效、工业设计、建筑设计、多媒体制作、科学研究以及游戏开发等各个行业和领域，是当今全球最为流行的三维动画创作软件之一。

1996 年推出了基于 Windows 系统的 3D Studio Max 1.0 版本，随后的 R2 版本针对 Intel Pentium Pro 和 Pentium II 处理器进行了优化，大大提升软件性能。从 4.0 版开始，在角色动画制作方面有较大提高。3ds Max 2012 作为当前最新版本，提供了全新的创意工具集、增强型迭代工作流以及 Nitrous 加速图形核心，能有效提高创作效率。软件具有渲染和仿真功能，绘图、纹理和建模工具集以及多应用工作流，可让设计者有充足的时间制定更出色的创意决策。

另一款三维动画软件 Maya，也是美国 Autodesk 公司的产品，应用对象是专业的影视广告、角色动画、电影特技等。Maya 功能完善，工作灵活，易学易用，制作效率极高，渲染真实感极强，是电影级别的高端制作软件。

3. 音频编辑软件

Adobe Audition 是一款专业音频编辑软件，原来为 Syntrillium 公司的专业级音频后期编辑软件 Cool Edit Pro，被 Adobe 收购后改名 Audition。Audition 专为在照相室、广播设备和后期制作设备方面工作的音频和视频专业人员设计，可提供先进的音频混合、编辑、控制和效果处理功能。最多混合 128 个声道，可编辑单个音频文件，创建回路并可使用 45 种以上的数字信号处理效果。Audition 是一个完善的多声道录音室，可提供灵活的工作流程，使用简便。无论是要录制音乐、无线电广播，还是为录像配音，利用 Audition 均可创造出高质量的音频效果。目前的最新版本 Adobe Audition CS6（5.0）可以配合 Premiere Pro CS5 编辑音频使用，其实从 CS5 版本开始就取消了 MIDI 音序器功能，而且适用于 Mac 平台，可以和 Windows 平台互相导入/导出音频工程。相比上一版本，CS6 还完善各种音频编码格式接口，如已经支持 FLAC 和 APE 无损音频格式的导入和导出以及相关工程文件的渲染。同时还支持 VST3 格式的插件，相比 VST2，CS6 加入对 VST3 的支持可以更好的分类管理效果器插件类型以及统一的 VST 路径。

4. 视频编辑软件

（1）会声会影简介

会声会影是友立（Ulead）公司推出的一款视频编辑和光盘制作的软件。2006 年，Ulead 公司被 Corel 公司收购，后来推出收购后的首个会声会影版本，即 Corel VideoStudio Pro X2（12.0）。目前会声会影的最新版本为 Corel VideoStudio Pro X6（16.0）。该软件具有成批转换功能与捕获格式完整的特点，虽然无法与 EDIUS、Adobe Premiere 和 Sony Vegas 等专业视频处理软件媲美，但简单易用、功能丰富，为其赢得良好口碑，在国内普及度较高。该软件不仅符合家庭或个人所需的影片剪辑，而且大有扩展到专业级影片剪辑制作领域的趋势。

（2）Premiere 简介

Premiere 是 Adobe 公司推出的一款常用的基于非线性编辑设备的音/视频编辑软件，在 Mac 和 Windows 平台下均可使用。常用的版本有 Premiere 6.5、Premiere Pro 1.5、Premiere Pro 2.0 等，目前的最新版本为 Premiere Pro CS6。这款软件编辑画面质量好、兼容性强，可以与 Adobe 公司推出的其他软件相互协作，广泛应用于广告制作和电视节目制作中。

5. 节目编著软件

Authorware 是原 Macromedia 公司开发的多媒体集成软件。2005 年，Macromedia 被 Adobe 公司收购。2007 年，Adobe 宣布停止在 Authorware 的开发计划，而且并没有为 Authorware 提供其他相容产品作替代。

Authorware 是一个图标导向式的多媒体制作工具，有利于非专业人员快速开发多媒体软件。使用该软件无须传统的计算机语言编程，只通过对图标的调用来编辑一些控制程序走向的活动流程图，将文字、图形、声音、动画、视频等各种多媒体项目数据汇在一起，就可达到多媒体软件制作的目的。Authorware 这种通过图标的调用来编辑流程图用以替代传统的计算机语言编程的设计思想，是它的主要特点。

10.4.2 制作流程简介

一般来说，用户开发一个多媒体作品要经过以下几个步骤。

1. 需求分析

由于多媒体作品开发的成败关键在于使用对象的评价，因此多媒体作品开发首先要了解用户需要，明确使用对象。从软件工程角度讲，用户需求分析是软件开发的最初阶段。用户需求往往是针对多媒体技术从内容和设备配置方面提出具体要求，如用户是否有不使用鼠标和键盘而直接通过触摸屏幕来获取信息的需求，系统中是否需要语音和音乐，数据类型中有无图像、视频、动画、字幕等要求。

2. 总体设计

确定项目所包含的内容和表现手法。充分了解用户需求后，开发者需要对多媒体作品实施总体设计。一套好的多媒体作品必须依赖优秀的空间设计人员、绘图人员和编剧的创作，这就强调了多媒体开发者应具有计算机技术与文学艺术知识等综合修养。完成系统设计之后，需明确节目的开发方法。一般来说，有两种方法可供选择：一是由开发人员编码来实现一个多媒体作品；二是利用市场上已有的多媒体开发工具或平台来制作多媒体作品。前者的优点是无须较大投资，但需编制大量的程序，需要优秀的程序设计人员，维护也不方便；后者需要一定的投资，但开发周期短，维护问题少，关键是要选择一种功能较强且价格合理的工具软件。利用功能强大的工具软件开发多媒体作品是大多数用户制作多媒体作品的方法。

3. 素材准备

以适当的方式来收集和处理项目所需的全部数据、包括音频、视频和图像。当开发方法确定后，就进入了具体实施阶段。在实施阶段的基本工作是多媒体数据的准备。一个多媒体作品里一般包括音频、视频、动画、静态图像、文字、图形等多种媒体素材，这些素材在系统集成之前必须准备好。

4. 作品集成

建构项目的整体框架，并把各种表现形式集成起来并加入一些交互特征。制作者通过所选择的开发方法将节目情节具体化、程序化，并将准备好的多媒体素材按照需要进行编辑加工，最终集成为一个由程序和数据组成的软件产品，这个软件产品往往又记录在某种介质中，便于销售和使用。

5. 测试与发行

运行并检测应用程序以确定它是否能按作者意图来运行，如果达到了则制作（编译）应用程序并发行。

小　　结

多媒体技术是综合了计算机技术、通信技术和视听技术，以及多种学科和信息科学领域的技术成果的新技术，是信息社会未来发展的一个方向。目前，多媒体技术已成为计算机研究、开发及应用领域的一个热点，为计算机产业的大发展提供了机会，因此人们迫切需要学习和掌握多媒体技术方面的知识和技能。

本章从多媒体的基本概念入手，介绍了多媒体计算机的构成，然后深入讨论了多媒体信息的计算机表示与多媒体信息的数字化。最后，简要介绍了常用的多媒体制作工具软件。

习　题

一、选择题

1. 当图像分辨率大于显示分辨率时，（　　）。
   A. 图像仅占据显示器屏幕的一部分　　　　B. 显示器屏幕仅能显示图像的一部分
   C. 图像正好占据显示器满屏　　　　　　　D. 以上都不对

2. 模拟音频信号的数字化过程不包括（　　）。
   A. 采样　　　　　　B. 量化　　　　　　C. 编码　　　　　　D. 压缩编码

3. 图像分辨率的单位是（　　）。
   A. dpi　　　　　　B. ppi　　　　　　C. lpi　　　　　　D. pixel

4. CD-ROM 只读式压缩光盘（　　）。
   A. 只能一次写入，多次读出　　　　　　B. 可以多次写入，多次读出
   C. 可以多次写入，一次读出　　　　　　D. 只能读出，不能写入

5. 以下软件不属于图形图像处理工具的是（　　）。
   A. Photoshop　　　　B. 画图　　　　C. Dreamweaver　　D. CorelDRAW

6. 以下不属于视频卡的是（　　）。
   A. 视频采集卡　　　B. 电视卡　　　C. 视频播放卡　　D. 语音卡

7. 以下不是数据压缩技术好坏衡量指标的是（　　）。
   A. 压缩比　　　　　B. 压缩算法　　　C. 恢复效果　　　D. 算法发明时间

8. 在数字音频信息获取与处理过程中，下述顺序正确的是（　　）。
   A. A/D 变换、采样、压缩、存储、解压缩、D/A 变换
   B. 采样、压缩、A/D 变换、存储、解压缩、D/A 变换
   C. 采样、A/D 变换、压缩、存储、解压缩、D/A 变换
   D. 采样、D/A 变换、压缩、存储、解压缩、A/D 变换

9. 以下关于图像的说法正确的是（　　）。
   A. 图像是由像素组成的　　　　　　　　B. 图像改变大小不会失真
   C. 图像是矢量图　　　　　　　　　　　D. 图像与图形是同一回事

10. 多媒体技术的主要特性有（　　）。
    ①多样性；　　　　　②集成性；　　　　③交互性；　　　④实时性
    A. ①　　　　　　　　　　　　　　　　B. ①②
    C. ②②③　　　　　　　　　　　　　　D. 全部

11. 下列配置中 MPC 必不可少的是（　　）。
    ①CD-ROM 驱动器；　　　　　　　　　②高质量的音频卡；
    ③高分辨率的图形、图像显示；　　　　④高质量的视频采集卡；
    A. ①　　　　　　B. ①②　　　　　　C. ①②③　　　D. 全部

12. MIDI 音频文件是（　　）。
    A. 一种波形文件

B. 一种采用 PCM 压缩的波形文件

C. 是 MP3 的一种格式

D. 是一种符号化的音频信号，记录的是一种指令序列

13. 格式为 JPG 的图像是（　　　）。

A. 压缩文件格式   B. 非压缩的位图格式

C. 有损压缩位图格式   D. 无损压缩位图格式

14. 一幅彩色静态图像（RGB），设分辨率为 256×512 像素，每一种颜色用 8 bit 表示，则该彩色静态图像的数据量为（　　　）。

A. 512×512×3×8 bit   B. 256×512×3×8 bit

C. 256×256×3×8 bit   D. 512×512×3×8×25 bit

15. 下列说法错误的是（　　　）。

① 图像都是由一些排成行列的点（像素）组成的，通常称为位图或点阵图；

② 图形是用计算机绘制的画面，又称矢量图；

③ 图像非常适合于包含有大量细节（如明暗、浓淡、层次和色彩变化等）的画面；

④ 图像文件中只记录生成图的算法和图上的某些特征点，数据量较小。

A. 仅②   B. 仅④   C. ①④   D. ③④

16. 把时间连续的模拟信号转换为在时间上离散，幅度上连续的模拟信号的过程称为（　　　）。

A. 数字化   B. 信号采样   C. 量化   D. 编码

17. 通常，计算机显示器采用的颜色模型是（　　　）。

A. RGB 模型   B. CMYB 模型   C. Lab 模型   D. HSB 模型

18. 下列文件格式存储的图像，在缩放过程中不易失真的是（　　　）。

A. .bmp   B. .psd   C. .jpg   D. .cdr

19. 在计算机中，文字采用（　　　）编码表示。

A. 八进制   B. 二进制   C. 十六进制   D. BCD

20. 某同学将创作图甲和图乙，图甲更注重表现图像的色彩和层次，图乙希望图像放大后仍然很清晰。图甲和图乙应该分别是（　　　）。

A. 位图、位图   B. 矢量图、位图

C. 矢量图、矢量图   D. 位图、矢量图

二、判断题

1. 计算机只能加工数字信息，因此，所有的多媒体信息都必须转换成数字信息，再由计算机处理。

（　　　）

2. dpi 的含义是每英寸的 bit 数。 （　　　）

3. 媒体信息数字化以后，体积减小了，信息量也减少了。 （　　　）

4. 制作多媒体作品首先要写出脚本设计，然后画出规划图。 （　　　）

5. BMP 转换为 JPG 格式，文件大小基本不变。 （　　　）

6. 能播放声音的软件都是声音加工软件。 （　　　）

7. 计算机对文件采用有损压缩，可以将文件压缩的更小，减少存储空间。 （　　　）

8. AVI 是音频格式文件。 （　　　）

9. 在相同的条件下，位图所占的空间比矢量图小。 （   ）

10. 各种图像都是由相互独立的图层构成。 （   ）

三、填空题

1. 文本属于_____媒体，文本的 ASCII 编码属于_____媒体。

2. 按一定的时间间隔对模拟信号进行测量称为_____，其时间间隔称为_____。

3. 数据压缩技术的分类方法有很多，如果按照原始数据与解压缩得到的数据之间有无差异，可以将压缩技术分为_____和_____两类。

4. 光盘属于媒体类型的_____媒体。

5. 动画从画面对象的透视效果看，可以分为_____和_____。

四、简答题

1. 图形与图像的主要区别是什么？

2. 一幅分辨率为 640×480 像素的图像，如果颜色深度为 8 位/像素，则所需存储空间的大小为多少字节？

3. 简述多媒体作品的制作流程。

4. 什么是色彩的三要素？

5. 什么是多媒体？多媒体技术的基本特征是什么？

第 11 章　数据库技术

本章讲解

　　数据库技术从诞生到现在，在不到半个世纪的时间里，形成了坚实的理论基础、成熟的商业产品和广泛的应用领域，吸引了越来越多的研究者加入，使得数据库成为一个研究者众多且被广泛关注的研究领域。随着信息管理内容的不断扩展和新技术的层出不穷，数据库技术面临着前所未有的挑战。那么什么是数据库？如何管理我们面临的越来越多的信息内容？本章首先介绍了数据库系统的相关知识，然后介绍了 SQL 和 Access 2010 数据库。

　　学习目标

- 了解数据库的发展、数据库系统体系结构等基础知识。
- 理解数据库模型等基本概念。
- 掌握关系数据库的基本知识。

11.1　数据库基本概念

11.1.1　数据、信息、数据处理

　　数据、信息和数据处理是与数据库密切相关的 3 个基本概念。

1. 数据

　　人们通常使用各种各样的物理符号来表示客观事物的特性和特征，这些符号及其组合就是数据。数据的概念包括两个方面，即数据内容和数据形式。数据内容是指所描述客观事物的具体特性，也就是通常所说的数据的"值"；数据形式则是指数据内容存储在媒体上的具体形式，也就是通常所说的数据的"类型"。数据主要有数字、文字、声音、图形和图像等多种形式。

2. 信息

　　信息是指数据经过加工处理后获取的有用知识。信息是客观事物属性的反映，是有用的数据。信息无处不在，它存在于人类社会的各个领域，而且不断变化，人们需要不断获取信息、加工信息，运用信息为社会的各个领域服务。

　　数据和信息是两个相互联系、但又相互区别的概念。数据是信息的具体表现形式；信息是数据有意义的表现，是数据的内涵，是对数据语义的解释。

3. 数据处理

　　数据处理又称信息处理，就是将数据转换为信息的过程。数据处理的内容主要包括：数据的收集、整理、存储、加工、分类、维护、排序、检索和传输等。数据处理的目的是从大量的数据

中，根据数据自身的规律及其相互联系，通过分析、归纳、推理等科学方法，利用计算机技术、数据库技术等技术手段，提取有效的信息资源，为进一步分析、管理和决策提供依据。

例如，以学生各门成绩为原始数据，经过计算得出平均成绩和总成绩等信息，这个计算处理的过程就是数据处理。

11.1.2　数据库技术的产生与发展

计算机数据处理技术与其他技术的发展一样，经历了由低级到高级的发展过程。计算机数据管理随着计算机硬件（主要是外存储器）、软件技术和计算机应用范围的发展而不断发展，管理水平不断提高，管理方式也发生了很大变化。数据库管理技术的发展主要经历了人工管理、文件管理和数据库系统管理3个阶段。

1. 人工管理阶段

早期的计算机主要用于科学计算，计算处理的数据量很小，基本上不存在数据管理的问题。20世纪50年代初，计算机开始应用于数据处理。当时的计算机没有专门管理数据的软件，也没有像磁盘这样可随机存取的外围存储设备，对数据的管理也没有一定的格式。数据依附于处理它的应用程序，使数据和应用程序一一对应，互为依赖。

由于数据与应用程序的对应、依赖关系，某应用程序中的数据无法被其他程序利用，程序与程序之间存在着大量重复数据，即数据冗余；同时，由于数据是对应某一应用程序的，使得数据的独立性很差，如果数据的类型、结构、存取方式或输入/输出方式发生变化，处理它的程序必须相应改变，数据结构性差，而且数据不能长期保存。

在人工管理阶段存在的主要问题是：

① 数据不具有独立性，程序和数据一一对应。

② 数据不保存，包含在程序中。数据在程序运行完后和程序一起释放。

③ 数据需要程序自己管理，没有进行数据管理的软件。

④ 数据不共享，一组数据只能对应一个程序。

人工管理阶段程序与数据的对应关系如图11-1所示。

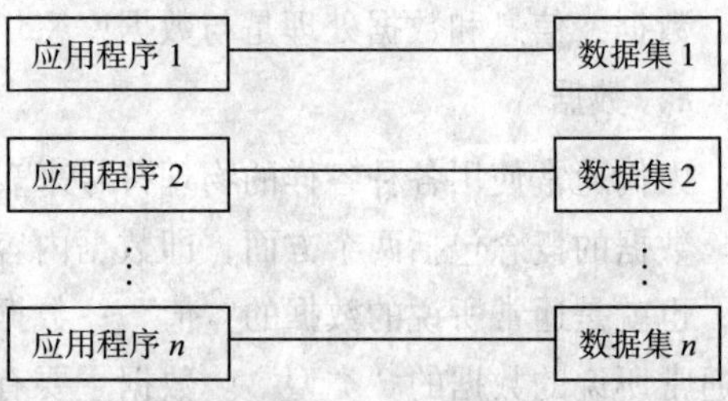

图11-1　人工管理阶段程序与数据的对应关系

2. 文件系统阶段

从20世纪50年代后期开始至60年代末为文件管理阶段。应用程序通过操作系统的文件管理功能来管理数据。由于计算机存储技术的发展和软件系统的进步，如计算机硬件出现了可直接存取的磁盘、磁带及磁鼓等外围存储设备；软件出现了高级语言和操作系统，数据处理应用程序利用操作系统的文件管理功能，将相关数据按一定的规则构成文件，通过文件系统对文件中的数据进行存取、管理，形成数据的文件管理方式。

文件管理阶段中，文件系统为程序与数据之间提供了一个公共接口，使应用程序采用统一的存取方式来存取、操作数据。程序与数据之间不再是直接的对应关系，因而程序和数据有了一定的独立性。但文件系统只是简单地存储数据，数据的存取在很大程度上仍依赖于应用程序，不同程序难于共享同一数据文件。与早期的人工管理阶段相比，利用文件系统管理数据的效率和数量都有很大的提高，但仍存在以下问题：

① 数据独立性较差，没有完全独立。

② 存在数据冗余。

③ 数据不能集中管理。

文件管理阶段应用程序与数据之间的关系如图 11-2 所示。

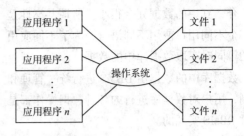

3．数据库管理阶段

图 11-2 文件管理阶段应用程序与数据之间的关系

数据库管理阶段是 20 世纪 60 年代末在文件管理基础上发展起来的。随着计算机系统性价比的持续提高，软件技术的不断发展，人们克服了文件系统的不足，开发了一类新的数据管理软件——数据库管理系统（DataBase Management System，DBMS），运用数据库技术进行数据管理，将数据管理技术推向了数据库管理阶段。

数据库技术使数据有了统一的结构，对所有的数据实行统一、集中、独立的管理，以实现数据的共享，保证数据的完整性和安全性，提高了数据管理效率。数据库也是以文件方式存储数据的，但它是数据的一种高级组织形式。在应用程序和数据库之间，由 DBMS 把所有应用程序中使用的相关数据汇集起来，按统一的数据模型，以记录为单位存储在数据库中，为各个应用程序提供方便、快捷的查询、操纵。

数据库系统与文件系统的区别是：数据库中数据的存储是按同一结构进行的，不同的应用程序都可直接操作使用这些数据，应用程序与数据间保持高度的独立性；数据库系统提供了一套有效的管理手段，保持数据的完整性、一致性和安全性，使数据具有充分的共享性；数据库系统还为用户管理、控制数据的操作，提供了功能强大的操作命令，用户可通过直接使用命令或将命令嵌入应用程序中，简单方便地实现数据的管理、控制操作。

数据库管理阶段的主要特点：

① 实现了数据结构化。

② 实现了数据共享。

③ 实现了数据的独立。

④ 实现了数据的统一控制。

数据库管理阶段应用程序与数据之间的关系如图 11-3 所示。

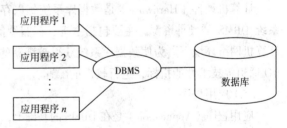

图 11-3 数据库管理阶段应用程序与数据之间的关系

11.1.3 数据库系统基本概念

1．数据库系统的组成

数据库系统（DataBase System，DBS），是一个计算机应用系统。它由数据库、数据库管理系统、计算机硬件、计算机软件和用户等部分组成，如图 11-4 所示。

（1）数据库

数据库（DataBase，DB）是指数据库系统中按一定的组织形式存储在一起的相互关联的数据的集合。数据库中的数据也是以文件的形式存储在存储介质上的，它是数据库系统操作的对象和结果。数据库中的数据具有集中性和共享性。所谓集中性是指把数据库看成性质不同的数据文件的集合，其中的数据冗余很小。所谓共享性是指多个不同用户使用不同语言，为了不同应用目的可同时存取数据库中的数据。

数据库中的数据由 DBMS 进行统一管理和控制，用户对数据库进行的各种数据操作都是通过 DBMS 实现的。

（2）数据库管理系统

数据库管理系统（DBMS）是指负责数据库存取、维护、管理的系统软件。DBMS 提供对数据库中数据资源进行统一管理和控制的功能，将用户应用程序与数据库数据相互隔离。它是数据库系统的核心，其功能的强弱是衡量数据库系统性能优劣的主要指标。它主要包括如下功能：

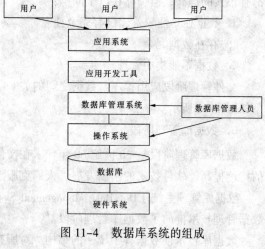

图 11-4　数据库系统的组成

① 数据库定义（描述）功能。

② 数据库操纵功能。

③ 数据库管理功能。

④ 通信功能。

（3）计算机软件

软件系统包括支持数据库管理系统运行的操作系统（如 Windows 7）、开发应用程序的高级语言及其编译系统等。

（4）计算机硬件

计算机硬件（Hardware）是数据库系统赖以存在的物质基础，是存储数据及运行数据库管理系统 DBMS 的硬件资源，主要包括主机、存储设备、I/O 通道等。大型数据库系统一般都建立在计算机网络环境下。为使数据库系统获得较满意的运行效果，应对计算机的 CPU、内存、磁盘、I/O 通道等技术性能指标，进行较高的配置。

（5）应用程序

应用程序（Application）是在 DBMS 的基础上，由用户根据应用的实际需要所开发的、处理特定业务的应用程序。应用程序的操作范围通常仅是数据库的一个子集，也即用户所需的那部分数据。

（6）数据库用户

用户（User）是指管理、开发、使用数据库系统的所有人员，通常包括数据库管理员、应用程序员和终端用户。数据库管理员（DataBase Administrator，DBA）负责管理、监督、维护数据库系统的正常运行；应用程序员（Application Programmer）负责分析、设计、开发、维护数据库系统中运行的各类应用程序；终端用户（End-User）是在 DBMS 与应用程序支持下，操作使用数据库系统的普通使用者。不同规模的数据库系统，用户的人员配置可以根据实际情况有所不同，大多数用户都属于终端用户，在小型数据库系统中，特别是在微机上运行的数据库系统中，通常 DBA 就由终端用户担任。

2. 数据库系统的特点

数据库系统的出现是计算机数据处理技术的重大进步，它具有以下特点：

① 数据共享：数据共享是指多个用户可以同时存取数据而不相互影响，数据共享包括以下 3 个方面：所有用户可以同时存取数据；数据库不仅可以为当前的用户服务，也可以为将来的新用户服务；可以使用多种语言完成与数据库的接口。

② 减少数据冗余：数据冗余就是数据重复，既浪费存储空间，又容易导致数据不一致。在非数据库系统中，由于每个应用程序都有自己的数据文件，所以数据存在着大量的重复。

③ 具有较高的数据独立性：所谓数据独立是指数据与应用程序之间彼此独立，不存在相互依赖的关系。应用程序不必随数据存储结构的改变而变动，这是数据库一个最基本的优点。

④ 增强了数据安全性和完整性：数据库加入的安全保密机制，可以防止对数据的非法存取。数据库的集中控制方式，有利于控制数据的完整性；数据库系统采取的并发访问控制，保证了数据的正确性；另外，数据库系统还采取了一系列措施，实现了对数据库破坏的恢复。

3. 数据库应用系统

数据库应用系统（DataBase Application System，DBAS）是在 DBMS 支持下根据实际问题开发出来的数据库应用软件，它包括数据库和应用程序两部分，需要在 DBMS 支持下开发。由于数据库的数据要被不同的应用程序共享，因此在开发应用程序之前要先设计数据库，然后开发应用程序，应用程序的开发可采用"功能分析—总体设计—详细设计—编码—调试"等步骤来实现。

11.1.4　数据库新技术

数据库技术发展之快、应用之广是计算机科学其他领域技术无可比拟的。随着数据库应用领域的不断扩大和信息量的急剧增长，占主导地位的关系数据库系统已不能满足新应用领域的需求，如 CAD（计算机辅助设计）、CAM（计算机辅助制造）、CIMS（计算机集成制造系统）、CASE（计算机辅助软件工程）、OA（办公自动化）、GIS（地理信息系统）、MIS（管理信息系统）、KBS（知识库系统）等，都需要数据库新技术的支持。这些新应用领域的特点是：存储和处理的对象复杂，对象间的联系具有复杂的语义信息；需要复杂的数据类型支持，包括抽象数据类型、无结构的超长数据等；需要常驻内存的对象管理以及支持对大量对象的存取和计算；支持长事务和嵌套事务的处理。这些需求是传统数据库系统难以满足的。

1. 分布式数据库

分布式数据库系统（Distributed DataBase System，DDBS）是在集中式数据库基础上发展起来的，是数据库技术与计算机网络技术、分布处理技术相结合的产物。分布式数据库系统是地理上分布在计算机网络不同结点，逻辑上属于同一系统的数据库系统，能支持全局应用，可同时存取两个或两个以上结点的数据。分布式数据库系统的主要特点是：

① 数据是分布的。数据库中的数据分布在计算机网络的不同结点上，而不是集中在一个结点，区别于数据存放在服务器上由各用户共享的网络数据库系统。

② 数据是逻辑相关的。分布在不同结点的数据，逻辑上属于同一个数据库系统，数据间存在相互关联，区别于由计算机网络连接的多个独立数据库系统。

③ 结点的自治性。每个结点都有自己的计算机软、硬件资源、数据库、数据库管理系统（即局部数据库管理系统，Local DataBase Management System，LDBMS），因而能够独立地管理局部数据库。

2．面向对象数据库

面向对象数据库系统（Object-Oriented DataBase System，OODBS）是将面向对象的模型、方法和机制，与先进的数据库技术有机地结合在一起形成的新型数据库系统。它从关系模型中脱离出来，强调在数据库框架中发展类型、数据抽象、继承和持久性。它的基本设计思想是：一方面把面向对象语言向数据库方向扩展，使应用程序能够存取并处理对象；另一方面扩展数据库系统，使其具有面向对象的特征，提供一种综合的语义数据建模概念集，以便对现实世界中复杂应用的实体和联系建模。因此，面向对象数据库系统首先是一个数据库系统，具备数据库系统的基本功能，其次是一个面向对象的系统，针对面向对象程序设计语言的永久性对象存储管理而设计的，充分支持完整的面向对象概念和机制。

3．多媒体数据库

多媒体数据库系统（Multi-media Database System，MDBS）是数据库技术与多媒体技术相结合的产物。在许多数据库应用领域中，都涉及大量的多媒体数据，它们与传统的数字、字符等格式化数据有很大不同，都是一些结构复杂的对象。多媒体数据库的主要特点是：

① 数据量大。格式化数据的数据量小，而多媒体数据量一般都很大，例如 1 min 视频和音频数据就需要几十兆存储空间。

② 结构复杂。传统的数据以记录为单位，一个记录由多个字段组成，结构简单。而多媒体数据种类繁多、结构复杂，大多是非结构化数据，来源于不同的媒体且具有不同的格式。

③ 时序性强。文字、声音或图像组成的复杂对象需要有一定的同步机制，如一幅画面的配音或文字需要同步，既不能超前也不能滞后，而传统数据无此要求。

④ 数据传输的连续性。多媒体数据如声音或视频数据的传输必须是连续、稳定的，不能间断，否则会因失真而影响效果。

从实际应用的角度考虑，多媒体数据库管理系统（MDBMS）应具有如下基本功能：

① 应能有效地表示多种媒体数据，对不同媒体的数据如文本、图形、图像、声音等能够按应用的不同，采用不同的表示方法。

② 应能处理各种媒体数据，正确识别和表现各种媒体数据的特征，各种媒体间的空间或时间关联。

③ 应能像其他格式化数据一样对多媒体数据进行操作，包括对多媒体数据的浏览、查询、检索，对不同的媒体提供不同的操作，如声音的合成、图像的缩放等。

④ 应具有开放功能，提供多媒体数据库的应用程序接口等。

4．数据仓库

信息技术的高速发展，使得数据和数据库急剧增长，数据库应用的规模、范围和深度不断扩大，一般的事务处理已不能满足用户的需求，企业界需要在大量信息数据基础上的决策支持（Decision Support，DS），数据仓库（Data Warehousing，DW）技术的兴起满足了这一需求。数据仓库作为决策支持系统（Decision Support System，DSS）的有效解决方案，涉及 3 方面的技术内容：数据仓库技术、联机分析处理（On-Line Analysis Processing，OLAP）技术和数据挖掘（Data Mining，DM）技术。数据仓库的体系结构包括源数据、仓库管理、分析工具等多个部分，其结构如图 11-5 所示。

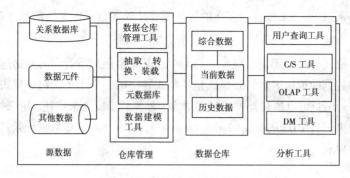

图 11-5 数据仓库系统结构图

5. 并行数据库

现代数据库的特点是数据量大且结构复杂。现代数据库应用的特点是需要复杂数据处理操作和高效率事务处理能力。因此，需要有高性能数据库系统的支持。从 20 世纪 70 年代以来，人们就一直探索高性能数据库管理系统的理论、技术和方法。近 10 年来，并行计算机系统（MPP）的发展十分迅速，很多大规模并行计算机系统已经投入市场，如 nCUBE、iPSC、Paragon、CM5 等。随着高速通信网格技术的出现和光纤通信技术和操作系统的进展，基于网络的多计算机机群并行计算环境开始出现，如 NECTAR、PVM 等系统。MPP 和机群并行计算环境为高性能数据库系统的实现带来了希望。在 MPP 和机群并行计算环境的基础上建立的数据库系统称为并行数据库系统。现在许多研究者认为，在具有数百个甚至上千个处理机的并行计算机上建立高性能数据库系统是可行的。并行数据库系统的研究基本围绕着关系数据库和面向对象数据库进行。目前人们已经在并行数据库的物理组织，并行数据操作算法的设计、分析与实现和并行数据库查询的优化处理等方面取得了许多研究成果。市场上已出现了商品化的并行数据库系统。

11.2 数据库系统体系结构

为了有效地组织、管理数据，提高数据库的逻辑独立性和物理独立性，人们为数据库设计了一个严谨的体系结构，包括 3 个模式（外模式、模式和内模式）和 2 个映射（外模式-模式映射和模式-内模式映射）。

11.2.1 数据库的三级体系结构

美国 ANSI/X3/SPARC 的数据库管理系统研究小组于 1975 年、1978 年提出了标准化的建议，将数据库结构分为 3 级：面向用户或应用程序员的用户级；面向建立和维护数据库人员的概念级；面向系统程序员的物理级。用户级对应外模式，概念级对应模式，物理级对应内模式，所以不同级别的用户对数据库可以形成不同的视图。

1. 模式

模式又称概念模式或逻辑模式，对应于概念级。它是由数据库设计者综合所有用户的数据，按照统一的观点构造的全局逻辑结构，是对数据库中全部数据的逻辑结构和特征的总体描述，是所有用户的公共数据视图（全局视图）。它是由数据库系统提供的数据模式描述语言（Data

Description Language，DDL）来描述、定义的。休观，反映了数据库系统的整体观。

2. 外模式

外模式又称子模式，对应于用户级。它是某个或某几个用户所看到的数据库的数据视图，是与某一应用有关的数据的逻辑表示。外模式是从模式导出的一个子集，包含模式中允许特定用户使用的那部分数据。用户可以通过外模式描述语言（外模式 DLL）来描述、定义用户的数据记录，也可以利用数据操纵语言（Data Manipulation Language，DML）对这些数据记录进行操作。外模式反映了数据库的用户观。

3. 内模式

内模式又称存储模式，对应于物理级。它是数据库中全体数据的内部表示或底层描述，是数据库最低一级的逻辑描述，它描述了数据在存储介质上的存储方式和物理结构，对应着实际存储在外存储介质上的数据库。内模式由内模式描述语言（内模式 DLL）来描述、定义，它是数据库的存储观。

4. 三级模式间的映射

数据库系统的三级模式是数据在 3 个级别（层次）上的抽象，使用户能够逻辑地、抽象地处理数据而不必关心数据在计算机中的物理表示和存储。实际上，对于一个数据库系统而言，只有物理级数据库是客观存在的，它是进行数据库操作的基础，概念级数据库不过是物理数据库的一种逻辑的、抽象的描述（即模式），用户级数据库则是用户与数据库的接口，它是概念级数据库的一个子集（外模式）。

用户应用程序根据外模式进行数据操作，通过外模式－模式映射，定义和建立某个外模式与模式间的对应关系，将外模式与模式联系起来，当模式发生改变时，只要改变其映射，就可以使外模式保持不变，对应的应用程序也可保持不变；另一方面，通过模式－内模式映射，定义建立数据的逻辑结构（模式）与存储结构（内模式）间的对应关系，当数据的存储结构发生变化时，只需改变模式－内模式映射，就能保持模式不变，因此应用程序也可以保持不变。

11.2.2 数据模型

数据模型是指数据库中数据与数据之间的关系。数据模型是数据库系统中一个关键概念，数据模型不同，相应的数据库系统就完全不同，任何一个数据库管理系统都是基于某种数据模型的。数据库管理系统常用的数据模型有下列 3 种：层次模型、网状模型、关系模型。

1. 层次数据模型

用树形结构表示数据及其联系的数据模型称为层次模型（Hierarchical Model）。树由结点和连线组成，结点表示数据集，连线表示数据之间的联系，树形结构只能表示一对多联系。通常将表示"一"的数据放在上方，称为父结点；而表示"多"的数据放在下方，称为子结点。树的最高位置只有一个结点，称为根结点。根结点以外的其他结点都有且仅有一个父结点与它相连，同时可能有一个或多个子结点与它相连。没有子结点的结点称为叶结点，它处于分支的末端。

层次模型的基本特点：

① 有且仅有一个结点无父结点，称其为根结点。

② 其他结点有且只有一个父结点。

支持层次数据模型的 DBMS 称为层次数据库管理系统,在这种系统中建立的数据库是层次数据库。层次模型可以直接方便地表示一对一联系和一对多联系,但不能用它直接表示多对多联系。采用层次模型结构的数据库的典型代表是 IBM 公司的 IMS（Information Management System）数据库管理系统。该系统于 1986 年推出,是第一个大型商用数据库管理

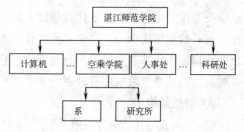

图 11-6　学院组织机构示意图

系统,曾经得到广泛应用。例如,学院组织机构就是一个典型的层次数据模型,如图 11-6 所示。

2．网状数据模型

用网络结构表示数据及其联系的数据模型称为网状模型（Network Model）。网状模型是层次模型的拓展,网状模型的结点间可以任意发生联系,能够表示各种复杂的联系。

网状模型的基本特点:

① 一个以上的结点无父结点。

② 至少一个结点有多于一个的父结点。

网状模型和层次模型在本质上是一样的,从逻辑上看,它们都是用结点表示数据,用连线表示数据间的联系,从物理上看,层次模型和网络模型都是用指针来实现两个结点之间的联系。层次模型是网状模型的特殊形式,网状模型是层次模型的一般形式。

支持网状模型的 DBMS 称为网状数据库管理系统,在这种系统中建立的数据库是网状数据库。网络结构可以直接表示多对多联系,这也是网状模型的主要优点。采用网状模型结构的数据库的典型代表是 20 世纪 70 年代,数据系统语言研究会（Conference on Data System Language，CODASYL）下属的数据库任务组 DBTG（Data Task Group）提出的一个系统方案,即 DBTG 系统。例如,学生和课程的关系,就是一个典型的网状模型,如图 11-7 所示。

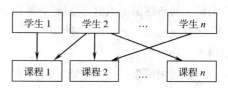

图 11-7　学生和课程的网状模型图

3．关系模型

人们习惯用表格形式表示一组相关的数据,既简单又直观,表 11-1 所示为一张学生基本情况表。这种由行与列构成的二维表,在数据库理论中称为关系,用关系表示的数据模型称为关系模型（Relational Model）。在关系模型中,实体和实体间的联系都是用关系表示的,也就是说,二维表格中既存放着实体本身的数据,又存放着实体间的联系。关系不但可以表示实体间一对多的联系,通过建立关系间的关联,也可以表示多对多的联系。

表 11-1　学生基本情况表

学　号	姓　名	性　别	系　别	电话号码
200701001	王　刚	男	计算机	08385182231
200701002	李　梨	男	飞　行	08395192281
200701002	岳　雷	女	工　商	08555192561
200701004	张晓丽	女	空　乘	08215182256

关系模型是建立在关系代数基础上的，因而具有坚实的理论基础。与层次模型和网状模型相比，具有数据结构单一、理论严密、使用方便、易学易用等特点，因此，目前绝大多数数据库系统的数据模型，都是采用关系数据模型，它已成为数据库应用的主流。例如，Visual FoxPro 就是一种典型的关系型数据库管理系统。关系模型的主要优点有：

① 数据结构单一。

② 关系规范化，并建立在严格的理论基础上。

③ 概念简单，操作方便。

11.2.3 关系数据库系统

1. 关系的基本概念

关系：一个关系就是一张二维表，通常将一个没有重复行、重复列的二维表看成一个关系，每个关系都有一个关系名。例如，表 11-1 就代表一个关系，"学生基本情况"为关系名。

元组：二维表的每一行在关系中称为元组。一个元组对应表中一条记录。

属性：二维表的每一列在关系中称为属性，每个属性都有一个属性名，属性值则是各个元组属性的取值。

域：属性的取值范围称为域。域作为属性值的集合，其具体类型与范围由属性的性质及其所表示的意义确定。同一属性只能在相同域中取值。

关键字：关系中能唯一区分、确定不同元组的属性或属性组合，称为该关系的一个关键字。单个属性组成的关键字称为单关键字，多个属性组合的关键字称为组合关键字。需要强调的是，关键字的属性值不能取"空值"，所谓空值就是"不知道"或"不确定"的值，因而无法唯一地区分、确定元组。表 11-1 中"学号"属性可以作为单关键字，因为学号不允许相同。而"姓名"则不能作为关键字。

候选关键字：关系中能够成为关键字的属性或属性组合可能不是唯一的。凡在关系中能够唯一区分、确定不同元组的属性或属性组合，称为候选关键字。如表 11-1 中"学号"属性就是候选关键字。

主关键字：在候选关键字中选定一个作为关键字，称为该关系的主关键字。关系中主关键字是唯一的。

外部关键字：关系中某个属性或属性组合并非关键字，但却是另一个关系的主关键字，称此属性或属性组合为本关系的外部关键字。关系之间的联系是通过外部关键字实现的。

关系模式：对关系的描述称为关系模式。其格式为：

关系名(属性名1, 属性名2, …, 属性名n)

关系既可以用二维表格描述，也可以用数学形式的关系模式描述。一个关系模式对应一个关系的数据结构，即表的数据结构。如表 11-1 对应的关系，其关系模式可以表示为：

学生基本情况(学号,姓名,性别,系别,电话号码)

其中，"学生基本情况"为关系名，括号中各项为该关系所有的属性名。

2. 关系的基本特点

在关系模型中，关系具有以下基本特点：

① 关系必须规范化，属性不可再分割。

② 在同一关系中不允许出现相同的属性名。

③ 在同一关系中元组及属性的顺序可以任意交换。

④ 任意交换两个元组（或属性）的位置，不会改变关系模式。

3. 关系运算

在关系数据库中查询用户所需数据时，需要对关系进行一定的关系运算。关系运算主要有选择、投影和连接 3 种。

（1）选择（Selection）

选择运算是从关系中查找符合指定条件元组的操作。以逻辑表达式作为选择条件，选择运算将选取使逻辑表达式为真的所有元组。选择运算的结果构成关系的一个子集，是关系中的部分元组，其关系模式不变。选择运算是从二维表格中选取若干行的操作，在表中则是选取若干个记录的操作。

（2）投影（Projection）

投影运算是从关系中选取若干个属性的操作。从关系中选取若干个属性形成一个新的关系，其关系模式中属性个数比原关系少，或者排列顺序不同，同时也可能减少某些元组。因为排除了一些属性后，特别是排除了原关系中关键字属性后，所选属性可能有相同值，出现相同的元组，而关系中必须排除相同元组，从而有可能减少某些元组。投影是从二维表格中选取若干列的操作，在表中则是选取若干个字段。

（3）连接（Join）

连接运算是将两个关系模式的若干属性拼接成一个新的关系模式的操作，对应的新关系中，包含满足连接条件的所有元组。连接过程是通过连接条件来控制的，连接条件中将出现两个关系中的公共属性名，或者具有相同语义、可比性的属性。连接是将两个二维表格中的若干列，按同名等值的条件拼接成一个新二维表格的操作。在表中则是将两个表的若干字段，按指定条件（通常是同名等值）拼接生成一个新的表。

11.3 关系数据库标准查询语言 SQL

11.3.1 SQL 概述

SQL（Structured Query Language，结构化查询语言）最早是 IBM 的圣约瑟研究实验室为其关系数据库管理系统 System R 开发的一种查询语言，它的前身是 SQUARE 语言。SQL 结构简洁，功能强大，简单易学，所以自从 IBM 公司 1981 年推出以来，得到了广泛的应用。如今无论是 Oracle、Sybase、Informix、SQL Server 这些大型的数据库管理系统，还是 Visual FoxPro、PowerBuilder 这些微机上常用的数据库开发系统，都支持 SQL 作为查询语言。

1. SQL 的历史

在 20 世纪 70 年代初，E.F.Codd 首先提出了关系模型。20 世纪 70 年代中期，IBM 公司在研制 System R 关系数据库管理系统时研制了 SQL，最早的 SQL（即 SEQUEL2）是在 1976 年 11 月的 IBM Journal of R&D 上公布的。

1979 年 Oracle 是可首先推出基于 SQL 的商用产品，IBM 公司在 DB2 和 SQL/DS 数据库系统中也实现了 SQL。

1986 年 10 月，美国 ANSI 采用 SQL 作为关系数据库管理系统的标准语言（ANSI X3. 135—1986），后被国际标准化组织（ISO）采纳为国际标准。

1989 年，美国 ANSI 采纳在 ANSI X3.135—1989 报告中定义的关系数据库管理系统的 SQL 标准语言，称为 ANSI SQL 89，该标准用于替代 ANSI X3.135—1986 版本。

目前，所有主要的关系数据库管理系统都支持某些形式的 SQL，大部分数据库都遵守 ANSI SQL 89 标准。

2．SQL 的功能

Structured Query Language 包含 4 个部分：

① 数据查询语言（Data Query Language，DQL）：SELECT。

② 数据操纵语言（Data Manipulation Language，DML）：INSERT、UPDATE、DELETE。

③ 数据定义语言（Data Definition Language，DDL）：CREATE、ALTER、DROP。

④ 数据控制语言（Data Control Language，DCL）：COMMIT WORK、ROLLBACK WORK。

11.3.2　SQL 的主要特点

1．SQL 风格统一

SQL 可以独立完成数据库生命周期中的全部活动，包括定义关系模式、录入数据、建立数据库、查询、更新、维护、数据库重构、数据库安全性控制等一系列操作，这就为数据库应用系统开发提供了良好的环境，在数据库投入运行后，还可根据需要随时逐步修改模式，且不影响数据库的运行，从而使系统具有良好的可扩充性。

2．高度非过程化

非关系数据模型的数据操纵语言是面向过程的语言，用其完成用户请求时，必须指定存取路径。而用 SQL 进行数据操作，用户只需提出"做什么"，而不必指明"怎么做"，因此用户无须了解存取路径，存取路径的选择以及 SQL 语句的操作过程由系统自动完成。这不但大大减轻了用户负担，而且有利于提高数据独立性。

3．面向集合的操作方式

SQL 采用集合操作方式，不仅查找结果可以是元组的集合，而且一次插入、删除、更新操作的对象也可以是元组的集合。

4．以同一种语法结构提供两种使用方式

SQL 既是自含式语言，又是嵌入式语言。作为自含式语言，它能够独立地用于联机交互的使用方式，用户可以在终端键盘上直接输入 SQL 命令对数据库进行操作。作为嵌入式语言，SQL 语句能够嵌入到高级语言（如 C、COBOL、FORTRAN、PL/1）程序中，供程序员设计程序时使用。而在两种不同的使用方式下，SQL 的语法结构基本上是一致的。这种以统一的语法结构提供两种不同的操作方式，为用户提供了极大的灵活性与方便性。

5．语言简洁，易学易用

SQL 功能极强，但由于设计巧妙，语言十分简洁，完成数据定义、数据操纵、数据控制的核

心功能只用了 9 个动词：CREATE、ALTER、DROP、SELECT、INSERT、UPDATE、DELETE、GRANT、REVOKE。且 SQL 语句语法简单，接近英语口语，因此容易学习，也容易使用。

11.3.3 SQL 的语句

1．数据定义

数据定义语言用于执行数据定义的操作，如创建或删除表、索引和视图之类的对象。由 CREATE、DROP、ALTER 命令组成，完成数据库对象的建立（CREATE）、删除（DROP）和修改（ALTER）。

2．数据操纵

数据操纵语言是完成数据操作的命令，一般分为两种类型的数据操纵。

① 数据检索（常称为查询）：寻找所需的具体数据。

② 数据修改：添加、删除和改变数据。

数据操纵语句一般由 INSERT（插入）、DELETE（删除）、UPDATE（更新）、SELECT（检索，又称查询）等组成。由于 SELECT 经常使用，所以一般将它称为查询（检索）语句并单独出现。

3．数据管理

数据管理（又称数据控制）语言是用来管理（或控制）用户访问权限的。由 GRANT（授权）、REVOTE（回收）命令组成。而 Visual FoxPro 6 不支持这种权限管理。

4．SQL 中的数据查询语句

数据库中的数据很多时候是为了查询，因此，数据查询是数据库的核心操作。而在 SQL 中，查询语句只有一条，即 SELECT 语句。

SELECT 语句的一般格式为：

```
SELECT [ALL/DISTINCT]  [TOP <表达式> [PERCENT]][<别名>.]<列表达式>[AS <栏名>][,[<别名.>]<列表达式>[AS <栏名>]...]FROM [<数据库名!>]<表名>[,[<数据库名!>]<表名>...][INNER/LEFT/RIGHT/FULL JOIN [<数据库名!>]<表名> [ON <连接条件>...]][[INTO <新表名>]/[TO FILE <文件名>/TO PRINTER/TO SCREEN]][WHERE <连接条件>[AND <连接条件>...][AND/OR<筛选条件>[AND/OR<筛选条件>...]]][GROUP BY <列名>[,<列名>...]][HAVING <筛选条件>][ORDER BY <列名>[ASC/DESC][,<列名>[ASC/DESC]...]]
```

功能：实现数据查询。SELECT 语句的执行过程为：根据 WHERE 子句的连接和检索条件，从 FROM 子句指定的基本表或视图中选取满足条件的元组，再按照 SELECT 子句中指定的表达式，选出元组中的属性值形成结果表。如果有 GROUP 子句，则将查询结果按照指定<列名>相同的值进行分组；如果 GROUP 子句后有 HAVING 短语，则只输出满足 HAVING 条件的元组；如果有 ORDER 子句，查询结果还要按照指定<列名>的值进行排序。

11.4 Access 2010 数据库管理系统

11.4.1 Access 概述

Access 是微软公司推出的一款关系数据库管理系统。它被集成到 Microsoft Office 软件包套件中。在 Access 中，不仅可使用数据库的 SQL 标准语句，还可通过更简便的 GUI 界面进行数据库

的操作　加律事数据库，生成查询、报表等。尽管 Access 只适合较小的数据库应用，但就原理而言，它也具备了关系型数据库系统的主要特性。

Access 2010 是 Office 2010 办公系列软件的一个重要组成部分，主要用于数据库管理。使用它可以高效地完成各种类型中小型数据库管理工作，它可广泛应用于财务、行政、金融、经济、教育、统计和审计等众多的管理领域。使用它可以大大提高数据处理的效率。尤其是它特别适合非IT 专业的普通用户开发自己工作所需要的各种数据库应用系统。

11.4.2　Access 2010 的新特点

Access 2010 不仅继承和发扬了功能强大、界面友好、易学易用的优点，又新增了智能特性、用户界面、创建 Web 网络数据功能、新的数据类型、宏的改进和增强主题的改进、布局视图的改进以及生成器功能的增强等数十项改进。这些增加的功能，使得原来十分复杂的数据库管理、应用和开发工作变得更简单、更轻松、更方便；同时更加突出数据共享、网络交流、安全可靠。最主要的改进有：

1．入门更轻松

利用 Access 2010 中的社区功能，可以共享自己以前开发的成果，还可以以他人创建的数据库模板为基础开展工作。使用 Office 在线提供的数据库模板，或从社区提交的模板中选择一些数据库模板并对其进行修改，可以快速地完成用户开发数据的具体需求。

2．应用主题实现专业设计

Access 2010 提供了主题工具，使用主题工具可以快速设置、修改数据库外观，利用熟悉且具有吸引力的 Office 主题，从各种主题中进行选择，或者设计自己的自定义主题，以制作出美观的窗体界面、表格和报表。

3．新型文件格式

Access 2010 采用了一种支持许多产品增强功能的新型文件格式，新的 Access 文件采用的文件扩展名为 accdb，取代 Access 以前版本的 mdb 文件扩展名，accde 用于处于"仅执行"模式的Access 2010 文件的文件扩展名，取代了 Access 以前版本的 mde 文件扩展名，accde 文件删除了所有源代码。accde 文件的用户只能执行 VBA 代码，而不能修改这些代码。

由于以前版本的 Access 数据库中可能包含不安全的代码，Windows SharePoint Services 和Outlook 中阻止使用 Access 文件，Access 2010 新格式能够使 Access 2010 数据库更完整地与 WindowsSharePoint Services 和 Outlook 集成，同时使防病毒程序更容易检查 Access 2010 数据库文件。正是以上原因，Access 2010 的文件格式不再与以前版本的 Access 兼容，但是 Access 2010 还继续为早期版本 Access 所使用的文本格式提供支持。

4．新用户界面

Access 2010 的新用户界面由多个元素构成，这些元素定义了用户与数据库的交互方式，这些新元素不仅能帮助用户熟练运用 Access，还有助于更快捷地查找所需的命令，这些界面尤其对于新的 Access 用户显得更为方便，因为所需要的各种工具全面直观、醒目、有序地显示在界面上，显得十分简洁。与以前版本相比，除了 Office 按钮定义为"文件"选项卡，列在功能区中，同时增加了一些新的功能按钮，使用户使用起来更加方便。

5. 共享 Web 网络数据库

Access 2010 极大地增强了通过 Web 网络共享数据库的功能，提供了一种将数据库应用程序作为 Access Web 应用程序部署到 SharePoint 服务器的新方法。

SharePoint Services 是用作企业门户站点以及内部协同办公的基于 Web 方式的平台，它和 MS Office 紧密结合在一起，提供功能强大的包含文档、数据管理在内的各类信息管理。

6. Web 数据库开发工具

Access 2010 提供了两种数据库类型的开发工具。一种是标准桌面数据库类型，另一种是 Web 数据库类型。使用 Web 数据库开发工具可以轻松方便地开发出网络数据库。

7. 计算数据类型

Access 2010 的计算字段数据类型，可以实现原来需要在查询、控件、宏或 VBA 代码中进行的计算。例如，如果希望计算某个值（如[数量]*[单价]），则在 Access 2010 中，可以使用计算数据类型在表中创建计算字段。这样可以在数据库中更为方便地显示和使用计算结果。Access 2010 计算数据类型功能把 Excel 优秀的公式计算功能移植到 Access 中，无论对于熟悉 Excel 的用户学习使用 Access，还是 Access 的老用户都带来了极大的方便。

8. 表达式生成器的智能特性

Access 2010 的智能特性表现在各个方面，其中表达式生成器最能体现智能特性，用户不用花费很多时间来考虑有关语法错误和设置相关的参数等，因为当用户输入表达式的时候，表达式生成器的智能特性为用户提供了所需要的全部信息。

9. 布局视图的改进

Access 2010 布局视图功能更加强大。在布局视图中，窗体实际正在运行，同时用户还可以在此视图中对窗体设计进行更改，可以设置控件大小或执行几乎所有其他影响窗体的外观和可用性的任务，布局视图是唯一可用来设计 Web 数据库的窗体的视图。

布局视图支持层叠表格——组控件，使用这种组控件可以方便地重新布置字段、行、列和整个布局，在布局视图中，还可以方便地移去字段或设置字段。

10. 导出为 PDF 和 XPS 格式文件

PDF 和 XPS 格式文件是比较普遍使用的文件格式，Access 2010 增加了对这些格式的支持，用户只要在微软的网站上下载相应的插件，安装后就可以把数据表、窗体或报表直接输出为上述两种格式。

11. 表中行的数据汇总

汇总行是 Access 新增功能，它简化了对列计数的过程，在早期版本的 Access 中，必须在查询或表达式中使用函数对行进行计数，现在可以简单地使用功能区上的命令对它们进行计数。汇总行与 Excel 列非常相似，显示汇总行时，不仅可以进行行计数，还可以从下拉列表中选择其他常用聚合函数（如 SUM、AVERAGE 或 MAX 等），进行求和、平均等操作。

12. 数据宏

数据宏与 Microsoft SQL Server 中的"触发器"类似，使用用户能够在更改表中的数据时执行编程任务。用户可以将宏直接附加到特定事件，如"插入后""更新后"或"修改后"，也可以创建通过事件调用独立数据宏。

13．更快速地认识宏

Access 2010 提供了一个全新的宏设计器，可以更轻松地创建、编辑和自动化数据库逻辑。使用这个宏设计器，可以更高效地工作，减少编码错误，并轻松地组合更复杂的逻辑以创建功能强大的应用程序。通过使用数据宏将逻辑附加到用户的数据中来增加代码的可维护性，从而实现源表逻辑的集中化。Access 重新设计并整合宏操作，通过操作目录窗口把宏分类组织，使得用户运用宏操作更加方便。

11.4.3 Access 2010 的操作环境

1．安装 Access 2010

为了使用 Access 2010 的向导和内部模板，在安装时需要选择自定义安装。在打开的安装界面中，在“安装选项”选项卡中，选择“从本机运行全部程序”。

2．启动 Access 2010

启动 Access 2010 的方式有 4 种：常规启动、桌面图标快速启动、开始菜单选项快速启动和通过已存文件快速启动。

3．退出 Access 2010

退出 Access 2010 的方式有多种，执行下列任意一种操作都可以退出：

① 单击“文件”→“退出”命令。

② 单击标题栏右端 Access 窗口的“关闭”按钮。

③ 单击标题栏左端的 Access 窗口控制菜单图标，在打开的下拉菜单中，选择“关闭”命令。

④ 单击标题栏，在打开的快捷菜单中，选择“关闭”命令。

⑤ 按【Alt+F4】组合键。

4．Access 2010 工作界面

Access 2010 启动后，屏幕上就会出现 Access 2010 的界面。Access 2010 的界面包括标题栏、选项卡、功能区、状态栏、导航栏、数据库对象窗口以及帮助等部分，如图 11-8 所示。

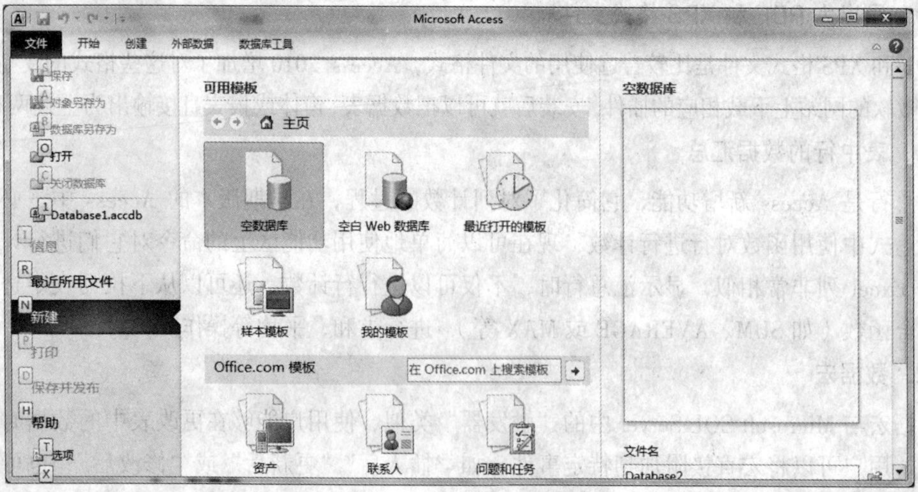

图 11-8　Access 2010 的界面

5. 标题栏

标题栏位于 Access 2010 工作界面的最上端，用于显示当前打开的数据库文件名。在标题栏的右侧有 3 个按钮，依次分别代表用以控制窗口的最小化、最大化/还原和关闭按钮，如图 11-9 所示。

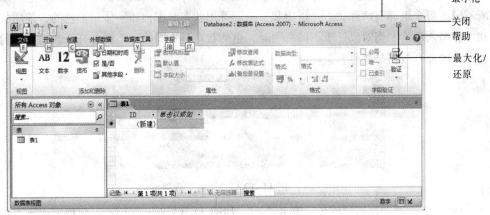

图 11-9　Access 2010 工作界面

6. 自定义快速访问工具栏

快速访问工具栏是一个可自定义的工具栏，它包含一组独立于当前显示的功能区上选项卡中的按钮，如图 11-10 所示。

图 11-10　快速访问工具栏

7. 功能区

（1）功能区

Access 2010 中最突出的新界面元素称为"功能区"。

功能区是一个带状区域，贯穿 Access 2010 窗口的顶部，其中包含多组命令。功能区替代了以前版本的菜单栏和工具栏。功能区为命令提供了一个集中区域。功能区中包括多个围绕特定方案或对象进行处理的选项卡，每个选项卡中的控件进一步组成多个按钮组，每个按钮执行特定的功能，如图 11-11 所示。

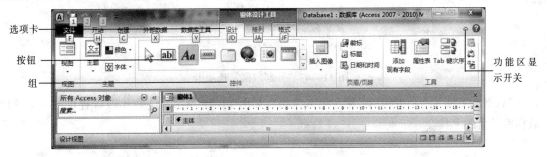

图 11-11　选项卡、按钮、组构成功能区

（2）功能区的隐藏与显示

为了扩大数据库的显示区域，Access 允许把功能区隐藏起来。关闭和打开功能区最简单的方法是：若要关闭功能区，可双击任意一个选项卡。若要再次打开功能区，可再次双击选项卡。也可以单击功能区最小化/展开功能区按钮来隐藏和展开功能区。

8. 选项卡

在 Access 2010 中功能区包括的选项卡有"文件""开始""创建""外部数据"和"数据库工具"。

"开始"选项卡包括"视图"等 7 个组，如图 11-12 所示。"开始"选项卡是用来对数据表进行各种常用操作的，如查找、筛选、文本设置等，当打开不同的数据库对象时，这些组的显示有所不同。每个组都有两种状态：可用和禁用。可用状态时图标和字体是黑色的，禁用状态时图标和字体是灰色的。当对象处于不同视图时，组的状态是不同的。当没有打开数据表之前，选项卡上所有的命令按钮是灰色、禁用的。

图 11-12 "开始"选项卡

"创建"选项卡包括"模板"等 6 个组，如图 11-13 所示。Access 数据库中所有对象的创建都从这里进行。

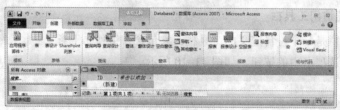

图 11-13 "创建"选项卡

"外部数据"选项卡包括"导入并链接"等 3 个组，如图 11-14 所示。通过这个选项卡实现对内部外部数据交换的管理和操作。

图 11-14 "外部数据"选项卡

"数据库工具"选项卡包括"宏"等 6 个组，如图 11-15 所示。这是 Access 提供的一个管理数据库后台的工具。

图 11-15 "数据库工具"选项卡

9. 上下文选项卡

除前面所述的标准选项卡之外，Access 2010 还采用了"上下文选项卡"，这是一种新的 Office 用户界面元素。所谓上下文选项卡，可以根据上下文，即进行操作的对象以及正在执行的操作不同，在常规选项卡旁显示一个或多个上下文选项卡。例如，如果在表设计视图中打开一个表，则在"数据库工具"选项卡旁将显示一个"表格工具"上下文选项卡，如图 11-16 所示。

图 11-16 "表格工具"上下文选项卡

小 结

数据库管理系统由一个相互关联的数据集合和一组用于访问这些数据的程序组成，是数据库系统的核心。数据库系统主要用来管理大量数据、控制多用户访问、定义数据库的框架以及执行数据库操作等。数据库的结构基础是数据模型，现有的数据模型有层次模型、网状模型、关系模型。大多数数据库管理系统都是关系型数据库管理系统。关系数据库是关系表的集合。它的基本运算包括选择、投影、连接。SQL 是一种结构化语言，是关系数据库管理系统中最流行的数据查询和更新语言。用 SQL 进行查询和修改数据库非常简单。Microsoft Access 2010 是一个数据库应用程序设计和部署工具，可用它来跟踪管理重要信息。可以将数据保留在计算机上，也可以将其发布到网站上。

习 题

一、选择题

1. 数据是信息的载体，信息是数据的（　　　　）。

　　A. 符号化表示　　　　　　B. 载体　　　　　　　　C. 内涵　　　　　　　　D. 抽象

2. 数据模型是将概念模型中的实体及实体间的联系表示成便于计算机处理的一种形式。数据模型一般有关系模型、层次模型和（　　　　）。

　　A. 网络模型　　　　　　　B. E–R 模型　　　　　　C. 网状模型　　　　　　D. 实体模型

3. 在有关数据管理的概念中，数据模型是指（　　　　）。

　　A. 文件的集合　　　　　　　　　　　　　　　　　B. 记录的集合

　　C. 记录及其联系的集合　　　　　　　　　　　　　D. 网状层次型数据库管理系统

4. 在关系运算中，查找满足一定条件的元组的运算称为（　　　　）。

　　A. 复制　　　　　　　　　　B. 选择　　　　　　　　C. 投影　　　　　　　　D. 关联

5. 数据表是相关数据的集合，它不仅包括数据本身，而且包括（　　　　）。

　　A. 数据之间的联系　　　　B. 数据定义　　　　　　C. 数据控制　　　　　　D. 数据字典

6. 在有关数据库的概念中，若干记录的集合称为（　　　　）。

    A. 字段　　　　　　　　B. 文件　　　　　　　　C. 数据项　　　　　　　　D. 数据表

7. 如果一个关系中的一个属性或属性组能够唯一地标识一个元组，那么称该属性或属性组为（　　　　）。

    A. 外关键字　　　　　　B. 候选关键字　　　　　　C. 主关键字　　　　　　D. 关系

8. 数据库、数据库系统、数据库关系系统这三者之间的关系是（　　　　）。

    A. 数据库系统包含数据库和数据库管理系统

    B. 数据库管理系统包含数据库和数据库系统

    C. 数据库包含数据库系统和数据库管理系统

    D. 数据库系统就是数据库，也就是数据库管理系统

9. 一个关系相当于一张二维表，二维表中的各列相当于该关系的（　　　　）。

    A. 数据项　　　　　　　B. 元组　　　　　　　　C. 结构　　　　　　　　D. 属性

10. Access 是一个（　　　　）关系型数据库。

    A. 中小型　　　　　　　B. 大中型　　　　　　　C. 巨型　　　　　　　　D. 面向对象型

二、填空题

1. 在关系数据库的基本操作中，从关系中抽取满足条件的元组的操作称为_____。

2. 将两个关系中相同属性的元组连接到一起而形成新的关系的操作称为_____。

3. 为改变关系的属性排列顺序，应使用关系运算中的_____运算。

4. 数据库系统的核心是_____。

5. 关系型数据库的标准操作语言是_____。

6. 数据库管理系统常见的数据模型有层次、网状和_____3种。

7. 在 SQL-SELECT 语句中，将查询结果按指定字段值排序输出的短语是_____。

8. 在 SQL-SELECT 语句中，将查询结果分组输出的短语是_____。

9. 在关系中，每一行称为_____，用于表示一组数据项。

10. 对关系进行选择、投影、连接运算后，运算的结果仍然是一个_____。

三、判断题

1. Access 的查询就是根据基本表得到新的基本表。（　　　　）

2. 在关系模型中，交换任意两行的位置不影响数据的实际含义。（　　　　）

3. 数据库系统也称为数据库管理系统。（　　　　）

4. 关系模型中，一个关键字至多由一个属性组成。（　　　　）

5. 使用数据库系统可以避免数据的冗余。（　　　　）

四、简答题

1. 数据库系统与文件系统的主要区别是什么？

2. 解释数据与信息的概念，并说明数据与信息的区别。

3. 什么是数据模型？传统的数据模型主要有哪几种？

4. 什么是关系模型？关系模型有何特点？

5. 试述数据库、数据库系统、数据库管理系统三者之间的关系。